# Der große BLV Steine- und Mineralienführer

blv

Das Standardwerk

Prof. Dr. Walter Schumann

**Wichtiger Hinweis**
Die Ratschläge und Empfehlungen in diesem Buch beruhen auf langjährigen Erfahrungen des Autors und haben sich in der Praxis bewährt.
Es wird aber im Interesse des Lesers empfohlen, stets umsichtig vorzugehen und alle nötigen Vorsichtsmaßnahmen zu treffen, insbesondere beim Umgang mit giftigen und strahlenden Substanzen. Eine Haftung des Autors bzw. des Verlags und seiner Beauftragten für Personen-, Sach- und Vermögensschäden ist ausgeschlossen.

 Dauernd oder stark strahlende radioaktive Mineralien

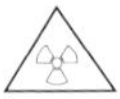 Gelegentlich oder schwächer strahlende radioaktive Mineralien

# Aus dem Vorwort zur 5. Auflage

Steine sammeln ist ein beliebtes Hobby geworden, das immer mehr Freunde gewinnt. Es hat alle Volksschichten und alle Altersklassen erfasst. Die zunehmende Ausweitung der Freizeit wird diesen Trend noch verstärken. Urlaub und Steine sammeln gehen heute oft Hand in Hand, ja manchmal bestimmt die Zielvorstellung des Steine-Klopfens den Urlaubsort und den Ferienablauf.
Das vorliegende Buch »Der neue BLV Steine- und Mineralienführer« will hier Helfer und Mittler sein. Der Text ist so gehalten, dass er den fachlich Vorgebildeten wie auch den Laien ansprechen kann.
»Der neue BLV Steine- und Mineralienführer« wendet sich ebenso an alle, die aus beruflichen Gründen mit Steinen zu tun haben, an Studenten wie an Fachleute, die Steine verarbeiten, an den Handel wie an Juweliere.
Über 600 Einzelstücke, farbig und in natürlicher Größe abgebildet, wurden mit Sorgfalt als typische Vertreter aus der Welt der Mineralien und Gesteine ausgewählt. Text und Abbildungen stehen sich gegenüber. So ist eine optimale Information möglich.
Besonders zu Dank verpflichtet bin ich Herrn Hermann Eisenbeiss für das große Engagement und die angenehme Zusammenarbeit bei den fotografischen Aufnahmen der Farbtafeln.

*Walter Schumann*

# Vorwort zur 9. Auflage

Der BLV Steine- und Mineralienführer wurde aktualisiert und mit wichtigen Hinweisen für Sammler erweitert. Seit der 1. Auflage von 1972 wurden Umfang und Zahl der ganzseitigen Tafeln verdoppelt. Die Kristallskizzen auf der Randspalte erhielten weitere Schattierungen, um das räumliche Bild zu verdeutlichen. Erfreulicherweise setzt sich die in diesem Buch praktizierte Nomenklatur zur besseren Unterscheidung von Mineral und Gestein immer mehr durch.
Mit Übersetzungen in sechs Sprachen hat der BLV Steine- und Mineralienführer weltweit Verbreitung gefunden.

*Walter Schumann*

# Inhaltsverzeichnis

# Einleitung

## Begriffsbestimmungen

**Stein** Stein ist der im Volksmund gebräuchliche Sammelbegriff für alle festen Bestandteile der Erdkruste außer Eis. Der Juwelier dagegen versteht unter Stein nur Edel- und Schmucksteine, der Mann der Bauwirtschaft wiederum das Material, mit dem er Bauten errichten kann. In der Geologie aber, der Wissenschaft von der Erde, spricht man nicht von Steinen, sondern nur von Gesteinen und Mineralien.

**Gestein** Ein Gestein ist ein natürliches Gemenge von verschiedenen oder auch gleichartigen Mineralien. Es bildet selbstständige geologische Körper von größerer Ausdehnung. – Die Gesteinswissenschaft heißt Petrologie oder Petrografie.

**Mineral** Ein Mineral (Mehrzahl Mineralien oder Minerale) ist ein in sich einheitlicher, natürlich entstandener Teil der Erdkruste oder der Mondschale. Die meisten Mineralien haben bestimmte Kristallformen. – Die Wissenschaft von den Mineralien heißt Mineralogie.

**Micromounts** Micromounts sind mineralische Kleinststufen bis etwa Fingernagelgröße. Der Begriff Micromounts wird nur in Sammlerkreisen verwendet. Ein Micromounter ist ein Sammler von Kleinststufen. Diese Art, Mineralien zu sammeln, hat sich in den letzten Jahren über die ganze Welt verbreitet.

**Kristall** Ein Kristall ist ein stofflich einheitlicher Körper mit gesetzmäßigem Innenbau, einer strengen Ordnung der kleinsten Bauteilchen (der Atome, Ionen oder Moleküle) in einem Kristallgitter. – Die Wissenschaft von den Kristallen heißt Kristallografie.

**Edelstein** Es gibt keine allgemeingültige Definition für den Edelstein. Die meisten Edelsteine sind Mineralien, selten Mineralaggregate, vereinzelt auch organische Materialien und sogar synthetische Produkte.
Allen gemeinsam ist das Besondere, das Schöne. Eine wirkliche Unterscheidung zwischen echten Edelsteinen, Halbedelsteinen und Schmucksteinen, wie im Volksmund verbreitet, ist nicht möglich, weil es keine entsprechenden Kriterien gibt. Der Begriff Halbedelstein ist sehr unzweckmäßig; man sollte ihn nicht verwenden. – Die Wissenschaft von den Edelsteinen heißt im deutschen Sprachbereich gewöhnlich Edelsteinkunde, international aber meist Gemmologie.

**Erz** In der Lagerstättenkunde versteht man unter Erz im Allgemeinen ein Mineralgemenge mit nutzbarem Metallgehalt. Es hat gefügemäßig den Charakter eines Gesteins. Vereinzelt werden aber auch andere, in der Technik benötigte Rohstoffe als Erz bezeichnet, selbst wenn ihnen der metallische Charakter fehlt. – Die Wissenschaft von den Erzen heißt Erzkunde.
In der Gesteinskunde dagegen nennt man alle metallischen Gemengteile, d.h. alle metallischen Mineralien, Erz.

**Meteorit** Meteorite sind feste Bruchstücke, aus dem Weltraum der Erde zugeführt. Man kann sie als außerirdische Gesteine bezeichnen.

**Tektit** Tektite sind gerundete, glasartige Steine. Entstanden durch Kondensation aus Verdampfungsprodukten beim Einschlag von Riesenmeteoriten. Es ist falsch, sie als Glasmeteorite zu bezeichnen.

## Zum Aufbau des Buches

**Gliederung** Der Stoff ist in drei Großkapitel gegliedert. Diese umfassen Mineralien, Gesteine und Steine aus dem Weltall. Die Darstellung wurde so gewählt, dass jeder der drei Teile sowohl für sich allein als auch im Zusammenhang mit den anderen Kapiteln verstanden werden kann.
Ein umfangreicher Bestimmungsschlüssel für Mineralien (S. 352–375) und eine Bestimmungshilfe für Gesteine (S. 376–380) dienen zum Nachschlagen, zur Identifizierung von Einzelobjekten.
Mondgesteine werden nicht abgehandelt, sie stellen im genetischen System der Gesteine keine eigene Gruppe dar. Mondgesteine sind Magmatite, vorwiegend basaltischer und doleritischer Zusammensetzung.

**Abbildungen** Zahlreiche großmaßstäbige Abbildungen ergänzen den Text. Dadurch konnten die schriftlichen Darlegungen kurz gehalten und manchmal bis auf ein Mindestmaß reduziert werden.
Vorlagen für die Fotos waren keine einzigartigen Museumsstücke und auch keine Micromounts, sondern Mineralien und Aggregate, wie sie der Sammler finden oder, z. B. auf Mineralienbörsen, erwerben kann. Die Einzelobjekte sind, bis auf ganz wenige Ausnahmen (wo dann ein entsprechender Hinweis erfolgt), in etwa natürlicher Größe abgebildet. Dadurch kann der Betrachter ein Mineral bzw. ein Gestein mit bloßem Auge, wie in der Natur, mit vielen Einzelheiten kennenlernen.

## Zur Darstellung

**Text** Der Text ist kurz gehalten, um Platz für viele Abbildungen zu gewinnen. Manchmal war Telegrammstil notwendig. Vielfältige Untergliederungen und zahlreiche Definitionen sollen den Stoff aufbereiten und, insbesondere für den Eiligen, lesbarer machen. Ausschweifende Erzählungen wie aber auch die in mineralogischer Fachliteratur üblichen Abkürzungen für Spezialbegriffe wurden vermieden.
Die Textgestaltung dieses Buches wurde, dem gewünschten Leserkreis entsprechend, möglichst einfach, verständlich gehalten. Auf die für Fachleute so wichtige Themen, wie Symmetrieklassen, Silikatstrukturen oder atomare Bausteine der Kristalle wurde bewusst verzichtet. Über die Problematik solcher Vereinfachung wissenschaftlicher Kenntnisse und Erkenntnisse ist sich der Autor bewusst.

**Auswahl der Einzelobjekte** Jede Auswahl von Mineralien und Gesteinen für eine Abhandlung ist immer irgendwie subjektiv. Kriterien für die Auslese der Einzelobjekte in diesem Buch waren wissenschaftliche Gesichtspunkte, aber auch Rücksichtnahme auf Hobbysammler.

**Chemische Formeln** Die chemischen Formeln wurden, als Zugeständnis für die in Chemie weniger Vorgebildeten, in der Schreibweise teilweise vereinfacht. In dem tabellarischen Datenkomplex bei den einzelnen Mineralien wird der Begriff »chemische Formel« aus Platzgründen durch »Chemie« ersetzt.

**Kristallskizzen** Die neben den Text gestellten Kristallskizzen der Mineralien sind naturgemäß nur Einzelbeispiele aus einer meist größeren Gruppe. Sie sollen dem Betrachter einen allgemeinen Eindruck von möglichen Mineralgestalten vermitteln. Die Vorlagen wurden verschiedenen Werken entnommen.

**Fundorte** Die Angaben über Fundorte und Fundregionen (zusammenfassend kurz Fundorte genannt) sind nur beispielhaft zu verstehen. Vollständigkeit wurde nie angestrebt.

# Mineralien

# Einführung in die Mineralienkunde

## Geschichte der Mineralienkunde

Schon in vorgeschichtlicher Zeit weiß der Mensch die verschiedene Qualität von Mineralien und Mineralgemengen zu nutzen. Kupfer und Zinn, Gold und Silber sowie zahlreiche Edelsteine (Malachit, Türkis, Lapislazuli, Opal, Achat) sind um 3500 v. Chr. in Mesopotamien für Schmuck, Waffen und Gerät im Gebrauch.
Die Fähigkeit, metallische Elemente im Gestein zu finden und aus ihm zu schmelzen, beruht in der frühen Antike auf Beobachtung und Erfahrung. Eine wissenschaftliche Betrachtungsweise mineralogischer Zusammenhänge existiert nicht.
Die erste wissenschaftliche Publikation über die damals bekannte Welt der Mineralien schreibt der griechische Philosoph Aristoteles (384–322 v. Chr.). Sein Mineralsystem hat bis ins 16. Jahrhundert Gültigkeit.
Während des ganzen Mittelalters gibt es in Europa keinen Fortschritt in der Mineralienkunde. Alchimie, Astrologie, Spekulation und die vermeintlich okkultischen Kräfte der Steine beherrschen das Feld der Naturkunde. Die in dieser Zeit publizierten Steinebücher, die Lapidarien, vermitteln keine neuen Erkenntnisse, sondern geben nur eine unkritische Zusammenfassung alter Vorstellungen.
Anfang des 16. Jahrhunderts setzt während der Renaissance eine Neubelebung der Naturwissenschaften ein. Der in Sachsen geborene Arzt Georgius Agricola (1494–1555) schreibt die erste wissenschaftliche Darstellung über das Montanwesen und über Mineralien. Er wendet sich von der alchimistischen Betrachtungsweise ab und vermittelt eigene Beobachtungen. Agricola entwickelt eine systematische Gliederung der Mineralien, die bis Anfang des 19. Jahrhunderts gültig ist. Von Agricola gehen derart viele Denkanstöße aus, dass er als Vater der Mineralwissenschaft bezeichnet werden kann.
Mit dem Einsetzen der industriellen Revolution im 18. Jahrhundert wirkt ein neuer Impuls auf die Naturwissenschaften. Die erhöhte Nachfrage nach mineralischen Rohstoffen verlangt eine wissenschaftliche Fundierung für die Ausweitung der Erzförderung und die Erschließung neuer Lagerstätten. Der sächsische Mineraloge A. G. Werner (1749–1817) entwirft eine neue Systematik der Mineralien, die in den Ansatzpunkten bis heute gültig ist.

### Die Namen der Mineralien

Die Namen der Mineralien entstammen keinem einheitlichen System. Die einen wurden der Bergmannssprache oder dem Volksmund entlehnt, die anderen sind reine Kunstschöpfungen. Sie nehmen Bezug auf Ortsnamen, auf Personen, auf hervorstechende Eigenschaften oder auch auf vermeintlich okkultisch-mystische Kräfte. Da die Mineralnamen auf verschiedene Sprachkreise (insbesondere lateinisch, griechisch, germanisch, orientalisch) zurückgehen, ist die Schreibweise nicht immer einheitlich.
Um hier korrigierend zu wirken, müssen jetzt alle neu entdeckten Mineralien wie auch die beabsichtigten Namen einer Kontrollinstitution, der »Commission on new Mineral Names« der IMA (International Mineralogical Association), zur Beurteilung vorgelegt werden.

Kristallstufe mit stalaktitischem Quarz, dipyramidalem Apophyllit und kugligem Gyrolith, Poonah/Indien; dreifache Vergrößerung

# Entstehung und Aufbau der Mineralien

## Entstehung der Mineralien

Mineralien entstehen auf verschiedene Weise. Selbst die gleiche Mineralart kann sich unter ganz unterschiedlichen Bedingungen bilden. Die meisten Mineralien benötigen viele tausend Jahre für ihr Werden, andere dagegen brauchen nur etliche Jahre, ja sogar nur wenige Stunden.
Die Mineralbildung vollzieht sich entweder im Bereich der glutflüssigen Gesteinsschmelze, dem Magma, oder an bzw. in Nähe der Erdoberfläche wie auch in der Tiefe der Erdkruste infolge umwandelnder, d. h. metamorpher Kräfte. Der Fachmann spricht demgemäß von der magmatischen Folge oder Abfolge, der sedimentären sowie der metamorphen Abfolge.

**Magmatische Abfolge** Viele Mineralien entstehen unmittelbar aus dem Magma. Feldspat, Glimmer und Quarz z. B. bilden sich beim Abkühlen der Gesteinsschmelze tief in der Erdkruste bei Temperaturen von 1100–550 °C.
Andere Mineralien entstehen aus Magma-Gasaushauchungen, den Exhalationen. Durch Abkühlung dieser Gase und Reaktion mit dem Nebengestein entwickeln sich Chlorid-, Fluorid- und Sulfat-Mineralien, aber auch Gold und Silber.
Bei weiterer Abkühlung des Magmas unter 400 °C führen Substanzabscheidungen und Stoffzufuhr aus dem Nebengestein zu Mineralbildungen. Auf diese Art sind die Mineralien der alpinen Klüfte (großer Gesteinsfugen) entstanden.

**Sedimentäre Abfolge** An oder nahe der Erdoberfläche entstehen Mineralien durch Zerstörung (Verwitterung) und Neubildung von Gestein. Hauptakteure sind hier Wasser, Kohlendioxid und der Sauerstoff der Luft. Dabei werden Substanzen in den oberen Bodenschichten gelöst, sickern tiefer ein und führen im Zusammenwirken mit dem Grundwasser zu Mineralneubildungen in Anreicherungszonen, z. B. zu Silber- und Kupfer-Lagerstätten.
In niederschlagsarmen und gleichzeitig warmen Gegenden entstehen in Salzseen, Salzsümpfen oder abgegliederten Meeresbuchten infolge der hohen Verdunstung durch chemische Fällung Salzmineralien.
Auch zahlreiche Organismen haben direkt oder indirekt Anteil an der Mineralbildung, so z. B. durch Sauerstoffzuführung oder Kohlensäureentzug, durch Fäulnisvorgänge und beim Aufbau von kalkigen Schalen oder kiesligen Skeletten aus gelösten Substanzen.

**Metamorphe Abfolge** Wenn Gesteine in tiefere Teile der Erdkruste als Folge zunehmender Überdeckung oder gebirgsbildender Vorgänge verlagert werden, entstehen wegen der dort herrschenden hohen Temperaturen im Verein mit großen Drücken neue Mineralien durch Umbildung schon vorhandener.
Eine ähnliche, wenn auch viel kleinräumigere metamorphe Wirkung wird erzielt, wo glühendflüssiges Magma in Schloten oder entlang von Spalten eindringt und hier das Nachbargestein kontaktiert.

**Paragenese** Zahlreiche Mineralien treten wegen gleicher oder ähnlicher Entstehung in gesetzmäßigen Gemeinschaften, Paragenese genannt, auf. Andere Mineralien wiederum schließen einander in natürlicher Gemeinschaft aus.
Die Kenntnis der Paragenese ist bei der Mineraliensuche wie auch beim Identifizieren von Mineralien und besonders in der Lagerstättenkunde eine wichtige Stütze. So kommen beispielsweise Baryt, Fluorit und Bleiglanz in bestimmten Gesteinen stets gemeinsam vor. Andererseits können z. B. Feldspäte und Halit niemals auf gleicher Kristallstufe erscheinen.

## Aufbau der Mineralien

**Mineral** Ein Mineral (Mehrzahl Mineralien oder Minerale) ist ein in sich einheitlicher, natürlich entstandener Teil der Erdkruste oder der Mondschale. Die meisten Mineralien haben bestimmte Kristallformen.

**Chemische Zusammensetzung** Die Mineralien haben eine ganz bestimmte stoffliche Zusammensetzung. Sie wird durch eine chemische Formel dargestellt (Tabelle der chemischen Elemente S. 381). Diese Formel ist idealisiert, d.h. sie nennt nur die Hauptbestandteile des Minerals. Kleinste natürliche Beimengungen und Verunreinigungen, die Verfärbungen oder sogar Farbänderungen hervorrufen können, bleiben unberücksichtigt.

**Modifikationen** Es gibt Mineralien, die mit anderen eine gleiche chemische Zusammensetzung aufweisen und doch eigenständig sind. Die Ursache hierfür liegt in einem verschiedenartigen Kristallgitter begründet. Diese Erscheinung, dass die gleiche chemische Substanz also in verschiedener Kristallgestalt auftritt und damit auch unterschiedliche Mineralien bildet, nennt man Polymorphie, die Einzelstrukturen Modifikationen. Kohlenstoff z.B. erscheint in den Modifikationen Graphit und Diamant. Quarz, Cristobalit, Coesit, Stishovit und Tridymit sowie Opal sind Modifikationen der Kieselsäure.

**Kristallgitter** Maßgebend für die äußere Erscheinung und die physikalischen Eigenschaften eines Minerals ist sein innerer Aufbau, d.h. die Anordnung der kleinsten Bauteilchen, der Atome, Ionen oder Moleküle. Ist die Packung dieser Bauteilchen gesetzmäßig geordnet, sprechen wir von einem Raum- oder Kristallgitter.

**kristallin, amorph** Mineralien mit einem Kristallgitter werden kristallin genannt, solche ohne Kristallstruktur, also ohne innere gesetzmäßige Ordnung der kleinsten Bauteilchen, sind amorph. Die weitaus meisten Mineralien sind kristallin. Amorph ist z.B. Opal.

**Mischkristalle** Bei einigen Mineralien können einzelne elementare Bauteilchen durch verwandte Stoffe ersetzt werden, ohne dass sich dadurch die Kristall- und die chemische Grundstruktur ändern. Da der Austausch in verschiedenem Umfang erfolgt, ergibt sich eine größere Zahl sog. Mischkristalle in einer Mischungsreihe. Die Plagioklase stellen solch eine Mischungsreihe dar (S. 40).

**Varietäten** Mineral-Varietäten sind Abarten innerhalb einer Mineralart mit typischen Merkmalen. Farbvarietäten dienen als Schmuck- und Edelsteine. Kristalleinschlüsse, ungewöhnliche Kristall- und Aggregatausbildung können ebenso zu Varietäten führen, wenn diese Besonderheiten nicht einmalig auftreten, sondern bei einer größeren Anzahl von Mineral-Individuen vorhanden sind. Die chemische und kristalline Grundstruktur bleibt gemäß der normalen Mineral-Ausbildung weitgehend erhalten.

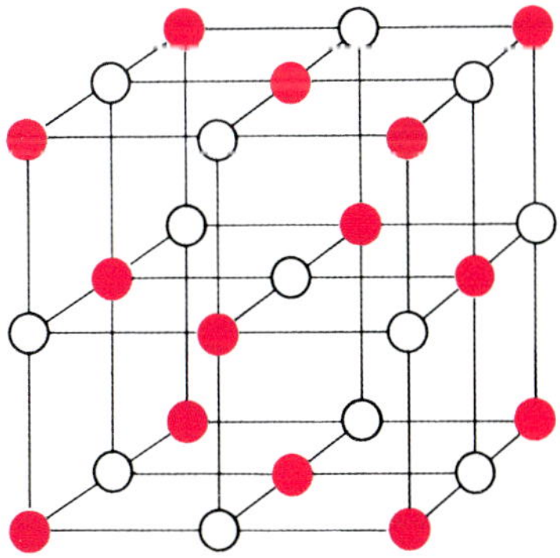

Schematische Darstellung des Kristallgitters von Halit; rot: Natriumion, weiß: Chlorion

## Kristallsysteme und Kristallformen

### kubisch

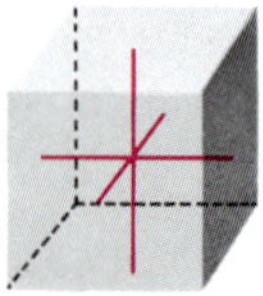

Würfel

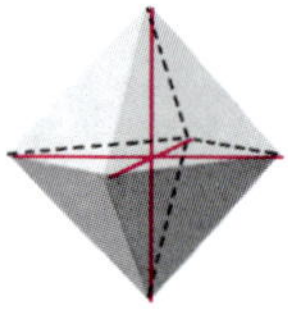

Oktaeder

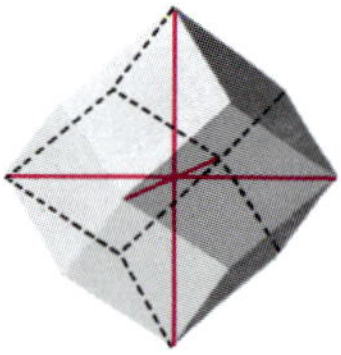

Rhombendodekaeder

### tetragonal

quadratisches Prisma

Doppelpyramide

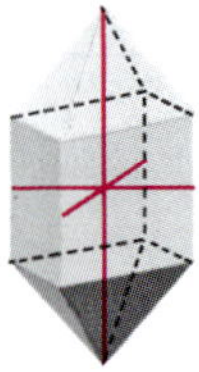

Prisma mit Pyramiden

### hexagonal

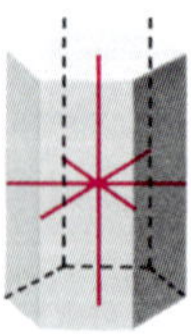

hexagonales Prisma

hexagonales Prisma

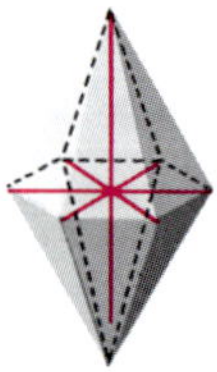

hexagonale Doppelpyramide

## Kristallsysteme und Kristallformen

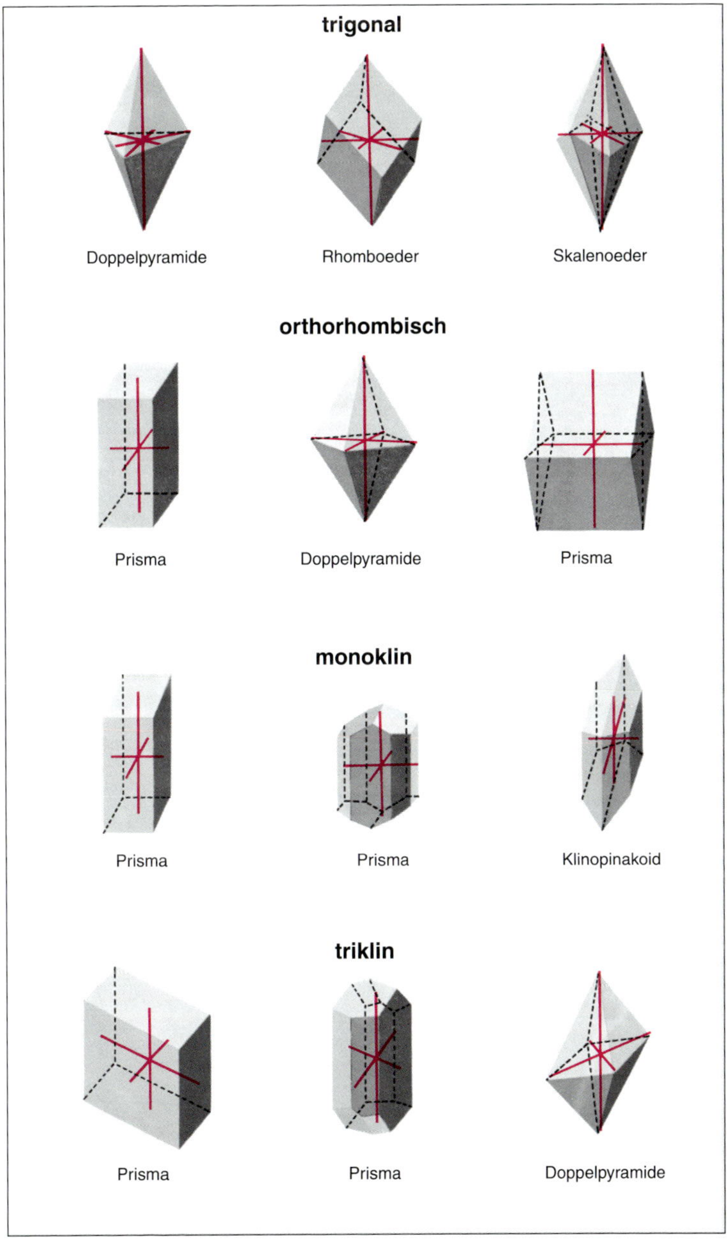

## Erscheinungsformen der Mineralien

**Kristallsysteme** Die meisten Mineralien sind kristallin. Sie bilden bestimmte, für sie typische geometrische Körper, die Kristallformen. Alle Kristallformen lassen sich auf 7 Kristallsysteme (kubisch, tetragonal, hexagonal, trigonal, orthorhombisch, monoklin, triklin) zurückführen. Die Unterscheidung dieser Systeme erfolgt nach den Kristallachsen und den Winkeln, unter denen sich die Achsen schneiden. Auf S. 14 und 15 sind die Kristallsysteme mit typischen Kristallformen dargestellt.

<u>Kubisches System</u> (Reguläres System) Alle drei Achsen sind gleich lang und stehen senkrecht aufeinander. Typische Kristallformen sind Würfel, Oktaeder, Rhombendodekaeder, Pentagondodekaeder, Ikositetraeder, Hexakisoktaeder.
<u>Tetragonales System</u> Die drei Achsen stehen senkrecht aufeinander; zwei sind gleich lang und liegen in einer Ebene, die dritte (Hauptachse) ist länger oder kürzer. Typische Kristallformen sind vierseitige Prismen und Pyramiden, Trapezoeder und achtseitige Pyramiden wie auch Doppelpyramiden.
<u>Hexagonales System</u> Drei von vier Achsen liegen in einer Ebene, sind gleich lang und schneiden sich in Winkeln von 120°, die vierte, ungleichwertige Achse steht senkrecht dazu. Typische Kristallformen sind sechsseitige Prismen und Pyramiden sowie zwölfseitige Pyramiden und Doppelpyramiden.
<u>Trigonales System</u> (Rhomboedrisches System) Drei von vier Achsen liegen in einer Ebene, sind gleich lang und schneiden sich in Winkeln von 120°, die vierte, ungleichwertige Achse steht senkrecht dazu. Achsen und Winkel entsprechen denen des vorgenannten Systems, daher fasst man die beiden Kristallsysteme gelegentlich auch als hexagonal zusammen. Der Unterschied liegt in den Symmetrieelementen. Beim hexagonalen System ist der Querschnitt der prismatischen Grundform sechseckig, beim trigonalen dreieckig. Durch Abschrägen der Dreiecks-Enden entsteht die sechseckige hexagonale Form. Typische Kristallformen des trigonalen Systems sind dreiseitige Prismen und Pyramiden, Rhomboeder und Skalenoeder.
<u>Orthorhombisches System</u> (Rhombisches System) Drei verschieden lange Achsen stehen senkrecht zueinander. Typische Kristallformen sind Basispinakoide, rhombische Prismen und Pyramiden sowie rhombische Doppelpyramiden.
<u>Monoklines System</u> Von drei verschieden langen Achsen stehen zwei senkrecht zueinander, die dritte liegt schief dazu. Typische Kristallformen sind Basispinakoide und Prismen mit geneigten Endflächen.
<u>Triklines System</u> Alle drei Achsen sind ungleich lang und gegeneinander geneigt. Typische Kristallformen sind Flächenpaare.

**Verzerrungen** Jeder Kristall – selbst der gleichen Mineralart – sieht etwas anders aus. Es gibt große und kleine, schmale und dicke, gerade und schiefe Kristalle. Die Idealform (Idealkristall), wie sie in Lehr- und Bestimmungsbüchern stets abgebildet ist, wird fast nie erreicht. Der gewachsene Kristall ist in der Natur (als Realkristall) gewöhnlich etwas verunstaltet, d.h. verzerrt. Die Flächengrößen und Flächenverhältnisse zueinander sind bei jedem Kristall anders. Aber trotz des verschiedenen Aussehens bleiben bei den Kristallen klar erkennbare Gesetzmäßigkeiten bestehen. Die Kantenwinkel (das sind die Winkel, die von jeweils zwei Flächen gebildet werden) sind bei derselben Kristallart in allen Fällen gleich.

**Tracht** Die Gesamtheit der bei einem Kristall auftretenden Formen heißt Tracht. Es gibt einfache Formen (z.B. Würfel, Rhombendodekaeder) und Kombinationen aus zwei oder mehreren Kristallformen.

**Habitus** Bezeichnung für die Gestalt der Kristallausbildung. Sie kann u. a. taflig, nadlig, spießig, säulig, gedrungen sein.

**Pseudomorphose** Mineralgebilde in atypischer, fremder Kristallgestalt nennt man Pseudomorphosen. Entstehung dadurch, dass unter einer Überdeckung Kristalle weggelöst und deren Raum dann durch andere Substanz wieder aufgefüllt wird, wobei die ursprüngliche Kristallform teilweise oder ganz erhalten bleibt. So kann die äußere Form z. B. einem Baryt entsprechen, während der mineralische Inhalt Quarz darstellt. Man spricht dann von einer Pseudomorphose von Quarz nach (der Kristallgestalt) Baryt. Die sog. Holzversteinerungen sind großenteils Pseudomorphosen (Holzstein S. 38).

**derb** Bezeichnung für Mineralien oder Mineral-Aggregat ohne Kristallflächen, d. h. ohne regelmäßige Begrenzung.

**Stufe** (Kristallstufe) Mineral-Aggregat mit mehreren einzeln stehenden Kristallen der gleichen oder verschiedener Art (z. B. Bergkristall, Nr. 4, S. 37).

**Druse** Eine Höhlung im Gestein (bis etwa 1 m Durchmesser) mit Kristallansammlung auf den Wänden (Abb. unten). Siehe auch Geode.

**Geode** Eine ehemalige Höhlung im Gestein (Druse), die durch Mineralsubstanz völlig oder nahezu ausgefüllt ist [Nr. 3, S. 179]. Vielfach werden die Begriffe Geode und Druse aber synonym gebraucht für eine mehr oder weniger intensive Mineral-Ausfüllung eines Hohlraumes.

Amethystdruse mit dichtem Kristallbesatz, Minas Gerais/Brasilien

## Zwillinge

Gelegentlich können Kristalle der gleichen Art und der gleichen Form gesetzmäßig, symmetrisch miteinander verwachsen. Wir sprechen dann von Zwillingen, Drillingen usw., je nachdem, wie viel Individuen beteiligt sind.
Je nach Lage der Kristalle zueinander unterscheiden wir Berührungszwillinge (Kontaktzwillinge) und Durchdringungszwillinge (Penetrationszwillinge). Eine Abart der letzteren sind die Durchkreuzungszwillinge mit mehr oder weniger streng sich kreuzenden Kristallen. Manchmal werden die Begriffe Durchdringungs- und Durchkreuzungszwilling auch synonym gebraucht.
Durch Wiederholung der Zwillingsbildung in einer Gruppe können sich auch Drillinge, Vierlinge, Achtlinge usw. entwickeln. Zwillingsvereinigungen von mehreren Individuen nennt man auch Viellinge.
Zwillinge sind oft daran zu erkennen, dass sie einspringende Winkel, d. h. Winkel, deren Spitze zum Kristallinnern zeigt, aufweisen. Bei Einzelkristallen gibt es niemals solche Winkel.
Die Zwillingsgestalten tragen oft eigene Namen: Brasilianer, Dauphinéer (Alpine oder Schweizer), Japaner Zwillinge beim Quarz, Schwalbenschwanz-, Montmartre-Zwillinge bei Gipsspat, Karlsbader, Bavenoer, Manebacher Zwillinge beim Orthoklas, Zwillinge des Eisernen Kreuzes beim Pyrit, Visiergraupen beim Kassiterit.
Weitere Abbildungen von Zwillingen und Viellingen: Japaner Zwilling/Quarz [Nr. 3, S. 37] – Staurolith [Nr. 3, S. 79] – Alexandrit [Nr. 9, S. 165].

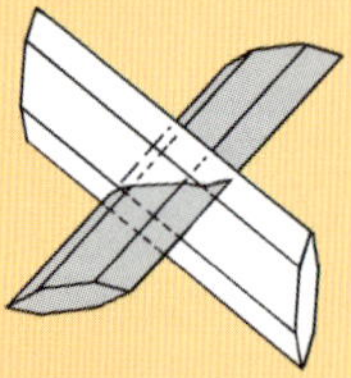

Gipsspat
Durchkreuzungszwilling

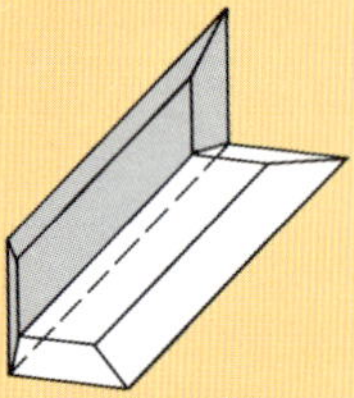

Gipsspat
Schwalbenschwanz-Zwilling

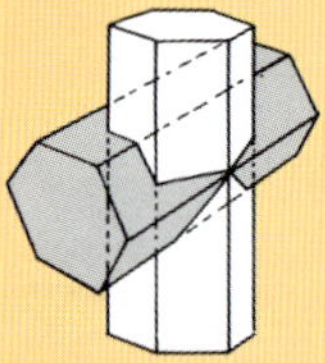

Staurolith
Durchkreuzungszwilling

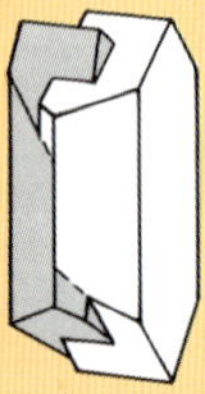

Orthoklas
Kalrsbader Zwilling

Zwillingsbildungen bei Gipsspat, Staurolith und Orthoklas-Feldspat

## Mineral-Aggregat

Zusammengefügtes Mineralgemenge im Zentimeter- bis Meterbereich. Großkristalline Aggregate, sog. Stufen (S. 17), selten, gewöhnlich kleinkristalline Bildungen.

**Ausbildung des Innenbaus**

spätig Viele glatte, glitzernde kleine Spaltflächen auf Bruchebene eines Aggregats, das aus Mineralien mit vollkommener Spaltbarkeit besteht.

körnig Mit bloßem Auge erkennbare, zusammengefügte Körner.

dicht Einzelindividuen so klein, dass mit bloßem Auge nicht zu erkennen.

oolithisch Stecknadelkopf- bis erbsengroße Kügelchen. Ähnlich: pisolithisch, rogenartig, schalig.

stänglig Langgestreckte Anordnung der Aggregat-Individuen. Ähnlich: strahlig, radialstrahlig, fasrig.

blättrig Flachplattiges Gefüge. Ähnlich: schuppig

**Ausbildung der Erscheinungsform**

glaskopfig Oberfläche aus halbkugelartigen, glatten, oftmals glänzenden Gebilden. Innenbau gewöhnlich radialstrahlig. Ähnlich: wulstig, traubig, kuglig, nierig, knollig, warzig.

stalaktitisch Länglich-wulstige, tropfsteinartige Oberfläche.

rosettenartig Blättrige, rosenähnlich angeordnete Individuen.

büschlig Gruppenartige Anordnung länglicher Individuen. Ähnlich: garbenförmig.

skelettartig Eisblumenähnliche, flache Gebilde. Ähnlich: dendritisch, moosartig, drahtförmig, gestrickt.

krustig Dünne Überdeckung eines anderen Aggregats. Ähnlich: anflugartig, ausblühartig, beschlagartig.

erdig Wenig feste, formlose, meist krümlige Masse. Ähnlich: pulvrig, mehlig.

1 Oolithisches Mineral-Aggregat (Aragonit)
2 Radialstrahliges Mineral-Aggregat (Pyrit)
3 Glaskopfiges Mineral-Aggregat (Hämatit)
4 Rosettenartiges Mineral-Aggregat (Gipsspat)
5 Skelettartiges Mineral-Aggregat (Kupfer)

1

2

3

4

5

# Eigenschaften der Mineralien

Nur selten gelingt es, Mineralien nach der Kristallform oder anderen typischen Erscheinungen sicher zu identifizieren. Meist muss man weitere Eigenschaften der Mineralien untersuchen. Der Nichtfachmann sollte mit Strichfarbe, Mohshärte, Dichte, Glanz, Bruch und Spaltbarkeit die Bestimmung eines Minerals zunächst beginnen.

Auf den Seiten 352–375 dieses Buches gibt es umfangreiche Mineral-Bestimmungstabellen.

## Farbe und Strich

Nur sehr wenige Mineralien haben eine einzige, charakteristische Farbe, wie der stets grüne Malachit, der rote Zinnober, der blaue Azurit und der gelbe Schwefel. Viele Mineralien treten dagegen in verschiedenen, einige sogar in allen Farben des Spektrums auf. Die Farbe ist daher kaum eine Bestimmungshilfe zum Erkennen von Mineralien.

Die Strichfarbe, auch Pulverfarbe oder kurz Strich genannt, dagegen ist ein objektives Bestimmungsmittel für Mineralien. Während nämlich die bei einem Mineral bzw. einer Varietät erkennbare Farbgebung im Allgemeinen durch geringe Spuren von Fremdmaterial oder durch Störungen im Kristallgitter verursacht wird, also demnach eine Fremdfarbe darstellt, gibt die Strichfarbe die stets gleiche, einmalige und konstante Eigenfarbe der ganzen Mineralart wieder. Beim Fluorit z. B. ist die Strichfarbe immer weiß, ganz gleich, ob er gelb, blau, grün oder schwarz aussieht. Um die Strichfarbe zu erhalten, reibt man mit einer Ecke des Probierstückes auf einem rauen Porzellantäfelchen, der Strichtafel. Notfalls genügt als Reibfläche

Strichfarben. Oben v. l.: Auripigment, Pyrit, Zinnober. Unten v. l.: Hämatit, Azurit, Malachit

Strichprobe auf einer Strichtafel. Der messinggelbe Pyrit liefert eine grünlich-schwarze Strichfarbe.

auch der unglasierte Unterrand einer Porzellanschüssel, einer Blumenvase oder die Oberfläche einer elektrischen Sicherung, auch die weiße Rückseite einer Kachel. Da zeigt sich beim Reiben gegebenenfalls ein farbiger, pulvriger Strich. Diese feinsten Pulverkörner wirken wie dünnste durchscheinende Plättchen, wodurch die Fremdfärbung des Minerals abstrahiert wird.
Wenn beim Reiben auf der Strichtafel kein Farbstrich erkennbar ist, sagt man, der Strich ist farblos oder weiß.
Bei Mineralien, die härter als die Strichtafel sind, also über Mohshärte 6 liegen, muss zunächst ein kleines Stück des zu bestimmenden Minerals durch Stampfen pulvrisiert und dann auf der Strichplatte verrieben werden.
Für die Strichprobe immer nur frische Bruchstellen verwenden, Oxidationsüberzüge, Verwitterungsschichten und Anlauffarben meiden.

## Flächenschiller und Lichtfiguren

Der bei einigen Mineralien zu erkennende flächenhafte Schiller und die streifenartigen Lichtfiguren sind weder von der Eigenfarbe noch von Verunreinigungen oder gar der chemischen Zusammensetzung abhängig. Die Ursache beruht vielmehr auf Reflexions-, Interferenz- und Beugungserscheinungen des Lichts.

**Adularisieren** Der beim Mondstein [Nr. 7, S. 171] flächenhaft auftretende bläulichweiße Schimmer.

**Aventurisieren** Buntes Farbenspiel glänzender Reflexe an eingelagerten Blättchen auf meist undurchsichtigem Grund [Aventurin Nr. 1 und 4, S. 177 – Sonnenstein Nr. 10, S. 171].

**Labradorisieren** Farbenspiel in metallisch glänzenden Tönen, insbesondere beim Labradorit [Nr. 3, S. 43].

**Opaleszieren** Milchig bläuliches oder perlglanzartiges Aussehen der Gemeinen Opale [Nr. 5, S. 39].

**Opalisieren** Buntfleckiges Farbenspiel des Edelopals [Nr. 8 und 9, S. 181].

**Katzenaugeneffekt** (Chatoyieren) Lichterscheinung, die an das schlitzartige Auge einer Katze erinnert. Entsteht durch Reflexion des Lichts an parallel gelagerten Fasern, Nadeln und Hohlräumen. Am wirkungsvollsten bei mugligem Schliff [Tigerauge Nr. 2, S. 177 – Mondstein Nr. 7, S. 171].

**Asterismus** Sternförmige Lichtstreifen, die sich in einem Punkt schneiden. Entsteht wie Katzenauge, nur dass die reflektierenden Fasern in verschiedenen Richtungen angehäuft liegen [Synthetischer Saphir Nr. 1, S. 163 – Synthetischer Rubin Nr. 4, S. 163].

## Mohshärte

Der Mineraliensammler versteht unter der Härte eines Minerals immer die Ritzhärte. Das ist der Widerstand, den ein Mineral beim Ritzen mit einem scharfkantigen Material entgegenbringt.
Den Begriff der Ritzhärte führte vor über 170 Jahren der Wiener Mineraloge Friedrich Mohs (1773–1839) ein, indem er aus 10 verschieden harten Mineralien eine Vergleichsskala (Mohs'sche Härteskala) erstellte, die bis heute in der ganzen Welt gültig ist. Nummer 1 ist der weichste, Nummer 10 der härteste Grad. Die Mineralien mit den dazwischenliegenden Stufen ritzen das mit geringerer Härte bezeichnete Mineral und werden von dem nachfolgend härteren geritzt. Gleich harte Mineralien ritzen sich nicht. Mittlerweile werden in der Praxis die Härtestufen noch in Halbgrade unterteilt.
Alle uns heute bekannten Mineralien sind dieser Mohs'schen Härteskala zugeordnet. In jedem Mineralienbuch wird bei der Beschreibung der Mineralien stets die Mohshärte (kurz Härte) genannt.
Mineralien der Mohshärte 1 und 2 gelten als weich, jene der Grade 3–6 als mittelhart und die über 6 werden als hart bezeichnet. Früher sprach man bei den Stufen 8–10 auch von Edelsteinhärte. Heute wird das abgelehnt, denn es gibt wertvolle Edelsteine, die eine geringere Mohshärte als 8 besitzen.
Die Härte der Mineralien ist nicht auf allen Kristallflächen gleich. Im Allgemeinen sind aber die Unterschiede so gering, dass der Sammler darauf keine Rücksicht zu nehmen braucht. Bei großen Differenzen muss man solche flächengebundenen Härteunterschiede berücksichtigen. Beim Kyanit z. B. ist die Mohshärte in der Vertikalrichtung der stängligen Kristalle 4–4½, quer dazu aber 6–7.

### Relative und absolute Härteskala

| Mohshärte | Vergleichsmineral | Einfache Härteprüfmittel | Absoluthärte |
|---|---|---|---|
| 1 | Talk | Mit Fingernagel schabbar | 0,03 |
| 2 | Gipsspat | Mit Fingernagel ritzbar | 1,25 |
| 3 | Calcit | Mit Kupfermünze ritzbar | 4,5 |
| 4 | Fluorit | Mit Messer leicht ritzbar | 5,0 |
| 5 | Apatit | Mit Messer noch ritzbar | 6,5 |
| 6 | Orthoklas | Mit Stahlfeile ritzbar | 37 |
| 7 | Quarz | Ritzt Fensterglas | 120 |
| 8 | Topas | | 175 |
| 9 | Korund | | 1000 |
| 10 | Diamant | | 140 000 |

Diese Tatsache der Härteunterschiede am gleichen Kristall macht es möglich, Diamant mit Diamant zu schleifen, denn gleich harte Materialien ritzen und schleifen einander normalerweise nicht. Diamant, bekanntlich das Härteste überhaupt, was es gibt, kann nur deshalb mit Diamantpulver geschliffen werden, weil er erhebliche Härteunterschiede auf den einzelnen Kristallflächen und dazu nach verschiedenen Richtungen aufweist (s. Skizze S. 23). Diamantpulver enthält nach statistischer Wahrscheinlichkeit auch immer ganz harte Splitter und kann damit die weniger harten Flächen eines Diamantkristalls abschleifen. Die ganz harten Kristallflächen lassen sich also niemals schleifen.
Die Mohs'sche Härteskala ist eine relative Härteskala. Mit ihr kann nur festgestellt werden, welches Mineral welches ritzt. Über das absolute Maß der Härtezunahme innerhalb der Skala wird keine Aussage gemacht.

Für eine wissenschaftlich-fachkundige Härteprüfung ist die Mohs'sche Härteskala nicht zu verwenden, da nur relativ und auch zu ungenau. Deshalb werden dort mit großem technischem Aufwand Absoluthärtewerte ermittelt. In der Tabelle S. 22 sind die Absoluthärten (Schleifhärte nach Rosiwal) den Mohswerten gegenübergestellt. Man erkennt dabei sehr eindrucksvoll, wie ungleich die Spannen innerhalb der einzelnen Mohshärte-Stufen sind. Dennoch hat die Mohs'sche Härteskala gerade für den Sammler einen hohen Wert. Eine Bestimmung der Absoluthärte ist für den Sammler kaum möglich.

**Härteprüfmittel** Im Handel werden Probierstücke und Ritzbestecke zur Härteprüfung angeboten (Abb. S. 24). Stehen Belegstücke der Härteskala nicht zur Verfügung, kann man auch mit einfachen Hilfsmitteln einige Härtegrade erkennen. So ritzt der Fingernagel bis Mohshärte 2, eine Kupfermünze bis Härte 3, das Taschenmesser etwa bis 5, ein Messer mit sehr guter Stahlqualität sogar bis 5½ Mohshärte. Stahlfeilen sind noch härter, sie ritzen bis Härte 6. Mit Quarz, Nr. 7 der Mohs'schen Härteskala, lässt sich Fensterglas deutlich ritzen.
Wegen dieser einfachen Anwendung ist die Mohs'sche Härteskala bei Sammlern sehr beliebt. Ohne großen Aufwand kann man eine Grobbestimmung von Mineralien schon im Gelände, bei Wanderungen oder Touren, bequem und schnell vornehmen.
Bei der Ritzprobe darauf achten, dass die Untersuchung nur mit scharfkantigen Stücken auf unzersetzten, glatten Flächen erfolgt. Geriffelte, blättrige Ausbildung oder angewitterte Kristallflächen der Versuchsobjekte täuschen eine geringere Härte vor.
Nach dem Ritzen bleibt ein pulvriger Strich auf dem unbekannten Mineral zurück. Der kann sowohl vom Prüfmaterial als auch vom Prüfobjekt stammen. Deshalb mit dem Finger abschließend über die Ritzfläche fahren. Lässt sich der Strich wegwischen, war das Prüfmaterial weicher als das unbekannte Mineral. Andernfalls war es härter und hat eine Ritzung in das Prüfobjekt eingegraben. Bei undeutlicher Ritzung eine Lupe zu Hilfe nehmen.
Die Mohs'sche Härteskala dient eigentlich nur der Bestimmung von Mineralien, nicht von Gesteinen. Bei monomineralischen Gesteinen, d. h. bei solchen, die nur aus einer einzigen Mineralart bestehen, wie Steinsalz, Kalkstein und Marmor, kann man mit der Härteprüfung nach Mohs Näherungswerte erzielen, die einer Bestimmung der Gesteine und damit der Mineralien dienlich sein können.

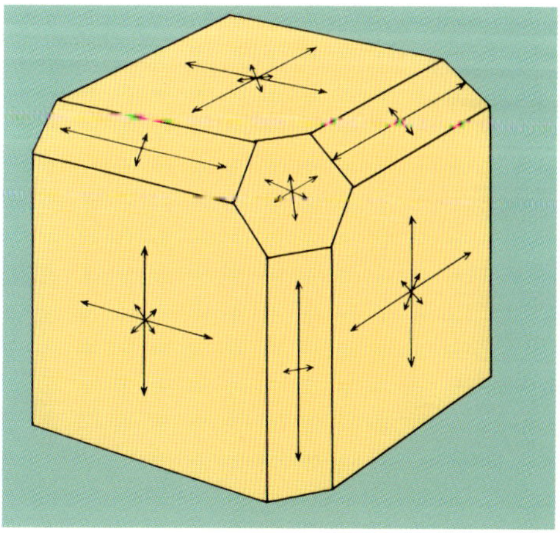

Härteunterschiede beim Diamantkristall.
Je kürzer die Pfeile, desto größer die Schleifhärte in dieser Richtung.
(nach E. M. und J. Wilks)

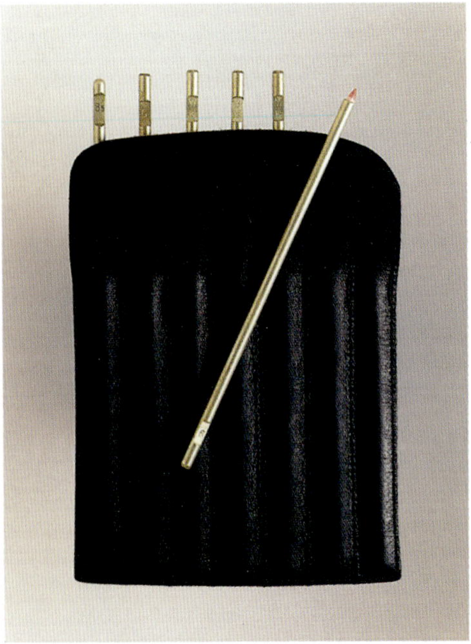

Ritzbesteck mit Metallstiften, in denen Mineralsplitter gefasst sind.

Probierstücke der Mohs'schen Härteskala; dazu Stahlstift, Messer und Feile als einfache Prüfmittel.

## Glanz

Nicht nur geschliffene Edelsteine zeigen glänzende Flächen, auch viele Mineralien haben einen charakteristischen Glanz. Er entsteht durch das reflektierte Licht an der Steinoberfläche und ist vom Brechungsindex eines Minerals und von dessen Oberflächenbeschaffenheit abhängig, nicht aber von der Farbe.
Bei der Beschreibung der Mineralien und in den Bestimmungstabellen dieses Buches (S. 352–375) werden Glas- und Harzglanz, Seiden- und Perlmuttglanz, Diamantglanz, Fett- und Wachsglanz sowie Metallglanz berücksichtigt. Mineralien ohne Glanz sind matt.
Glasglanz ist in der Mineralienwelt am meisten verbreitet, etwa bei zwei Dritteln aller Mineralien. Metallglanz gibt es nur bei undurchsichtigen Mineralien, insbesondere bei gediegenen Metallen, Sulfiden und einigen Oxiden. Seidenglanz tritt bei fasrigen Mineralien oder Mineral-Aggregaten auf. Perlmutt- und Fettglanz zeigen sich vornehmlich auf Spaltflächen.
Beschläge, Anlauffarben und oberflächliche Verwitterungserscheinungen können den Glanz eines Minerals beeinträchtigen. Deshalb Bestimmung am unveränderten Objekt vornehmen. Stets klares, helles Licht suchen. Der Glanz kann, je nach Richtung, auf Kristall- und Spaltflächen verschieden sein.

## Transparenz

Unter Transparenz oder Durchsichtigkeit versteht man die Lichtdurchlässigkeit eines Mediums. Es gibt durchsichtige, durchscheinende (halbdurchsichtige) und undurchsichtige (fachsprachlich opak genannt) Mineralien.
In sehr dünnen Schichten sind viele sonst undurchsichtige Mineralien durchsichtig oder durchscheinend. Alle Metalle sind auch in dünnen Lagen undurchsichtig. Körnige, fasrige oder stänglige Mineralien sowie Aggregate sind stets undurchsichtig, weil sich an den vielen Grenzflächen das Licht immer wieder bricht, bis es schließlich vollends reflektiert oder absorbiert wird. Für die meisten Edelsteine ist die Transparenz ein Wertfaktor.

## Doppelbrechung

Legt man einen Rhomboeder-Calcitkristall auf eine markante Unterlage, z. B. ein Linienkreuz, so erscheinen die Linien, durch den Kristall betrachtet, doppelt. Das bewirkt die sog. Doppelbrechung. Sie entsteht dadurch, dass ein Lichtstrahl beim Gang durch den Kristall gebrochen und in zwei Teile zerlegt wird.
Alle nicht kubischen, lichtdurchlässigen Mineralien zeigen eine mehr oder weniger große Doppelbrechung. Beim isländischen Calcit ist die Doppelbrechung besonders deutlich, er heißt daher auch Doppelspat. Für Edelsteine ist die Doppelbrechung eine sehr wichtige Bestimmungshilfe.

Doppelbrechung beim isländischen Calcit.

## Dichte

Unter Dichte (früher auch spezifisches Gewicht genannt) versteht man – sehr vereinfacht und rein ziffernmäßig – das Gewicht eines Stoffes in Bezug auf das Gewicht des gleichen Volumens Wasser. Quarz mit der Dichte von 2,65 ist also 2,65-mal so schwer wie das gleiche Volumen Wasser.
Die Dichte der Mineralien schwankt zwischen 1 und 20. Werte unter 2 werden als leicht empfunden (Bernstein etwa 1,0), solche von 2 bis 4 als normal (Calcit etwa 2,7) und jene über 4 als schwer (Bleiglanz etwa 7,5). In der Wissenschaft und der Bergbaupraxis gelten alle Mineralien mit einer Dichte über 2,9 als Schwermineralien.
Die wertvolleren Edelsteine und die Edelmetalle haben eine Dichte, die deutlich über der von Sand (aus Quarz und Feldspat) liegt. Sie werden daher in bewegtem Wasser der Flüsse und an der Küste vor den leichteren Sandmineralien abgelagert und in sog. Seifenlagerstätten angereichert.

Die Dichte wird wie folgt berechnet:

$$\text{Dichte} = \frac{\text{Gewicht des Minerals}}{\text{Volumen des Minerals}}$$

Das Gewicht eines Minerals wird mit einer Waage gemessen. Je genauer die Wägung, desto sicherer eine Identifizierung des unbekannten Minerals. Der Anfänger kann mit einer Briefwaage beginnen. Besser ist eine Gewichtsbestimmung auf $\frac{1}{10}$ Gramm. Der Fachmann arbeitet mit Wägegenauigkeiten von $\frac{1}{100}$ Gramm, d. h. mit zwei Stellen nach dem Komma.
Das Volumen kann man auf verschiedene Weise finden, durch Wasserverdrängung in einem Messzylinder oder nach dem Auftriebsverfahren mit einer hydrostatischen Waage. Die letztere Methode ist genauer und auch für kleine Proben geeignet. Sie beruht auf dem archimedischen Prinzip: Der Auftrieb ist gleich dem Gewicht der durch das Mineral verdrängten Wassermenge.
Das unbekannte Mineral wird zunächst an der Luft, dann in Wasser gewogen.

Schematische Darstellung der hydrostatischen Waage

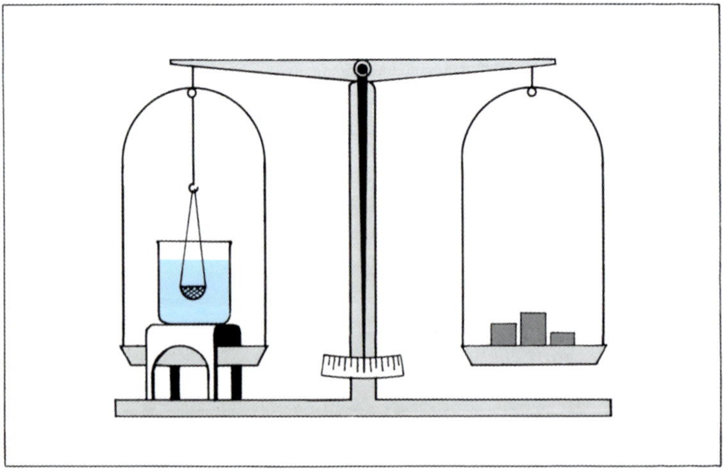

Der Wiegeunterschied entspricht dem Gewicht des verdrängten Wassers und damit ziffernmäßig dem Volumen des Minerals.

**Beispiel:**

| | |
|---|---|
| Gewicht in Luft | 5,2 g |
| Gewicht in Wasser | 3,3 g |
| Unterschied = Volumen | 1,9 |

$$\text{Dichte} = \frac{\text{Gewicht}}{\text{Volumen}} = \frac{5{,}2}{1{,}9} = 2{,}7$$

Die Dichte dieser Probe beträgt 2,7. Nach dem Gewicht könnte es Calcit sein.
Wichtig ist zu beachten, dass das zu bestimmende Mineral bei der Wägung an der Luft trocken ist und keine Fremdsubstanz enthält. Einige Mineralien haben aber naturgemäß immer geringe Verunreinigungen oder Schwankungen in der Zusammensetzung. Dann sind die Dichtewerte ebenso schwankend und können nur annähernd bezeichnet werden.
Eine hydrostatische Waage kann sich jeder nach dem Schema der beigefügten Abbildung selbst basteln. Für den Anfänger genügt eine umgebaute Briefwaage. Der fortgeschrittene Sammler sollte eine Präzisionswaage verwenden, damit Messungen auf $\frac{1}{100}$ Gramm möglich sind.
In der Edelsteinkunde wird neben der Messung mit der hydrostatischen Waage die sog. Schwebemethode zur Bestimmung der Dichte eingesetzt. Sie beruht auf dem Grundgedanken, dass Gegenstände in einer Flüssigkeit mit gleicher Dichte schweben, also weder auf den Boden sinken noch an der Oberfläche schwimmen. Mit genormten Flüssigkeiten von bekannter Dichte bzw. durch Verdünnen von schweren Flüssigkeiten bis zum Schwebezustand des Probesteins kann die Dichte des unbekannten Edelsteins ermittelt werden.
Die Schwebemethode empfiehlt sich dann, wenn gezielt Edelsteine aus einer Partie unbekannter Steine aussortiert werden sollen oder wenn es gilt, Synthesen und Imitationen gegenüber echten Edelsteinen zu unterscheiden.

## Bruch

Wenn Mineralien als Folge einer Gewaltanwendung (Schlag, Druck) mit unregelmäßigen Flächen auseinanderfallen, nennen wir das Bruch, stellen sich dagegen ebene Flächen ein, sprechen wir von Spaltbarkeit (S. 28). Eine Trennung von Zwillingen heißt Absonderung. Ob sich ein Mineral spalten oder brechen lässt, hängt vom Gitterbau des Kristalls ab. Sind die Bauteilchen des Gitters derart verteilt, dass sich keine Ebene durch dieses Gitter hindurchschieben lässt, dann erfolgt das Auseinanderfallen des Minerals mit unregelmäßigen Flächen, es entsteht ein Bruch. Siehe dazu die Kristallgitter-Darstellungen S. 28.
Der Bruch kann muschlig (wie der gerundete Abdruck einer Muschel aussehend), uneben, glatt, fasrig, hakig, splittrig oder erdig sein.

Muschliger Bruch beim Obsidian, einem Gesteinsglas

## Spaltbarkeit

Spaltbarkeit heißt Abgliederung von Mineralteilen mit glatten Flächen. Ob sich ein Mineral spalten lässt oder nicht, hängt vom Gitterbau des Kristalls ab. Liegen die Atome, Ionen oder Moleküle derart zueinander, dass man ebene Flächen durch das Kristallgitter schieben könnte, dann lässt sich das Mineral spalten, andernfalls entsteht ein Bruch, eine Abgliederung mit unregelmäßigen Flächen (S. 27).
Je nach Stärke der Kohäsionskräfte zwischen den Bauteilchen des Kristalls ist die Güte der Spaltbarkeit verschieden. Ihre Gradeinteilung wird in der Mineralienkunde nicht einheitlich gehandhabt. Bei der Beschreibung der Mineralien in diesem Buch werden folgende Spaltbarkeitsstufen verwendet:

vollkommen – gut – undeutlich – keine

Einige Mineralien lassen sich nur in einer Richtung spalten, andere kann man nach zwei oder mehr Richtungen teilen. Die Bergleute früherer Zeiten haben jene Mineralien mit sehr guten Spaltbarkeiten nach verschiedenen Richtungen als »-spat« (d. h. spalt/spalten) bezeichnet: z. B. Feldspat, Flussspat, Kalkspat, Schwerspat.
Die Spaltebenen haben mit der äußeren Form des Minerals nichts zu tun. Sie sind ausschließlich von der Gitterstruktur des Kristalls abhängig. Auch bei Mineralien mit verschiedenen Ausbildungsformen können die gleichen Spaltfiguren entstehen. Bei Bleiglanz und Halit erhält man immer Würfel, bei Calcit Rhomboeder. Der Spaltwinkel (Winkel, den zwei Spaltebenen einschließen) ist für viele Mineralien typisches Bestimmungsmerkmal. Die im Erscheinungsbild ähnlichen Mineralien Hornblende und Augit z. B. sind beim Fehlen von Kristallbegrenzungen durch die Spaltwinkel zu unterscheiden: Hornblende 124°, Augit 87° (s. Skizze S. 52).
Kristallflächen sind niemals so glatt und meist auch nicht so glänzend wie Spaltflächen. Sie zeigen vielmehr Streifen, kleine Figuren, Eintiefungen oder andere winzige Unebenheiten.
In der Fachliteratur der Mineralienkunde wird der Begriff der Spaltbarkeit häufig durch das Symbol # ersetzt.
Die Kenntnis über Spaltbarkeit und die Richtung des Spaltens ist für den Edelsteinfachmann beim Schleifen und Fassen von größter Bedeutung.

Kristallgitter von Halit

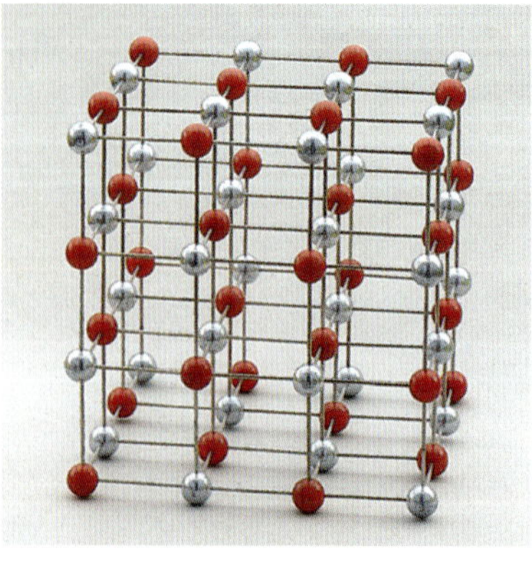

Kristallgitter von Quarz

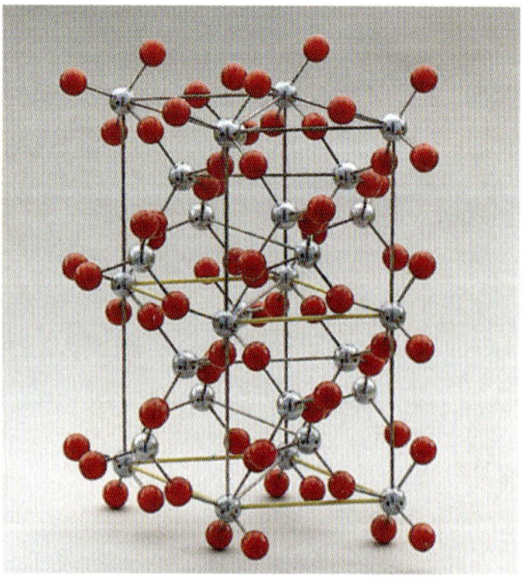

## Magnetismus

Das magnetische Verhalten ist bei Mineralien verschieden. Es gibt Mineralien (z. B. Magnetit), die selbst anziehend wirken, und andere (z. B. Magnetkies), die von Magneten angezogen werden, und schließlich solche, die magnetisch überhaupt nicht reagieren.
Mit der Kompassnadel lassen sich beide magnetische Verhaltensweisen sicher bestimmen. Die locker aufgehängte Magnetnadel reagiert sehr feinfühlig auf jede magnetische Beinflussung. Prüfstücke neben die ruhende Magnetnadel legen und Ablenkung der Nadel beobachten. Kleine Mineralteile wegen des schwächeren Magnetismus so nahe wie möglich über der Magnetnadel hin und her schwenken. Bei einigen Mineralien ist der Magnetismus nach Örtlichkeit und nach Eisengehalt verschieden.

## Zähigkeit

Unter Zähigkeit (in der Fachsprache Tenazität genannt) versteht man bei Mineralien die Sprödigkeit (spröde, mild, schneidbar), Dehnbarkeit (schmiedbar, geschmeidig, dehnbar) und Elastizität (elastisch biegsam, unelastisch biegsam oder plastisch).
Die Eigenschaften der Zähigkeit können für Mineralien Bestimmungshilfe sein. Im Allgemeinen sind sie mehr dem Spezialisten vorbehalten. Bei der Beschreibung der Mineralien in diesem Buch werden vereinzelt Zähigkeitsmerkmale erwähnt.

## Lumineszenz

Lumineszenz ist ein Sammelbegriff für die verschiedenen Arten des Aufleuchtens einer Substanz unter Einwirkung irgendwelcher Strahlen, mit Ausnahme der reinen Wärmestrahlung. Für den Mineraliensammler ist vornehmlich die Lumineszens im ultravioletten Licht (UV), die sog. Fluoreszenz, von Interesse, denn viele Minteralien leuchten nicht nur in Weiß, sondern in einzelnen Farben des Spektrums. Weitere Ausführungen Seite 348.
Wenn die Substanz über das Ende der Bestrahlung nachleuchtet, sprechen wir von Phosphoreszens, benannt nach dem bekannten Leuchten von Phosphor.

Fluoreszierende Mineralien in weißem Licht (links) und unter UV-Strahlen (rechts); jeweils von links: Oben Calcit, Aragonit. Mitte Halit, Fluorit. Unten Willemit

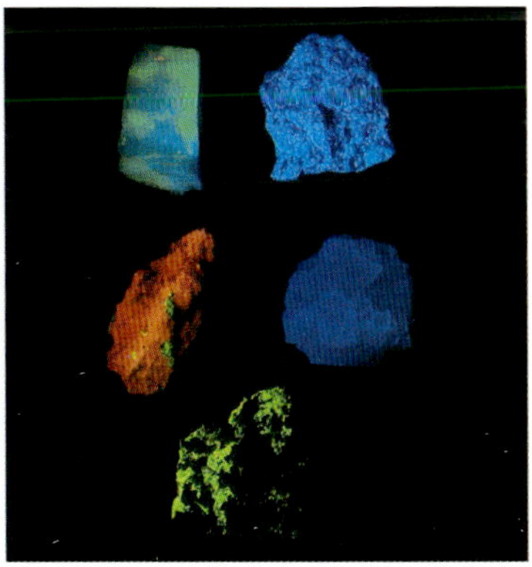

Mineralbestimmung mit dem Lötrohr erfordert eine gewisse Übung

## Verhalten vor dem Lötrohr

Schmelzreaktionen und Flammenfärbung mit Hilfe eines Lötrohrs dienen der Mineralbestimmung, in Fachkreisen Lötrohrprobierkunde genannt. Solch ein Lötrohr besteht aus Messing, hat ein hölzernes Mundstück und eine haarfeine Öffnung am anderen Ende. Durch Blasen mit dem Lötrohr kann die Flamme eines Bunsenbrenners, einer Kerze oder eines Spiritusbrenners stark aufgeheizt und stichflammenartig auf eine Mineralprobe, die auf einem flachen, leicht eingetieften Stück Holzkohle ruht, gezielt werden. Durch unterschiedliches, d. h. starkes oder schwaches Blasen vor der Flamme oder im Flammenkegel lassen sich Reduktions- und Oxidationsvorgänge mit Schmelz-, Zersetzungs- und Sublimationserscheinungen sowie Gasbildungen und Flammenfärbung bewirken. All dies erlaubt Schlüsse auf die chemische Zusammensetzung der Mineralprobe.
Die Mineralbestimmung mit dem Lötrohr erfordert eine gewisse Übung. Sie ist daher mehr dem fortgeschrittenen Sammler vorbehalten.

## Pleochroismus

Bei einigen durchsichtigen Mineralien sind die Farben und Farbtiefen in verschiedenen Richtungen unterschiedlich. Ursache dafür ist eine ungleiche Absorption des Lichts doppelbrechender Kristalle in den verschiedenen Richtungen.
Wenn zwei Hauptfarben erscheinen, spricht man von Dichroismus, bei drei Farben von Trichroismus oder Pleochroismus. Dichroismus ist nur beim tetragonalen, hexagonalen und trigonalen Kristallsystem möglich, Trichroismus nur im rhombischen, monoklinen und triklinen Kristallsystem. Der Begriff Pleochroismus wird auch als Sammelbezeichnung für beide Arten der Mehrfarbigkeit verwandt. Amorphe Mineralien und die des kubischen Kristallsystems haben keinen Pleochroismus.
Die Erscheinungen des Pleochroismus können schwach, deutlich oder stark sein. Sie müssen beim Schleifen von Edelsteinen berücksichtigt werden, um Fehlfarben, d. h. zu helle oder zu dunkle Töne, zu vermeiden und um möglichst große Farbtiefe der Steine zu erreichen.

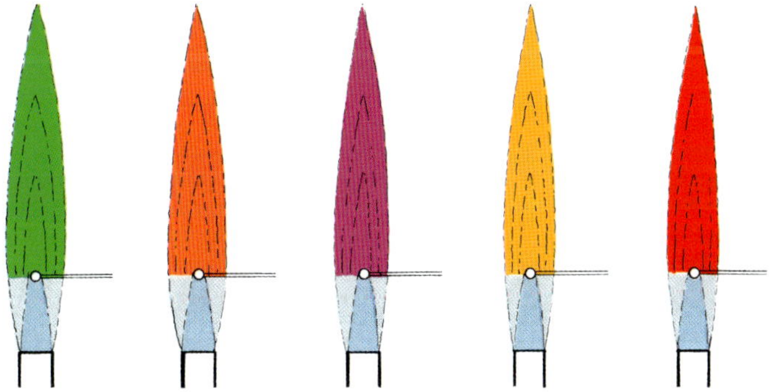


Flammenfärbung als Hilfsmittel zur Bestimmung von Mineralien

## Flammenfärbung

Da einige Elemente eine Flamme verfärben, kann man mit solcher Flammenprobe auf die chemische Zusammensetzung eines Minerals schließen. Gasbrenner sind als Flammenquelle gegenüber Kerzen zu bevorzugen, denn sie können so reguliert werden, dass sie ohne eigene Flammenfarbe brennen. In abgedunkelten Räumen ist die Flammenfärbung am besten sichtbar. Strontium bewirkt purpurrot, Lithium karminrot, Calcium ziegelrot, Natrium gelb, Barium gelblichgrün, Bor grün, Kupfer blau und grün, Kalium violett. Ein kleiner Mineralsplitter genügt als Probe.

## Weitere Eigenschaften

Manchmal können einfache Test nach Geruch, Geschmack, durch Anfühlen oder Prüfen der Wasserlöslichkeit wichtige Bestimmungshilfen zur Identifizierung eines Minerals bzw. eines Gesteins sein. Schwefel z. B., der schon mit Streichholzflamme schmilzt, erzeugt beim Brennen den charakteristischen, stechend riechenden Schwefeldioxid-Geruch. Steinsalz schmeckt normal salzig, der ähnliche Sylvin dagegen unangenehm scharf-bittersalzig.

Durch Anfühlen lassen sich Marmor- und Gips-Skulpturen deutlich unterscheiden. Marmor, ein guter Wärmeleiter, fühlt sich kühl an, Gipsstein als schlechter Wärmeleiter fühlt sich warm an. Der kalt erscheinende Quarz ist von dem sich warm anfühlenden Glas, oft als Unterschiebung genutzt, einfach zu verifizieren.

Der Fachmann muss unter Umständen sehr spezielle Untersuchungen anstellen, wenn es z. B. gilt, Edelsteine und Synthesen zu diagnostizieren oder Erzmineralien einer Lagerstätte zu erkennen. Die optischen Erscheinungen der Lichtbrechung, der Dispersion (Zerlegung des weißen Lichts in die Regenbogenfarben), der Absorption und Absorptionsspektren (Lichtauslöschung), mikroskopische Studien im auffallenden Licht bei Anschliffen wie im durchfallenden Licht bei Dünnschliffen (Scheibchen von 0,03 mm Stärke) und manch andere arbeits- und geräteaufwendige Untersuchung können oftmals erst letzte Sicherheit über ein Mineral oder ein Mineralaggregat bringen.

Zunehmende Bedeutung bei der Identifizierung von Edelsteinen haben die unter dem Mikroskop erkennbaren festen, flüssigen oder gasförmigen Einschlüsse.

## Klassifikation der Mineralien

Etwa 4000 Mineralarten sind bekannt, und jedes Jahr werden neue Mineralien entdeckt. Außerdem gibt es mehrere tausend Abarten, sog. Varietäten. Eine solch große Zahl kann man kaum übersehen. Deshalb ist es notwendig, die Mineralien zu gruppieren, d. h. sie nach gleichen oder ähnlichen Eigenschaften in Gruppen zu erfassen. Dazu bieten sich verschiedene Möglichkeiten an. So lassen sich die Mineralien nach der Art ihrer Entstehung, nach Verteilung in den Gesteinen wie auch nach äußeren Kennzeichen, z. B. nach Kristallform, Härte, Glanz oder Dichte, sortieren. Je nach Ziel und Zweck kann die eine oder andere Gruppenbildung mehr oder weniger sinnvoll sein.
In der wissenschaftlichen Mineralienkunde ist es im Allgemeinen üblich, die Mineralien nach ihrer chemischen Zusammensetzung und dann weiter nach dem strukturellen Aufbau zu klassifizieren. Wenn heutzutage in der Wissenschaft vom »Mineralsystem« gesprochen wird, meint man immer dieses System der chemischen Zuordnung. Wir kennen auch hier Modelle mit unterschiedlicher Gruppenbildung, aber inzwischen wird eine Ordnung von neun, seit 2001 von zehn Mineralklassen anerkannt. Ein Mineralienfreund, der nach diesem System sammelt, wird schlechthin als »Systematiker« bezeichnet.
Für den wissenschaftlich in Mineralogie nicht Vorgebildeten und für die meisten, die beruflich mit Gesteinen zu tun haben (wie Steinmetze, Bildhauer und Baufachleute), ist das chemische System der Mineralklassifizierung im Allgemeinen nicht akzeptabel. Deshalb werden hier in dem vorliegenden Buch die Mineralien so vorgeführt, wie sie für den Nichtfachmann am besten begreiflich sind, nämlich als Gesteinsbildner, als Bestandteil der Erze und als Edelstein.
Natürlich sind bei diesem Ordnungssystem Überschneidungen bei der Zuweisung der Mineralien nicht zu vermeiden. Großzügige Kompromisse waren notwendig. Sie werden bewusst in Kauf genommen.
Für den nach dem wissenschaftlichen System sammelnden Steinefreund gilt die tabellarische Zusammenstellung weiter unten. Die zugehörigen Abbildungen und Texte lassen sich über das Sachwortverzeichnis am Ende dieses Buches erfassen.
Die Auswahl der Mineralien für die folgenden Darstellungen erfolgte nach der Bedeutung für die Gesteinskunde und als Erz, nach der Verwendung als Edelstein wie auch nach der Beliebtheit als Sammelobjekt für den Hobbymineralogen. Naturgemäß ist solche Auswahl nicht frei von subjektiver Beurteilung.

### Das wissenschaftliche Mineralsystem

Die Gruppierung der Mineralien erfolgt nach neun Klassen. Die letzte Klasse umfasst organische Verbindungen, die den übrigen Mineralien ähnlich sind.

| | |
|---|---|
| I. Klasse | Elemente |
| II. Klasse | Sulfide und verwandte Verbindungen |
| III. Klasse | Halogenide |
| IV. Klasse | Oxide und Hydroxide |
| V. Klasse | Nitrate, Carbonate |
| VI. Klasse | Borate |
| VII. Klasse | Sulfate, Chromate, Molybdate, Wolframate |
| VIII. Klasse | Phosphate, Arsenate, Vanadate |
| IX. Klasse | Silikate (Neso- oder Inselsilikate, Soro- oder Gruppensilikate, Cyclo- oder Ringsilikate, Ino- oder Ketten- und Bandsilikate, Phyllo- oder Schichtsilikate, Tekto- oder Gerüstsilikate) |
| X. Klasse | Organische Verbindungen |

## Mineralien im wissenschaftlichen Klassifikationsschema (Auswahl)

**I. Klasse: Elemente**
Amalgam, Antimon, Arsen, Diamant, Gold, Graphit, Kupfer, Platin, Quecksilber, Schwefel, Silber, Tellur, Wismut

**II. Klasse: Sulfide und verwandte Verbindungen**
Akanthit, Antimonit, Argentit, Arsenkies, Auripigment, Berthierit, Bleiglanz, Bornit, Boulangerit, Bournonit, Chloanthit, Covellin, Cubanit, Enargit, Freibergit, Gersdorffit, Jamesonit, Jordanit, Kobaltglanz, Kupferglanz, Kupferkies, Linneit, Löllingit, Magnetkies, Markasit, Millerit, Molybdänglanz, Nickelin, Patronit, Pentlandit, Petzit, Polybasit, Proustit, Pyrargyrit, Pyrit, Realgar, Safflorit, Schapbachit, Schwazit, Sperrylith, Skutterudit, Stannin, Stephanit, Stibiopalladinit, Sylvanit, Tennantit, Tetraedrit, Wismutglanz, Wurtzit, Zinkblende, Zinnober

**III. Klasse: Halogenide**
Atacamit, Carnallit, Chlorargyrit, Fluorit, Halit, Kalomel, Kryolith, Salmiak, Sylvin

**IV. Klasse: Oxide, Hydroxide**
Aeschynit, Alumogel, Anatas, Arsenolith, Asbolan, Betafit, Bismit, Bixbyit, Böhmit, Brannerit, Braunit, Brookit, Chromit, Chrysoberyll, Coesit, Columbit, Coronadit, Cristobalit, Cuprit, Davidit, Diaspor, Eis, Euxenit, Fergusonit, Franklinit, Gahnit, Gibbsit, Goethit, Hämatit, Hausmannit, Heterogenit, Hollandit, Ilmenit, Kassiterit, Korund, Kryptomelan, Lepidokrokit, Magnetit, Manganit, Molybdit, Niobit, Opal, Pechblende, Perowskit, Psilomelan, Pyrochlor, Pyrolusit, Quarz, Rutil, Samarskit, Sassolin, Senarmontit, Spinell, Stishovit, Tantalit, Tenorit, Thorianit, Tridymit, Uraninit, Uranpecherz, Valentinit, Wolframit, Yttrotantalit, Zinkit

**V. Klasse: Nitrate, Carbonate**
Ankerit, Aragonit, Aurichalcit, Azurit, Bismutit, Calcit, Cerussit, Dolomitspat, Gaylussit, Hydrozinkit, Kalisalpeter, Leadhillit, Magnesit, Malachit, Natronsalpeter, Phosgenit, Rhodochrosit, Siderit, Smithsonit, Soda, Strontianit, Witherit

**VI. Klasse: Borate**
Boracit, Borax, Colemanit, Hambergit, Kernit, Kurnakovit, Sinhalit, Ulexit

**VII. Klasse: Sulfate, Chromate, Molybdate, Wolframate**
Alunit, Alunogen, Anglesit, Anhydritspat, Baryt, Brochantit, Chalkanthit, Coelestin, Epsomit, Gipsspat, Halotrichit, Hanksit, Jarosit, Kainit, Kieserit, Krokoit, Linarit, Polyhalit, Powellit, Scheelit, Schönit, Serpierit, Thenardit, Wulfenit

**VIII. Klasse: Phosphate, Arsenate, Vanadate**
Adamin, Amblygonit, Annabergit, Apatit, Autunit, Beryllonit, Brasilianit, Carnotit, Descloizit, Erythrin, Kakoxen, Lazulith, Mimetesit, Monazit, Mottramit, Olivenit, Pharmakolith, Purpurit, Pyromorphit, Scholzit, Stolzit, Strengit, Torbernit, Türkis, Uranocircit, Vanadinit, Variscit, Vivianit, Wardit, Wavellit, Zeunerit

**IX. Klasse: Silikate**
Ägirin, Aktinolith, Allanit, Analcim, Andalusit, Anthophyllit, Apophyllit, Arfvedsonit, Augit, Axinit, Benitoit, Bertrandit, Beryll, Bronzit, Cancrinit, Chabasit, Chamosit, Chlorit, Chrysokoll, Cordierit, Danburit, Daphnit, Datolith, Delessit, Diopsid, Dioptas, Dumortierit, Enstatit, Epidot, Euklas, Fassait, Fayalit, Feldspäte, Forsterit, Gadolinit, Garnierit, Glaukophan, Glimmer, Granate, Gyrolith, Harmotom, Hauyn, Hedenbergit, Hemimorphit, Heulandit, Hornblende, Hypersthen, Illit, Ilvait, Jadeit, Kaliophilit, Kaolinit, Klinochlor, Kornerupin, Kyanit, Lapislazuli, Laumontit, Lepidolith, Leucit, Melilith, Mesolith, Milarit, Montmorillonit, Natrolith, Nephelin, Népouit, Neptunit, Nosean, Okenit, Olivin, Omphacit, Pektolith, Pennin, Petalit, Phenakit, Phillipsit, Piemontit, Prehnit, Pyrophyllit, Rhipidolith, Rhodonit, Riebeckit, Sepiolith, Serpentin, Sillimanit, Skapolith, Skolezit, Sodalith, Spodumen, Staurolith, Stilbit, Talk, Thomsonit, Thorit, Thortveitit, Thuringit, Titanit, Topas, Tremolit, Turmalin, Uranophan, Vesuvian, Willemit, Wollastonit, Zirkon, Zoisit

**X. Klasse: Organische Verbindungen**
Bernstein, Mellit, Ozokerit, Whewellit

# Gesteinsbildende Mineralien

Von den mehr als 4000 bekannten Mineralien sind nur einige Dutzend am Aufbau der Gesteine wesentlich beteiligt.
Je nach Mengenanteil unterscheidet man Hauptgemengteile, Nebengemengteile und Übergemengteile.

**Hauptgemengteile** Mineralien, die im Gestein in mehr oder weniger großer Menge auftreten.
**Nebengemengteile** Mineralien, die im Gestein untergeordnet vorhanden sind. Sie werden auch Akzessorien genannt.
**Übergemengteile** Mineralien, die normalerweise im Gestein mengenmäßig nur untergeordnet erscheinen, gelegentlich aber lokal in hohem Prozentsatz auftreten und dadurch für ein Gestein charakteristisch sein können.

Es existiert zwar keine verbindliche prozentuelle Abgrenzung der Gemengteile gegeneinander, aber Hauptgemengteile sollten in etwa 10 % nicht unterschreiten.

Im Folgenden werden die Mineralien danach vorgeführt, wie sie in den drei Gesteinsgruppen, den Magmatiten, den Sedimentiten und den Metamorphiten, vorzugsweise erscheinen. Ein gewisser Kompromiss in der Abhandlung ist dabei allerdings unabdingbar. Denn die Mineralien entstehen zwar entweder magmatisch, sedimentär oder metamorph (S. 12), doch heißt das nicht, dass solche Mineralien dann auch auf die jeweilige Gruppe beschränkt bleiben. Es gibt eine Reihe von Mineralien, die in zwei oder sogar in allen drei der oben genannten Gesteinsgruppen vorkommen. Um Wiederholungen bei der Darstellung zu vermeiden, werden die Mineralien nur bei einer einzigen Gesteinsgruppe beschrieben und abgebildet. Bei der Abhandlung der Gesteine (S. 187ff.) werden natürlich die jeweils beteiligten Mineralien erwähnt.
Mineralien der Erze und Edelsteine, die an sich ebenso Gemengteil der Gesteine sind, werden entsprechend ihrer wirtschaftlichen Bedeutung als jeweils eigene Gruppe behandelt.
Synonyme, selbst wenn heutzutage nicht mehr gängig, werden erwähnt, damit der Steineliebhaber bei Bedarf auch in älterer Literatur nachschlagen kann.

## Mineralien der Magmatite

Hauptgemengteile der Magmatite sind Quarz, Feldspäte, Foide, Glimmer, Augit, Hornblende und Olivin. Nebengemengteile sind Apatit, Hämatit, Ilmenit, Magnetit, Natrolith, Nephelin, Titanit, Zirkon und andere mehr.

Bei Vulkaneruptionen können Aschen und Lavafetzen
Hunderte von Metern hochgeschleudert werden.
Vulkan Stromboli, Liparische Inseln/Italien, Juli 1977.

## Quarz-Gruppe

Zur Quarz-Gruppe gehören Quarz und Opal sowie die seltenen Mineralien Tridymit, Cristobalit, Coesit und Stishovit. Alle bestehen aus Kieselsäure.

### Quarz [1–6]

| | |
|---|---|
| Chemie: $SiO_2$ | Farbe: farblos, weiß, alle Farben |
| Mohshärte: 7 | Strichfarbe: weiß |
| Dichte: 2,65 | Glanz: Glas-, Fettglanz |
| Spaltbarkeit: keine | Transparenz: durchsichtig bis undurchsichtig |
| Bruch: muschlig, spröde | Kristallsystem: trigonal |

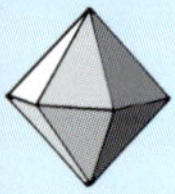

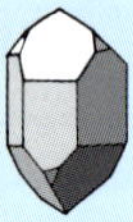

Die Kristalle zeigen im Allgemeinen ein sechsseitiges Prisma mit pyramidalem Abschluss. Die auf den Längsflächen sichtbare Querstreifung ist wesentliches Erkennungsmerkmal. Gelegentlich sind andere Mineralien, häufig Gase und Flüssigkeiten eingeschlossen. Große, mannshohe Kristalle bekannt. Quarz-Pseudomorphosen nach sehr verschiedenartigen Mineralien möglich.
Durchdringungszwillinge (Dauphinéer und Brasilianer) meist derart innig miteinander verwachsen, dass die Einzelindividuen nur schwer zu erkennen sind.
Berührungszwillinge (Japaner [3] haben markant einspringende Winkel. Im Allgemeinen treten Quarzkristalle in Gruppen auf [4]. Aggregate können körnig dicht [6], stänglig oder fasrig sein.
Da Quarz mechanisch sehr widerstandsfähig und chemisch schwer angreifbar (nur in Flusssäure löslich), ist er weit verbreitet, nach den Feldspäten das häufigste Mineral in der oberen Erdkruste. Er ist Hauptbestandteil der kieselsäurereichen Magmatite und Metamorphite sowie der meisten Sande. Als Gemengteil erscheint Quarz im Allgemeinen farblos oder milchig trüb. Fundorte: Fichtelgebirge, Pfalz, Alpen, Brasilien.
Quarz ist Rohstoff für Glas- und Keramikindustrie. In der Technik dient er (wegen seines piezoelektrischen Effekts) zum Steuern von Sendern und Uhren. Schönfarbige Quarze sind beliebte Schmuck- und Edelsteine (S. 174–181).
Der Name Quarz stammt aus der deutschen, mittelalterlichen Bergmannssprache. Die ursprüngliche Bedeutung ist nicht mehr zu ermitteln.

**Doppelender** [2] Beidseitig mit Abschlusspyramide versehener Quarzkristall. »Schwebend« (z. B. in Karbonatgestein) entstanden.
**Zepterquarz** [1] Auf schmalem Stiel aufsitzender bauchiger Kristall, eine Kristallanomalie.
**Eisenkiesel** [5] Durch Eisenoxid gelb, braun oder rot gefärbtes Quarz-Aggregat. Vorkommen in Klüften und Sedimentgesteinen.
**Makrokristalline Farbvarietäten** Amethyst [1], Aventurin, Bergkristall [4], Blauquarz, Citrin, Eisenkiesel [5], Gangquarz (S. 198, 2), Gemeiner Quarz [6], Milchquarz [2], Morion, Prasem, Rauchquarz, Rosenquarz. Siehe auch S. 174.
**Makrokristalline Formvarietäten** Faserquarz, Phantomquarz, Prismenquarz [4], Skelettquarz, Sternquarz, Zepterquarz [1].
**Mikrokristaline Varietäten** Chalcedon im weiteren Sinn (S. 38).
**Pseudomorphose-Varietäten** Falkenauge, Quarz-Katzenauge, Tigerauge (S. 176), Holzstein (S. 38).

1 Zepterquarz (Amethyst), Mexiko
2 Doppelender, Warstein/Westfalen
3 Japaner Zwilling, Arizona/USA
4 Bergkristall mit Pyrit, Trepča/Serbien
5 Eisenkiesel, Warstein/Westfalen
6 Gemeiner Quarz, Geröllstück, Rheinland

1

2

3

4

5

6

**Chalcedon** (Chalzedon)
Chalcedon im weiteren Sinn umfasst die mikrokristallinen Quarze (Achat, Eigentlicher Chalcedon, Chrysopras, Dendritenachat, Heliotrop, Holzstein, Jaspis, Karneol, Moosachat, Onyx, Sarder), im engeren Sinn nur die graublaue Varietät.

## Eigentlicher Chalcedon (Chalzedon) [1] Chalcedon im engeren Sinn

| | |
|---|---|
| Chemie: $SiO_2$ | Farbe: bläulich, weißgrau |
| Mohshärte: 6½–7 | Strichfarbe: weiß |
| Dichte: 2,58–2,64 | Glanz: Wachsglanz, matt |
| Spaltbarkeit: keine | Transparenz: durchscheinend |
| Bruch: uneben, schalig | Kristallsystem: trigonal |

Chalcedon besteht aus kleinsten, parallel gerichteten Fasern. Aggregate radialstrahlig, stalaktitisch, traubig oder nierig. Stets porös, daher färbbar. Vorkommen in Krusten und Hohlraumfüllungen. Fundorte: Brasilien, Indien, Madagaskar, Namibia. Verwendung als Schmuckstein (S. 178).

### Polyedrischer Quarz [2] Pseudoachat

Diese geometrischen Formen sind Drusen aus Chalcedon, manchmal Lagen abwechselnd mit grobkristallinem Quarz. Viele Fantasienamen. Entstanden als Zwickelfüllung später weggelöster, tafliger Kristalle. Fundorte: Brasilien.

### Moosachat [3]

Moosachat ist farbloser, durchscheinender Chalcedon (kein Achat!) mit grüner, moosähnlich aussehender Hornblende. Vorkommen als Spaltenfüllung oder sekundär als Geröll. Fundorte: Indien, China, USA. Schmuckstein.

### Holzstein [4] Versteinertes oder verkieseltes Holz

Holzstein entsteht dadurch, dass zirkulierende Wasser die von Sediment überdeckten organischen Bestandteile lösen und durch mineralische Stoffe (insbesondere Chalcedon) ersetzen. Holzstein ist demnach Pseudomorphose von Chalcedon nach Holz. Nach neuerer Auffassung spielen sog. Einkieselungen von Zellmaterial und Hohlraumfüllungen eine wesentliche Rolle bei der Entstehung von Holzstein. Fundorte: Arizona/USA, Ägypten, Patagonien/Argentinien.

## Opal [5]

| | |
|---|---|
| Chemie: $SiO_2 \cdot nH_2O$ | Farbe: weiß, alle Farben, teilweise Opalisieren |
| Mohshärte: 5½–6½ | Strichfarbe: weiß |
| Dichte: 1,98–2,50 | Glanz: Glas-, Wachsglanz |
| Spaltbarkeit: keine | Transparenz: undurchsichtig bis durchscheinend |
| Bruch: muschlig, splittrig, spröde | Kristallsystem: amorph |

Opal ist amorph, hat geringen Anteil von feinstkristallinem Cristobalit und Tridymit, die den regenbogenartigen Schiller, das Opalisieren, bewirken. Wassergehalt 1–30 %. Vorkommen als Krusten, Knollen. Fundorte: Australien.
Drei Gruppen von Varietäten: Der undurchsichtige Gemeine Opal [5] (Glas-, Honig-, Leber-, Milch-, Pras-, Wachs-, Wasser-Opal), der opalisierende Edelopal und der orangerote Feueropal. Schmuck- und Edelsteine (S. 180).

1 Chalcedon in natürlichen Farben, anpoliert, Minas Gerais/Brasilien
2 Polyedrischer Quarz, Brasilien
3 Moosachat, geschliffen, Kathiavar/Indien
4 Holzstein, Schnittfläche poliert, Oregon/USA
5 Gemeiner Opal (Leberopal), Ungarn

1
2
3
4
5

## Feldspat-Gruppe

Die Feldspat-Gruppe umfasst Silikat-Mineralien mit mehreren gleichen Eigenschaften. Sie haben über 60 % Anteil an der äußeren Erdkruste. Name wegen großer Verbreitung (auf jedem »Feld«) oder von »Fels« zu erklären.

**Kalifeldspat = Orthoklas i. w. Sinn**

- Eigentlicher Orthoklas (d.h. im engeren Sinn)
  - Adular
    - Mondstein
  - Sanidin
- Mikroklin
  - Amazonit

**Kalknatronfeldspat = Plagioklas**

| | % Na | % Albit = Ab | % Anorthit = An |
|---|---|---|---|
| Albit | 100 | 100–90 | 0–10 |
| Periklin | | | |
| Oligoklas | 80 | 90–70 | 10–30 |
| Sonnenstein | | | |
| Andesin | 60 | 70–50 | 30–50 |
| Labradorit | 40 | 50–30 | 50–70 |
| Bytownit | 20 | 30–10 | 70–90 |
| Anorthit | 0 | 10–0 | 90–100 |

**Alkalifeldspäte** Mischkristalle zwischen Kalifeldspat und Natronfeldspat, z. B. Anorthoklas, Perthit, auch natriumhaltiger Orthoklas und Mikroklin.

### Eigentlicher Orthoklas [5] Gemeiner Orthoklas, Orthoklas im engeren Sinn

| | |
|---|---|
| Chemie: $K[AlSi_3O_8]$ | Farbe: weiß, gelb, fleischrot, auch andere Farben |
| Mohshärte: 6 | Strichfarbe: weiß |
| Dichte: 2,53–2,56 | Glanz: Glas-, Perlmuttglanz |
| Spaltbarkeit: vollkommen | Transparenz: durchsichtig bis undurchsichtig |
| Bruch: muschlig, uneben, spröde | Kristallsystem: monoklin |

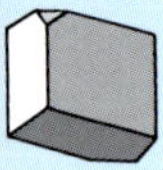

Kristallausbildung taflig, prismatisch. Spaltwinkel 90°. Durchdringungszwillinge (Karlsbader Zw. [2], Bavenoer Zw., Manebacher Zw.). Derbe spätige Massen. Vorkommen in Pegmatiten [Nr. 3, S. 257] und anderen kieselsäurereichen Gesteinen. Verwendung als Rohstoff für Keramik- und Glasindustrie.
Fundorte: Fichtelgebirge, Tauern/Österreich, Tessin/Schweiz, Schweden.
**Adular** [6] Durchsichtige Orthoklas-Varietät in alpinen Zerrklüften.
**Sanidin** [1] Durchsichtige bis undurchsichtige, häufig rissige Orthoklas-Varietät in jungvulkanischen, sauren Gesteinen.

### Mikroklin [4]

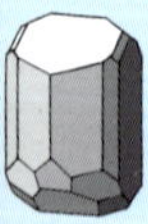

| | |
|---|---|
| Chemie: $K[AlSi_3O_8]$ | Farbe: weiß, gelb, rötlich, auch andere Farben |
| Mohshärte: 6 | Strichfarbe: weiß |
| Dichte: 2,53–2,56 | Glanz: Glas-, Perlmuttglanz |
| Spaltbarkeit: vollkommen | Transparenz: trüb bis undurchsichtig |
| Bruch: muschlig, uneben, spröde | Kristallsystem: triklin |

Kristalle taflig, häufig Zwillinge. Derbe spätige, grobkristalline Massen. Vorkommen in sauren Gesteinen. Fundorte u. a. Oberpfalz, Skandinavien. Verwendung als Rohstoff für keramische Industrie, die grünfarbige Varietät Amazonit [3] als Schmuckstein (s. auch S. 170).

1 Sanidin, Vetralla/Latium/Mittelitalien
2 Karlsbader Zwilling, Colorado/USA
3 Amazonit, Pikes Peak/Colorado/USA
4 Mikroklin, Setesdalen/Norwegen
5 Orthoklas, Arendal/Norwegen
6 Adular, Wallis/Schweiz

1
2
3
4
5
6

## Plagioklas [1, 3, 4]

Plagioklase stellen eine Mischungsreihe zwischen Albit ($Na[AlSi_3O_8]$) und Anorthit ($Ca[Al_2Si_2O_8]$) dar, s. Tab. S. 40. Die mit eigenen Namen belegten Zwischenglieder (Oligoklas, Andesin, Labradorit und Bytownit) werden neuerdings nach dem %-Gehalt an Albit- (=Ab) und Anorthitanteil (=An) bezeichnet, z. B. $Ab_{32}An_{68}$ = Labradorit.

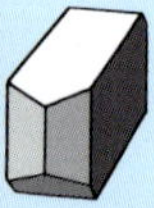

| | |
|---|---|
| Chemie: $nNa[AlSi_3O_8] + nCa[Al_2Si_2O_8]$ | Farbe: farblos, weiß, grau, grünlich, bläulich, rötlich, z.T. Farbenschiller (Labradorisieren) |
| Mohshärte: 6–6 ½ | Strichfarbe: weiß |
| Dichte: 2,61–2,77 | Glanz: Glas-, Perlmuttglanz |
| Spaltbarkeit: vollkommen | Transparenz: durchscheinend bis undurchsichtig |
| Bruch: muschlig, uneben, spröde | |

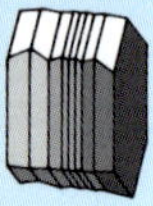

Einzelkristalle (triklines System) selten, taflig, prismatisch, in der Regel Zwillingslamellierung. Aggregate dicht, körnig. Vorkommen überwiegend in Magmatiten und Metamorphiten. Fundorte: weltweit. Labradorit (Labradorstein, Labrador [3]) Dekor- und Schmuckstein, die Varietät Sonnenstein gelegentlich Schmuckstein [Nr. 10, S. 171]

## Foide Feldspatoide, Feldspatvertreter

In kieselsäureärmeren Gesteinen treten an Stelle der Feldspäte kieselsäurearme Mineralien. Sie werden als Feldspatvertreter, Feldspatoide oder kurz als Foide bezeichnet. Dazu gehören Leucit, Analcim, Nephelin, Sodalith, Nosean, Hauyn, Melilith u. a. In ihrer Gesellschaft kann niemals Quarz auftreten.

## Leucit (Leuzit) [2]

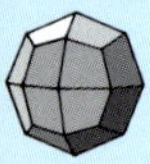

| | |
|---|---|
| Chemie: $K[AlSi_2O_6]$ | Farbe: weißlich, grau |
| Mohshärte: 5 ½–6 | Strichfarbe: weiß |
| Dichte: 2,45–2,50 | Glanz: matt, Glas-, Fettglanz |
| Spaltbarkeit: keine | Transparenz: durchscheinend bis undurchsichtig |
| Bruch: muschlig, spröde | Kristallsystem: tetragonal |

Kristalle gewöhnlich Ikositetraeder (Leucitoeder genannt), meist eingewachsen. Körnige Aggregate. Vorkommen in jungvulkanischen Gesteinen. Fundorte: Kaiserstuhl/Baden, Vesuv und Albaner Berge/Italien, Arkansas/USA. Örtlich als Kalidünger verwendet.

## Analcim [5]

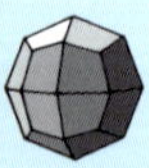

| | |
|---|---|
| Chemie: $Na_2[Al_2Si_4O_{12}] \cdot 2\,H_2O$ | Farbe: farblos, weiß, grau, gelb, rötlich |
| Mohshärte: 5–5 ½ | Strichfarbe: weiß |
| Dichte: 2,24–2,31 | Glanz: Glasglanz |
| Spaltbarkeit: undeutlich | Transparenz: durchsichtig bis trüb |
| Bruch: muschlig, uneben, spröde | Kristallsystem: kubisch |

Aufgewachsene Einzelkristalle bilden Ikositetraeder. Körnige und krustige Aggregate. Vorkommen in basaltischen und phonolithischen Gesteinen, auf Erzgängen. Fundorte: Fassatal/Dolomiten, Sizilien, Böhmen, Irland, Oberer See/USA.

1 Albit, Habachtal/Tirol
2 Leucit, Rocca Monfina/Italien
3 Labradorit, Labrador/Kanada
4 Periklin mit Chlorit-Überzug, Tauern/Österreich
5 Analcim, Farmsen/Niedersachsen

1
2
4
3
5

## Hauyn [1]

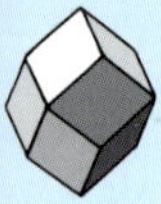

| | |
|---|---|
| Chemie: $Na_{5-6}Ca_2[(SO_4,Cl)_2\|Al_6Si_6O_{24}]$ | Farbe: blau, selten gelb, rot oder weißlich |
| Mohshärte: 5 ½ | Strichfarbe: weiß bis bläulich |
| Dichte: 2,44–2,50 | Glanz: Glas-, Fett-, Perlmuttglanz |
| Spaltbarkeit: gut | Transparenz: durchsichtig bis durchscheinend |
| Bruch: muschlig | Kristallsystem: kubisch |

Kristalle, Aggregate und Vorkommen wie Nosean und Sodalith.

## Nosean [2]

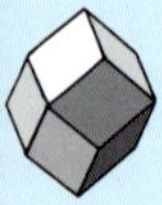

| | |
|---|---|
| Chemie: $Na_8[SO_4\|(AlSiO_4)_6]$ | Farbe: grau, gelblich, grün, bläulich, weiß |
| Mohshärte: 5 ½ | Strichfarbe: weiß |
| Dichte: 2,28–2,40 | Glanz: Glas-, Fettglanz |
| Spaltbarkeit: undeutlich | Transparenz: durchsichtig bis undurchsichtig |
| Bruch: muschlig | Kristallsystem: kubisch |

Kristalle und Aggregate wie Sodalith. Vorkommen in Vulkaniten.

## Nephelin [3]

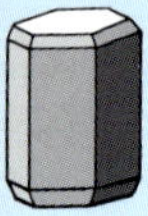

| | |
|---|---|
| Chemie: $KNa_3[AlSiO_4]_4$ | Farbe: weißgrau, leicht getönt, selten farblos |
| Mohshärte: 5 ½–6 | Strichfarbe: weiß |
| Dichte: 2,60–2,65 | Glanz: Glas-, Fettglanz |
| Spaltbarkeit: undeutlich | Transparenz: durchsichtig bis undurchsichtig |
| Bruch: muschlig, uneben, spröde | Kristallsystem: hexagonal |

Kristalle kurzsäulig. Derbe, dichte Aggregate. Vorkommen in Magmatiten.
**Eläolith** Trübe Nephelin-Varietät.

## Melilith [4]

| | |
|---|---|
| Chemie: $(Al,Mg,Fe)[(Al,Si)SiO_7]$ | Farbe: gelb bis braun, grau, weiß, farblos |
| Mohshärte: 5–5 ½ | Strichfarbe: weiß, grau |
| Dichte: 2,95–3,05 | Glanz: Glas-, Fettglanz |
| Spaltbarkeit: gut | Transparenz: durchsichtig bis durchscheinend |
| Bruch: uneben, muschlig, spröde | Kristallsystem: tetragonal |

Kurzsäulige Kristalle. Körnige Aggregate. Vorkommen in basischen Vulkaniten.

## Sodalith [5]

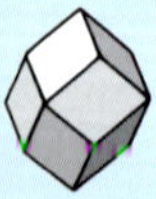

| | |
|---|---|
| Chemie: $Na_8[Cl_2\|(AlSiO_4)_6]$ | Farbe: blau, grau, weiß, gelblich, farblos |
| Mohshärte: 5–6 | Strichfarbe: weiß |
| Dichte: 2,13–2,29 | Glanz: Glas-, Fettglanz |
| Spaltbarkeit: undeutlich | Transparenz: durchsichtig bis undurchsichtig |
| Bruch: uneben, muschlig, spröde | Kristallsystem: kubisch |

Eingewachsene Rhombendodekaeder. Körnige Aggregate. Vorkommen in Magmatiten. Blaugetönte Sorten für Schmuckzwecke.

## Kaliophilit [6] $K[AlSiO_4]$

Dem Nephelin ähnlich, dünne weiße Nadeln. Vorkommen in Vulkaniten.

1 Hauyn, Niedermendig/Eifel
2 Nosean, Mendig/Eifel
3 Nephelin, Vesuv/Italien
4 Melilith, aus dem Tuff des Oldoinyo Lengei/ Tansania
5 Sodalith, Hastings Co./Ontario/Kanada
6 Kaliophilit, Latium/Italien

1
2
3
4
5
6

## Glimmer-Gruppe

Alle Glimmer zeigen aufgrund ihrer ausgezeichneten Spaltbarkeit ein Glitzern, ein Glimmer (daher Name) auf glatten Flächen.
Muskovit, Biotit und Phlogopit sind wichtige gesteinsbildende Mineralien, vor allem der Magmatite und Metamorphite. Serizit, Paragonit und Margarit treten bevorzugt in Metamorphiten auf (S .92), Glaukonit ausschließlich in Sedimentiten, Zinnwaldit und Lepidolith gewöhnlich in Pegmatiten.

### Biotit [1]

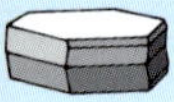

| | |
|---|---|
| Chemie: $K(Mg,Fe)_3[(OH, F)_2 \vert AlSi_3O_{10}]$ | Farbe: dunkelbraun, dunkelgrün, schwarz |
| Mohshärte: 2½–3 | Strichfarbe: weiß |
| Dichte: 2,70–3,30 | Glanz: Perlmutt-, Glas-, Metallglanz |
| Spaltbarkeit: vollkommen | Transparenz: durchscheinend bis undurchsichtig |
| Bruch. blättrig, elastisch biegsam | Kristallsystem: monoklin |

Taflige Kristalle ein- und aufgewachsen, hexagonaler Umriss. Aggregate blättrig, schuppig, dicht-körnig. Gemengteil in Magmatiten und Metamorphiten.
**Katzengold** Volkstümliche Bezeichnung sowohl für ausgebleichten, bronzefarbenen Biotit als auch für Pyrit.

### Muskovit [2] Moskauer Glas

| | |
|---|---|
| Chemie: $K\,Al_2[(OH, F)_2 \vert AlSi_3O_{10}]$ | Farbe: farblos, leicht getönt |
| Mohshärte: 2–3 | Strichfarbe: weiß |
| Dichte: 2,78–2,88 | Glanz: Glas-, Perlmutt-, Metallglanz |
| Spaltbarkeit: vollkommen | Transparenz: durchsichtig bis durchscheinend |
| Bruch: blättrig, elastisch biegsam | Kristallsystem: monoklin |

Taflig plattige Kristalle mit hexagonalem Umriss, ein- und aufgewachsen, selten gut ausgebildet. Aggregate blättrig, dicht. Vorkommen in Plutoniten, Pegmatiten und Metamorphiten; da säurefest und verwitterungsbeständig, auch in Sanden. Fundorte: Ural/Russland, Norwegen, Kanada, Nord-Carolina/USA, Tansania, Simbabwe, Indien. Verwendung zur Elektro- und Wärmeisolation.
**Katzensilber** Volkstümliche Bezeichnung für silbrig glänzenden Muskovit.
**Fuchsit** (Chromglimmer) [3] Grün gefärbte, chromhaltige Muskovit-Varietät.
**Serizit** [Nr. 2, S. 313] Feinschuppige, seidenglänzende Muskovit-Varietät in Metamorphiten.

### Phlogopit [4]

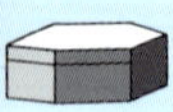

| | |
|---|---|
| Chemie: $KMg_3[(F, OH)_2 \vert AlSi_3O_{10}]$ | Farbe: grau, gelb, grünlich, braun, farblos |
| Mohshärte: 2–2½ | Strichfarbe: weiß |
| Dichte: 2,75–2,97 | Glanz: Perlmutt-, Metallglanz |
| Spaltbarkeit: vollkommen | Transparenz: durchsichtig bis durchscheinend |
| Bruch: blättrig, elastisch biegsam | Kristallsystem: monoklin |

Taflige Kristalle. Aggregate schuppig, derb blättrig. Vorkommen in Pegmatiten und Metamorphiten. Fundorte: Baikalgebiet/Russland, Ontario/Kanada, Madagaskar, Colorado/USA, Schweden, Finnland. Verwendung zur Elektroisolation.

1 Biotit, Miask/Ural/Russland
2 Muskovit, Moss/Norwegen
3 Fuchsit, Tirol/Österreich
4 Phlogopit, Templeton/Ontario/Kanada

1
2
3
4

## **Zinnwaldit** [1] Lithiumeisenglimmer

| | |
|---|---|
| Chemie: $K(Fe,Al,Li)_3[(OH,F)_2 \mid (Si,Al)_4O_{10}]$ | Farbe: grau, braun, selten violett, grün, schwarz |
| Mohshärte: 2–3 | Strichfarbe: weiß |
| Dichte: 2,90–3,20 | Glanz: Perlmutt-, Glas-, Metallglanz |
| Spaltbarkeit: vollkommen | Transparenz: undurchsichtig bis durchscheinend |
| Bruch: blättrig, elastisch biegsam | Kristallsystem: monoklin |

Blättrige Kristalle, aufgewachsen oder miteinander verwachsen. Aggregate blättrig, schuppig. Vorkommen in Graniten, Pegmatiten und Greisen.

## **Lepidolith** [2] Lithiumglimmer

| | |
|---|---|
| Chemie: $KLi_2Al[(F, OH)_2 \mid Si_4O_{10}]$ | Farbe: rosa, violett, weiß, grau, grünlich |
| Mohshärte: 2–3 | Strichfarbe: weiß |
| Dichte: 2,80–2,90 | Glanz: Perlmutt-, Glasglanz |
| Spaltbarkeit: vollkommen | Transparenz: durchsichtig bis durchscheinend |
| Bruch: blättrig, elastisch biegsam | Kristallsystem: monoklin |

Kristalle mit sechsseitigem Umriss. Schuppige oder feinkörnige Aggregate. Vorkommen in Graniten und Granitpegmatiten. Rohstoff für Lithiumsalze.

### Pyroxen-Gruppe

Dazu gehören Augit, Ägirin, Bronzit, Diopsid mit Diallag und Chromdiopsid, Enstatit, Fassait, Hedenbergit, Hypersthen, Omphacit und Spodumen.

## **Augit** [3, 4]

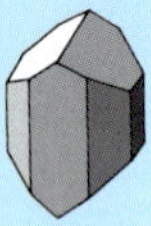

| | |
|---|---|
| Chemie: $(Ca,Mg,Fe)_2[(Si,Al)_2O_6]$ | Farbe: schwarz, grünlich, bräunlich |
| Mohshärte: 5–6 | Strichfarbe: weiß, graugrün |
| Dichte: 3,2–3,6 | Glanz: Glasglanz |
| Spaltbarkeit: gut | Transparenz: undurchsichtig |
| Bruch: muschlig, uneben, spröde | Kristallsystem: monoklin |

Kristalle ein- und aufgewachsen, kurzprismatisch, achteckiger Umriss (vgl. S. 52). Aggregate körnig. Vorwiegend in basischen Vulkaniten, daneben in vielen anderen Magmatiten wie in Metamorphiten. Fundorte: Eifel, Böhmen, Frankreich.
**Gemeiner Augit** Stark eisenhaltiger Augit.
**Basaltischer Augit** Titanhaltiger Augit.

## **Ägirin** (Aegirin) [5] Akmit

| | |
|---|---|
| Chemie: $NaFe\,[Si_2O_6]$ | Farbe: dunkelgrün, grünschwarz, bräunlich |
| Mohshärte: 6–6 ½ | Strichfarbe: gelblich bis bräunlich, grün |
| Dichte: 3,43–3,60 | Glanz: Glas-, Harzglanz |
| Spaltbarkeit: gut | Transparenz: undurchsichtig |
| Bruch: uneben | Kristallsystem: monoklin |

Kristalle eingewachsen, langprismatisch. Aggregate fasrig. Vorkommen in hellen Magmatiten, auch in Metamorphiten. Fundorte: Norwegen, Kola/Russland, Rumänien, Arkansas, Montana/USA, Quebec/Kanada.

1 Zinwaldit, Zinnwald/Erzgebirge/Sachsen
2 Lepidolith, Minas Gerais/Brasilien
3 Augit, Lochkov/Böhmen
4 Augitkristalle eingesprengt in vulkanischen Tuff, Vesuv/Italien
5 Ägirin, Eker/Norwegen

1
2
3
4
5

## Enstatit [1]

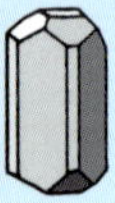

| | |
|---|---|
| Chemie: $Mg_2 [SiO_6]$ | Farbe: grau, grün, bräunlich, farblos |
| Mohshärte: 5½ | Strichfarbe: weiß |
| Dichte: 3,26–3,28 | Glanz: Glasglanz |
| Spaltbarkeit: gut | Transparenz: durchsichtig bis undurchsichtig |
| Bruch: uneben, spröde | Kristallsystem: orthorhombisch |

Kristalle meist klein und selten, kurzprismatisch, taflig, oft Lamellierung. Aggregate derb körnig, spätig. Vorkommen überwiegend in intermediären und basischen Magmatiten, daneben in Metamorphiten. Fundorte: Harz, Tschechien, Norwegen, Kaukasus/Russland, North Carolina, Pennsylvania, Texas/USA.

## Hypersthen [2]

| | |
|---|---|
| Chemie: $(Fe, Mg)_2 [Si_2O_6]$ | Farbe: grünschwarz, schwarzbraun, rötlich |
| Mohshärte: 5–6 | Strichfarbe: weiß bis grau |
| Dichte: 3,35–3,84 | Glanz: Glas-, Metallglanz |
| Spaltbarkeit: gut | Transparenz: undurchsichtig |
| Bruch: uneben, spröde | Kristallsystem: orthorhombisch |

Flächenreiche Kristalle, säulig, taflig. Meist derbe, körnig-blättrige Aggregate. Vorkommen in basischen Magmatiten und Gneisen. Fundorte: Zentralmassiv/Frankreich, Baikalgebiet/Russland, Labrador/Kanada.

## Bronzit [3]

| | |
|---|---|
| Chemie: $(Mg, Fe)_2 [Si_2O_6]$ | Farbe: braun, grün, bronzefarbig |
| Mohshärte: 5–6 | Strichfarbe: weiß |
| Dichte: 3,25–3,35 | Glanz: Seiden-, Metall-, Glasglanz |
| Spaltbarkeit: gut | Transparenz: durchscheinend bis undurchsichtig |
| Bruch: uneben | Kristallsystem: orthorhombisch |

Selten gut ausgebildete, kurze prismatische Kristalle. Aggregate körnig, spätig. Vorkommen in basischen bis intermediären Magmatiten und Metamorphiten. Fundorte: Harz, Südtirol/Italien, Südafrika, Ural/Russland, Grönland.
Nach neuer Terminologie ist Bronzit eine eisenreiche Varietät von Enstatit.

## Diopsid [4]

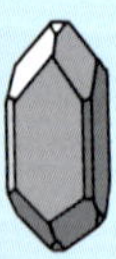

| | |
|---|---|
| Chemie: $CaMg [Si_2O_6]$ | Farbe: grün, grau, gelb, farblos |
| Mohshärte: 5–6 | Strichfarbe: weiß |
| Dichte: 3,27–3,31 | Glanz: Glasglanz |
| Spaltbarkeit: gut | Transparenz: durchscheinend |
| Bruch: rau, spröde | Kristallsystem: monoklin |

Ein- und aufgewachsene Kristalle, kurzsäulig, taflig. Aggregate körnig, stänglig. Vorkommen in Magmatiten und Metamorphiten. Fundorte: Zillertal/Österreich, Erzgebirge/Sachsen, Vesuv/Italien, Ural/Russland.
**Diallag** [4] Bronzeartig metallisch aussehende Varietät mit sehr vollkommener Spaltbarkeit.
**Violan** Blaue Varietät aus Piemont/Italien.
**Chromdiopsid** [Nr. 3, S. 91] Hellsmaragdgrüne Varietät, Schmuckstein.

---

1 Enstatit, Kragerö/Norwegen
2 Hypersthen, Quebec/Kanada
3 Bronzit, Kraubath/Steiermark/Österreich
4 Diallag, Bad Harzburg/Harz

1

2

3

4

## Amphibol-Gruppe

Hierzu gehören die vorzugsweise in Magmatiten vorkommenden Amphibole Arfvedsonit und Hornblende sowie die in Metamorphiten auftretenden Mineralien Aktinolith, Tremolit, Riebeckit, Glaukophan und Anthophyllit.

### **Arfvedsonit** [1]

| | |
|---|---|
| Chemie: $Na_3(Mg, Fe)_4(Fe, Al)$ $[Si_4O_{11}]_2[OH, F]_2$ | Bruch: uneben, spröde |
| | Farbe: dunkelblau, schwarz |
| Mohshärte: 5 ½–6 | Strichfarbe: blaugrau, farblos |
| Dichte: 3,44–3,46 | Glanz: Glasglanz |
| Spaltbarkeit: vollkommen | Transparenz: durchscheinend bis undurchsichtig |

Kristalle (monoklines System) prismatisch, taflig, selten. Eingewachsene Körner, stänglige Aggregate. Vorkommen in hellen Alkalimagmatiten, selten in Metamorphiten. Fundorte: Ukraine, Langesundfjord/Norwegen, Grönland.

### **Hornblende** [4, 6] Gemeine Hornblende

| | |
|---|---|
| Chemie: $(Ca, Na, K)_{2-3}(Mg, Fe, Al)_5$ $[(OH,F)_2 \vert (Si, Al)_2Si_6O_{22}]$ | Bruch: uneben, spröde |
| | Farbe: grün bis schwarz |
| Mohshärte: 5–6 | Strichfarbe: graugrün, graubraun |
| Dichte: 3,02–3,27 | Glanz: Glas-, gelegentlich Seidenglanz |
| Spaltbarkeit: vollkommen | Transparenz: durchscheinend bis undurchsichtig |

Hornblende ist Sammelname für Mischkristallreihe mit zahlreichen Endgliedern. Kurzsäulige Kristalle (monoklines System) mit sechsseitigem Umriss, ein- und aufgewachsen. Der ähnliche Augit hat achtseitigen Umriss (s. unten). Aggregate derb, stänglig, fasrig, selten körnig. Vorkommen in intermediären und basischen Magmatiten, seltener in Metamorphiten, insbesondere in Amphiboliten.

Hornblendekristall: Querschnitt sechseckig, Spaltrisse schneiden sich unter 124°

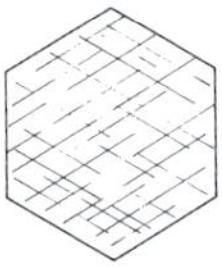

Augitkristall: Querschnitt achteckig, Spaltrisse schneiden sich unter 87°

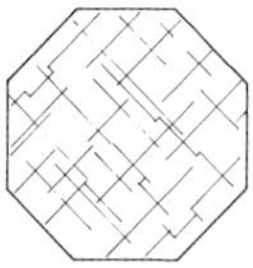

### **Olivin** [5] Peridot, Chrysolith

| | |
|---|---|
| Chemie: $(Mg, Fe)_2[SiO_4]$ | Farbe: grün, gelb, braun, grau, farblos |
| Mohshärte: 6 ½–7 | Strichfarbe: weiß |
| Dichte: 3,27–4,20 | Glanz: Glas-, Fettglanz |
| Spaltbarkeit: undeutlich | Transparenz: durchsichtig bis durchscheinend |
| Bruch: muschlig, spröde | Kristallsystem: orthorhombisch |

Olivin ist ein Mischkristall aus den Mineralien Forsterit [2, 3] und Fayalit. Meist eingewachsene prismatische oder dicktaflige Kristalle. Aggregate körnig. Vorkommen in basischen Magmatiten und Metamorphiten. Fundorte: Eifel, Ural/Russland, Transvaal/Südafrika, Arizona/USA. – Schmuckstein-Peridot S. 170.

1 Arfvedsonit in Kalifeldspat, Grönland
2 Forsterit, gelbgrüner Anflug, USA
3 Forsterit, Washington/USA
4 Hornblende, Schima/Böhmen
5 Olivin, Dreiser Weiher/Eifel
6 Hornblende, Kragerö/Norwegen

1

2

3

4

5

6

## Apophyllit [1]

| | |
|---|---|
| Chemie: $KCa_4[F\|(Si_4O_{10})_2] \cdot 8\ H_2O$ | Farbe: farblos, verschieden getönt |
| Mohshärte: 4½–5 | Strichfarbe: weiß |
| Dichte: 2,3–2,4 | Glanz: Perlmutt-, Glasglanz |
| Spaltbarkeit: vollkommen | Transparenz: durchsichtig bis durchscheinend |
| Bruch: uneben, spröde | Kristallsystem: tetragonal |

Kristalle stets aufgewachsen, prismatisch, dipyramidal, würflig, taflig. Aggregate körnig, blättrig. Vorkommen in Basalten, auf Erzgängen. Fundorte: St. Andreasberg/Harz, Böhmen, Kongsberg/Norwegen, Poonah/Indien.

## Datolith [2]

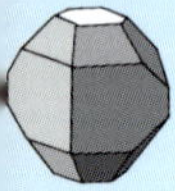

| | |
|---|---|
| Chemie: $CaB\ [OH\|SiO_4]$ | Farbe: farblos, weiß, gelb, grün, rot, grau |
| Mohshärte: 5–5½ | Strichfarbe: weiß |
| Dichte: 2,9–3,0 | Glanz: Glas-, Fettglanz |
| Spaltbarkeit: keine | Transparenz: durchsichtig bis durchscheinend |
| Bruch: muschlig, uneben, spröde | Kristallsystem: monoklin |

Aufgewachsene, kurzprismatische oder dicktaflige Kristalle. Aggregate derb körnig, dicht, fasrig. Vorkommen in basischen Magmatiten, in Metamorphiten, gelegentlich auf Erzgängen. Fundorte: Schwarzwald, Harz, Norwegen.

## Apatit [3, 4]

| | |
|---|---|
| Chemie: $Ca_5[F\|(PO_4)_3]$ | Farbe: farblos, weiß, auch alle anderen Farben |
| Mohshärte: 5 | Strichfarbe: weiß |
| Dichte: 3,16–3,22 | Glanz: Fett-, Glasglanz |
| Spaltbarkeit: undeutlich | Transparenz: durchsichtig bis undurchsichtig |
| Bruch: muschlig, uneben, spröde | Kristallsystem: hexagonal |

Flächenreiche, säulige oder taflige Kristalle, ein- oder aufgewachsen. Aggregate körnig, dicht, fasrig oder strahlig. Mitunter schwach radioaktiv. Vorkommen in Magmatiten und Metamorphiten, in Phosphorit (S. 294) auch sedimentär. Fundorte: Kola/Russland, Schweden, Mexiko, Südafrika. Wichtigster Phosphatdünger.
**Spargelstein** Gelblichgrüne Apatit-Varietät.
**Moroxit** Bläulichgrüne Apatit-Varietät.

## Fluorit [5] Flussspat

| | |
|---|---|
| Chemie: $CaF_2$ | Farbe: selten farblos, alle Farbtönungen |
| Mohshärte: 4 | Strichfarbe: weiß |
| Dichte: 3,18 | Glanz: Glasglanz |
| Spaltbarkeit: vollkommen | Transparenz: durchsichtig bis durchscheinend |
| Bruch: muschlig, splittrig, spröde | Kristallsystem: kubisch |

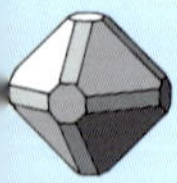

Kristalle vorzugsweise würflig, meist aufgewachsen. Durchdringungszwillinge verbreitet. Aggregate körnig, spätig, dicht. Häufig Fluoreszenz. Gelegentlich schwach radioaktiv. Vorkommen in Magmatiten, auf Erzlagerstätten, in Sedimentiten. Fundorte: Wölsendorf/Oberpfalz, Harz, Mexiko, Illinois/USA. Verwendung als Flussmittel (Name!) in Metallindustrie, zur Herstellung von Flusssäure.

1 Apophyllit, Poonah/Indien
2 Datolith mit kleiner weißer Kristallgruppe von Danburit, Charcas/Mexiko
3 Derber Apatit, Kragerö/Norwegen
4 Apatit mit Bergkristall/Mexiko
5 Fluorit, Pöhla/Erzgebirge/Sachsen

1
2
3
4
5

## Skapolith [1]

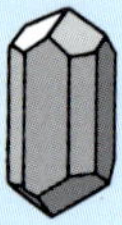

| | |
|---|---|
| Chemie: $Na_8$ [$(Cl_2, SO_4, CO_3)$] | Bruch: muschlig, spröde |
| $(Al\ Si_3O_8)_6$]= Marialith | Farbe: farblos, weiß, grau, grün, rot |
| $Ca_8$ [$(Cl_2, SO_4, CO_3)_2 \vert (AlSi_3O_8)_6$] = Mejonit | Strichfarbe: weiß |
| Mohshärte: 5–6 ½ | Glanz: Glas-, Fettglanz |
| Dichte: 2,54–2,77 | Transparenz: durchsichtig bis undurchsichtig |

Skapolith ist Sammelbegriff für eine Mischkristallreihe. Prismatische Kristalle (tetragonales System) meist aufgewachsen, Spaltbarkeit vollkommen. Aggregate derb körnig, stänglig, dicht. Vorkommen in Magmatiten und Metamorphiten, auch in Nachbarschaft von Eisen-Erzlagerstätten. Fundorte: Bodenmais/Bayerischer Wald, Saualpe/Kärnten, Kiruna/Schweden, am Oberen See/USA.

## Rutil [2, 3]

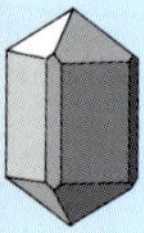

| | |
|---|---|
| Chemie: $TiO_2$ | Farbe: gelb, rot, braun, schwarz |
| Mohshärte: 6–6 ½ | Strichfarbe: gelblich braun |
| Dichte: 4,2–4,3 | Glanz: Diamant-, Metallglanz |
| Spaltbarkeit: gut | Transparenz: durchsichtig bis undurchsichtig |
| Bruch: muschlig, uneben, spröde | Kristallsystem: tetragonal |

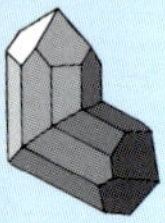

Meist langprismatische bis nadlige Kristalle, ein- und aufgewachsen, Zwillinge und Viellinge häufig. Aggregate körnig derb. Vorkommen in vielen Gesteinsarten, auf Seifenlagerstätten. Fundorte: Krageröl/Norwegen, Virginia/USA, Oaxaca/Mexiko, Australien, Südafrika. Wichtiger Titanrohstoff.

**Sagenit** Netzartige Verwachsung von Rutilzwillingen.

**Nigrin** Schwarze Rutil-Varietät.

## Kryolith [4] Eisstein

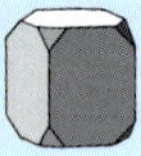

| | |
|---|---|
| Chemie: $Na_3AlF_6$ | Farbe: weiß, grau, braun, schwarz, rot |
| Mohshärte: 2 ½–3 | Strichfarbe: weiß |
| Dichte: 2,95 | Glanz: Glas-, Perlmuttglanz |
| Spaltbarkeit: keine | Transparenz: durchscheinend |
| Bruch: uneben, spröde | Kristallsystem: monoklin |

Kristalle würflig, häufig verzwillingt. Meist derbe, spätige Aggregate. Vorkommen in Pegmatiten. Fundorte: Ivigtut/Westgrönland, Miask/Ural/Russland, Colorado/USA. Verwendung bei der Aluminiumfabrikation und Emailherstellung.

## Witherit [5]

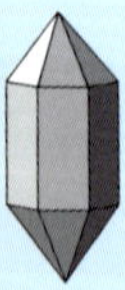

| | |
|---|---|
| Chemie: Ba [$CO_3$] | Farbe: farblos, weiß, grau, gelblich |
| Mohshärte: 3–3 ½ | Strichfarbe: weiß |
| Dichte: 4,28 | Glanz: Glas-, Fettglanz, matt |
| Spaltbarkeit: gut | Transparenz: durchsichtig bis durchscheinend |
| Bruch: uneben, spröde | Kristallsystem: orthorhombisch |

Kristalle säulig, dipyramidal, Durchdringungszwillinge. Aggregate derb, traubig, krustig, fasrig. Giftig! Vorkommen auf Gängen. Fundorte: Harz, Nordengland, Kalifornien/USA. Verwendung in Glas- und Keramikindustrie.

1 Skapolith, Baikalseegebiet/Russland
2 Goldrutil in Bergkristall, Brasilien
3 Aufgewachsene Rutilkristalle, Namibia
4 Weißer Kryolith mit schwarzgrauem Bleiglanz und braunem Siderit, Ivigtut/Westgrönland
5 Witherit, Alston Moore/Nordengland

1

2

3

4

5

## Zeolith-Gruppe

Vertreter: Chabasit, Harmotom, Heulandit, Laumontit, Mesolith, Natrolith, Phillipsit, Skolezit, Stilbit, Thomsonit. In der Technik große Bedeutung als Ionenaustauscher und für Adsorption von Gasen und Flüssigkeiten.

### Chabasit [1]

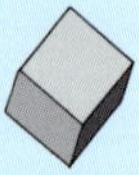

| | |
|---|---|
| Chemie: $(Ca, Na_2)\,[Al_2Si_4O_{12}] \cdot 6\,H_2O$ | Farbe: farblos, weiß, rötlich, bräunlich |
| Mohshärte: 4–5 | Strichfarbe: weiß |
| Dichte: 2,08–2,16 | Glanz: Glasglanz |
| Spaltbarkeit: gut | Transparenz: durchsichtig bis durchscheinend |
| Bruch: uneben, spröde | Kristallsystem: trigonal |

Würfelähnliche Kristalle, meist aufgewachsen. Aggregate derb, krustig. Vorkommen in Vulkaniten, auch Absatz heißer Quellen. Fundorte: Vogelsberg/Hessen, Westerwald/Rheinland, Böhmen, Irland, Neuseeland, Yellowstone Park/USA.

### Mesolith [2]

| | |
|---|---|
| Chemie: $Na_2Ca_2\,[Al_2Si_3O_{10}]_3 \cdot 8\,H_2O$ | Farbe: farblos, weiß |
| Mohshärte: 5–5 ½ | Strichfarbe: weiß |
| Dichte: 2,2–2,4 | Glanz: Glas-, Seidenglanz |
| Spaltbarkeit: vollkommen | Transparenz: durchsichtig bis durchscheinend |
| Bruch: muschlig, spröde | Kristallsystem: monoklin |

Kristalle langprismatisch, nadlig. Aggregate fasrig, dicht, auch erdig. Vorkommen in Blasenhohlräumen von Vulkaniten. Fundorte: Irland, Faröer, Island.

### Laumontit [3]

| | |
|---|---|
| Chemie: $Ca\,[Al_2Si_4O_{12}] \cdot 4\,H_2O$ | Farbe: farblos, weiß, gelblich, rötlich |
| Mohshärte: 3–3 ½ | Strichfarbe: weiß |
| Dichte: 2,25–2,35 | Glanz: Glas-, Perlmuttglanz, matt |
| Spaltbarkeit: vollkommen | Transparenz: durchsichtig bis undurchsichtig |
| Bruch: uneben, spröde | Kristallsystem: monoklin |

Langsäulige Kristalle. Aggregate feinfasrig, stänglig, erdig. Laumontit wird an der Luft trüb, matt und zerbröckelt. Vorkommen in Blasenhohlräumen und Klüften von Magmatiten und Metamorphiten, auch auf Erzgängen. Fundorte: Sarntal/Südtirol, Harzburg/Harz, New Jersey/USA.

### Natrolith [4]

| | |
|---|---|
| Chemie: $Na_2[Al_2Si_3O_{10}] \cdot 2\,H_2O$ | Farbe: farblos, weiß, gelblich, rötlich, bräunlich |
| Mohshärte: 5–5 ½ | Strichfarbe: weiß |
| Dichte: 2,20–2,26 | Glanz: Glas-, Seiden-, Perlmuttglanz |
| Spaltbarkeit: vollkommen | Transparenz: durchsichtig bis durchscheinend |
| Bruch: muschlig, spröde | Kristallsystem: orthorhombisch |

Kristalle langprismatisch, nadlig. Aggregate radialstrahlig, fasrig, auch mehlig dicht. Vorkommen in Hohlräumen von Vulkaniten, auch auf Erzgängen. Fundorte: Hohentwiel/Hegau, Auvergne/Frankreich, Island, New Jersey/USA.

1 Chabasit, Neuschottland/Kanada
2 Mesolith mit wässrigem Skolezit, Indien
3 Laumontit mit Chlorit überstäubt, Österreich
4 Natrolith, Westerwald/Hessen

1
2
3
4

## Harmotom [1]

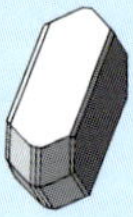

| | |
|---|---|
| Chemie: Ba $[Al_2Si_6O_{16}] \cdot 6\ H_2O$ | Farbe: weiß, grau, licht gefärbt |
| Mohshärte: 4 ½ | Strichfarbe: weiß |
| Dichte: 2,44–2,50 | Glanz: Glasglanz |
| Spaltbarkeit: gut | Transparenz: durchscheinend, milchig-trüb |
| Bruch: uneben, spröde | Kristallsystem: monoklin |

Kristalle säulig, meist Durchkreuzungszwillinge. Radialstrahlige Aggregate. Vorkommen insbesondere auf Erzgängen, seltener in Hohlräumen von Vulkaniten. Fundorte: Idar-Oberstein/Pfalz, St. Andreasberg/Harz, Bodenmais/Bayerischer Wald, Kongsberg/Norwegen, Strontian/Schottland, Pennsylvania/USA.

## Stilbit [2] Desmin

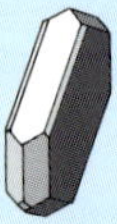

| | |
|---|---|
| Chemie: Ca $[Al_2Si_7O_{18}] \cdot 7\ H_2O$ | Farbe: farblos, weiß, gelblich, grau, rötlich |
| Mohshärte: 3 ½–4 | Strichfarbe: weiß |
| Dichte: 2,09–2,20 | Glanz: Glas-, Perlmuttglanz |
| Spaltbarkeit: vollkommen | Transparenz: durchsichtig bis durchscheinend |
| Bruch: uneben, spröde | Kristallsystem: monoklin |

Selten säulige oder taflige Einzelkristalle. Gewöhnlich zu garbenartigen Bündeln vereinigte Durchdringungszwillinge. Aggregate stänglig, strahlig, blättrig. Vorkommen in Hohlräumen von Magmatiten, auf Erzgängen wie in Metamorphiten, auch in alpinen Klüften. Fundorte: St. Andreasberg/Harz, Fassatal/Dolomiten, Kongsberg/Norwegen, Faröer, Island, New Jersey/USA.

## Phillipsit [3]

| | |
|---|---|
| Chemie: K Ca $[Al_3Si_5O_{16}] \cdot 6\ H_2O$ | Farbe: farblos, weiß, gelblich, grau, rötlich |
| Mohshärte: 4–4 ½ | Strichfarbe: weiß |
| Dichte: 2,2 | Glanz: Glasglanz |
| Spaltbarkeit: gut | Transparenz: durchsichtig bis durchscheinend |
| Bruch: uneben, spröde | Kristallsystem: monoklin |

Einzelkristalle taflig, säulig, selten. Meist Durchkreuzungszwillinge, klein, aufgewachsen. Vorkommen in Hohlräumen von Vulkaniten, insbesondere von Basalt, gelegentlich in Salzseen. Fundorte: Kaiserstuhl/Baden, Vogelsberg/Hessen, Vesuv/Italien, Nordirland, Island, Japan, Oregon/USA.

## Heulandit [4]

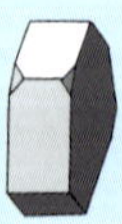

| | |
|---|---|
| Chemie: $Ca[Al_2Si_7O_{18}] \cdot 6\ H_2O$ | Farbe: farblos, weiß, gelb, rot |
| Mohshärte: 3 ½–4 | Strichfarbe: weiß |
| Dichte: 2,18–2,22 | Glanz: Glas-, Perlmuttglanz |
| Spaltbarkeit: vollkommen | Transparenz: durchsichtig bis durchscheinend |
| Bruch: uneben, spröde | Kristallsystem: monoklin |

Dünn- und dicktaflige Kristalle, vielfach einzeln aufgewachsen. Aggregate blättrig, strahlig, spätig. Vorkommen in Hohlräumen von Vulkaniten, insbesondere von Basalt, auch in Metamorphiten, in alpinen Klüften und auf Erzgängen. Fundorte: Idar-Oberstein/Pfalz, St. Andreasberg/Harz, Kongsberg/Norwegen, Faröer, Island, Indien, Neuschottland/Kanada, Oregon/USA.

---

1 Harmotom, Strontian/Schottland
2 Stilbit, St. Andreasberg/Harz
3 Phillipsit, Toskana/Italien
4 Heulandit, Poonah/Indien

1

2

3

4

# Mineralien der Sedimentite

Eine Reihe von Mineralien tritt ausschließlich oder überwiegend in Sedimentiten auf. Dazu gehören Salzmineralien, viele Karbonatmineralien, einige Sulfat- und Phosphatmineralien sowie die meisten Tonmineralien. Auch Eis zählt zu den Sedimentit-Mineralien. Das interessiert aber nur den Wissenschaftler.
Weitere Mineralien, wie z. B. Quarz, Chalcedon, Opal, Feldspäte, Glimmer, sind wohl auch in Sedimentiten vorhanden, im Allgemeinen aber überwiegend in Magmatiten. Sie werden daher auch dort besprochen.

## Gruppe der Tonmineralien

Tonmineralien sind die Gemenge der Tongesteine und wichtige Bestandteile der Böden. Dazu zählen Chlorit, Illit, Kaolinit und Montmorillonit. Da die meisten Tonmineralien nur unter dem Mikroskop oder gar erst röntgenografisch zu erkennen sind, werden sie kaum gesammelt. Nur Chlorit bildet größere Kristalle (S. 84).

## Gruppe der Salzmineralien

Der Begriff Salz wird in Chemie und Geologie verschieden definiert. In der Geologie versteht man unter Salzen Ausscheidungsprodukte aus Lösungen infolge Verdunstung der Flüssigkeit, d. h. im Allgemeinen des Wassers.
Die Mineralien dieser Salze sind
Chloride (Carnallit, Halit, Sylvin),
Sulfate (Anhydritspat, Gipsspat, Kainit, Kieserit, Polyhalit, Schönit, Thenardit),
Borate (Boracit, Borax, Colemanit, Ulexit),
Nitrate (Kalisalpeter, Natronsalpeter).

### **Gipsspat** [1–4] Gips, Selenit

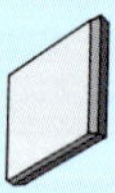

| | |
|---|---|
| Chemie: $Ca[SO_4] \cdot 2\,H_2O$ | Farbe: farblos, weiß, viele Farbtöne |
| Mohshärte: 1 ½–2 | Strichfarbe: weiß |
| Dichte: 2,2–2,4 | Glanz: Glas-, Perlmutt-, Seidenglanz |
| Spaltbarkeit: vollkommen | Transparenz: durchsichtig bis undurchsichtig |
| Bruch: muschlig, fasrig, spröde | Kristallsystem: monoklin |

Prismatische und taflige Kristalle, ein- oder aufgewachsen. Zwillinge häufig (Schwalbenschwanzzw., Montmartrezw.). Aggregate derb körnig, parallelfasrig, rosettenartig, dicht. Vorkommen in Salzlagerstätten, auf Erzlagerstätten, als Konkretion in Tongestein. Fundorte weltweit. Verwendung als Baumaterial und Rohstoff in Keramikindustrie. Durchsichtige Spaltstücke früher als Schutzglas für Marienbilder verwendet, daher Name Marienglas oder Fraueneis.

**Wüstenrose** [4] (Gips-, Sandrose) Volkstümliche Bezeichnung für rosettenartige Gipsaggregate; entstanden in Wüstengebieten durch Verdunstung aufsteigender Bodenwasser. Wenn viele Sandkörner eingeschlossen sind, bilden sich »grobkristalline« Formen, Sandkristalle genannt.

1 Gipsspat-Aggregat, Eisleben/Thüringen
2 Gipsspatkristall, Cartagena/Spanien
3 Gipsspatkristall, Valencia/Spanien
4 Wüstenrose, Sahara/Tunesien

1
2
3
4

## Thenardit [1]

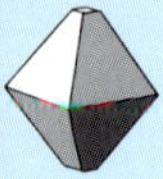

| | |
|---|---|
| Chemie: $Na_2[SO_4]$ | Farbe: farblos, weißgrau |
| Mohshärte: 2½–3 | Strichfarbe: weiß |
| Dichte: 2,66–2,67 | Glanz: Glas-, Harzglanz |
| Spaltbarkeit: vollkommen | Transparenz: durchsichtig bis durchscheinend |
| Bruch: uneben, spröde | Kristallsystem: orthorhombisch |

Kristalle dipyramidal, taflig. Aggregate körnig, krustig, Ausblühungen. Salziger Geschmack. Vorkommen in terrestrischen Salzlagerstätten. Fundorte: Spanien, Kasachstan, Arizona/USA, Kanada. Verwendung zur Sodaproduktion.

## Schönit [2] Pikromerit (Picromerit)

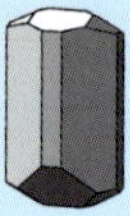

| | |
|---|---|
| Chemie: $K_2Mg\,[SO_4]_2 \cdot 6\,H_2O$ | Farbe: farblos, weiß, schwach getönt |
| Moshärte: 2½ | Strichfarbe: weiß |
| Dichte: 2,03 | Glanz: Glasglanz |
| Spaltbarkeit: vollkommen | Transparenz: durchsichtig bis undurchsichtig |
| Bruch: muschlig | Kristallsystem: monoklin |

Kristalle kurzprismatisch, selten. Aggregate derb, krustig, erdig, dicht. Bitterer Geschmack. Wird in trockener Luft trüb und zu Langbeinit. Vorkommen in marinen Salzlagerstätten. Fundorte: Staßfurt/Sachsen-Anhalt, Galizien/Polen, Chile.

## Anhydritspat [3] Anhydrit

| | |
|---|---|
| Chemie: $Ca[SO_4]$ | Farbe: farblos, weiß, grau, bläulich, violett |
| Mohshärte: 3½ | Strichfarbe: weiß |
| Dichte: 2,9–3,0 | Glanz: Glas-, Perlmuttglanz |
| Spaltbarkeit: vollkommen | Transparenz: durchsichtig |
| Bruch: muschlig, splittrig, spröde | Kristallsystem: orthorhombisch |

Kristalle prismatisch, taflig, würfelähnlich, meist eingesprengt. Aggregate derb körnig, spätig, fasrig, dicht. Wandelt sich bei Feuchtigkeitsangebot langsam zu Gipsspat um. Vorkommen in Salzlagerstätten, gelegentlich auf Gängen, in Pegmatiten und alpinen Klüften, vereinzelt in Metamorphiten und Laven. Fundorte: Nordheim/Niedersachsen, östliches Harzvorland, Italien, Texas/USA.

## Halit [4] Steinsalz

| | |
|---|---|
| Chemie: NaCl | Farbe: farblos, weiß, grau, braun, rot, schwarz |
| Mohshärte: 2 | Strichfarbe: weiß |
| Dichte: 2,1–2,2 | Glanz: Glasglanz |
| Spaltbarkeit: vollkommen | Transparenz: durchsichtig bis durchscheinend |
| Bruch: muschlig, spröde | Kristallsystem: kubisch |

Kristalle überwiegend würflig, aufgewachsen in Hohlräumen, selten eingewachsen. Aggregate grob- und feinkörnig, fasrig. Salziger Geschmack. Beimengungen von $CaCl_2$ und $MgCl_2$ machen Halit hygroskopisch. Vorkommen in Salzlagerstätten. Fundorte: bei Hannover, Staßfurt/Sachsen-Anhalt, Salzkammergut/Österreich, Galizien/Polen, Elsass/Frankreich, Südstaaten/USA. Verwendung als Speisesalz. Wichtiger Rohstoff für die chemische Industrie, u. a. zur Gewinnung bzw. Herstellung von Ätznatron, Chlor, Natrium, Salzsäure.

---

1 Thenardit, San Luis/Kalifornien/USA
2 Schönit (weiß) auf Halit (wässrig), Hessen
3 Anhydritspat (bläulich) mit Halit, Mexiko
4 Halit, Heringen/Hessen

1

2

3

4

## Sylvin [1]

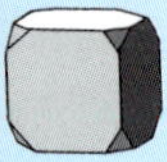

| | |
|---|---|
| Chemie: $KCl$ | Farbe: farblos, viele Farbtöne |
| Mohshärte: 1 ½–2 | Strichfarbe: weiß |
| Dichte: 1,99 | Glanz: Glas-, Fettglanz |
| Spaltbarkeit: vollkommen | Transparenz: durchsichtig, trüb |
| Bruch: uneben, spröde | Kristallsystem: kubisch |

Kristalle würflig. Aggregate körnig, spätig. Bitter salzig schmeckend. Bei Verunreinigung hygroskopisch. Vorkommen auf Kalisalzlagerstätten. Kalidünger.

## Kieserit [2]

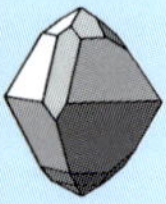

| | |
|---|---|
| Chemie: $Mg[SO_4] \cdot H_2O$ | Farbe: weiß, gelblich, farblos |
| Mohshärte: 3 ½ | Strichfarbe: weiß |
| Dichte: 2,57 | Glanz: Glasglanz |
| Spaltbarkeit: vollkommen | Transparenz: durchscheinend, trüb |
| Bruch. uneben, spröde | Kristallsystem: monoklin |

Kristalle selten. Körnige Aggregate. Geht an der Luft in Epsomit (Bittersalz) über. Vorkommen auf Kalisalzlagerstätten. Als Magnesiumsalz gewonnen.

## Carnallit [3]

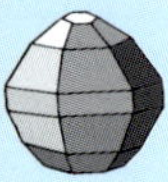

| | |
|---|---|
| Chemie: $KMgCl_3 \cdot 6\ H_2O$ | Farbe: farblos, weiß, rot, gelb, braun |
| Mohshärte: 1–2 | Strichfarbe: weiß |
| Dichte: 1,60 | Glanz: Glas-, Fettglanz, Metallschimmer |
| Spaltbarkeit: keine | Transparenz: durchsichtig bis durchscheinend |
| Bruch: muschlig, spröde | Kristallsystem: orthorhombisch |

Kristalle dipyramidal, taflig, selten. Körnige Aggregate. Bitterer Geschmack, stark hygroskopisch. Vorkommen auf Kalisalzlagerstätten. Kalidünger.

## Kainit [4]

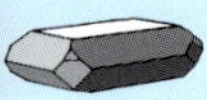

| | |
|---|---|
| Chemie: $KMg\ [Cl\,|SO_4] \cdot 3\ H_2O$ | Farbe: farblos, weiß, grau, gelb, rot |
| Mohshärte: 2 ½–3 | Strichfarbe: weiß |
| Dichte: 2,1–2,2 | Glanz: Glasglanz |
| Spaltbarkeit: vollkommen | Transparenz: durchscheinend |
| Bruch: splittrig | Kristallsystem: monoklin |

Kristalle taflig, prismatisch, selten. Zuckerkörnige Aggregate. Salzig bitter schmeckend. Vorkommen auf Kalisalzlagerstätten. Kalidünger.

## Polyhalit [5]

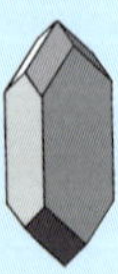

| | |
|---|---|
| Chemie: $K_2Ca_2Mg\ [SO_4]_4 \cdot 2\ H_2O$ | Farbe: farblos, weiß, grau, rot, gelb |
| Mohshärte: 3–3 ½ | Strichfarbe: weiß |
| Dichte: 2,77–2,78 | Glanz: Fett-, Glas-, Harzglanz |
| Spaltbarkeit: vollkommen | Transparenz: durchscheinend |
| Bruch: fasrig, spröde | Kristallsystem: triklin |

Kristalle prismatisch, selten. Fasrige, blättrige, körnige Aggregate.

1 Weißlich trüber Sylvin mit gelblichem Halit, Kern County/Kalifornien/USA
2 Kieserit, Hattorf/Philippsthal/Hessen
3 Carnallit, Hattorf/Philippsthal/Hessen
4 Kainit, Hattorf/Philippsthal/Hessen
5 Polyhalit, Hallein/Österreich

1
2
3
4
5

## Boracit [1]

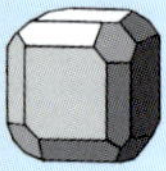

| | |
|---|---|
| Chemie: $Mg_3 [Cl \vert BO_3 \vert B_6O_{10}]$ | Farbe: farblos, blasse Färbungen |
| Mohshärte: 7–7 ½ | Strichfarbe: weiß, hellgrau |
| Dichte: 2,9–3,0 | Glanz: Glas-, Diamantglanz |
| Spaltbarkeit: keine | Transparenz: durchsichtig bis durchscheinend |
| Bruch: muschlig, spröde | Kristallsystem: kubisch |

Würflige, oktaedrische oder kombinierte Kristalle, stets eingewachsen. Aggregate dicht, körnig, knollig. Vorkommen in marinen Salzlagerstätten. Fundorte: Staßfurt/Sachsen-Anhalt, Lüneburg, Hildesheim/Niedersachsen, Lothringen/Frankreich, Yorkshire/England, Louisiana, Kalifornien/USA, Bolivien. Dient der Gewinnung von Borsäure und Boraten.

**Staßfurtit** Fasrige Boracit-Varietät.

## Colemanit [2]

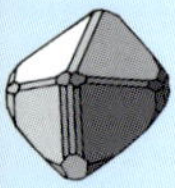

| | |
|---|---|
| Chemie: $Ca [B_3O_4(OH)_3] \cdot H_2O$ | Farbe: farblos, weiß, grau, gelblich |
| Mohshärte: 4–4 ½ | Strichfarbe: weiß |
| Dichte: 2,44 | Glanz: Glas-, Diamantglanz |
| Spaltbarkeit: vollkommen | Transparenz: durchsichtig bis durchscheinend |
| Bruch: uneben, muschlig | Kristallsystem: monoklin |

Kristalle kurzsäulig, flächenreich. Aggregate körnig, dicht. Vorkommen in ausgetrockneten Salzseen. Fundorte: Death Valley/Kalifornien/USA, Panderma/Türkei, Chile. Wichtiger Rohstoff zur Bor-Gewinnung.

## Ulexit [3] Boronatrocalcit

| | |
|---|---|
| Chemie: $NaCa [B_5O_6 (OH)_6] \cdot 5 H_2O$ | Farbe: farblos, weiß |
| Mohshärte: 2 | Strichfarbe: weiß |
| Dichte: 1,96 | Glanz: Glas-, Seidenglanz |
| Spaltbarkeit: vollkommen | Transparenz: durchsichtig bis durchscheinend |
| Bruch: fasrig | Kristallsystem: triklin |

Kristalle sehr selten und sehr klein. Knollige Aggregate mit feinsten Fasern, auch erdige Massen. Parallelfasrige Aggregate zeigen Lichtleiter-Effekt (daher Fernsehstein oder Televisionsstein genannt). Vorkommen in Boraxseen Nord- und Südamerikas, Kaspisee-Region. Wichtiger Rohstoff zur Bor-Gewinnung.

## Borax [4] Tinkal

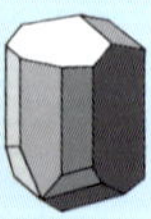

| | |
|---|---|
| Chemie: $Na_2 [B_4O_5 (OH)_4] \cdot 8 H_2O$ | Farbe: farblos, weiß, grau, gelb |
| Mohshärte: 2–2 ½ | Strichfarbe: weiß bis grau |
| Dichte: 1,7–1,8 | Glanz: Glas-, Fett-, Harzglanz |
| Spaltbarkeit: vollkommen | Transparenz: durchscheinend, trüb |
| Bruch: muschlig, spröde | Kristallsystem: monoklin |

Dicksäulige Kristalle. Aggregate körnig, fasrig, erdig. Süßlich-salzig schmeckend. An der Luft trüb werdend. Vorkommen in und am Rande terrestrischer Salzseen, sog. Boraxseen. Fundorte: Kalifornien, Nevada/USA, Kasachstan, Tarapaca/Chile. Wichtigstes Bor-Mineral. Verwendung in chemischer, Glas- und Stahlindustrie, in Pharmazie sowie für Raketentreibstoffe.

1 Boracit, Lüneburg/Niedersachsen
2 Colemanit, Boron/Kalifornien/USA
3 Ulexit, Boron/Kalifornien/USA
4 Borax mit Hanksit-Kristallen, Kalifornien/USA

1
2
3
4

## Gruppe der Karbonatmineralien

Die bekanntesten Karbonatmineralien, mehr oder weniger wichtig als Gesteinsbildner, sind Ankerit, Aragonit, Calcit, Dolomitspat und Strontianit. Dazu kommen weitere, die als Erzmineral Bedeutung haben: Azurit, Cerussit, Hydrozinkit, Magnesit, Rhodochrosit, Siderit, Smithsonit.

### Aragonit [1, 2]

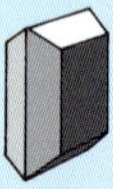

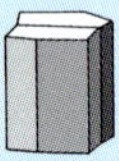

| | |
|---|---|
| Chemie: $Ca[CO_3]$ | Farbe: farblos, weiß, verschiedenfarbig |
| Mohshärte: 3½–4 | Strichfarbe: weiß |
| Dichte: 2,95 | Glanz: Glas-, Fettglanz |
| Spaltbarkeit: undeutlich | Transparenz: durchsichtig bis durchscheinend |
| Bruch: muschlig, spröde | Kristallsystem: orthorhombisch |

Kristalle ein- und aufgewachsen, prismatisch, nadlig, taflig. Häufig Zwillinge. Aggregate derb, krustig, strahlig, fasrig, stalaktitisch. Erkennungsmerkmal: Kräftiges Schäumen beim Auftropfen mit kalter, unverdünnter Salzsäure.
Vorkommen als Sinterbildung an heißen Quellen, gelegentlich auf Erzgängen, in Klüften und Hohlräumen von jüngeren Vulkaniten, eingewachsen in Ton- und Gipsgestein. Die Schalen mancher Mollusken (u. a. Muscheln, Schnecken) und Perlen bestehen zum großen Teil aus Aragonit.
Fundorte: Kaiserstuhl/Baden, Erzberg/Steiermark, Hüttenberg/Kärnten, Leogang/Salzburg, Karlsbad/Tschechien, Sizilien/Italien, Aragonien/Spanien.
**Eisenblüte** [1] Verästeltes, knolliges oder stalaktitisches Aragonit-Aggregat als Auslaugungsprodukt auf Eisen-Erzlagerstätten.

### Calcit [3, 4] Kalkspat

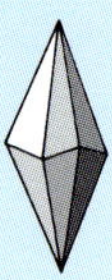

| | |
|---|---|
| Chemie: $Ca[CO_3]$ | Farbe: farblos, weiß, verschiedene Färbungen |
| Mohshärte: 3 | Strichfarbe: weiß |
| Dichte: 2,6–2,8 | Glanz: Glasglanz |
| Spaltbarkeit: vollkommen | Transparenz: durchsichtig bis undurchsichtig |
| Bruch: muschlig, spröde | Kristallsystem: trigonal |

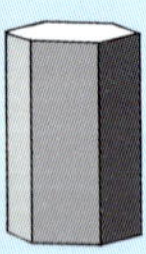

Kristalle fast immer aufgewachsen, bilden mehrere hundert verschiedene Formen und mehr als 1000 Kombinationen. Calcit ist das formenreichste Mineral überhaupt. Grundformen sind Rhomboeder, Prismen und Skalenoeder. Häufig Zwillinge. Gut ausgebildete Kristalle in Drusen und anderen Hohlräumen.
Aggregate körnig, stänglig, fasrig, dicht, pulvrig, erdig, oolithisch, stalaktitisch. In Konkretionen und als Versteinerungsmaterial. Gesteinsbildend als Hauptgemengteil in Kalkstein, Sintergestein und Marmor, Nebengemengteil (Bindemittel) in vielen Sedimentiten, auch in Magmatiten und Metamorphiten.
Erkennungsmerkmal: kräftiges Schäumen beim Auftropfen mit kalter, verdünnter Salzsäure.
Fundorte: nördliche und südliche Kalkalpen, Juragebirge in Frankreich, der Schweiz und Süddeutschland, Champagne/Frankreich, Arizona/USA.
Verwendung in Bauindustrie, als Rohstoff für chemische, Glas- und Zellstoffindustrie, bei Verhüttung von Eisen-Erzen.

**Doppelspat** Klare, farblose, rhomboedrische Calcit-Varietät mit ausgeprägter doppelter Lichtbrechung. Verwendung für optische Instrumente (Abb. S. 25).

1 Eisenblüte, Arizona/USA
2 Aragonit-Zwillinge, Marokko
3 Calcit, Chihuahua/Mexiko
4 Calcit, Namibia

1

2

3

4

## Ankerit [1] Braunspat

| | |
|---|---|
| Chemie: Ca (Fe, Mg) $[CO_3]_2$ | Farbe: weiß, gelblich, grau, braun |
| Mohshärte: 3½–4 | Strichfarbe: weiß, hellgrau |
| Dichte: 2,9–3,8 | Glanz: Glas-, Perlmutt-, Wachsglanz |
| Spaltbarkeit: vollkommen | Transparenz: durchscheinend bis undurchsichtig |
| Bruch: muschlig, spröde | Kristallsystem: trigonal |

Kristalle meist rhomboedrisch. Aggregate sattelförmig gekrümmt, körnig derb, stänglig, spätig, dicht. Vorkommen auf Erzgängen, besonders auf Siderit-Lagerstätten. Fundorte: Hüttenberg/Kärnten, Eisenerz/Steiermark, Freiberg/Sachsen, Lancashire/England, Muzo/Kolumbien, Connecticut, Arkansas/USA.
**Braunspat** Teils Synonym zu Ankerit, teils eine infolge Oxidation von Eisen und Mangan braun gewordene Varietät von Ankerit.

## Dolomitspat [2] Dolomit, Bitterspat

| | |
|---|---|
| Chemie: Ca Mg $[CO_3]_2$ | Farbe: farblos, weißgrau, verschieden gefärbt |
| Mohshärte: 3½–4 | Strichfarbe: weiß, hellgrau |
| Dichte: 2,85–2,95 | Glanz: Glasglanz |
| Spaltbarkeit: vollkommen | Transparenz: durchsichtig bis durchscheinend |
| Bruch: muschlig, spröde | Kristallsystem: trigonal |

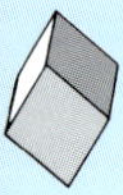

Flächenreiche Kristalle ein- oder aufgewachsen, häufig gekrümmt, bilden meist rhomboedrische Formen, gelegentlich Berührungszwillinge. Aggregate körnig, stänglig, spätig, porös. Vorkommen auf Erz- und Mineralgängen. Gesteinsbildend in Dolomitstein, Dolomitmarmor, zusammen mit Calcit in Kalkstein.
Erkennungsmerkmal: kräftiges Schäumen beim Auftropfen mit warmer Salzsäure, mit kalter verdünnter Salzsäure nur, wenn Probe vorher pulverisiert.
Fundorte: Pfitsch/Tirol, Leogang/Salzburg, Trieben/Steiermark, Wölsendorf/Oberpfalz, Wallis/Schweiz, Piemont/Italien, New York/USA.
Verwendung in Bauindustrie, für feuerfeste Steine, insbesondere als Futter für Hochöfen.
Name nach dem französischen Mineralogen D. de Dolomieu, der das Mineral 1791 erstmals beschrieb. Die Dolomiten in den südlichen Kalkalpen wiederum wurden nach dem Mineral benannt. Das heute kaum noch verwendete Synonym Bitterspat wurde in Anleitung an andere Mg-Mineralien (z. B. Epsomit) geprägt, die tatsächlich bitter schmecken. Dolomitspat selbst schmeckt nicht bitter.

## Strontianit [3]

| | |
|---|---|
| Chemie: $Sr[CO_3]$ | Farbe: farblos, grau, weiß, licht gefärbt |
| Mohshärte: 3½ | Strichfarbe: weiß |
| Dichte: 3,76 | Glanz: Glas-, Fettglanz |
| Spaltbarkeit: vollkommen | Transparenz: durchsichtig bis durchscheinend |
| Bruch: muschlig, spröde | Kristallsystem: orthorhombisch |

Kristalle prismatisch, nadlig, spießig, dipyramidal, taflig. Aggregate büschlig verwachsen, strahlig, fasrig, derb körnig, nierig. Vorkommen auf Erzgängen, in Kalkstein und Mergeln, gelegentlich als Konkretion in Kalkstein. Fundorte: Münsterland/Westfalen, Clausthal-Zellerfeld/Harz, Ostafrika, San Bernardino/Kalifornien/USA. Rohstoff zur Gewinnung von Strontium.

1 Ankerit, Sunk/Steiermark/Österreich
2 Dolomitspat, Arkansas/USA
3 Strontianit auf Baryt, spießig und büschlig, Könitz bei Saalfeld/Thüringen

1
2
3

## Coelestin (Cölestin, Zölestin) [1]

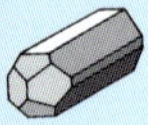

| | |
|---|---|
| Chemie: $Sr[SO_4]$ | Farbe: farblos, weiß, bläulich, licht getönt |
| Mohshärte: 3–3½ | Strichfarbe: weiß |
| Dichte: 3,9–4,0 | Glanz: Glas-, Perlmutt-, Fettglanz |
| Spaltbarkeit: vollkommen | Transparenz: durchsichtig bis durchscheinend |
| Bruch: muschlig, uneben, spröde | Kristallsystem: orthorhombisch |

Kristalle taflig, aufgewachsen. Aggregate körnig, fasrig, dicht, knollig. Vorkommen in Lagen, als Kluftfüllung und Konkretion in Kalk- und Gipsstein. Gelegentlich auf Hohlräumen vulkanischer Gesteine. Fundorte: Giershagen/Westfalen, Bristol/England, Agrigento/Sizilien, Ohio/USA. Rohstoff zur Strontiumgewinnung.

## Vivianit [2]

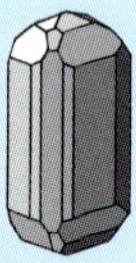

| | |
|---|---|
| Chemie: $Fe_3[PO_4]_2 \cdot 8\,H_2O$ | Farbe: frisch farblos bis weiß, an Luft blau |
| Mohshärte: 1½–2 | Strichfarbe: weiß oder blau, auch braun |
| Dichte: 2,6–2,7 | Glanz: Glas-, Perlmutt-, Metallglanz |
| Spaltbarkeit: vollkommen | Transparenz: durchscheinend |
| Bruch: fasrig, spröde, dünn biegsam | Kristallsystem: monoklin |

Kristalle nadlig, stänglig, taflig, aufgewachsen. Aggregate rosettenartig, kuglig, nierig. Wenn erdig, Blaueisenerde oder Blauerde genannt. Vorkommen in Tongestein, in Mooren, in Limonit- und Braunkohlelagerstätten. Auch (blau färbend) in fossilen Knochen und Zähnen (Odontolith oder Zahntürkis). Fundorte: Waldsassen/Oberpfalz, Thüringen, Cornwall/England, Colorado/USA.

## Wavellit [3] Fischerit

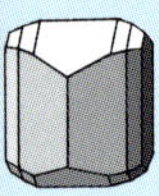

| | |
|---|---|
| Chemie: $Al_3\,[(OH_3)\vert(PO_4)_2] \cdot 5\,H_2O$ | Farbe: farblos, grünlich, gelblich |
| Mohshärte: 3½–4 | Strichfarbe: weiß |
| Dichte: 2,3–2,4 | Glanz: Glasglanz |
| Spaltbarkeit: vollkommen | Transparenz: durchscheinend |
| Bruch: muschlig, uneben, spröde | Kristallsystem: orthorhombisch |

Kristalle prismatisch, dünnnadlig, selten. Radialstrahlige, kuglige Aggregate, auch nierig, krustig. Vorkommen in Kieselschiefer, Sandstein, Phosphoritlagerstätten. Fundorte: Amberg/Oberpfalz, Lahn-Dill-Gebiet/Hessen, Langenstriegis/Sachsen, Arkansas/USA. Vereinzelt zur Phosphorgewinnung abgebaut.

## Baryt [4] Schwerspat

| | |
|---|---|
| Chemie: $Ba[SO_4]$ | Farbe: farblos, weiß, vielfach auch gefärbt |
| Mohshärte: 3–3½ | Strichfarbe: weiß |
| Dichte: 4,48 | Glanz: Glas-, Perlmuttglanz |
| Spaltbarkeit: vollkommen | Transparenz: durchsichtig bis durchscheinend |
| Bruch: muschlig, uneben, spröde | Kristallsystem: orthorhombisch |

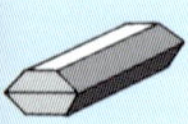

Kristalle taflig, aufgewachsen. Aggregate blättrig, körnig, spätig, nierig. Gelegentlich schwach radioaktiv. Vorkommen in Kalk- und Tongestein, als Konkretion in Sandstein, als Kluftfüllung. Fundorte: Meggen/Westfalen, Oberpfalz, Harz, Alston Moor/England, Ardêche/Frankreich. Rohstoff für weiße Farbe, zum Beschweren von Bohrflüssigkeiten, für Pyrotechnik und Strahlenschutz.

1 Coelestin, Madagaskar
2 Vivianit, Bolivien
3 Wavellit auf Kalkstein, Arkansas/USA
4 Baryt mit Kupferkies, Alston Moor/England

1

2

3

4

# Mineralien der Metamorphite

Zahlreiche Mineralien treten ausschließlich oder überwiegend in Metamorphiten auf. Dazu gehören Aktinolith, Andalusit, Axinit, Chlorit, Cordierit, Epidot, Fassait, die Granat-Gruppe, Graphit, Hedenbergit, Kyanit, Margarit, Omphacit, Prehnit, Pyrophyllit, Riebeckit, Sepiolith, Serpentin, Sillimanit, Staurolith, Talk, Tremolit, Vesuvian, Wollastonit, Zoisit. Kernit und Okenit werden als Kontaktmineralien hier angehängt.
Weitere Mineralien, wie z. B. Quarz, Feldspäte, Glimmer, Hornblende, Augit, Olivin sowie Calcit und Dolomitspat, sind wohl auch in Metamorphiten vorhanden, vorwiegend aber in Magmatiten und/oder in Sedimentiten anzutreffen. Sie werden daher auch jeweils dort besprochen.

## Andalusit [1, 2]

| | |
|---|---|
| Chemie: $Al_2 [O \vert SiO_4]$ | Farbe: farblos, verschieden gefärbt |
| Mohshärte: 7 ½ | Strichfarbe: weiß |
| Dichte: 3,11–3,22 | Glanz: Glasglanz, matt |
| Spaltbarkeit: gut | Transparenz: durchsichtig bis undurchsichtig |
| Bruch: uneben, splittrig, spröde | Kristallsystem: orthorhombisch |

Eingewachsene Kristalle, dicksäulig. Aggregate strahlig-stänglig, körnig. Vorkommen in Gneis und Schiefern. Fundorte: Lisener Alm/Tirol, Mursinsk/Ural, White Mountain/Kalifornien/USA. Verwendung für hochfeuerfeste Keramik.
**Chiastolith** [1] (Hohlspat) Andalusitkristalle mit kohlig-tonigen Einschlüssen in Kreuzform. Eingewachsen in Tonschiefer.

## Sillimanit [3]

| | |
|---|---|
| Chemie: $Al_2 [O \vert SiO_4]$ | Farbe: grau, bräunlich, grünlich |
| Mohshärte: 6–7 | Strichfarbe: weiß |
| Dichte: 3,22–3,25 | Glanz: Glas-, Fett-, Seidenglanz |
| Spaltbarkeit: vollkommen | Transparenz: durchsichtig bis durchscheinend |
| Bruch: uneben, spröde | Kristallsystem: orthorhombisch |

Einzelkristalle sehr selten, nadlig, ohne Endbegrenzung. Gewöhnlich strahlig-fasrige, verfilzte Aggregate. Vorkommen in Gneis, Glimmerschiefer, Granulit, Eklogit. Fundorte: Bodenmais/Oberpfalz, Freiberg/Sachsen, Sellrain/Tirol, Assam/Indien, Simbabwe, Delaware/USA. Verwendung für hochfeuerfeste Keramik.

## Axinit [4]

| | |
|---|---|
| Chemie: $Ca_2 (Fe, Mg, Mn) Al_2B$ | Bruch: muschlig, spröde |
| $[OH \vert O \vert (Si_2O_7)_2]$ | Farbe: braun, grau, violett, grün |
| Mohshärte: 6 ½–7 | Strichfarbe: weiß |
| Dichte: 3,26–3,36 | Glanz: Glasglanz |
| Spaltbarkeit: gut | Transparenz: durchsichtig bis durchscheinend |

Kristalle (triklines System) flächenreich, keilförmig bis taflig, ein- und aufgewachsen. Aggregate stänglig, spätig, dicht. Vorkommen in alpinen Klüften, in Kalksilikatgestein, in Drusen von Granitgestein. Fundorte: Harz, Fichtelgebirge, Erzgebirge, Cornwall/England, Dauphiné/Frankreich, Montana/USA.

1 Chiastolith, Chile
2 Andalusit in Quarz, Tschechien
3 Sillimanit, Benson Mines/New York/USA
4 Axinit mit Chlorit, Dauphiné/Frankreich

1
2
3
4

## Vesuvian [1] Idokras

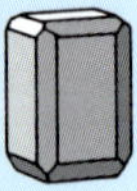

| | |
|---|---|
| Chemie: $Ca_{19}Al_{10}\,(Mg, Fe)_3\,[(OH,F)_{10} \mid (SiO_4)_{10} \mid (Si_2O_7)_4]$ | Bruch: uneben, splittrig, spröde |
| Mohshärte: 6½ | Farbe: bräunlich, grau, viele andere Farbtöne |
| Dichte: 3,27–3,45 | Strichfarbe: weiß |
| Spaltbarkeit: undeutlich | Glanz: Glas-, Fettglanz |
| | Transparenz: durchsichtig bis undurchsichtig |

Kristalle (tetragonales System) ein- und aufgewachsen, häufig gut ausgebildet, gewöhnlich kurz- und dicksäulig, aber auch langsäulig und nadelförmig. Aggregate dicht, derb körnig, strahlig. Vorkommen in Metamorphiten wie Marmor, Kalksilikatgestein, Serpentinit; ganz selten auch in Magmatiten. Fundorte: Pfitschtal/Tirol/Österreich, Zermatt/Wallis/Schweiz, Vesuv, Monzoni/Dolomiten/Italien, New Jersey/USA.

**Egeran** Lokalname für ein strahliges Vesuvian-Aggregat von Eger/Böhmen und Göpfersgrün/Fichtelgebirge.

**Wiluit** Vesuvian-Varietät mit charakteristischer Streifung auf den Kristallflächen, Fundort am Wilui-Fluss/Ostsibirien/Russland.

## Staurolith [2, 3, 4]

| | |
|---|---|
| Chemie: $Fe_2Al_9\,[O_6(O,OH)_2 \mid (SiO_4)_4]$ | Farbe: rötlichbraun, bräunlichschwarz |
| Mohshärte: 7–7½ | Strichfarbe: weiß |
| Dichte: 3,65–3,77 | Glanz: Glas-, Fettglanz, matt |
| Spaltbarkeit: gut | Transparenz: durchscheinend bis undurchsichtig |
| Bruch: muschlig, uneben, spröde | Kristallsystem: monoklin |

Kristalle eingewachsen, kurz- oder langsäulig. Durchkreuzungszwillinge charakteristisch, mit rechtwinkligem Kreuz (90°) oder schiefwinkligem Kreuz (60°). Häufig mit Kyanit orientiert verwachsen.

Vorkommen in metamorphen Tongesteinen, in Gneis und Glimmerschiefer, gelegentlich als Verwitterungsrestbildung auch in Sanden. Fundorte: Steiermark/Österreich, Sterzing/Südtirol, Fannin County/Georgia/USA, Ducktown/Tennessee/USA, Namibia.

## Kyanit (Cyanit) [4, 5] Disthen

| | |
|---|---|
| Chemie: $Al_2\,[O \mid SiO_4]$ | Farbe: blau, auch andersfarbig möglich |
| Mohshärte: 4–4½ und 6–7 | Strichfarbe: weiß |
| Dichte: 3,53–3,65 | Glanz: Glas-, Perlmuttglanz |
| Spaltbarkeit: vollkommen | Transparenz: durchsichtig bis durchscheinend |
| Bruch: fasrig, spröde | Kristallsystem: triklin |

Kristalle linealartig säulig, eingewachsen, oft quer gestreift. Berührungszwillinge. Große Härteunterschiede zwischen Längserstreckung (4 bis 4½) und quer dazu (6 bis 7). Aggregate radialstrahlig, mit Staurolith orientiert verwachsen.

Vorkommen in Metamorphiten, so in Gneis, Glimmerschiefer, Eklogit, gelegentlich als Verwitterungsrestbildung auch in Sanden. Fundorte: Tessin/Schweiz, Serbien, Machakos/Kenia, Kalkutta/Indien, Virginia/USA. Verwendung für hochfeuerfeste Baustoffe.

---

1 Vesuvian, Kalifornien/USA
2 Staurolith-Zwilling, Minas Gerais/Brasilien
3 Staurolith-Zwilling, Georgia/USA
4 Kyanit und Staurolith in Paragonitschiefer, Alpe Sponda/Tessin/Schweiz
5 Kyanit, Alpe Sponda/Tessin/Schweiz

1
2
3
4
5

## Granat-Gruppe

Silikatische Mineralien mit ähnlicher Kristallstruktur. Pyralspit-Reihe: Pyrop, Almandin, Spessartin. Ugrandit-Reihe: Uwarowit, Grossular, Andradit.

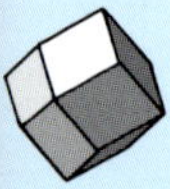

| | |
|---|---|
| Chemie: Silikat | Farbe: farblos, auch alle Farbtöne außer blau |
| Mohshärte: 6 ½–7 ½ | Strichfarbe: weiß |
| Dichte: 3,4–4,6 | Glanz: Glas-, Fett-, Harzglanz |
| Spaltbarkeit: undeutlich | Transparenz: durchsichtig bis undurchsichtig |
| Bruch: muschlig, splittrig, spröde | Kristallsystem: kubisch |

Kristalle ein- und aufgewachsen. Rhombendodekaeder (= Granatoeder), Ikositetraeder. Große Kristalle von mehreren hundert Kilogramm bekannt. Aggregate derb körnig bis dicht. Vorkommen in Gneis, Glimmerschiefer, Eklogit, in kalkigen und dolomitischen Metamorphiten, häufig in Sanden. Selten in Magmatiten. Fundorte weltweit. Verwendung als Schleif- und Poliermittel sowie als Edelstein (S. 166).

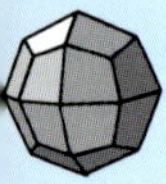

**Almandin** [5] Gemeiner Granat $Fe_3Al_2[SiO_4]_3$
Farbe: braun, rot bis violett, fast schwarz. Im Volksmund ebenso wie Pyrop als Karfunkelstein bezeichnet. Fundorte: Ötztal und Zillertal/Tirol, Falun/Schweden, Swerdlowsk/Ural, Sri Lanka, Indien.

**Andradit** [2–4] $Ca_3Fe_2\,[SiO_4]_3$
Farbe: braun, schwarz, auch farblos, grün, gelb. Demantoid [3]: grüne Varietät. Melanit: grauschwarze Varietät. Topazolith [4]: grünlichgelbe Varietät.
Fundorte: Wurlitz/Fichtelgebirge, Kaiserstuhl/Baden, Zermatt/Schweiz, Pinzgau/Österreich.

**Grossular** $Ca_3Al_2\,[SiO_4]_3$
Farbe: farblos, grün, gelblich, braun, rot. Hessonit (Zimtstein, Kaneelstein) [1]: braunorange Varietät. Katoit (Hydrogrossular): undurchsichtige, grünliche Varietät. Leukogranat: farblose Varietät. Tsavorit (Tsavolith): grüne Varietät.
Fundorte: Auerbach/Bergstraße/Hessen, Piemont/Italien, Sri Lanka, Kanada, Conception del Oro/Mexiko, Südafrika.

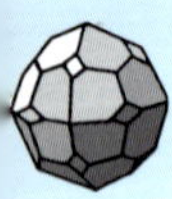

**Pyrop** Böhmischer Granat, Kaprubin $Mg_3Al_2\,[SiO_4]_3$
Farbe: rot, braunrot, rosenrot. Im Volksmund ebenso wie Almandin als Karfunkelstein bezeichnet. Rhodolith: rosenrote Varietät.
Fundorte: Zöblitz/Sachsen, Böhmen/Tschechische Republik, Transvaal/Südafrika, Nord-Carolina/USA, Australien.

**Spessartin** $Mn_3Al_2\,[SiO_4]_3$
Farbe: gelb, orange, rotbraun. Fundorte: Spessart/Unterfranken, Schweden, Madagaskar, Sri Lanka, Minas Gerais/Brasilien.

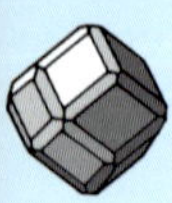

**Uwarowit** $Ca_3Cr_2\,[SiO_4]_3$
Farbe: smaragdgrün. Fundorte: Outukumpu/Finnland, Ural/Russland, Transvaal/Südafrika, Indien.

1 Hessonit, Italien
2 Andradit, Stanley Butte/Arizona/USA
3 Demantoid, Val Malenco/Bernina/Italien
4 Topazolith, Kalifornien/USA
5 Almandin in Glimmerschiefer eingewachsen, Zillertal/Tirol/Österreich

1
2
3
4
5

## Prehnit [1]

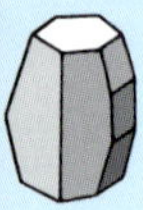

| | |
|---|---|
| Chemie: $Ca_2Al\,[(OH)_2|AlSi_3O_{10}]$ | Farbe: farblos, weiß, grau, grünlich, gelblich |
| Mohshärte: 6–6 ½ | Strichfarbe: weiß |
| Dichte: 2,8–3,0 | Glanz: Glas-, Perlmuttglanz |
| Spaltbarkeit: gut | Transparenz: durchsichtig bis durchscheinend |
| Bruch: uneben | Kristallsystem: orthorhombisch |

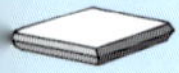

Einzelkristalle selten, taflig, charakteristisch gekrümmt. Aggregate nierenförmig, kuglig, radialstrahlig. Vorkommen in Hohlräumen von Schiefern und Kalksilikatgesteinen sowie von basischen Magmatiten, selten auch in Granit. Fundorte: Idar-Oberstein/Pfalz, Harzburg/Harz, Fassatal/Südtirol, Dauphiné/Frankreich, Bergen Hill/New Jersey/USA.

## Zoisit [2]

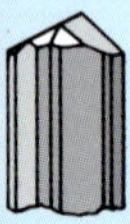

| | |
|---|---|
| Chemie: $Ca_2Al_3(O|OH|SiO_4|Si_2O_7]$ | Farbe: grau, grün, gelblich, rosa, blau |
| Mohshärte: 6–6 ½ | Strichfarbe: weiß |
| Dichte: 3,15–3,36 | Glanz: Glas-, Perlmuttglanz |
| Spaltbarkeit: vollkommen | Transparenz: undurchsichtig, trüb |
| Bruch: uneben | Kristallsystem: orthorhombisch |

Kristalle meist eingewachsen, prismatisch, vertikal gestreift, Endflächen selten gut entwickelt. Aggregate derb, spätig, breitstänglig mit grober Streifung. Vorkommen in Metamorphiten. Fundorte: Saualpe/Kärnten, Rauris/Salzburg, Zermatt/Wallis/Schweiz, Ducktown/Tennessee/USA, Tansania. Schönfarbige Varietäten als Schmuckstein verwendet.

**Thulit** Rosenrote Zoisit-Varietät (Abb. Nr. 4, S. 171).

**Tansanit** Blaue Zoisit-Varietät (Abb. Nr. 5 und 6, S. 171).

**Anyolith** Grüne Zoisit-Varietät oder Zoisit-Amphibolit aus Tansania, ein grünes Gestein mit schwarzen Hornblendeeinschlüssen und großen Rubinen. Ornament- und Schmuckstein.

## Epidot [3]

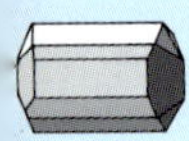

| | |
|---|---|
| Chemie: $Ca_2(Fe, Al)\,Al_2\,[O|OH|SiO_4|Si_2O_7]$ | Farbe: grün, gelb, schwarz, grau |
| Mohshärte: 6–7 | Strichfarbe: grau |
| Dichte: 3,3–3,5 | Glanz: Glasglanz |
| Spaltbarkeit: vollkommen | Transparenz: durchsichtig bis undurchsichtig |
| Bruch: muschlig, uneben, splittrig | Kristallsystem: monoklin |

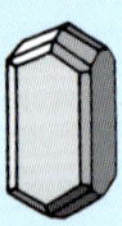

Kristalle prismatisch, flächenreich, gestreift, Zwillinge. Aggregate derb, strahlig, spätig, dicht. Vorkommen in Metamorphiten und Magmatiten. Gut ausgebildete Kristalle in Hohlräumen dieser Gesteine. Fundorte: Knappenwand/Untersulzbachtal/Salzburg, bei Bourg D'Oisons/Dauphiné/Frankreich. Gelegentlich als Schmuckstein verwendet.

**Piemontit** [4] Rot bis schwarz, Mohshärte 6, Dichte 3,45–3,52, Strichfarbe rot. Strahlige Aggregate. Gilt neuerdings als selbstständiges Mineral in der Epidot-Gruppe.

**Pistazit** Pistaziengrüne, eisenreiche Epidot-Varietät. Gelegentlich auch als Synonym zu Epidot verstanden.

**Klinozoisit** Eisenarme oder eisenfreie Epidot-Varietät.

**Tawmawit** Chromhaltige Epidot-Varietät. Tawmaw/Myanmar, Finnland.

1 Prehnit, Radautal bei Bad Harzburg/Harz
2 Zoisit, Jaurez/Baja California/Mexiko
3 Epidot, Baja California/Mexiko
4 Piemontit, Aostatal/Italien

1

2

3

4

## Pyrophyllit [1]

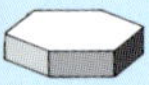

| | |
|---|---|
| Chemie: $Al_2[(OH)_2|Si_4O_{10}]$ | Farbe: weiß, grau, gelblich, grünlich |
| Mohshärte: 1–1 ½ | Strichfarbe: weiß |
| Dichte: 2,66–2,90 | Glanz: Glas-, Perlmuttglanz |
| Spaltbarkeit: vollkommen | Transparenz: durchscheinend bis undurchsichtig |
| Bruch: uneben, biegsam | Kristallsystem: monoklin |

Taflige Kristalle stets verwachsen. Feinschuppige oder strahlige Aggregate, auch dichte Massen. Fühlt sich fettig an. Vorkommen lagig oder in Klüften von Schiefern, auch auf Erzgängen. Fundorte: Eifel, Belgien, Luxemburg, Hirvivaara/Finnland. Verwendung für Elektrokeramik und als Füllstoff für Papier- und Gummiindustrie. – Agalmatolith s.u. bei Talk.

## Chlorit [2, 3]

Sammelname für eine Mischungsreihe ähnlich zusammengesetzter Mineralien. Wichtigste Vertreter: Chamosit [Nr. 5, S. 107], Daphnit, Delessit, Klinochlor [2], Pennin, Rhipidolith (Prochlorit), Thuringit.

| | |
|---|---|
| Chemie: $(Mg,Fe)_5Al[(OH)_8|AlSi_3O_{10}]$ | Farbe: grün, schwarz, braun, rot, weiß, farblos |
| Mohshärte: 2–3 | Strichfarbe: graugrün, braun |
| Dichte: 2,6–3,4 | Glanz: Glas-, Perlmuttglanz, matt |
| Spaltbarkeit: vollkommen | Transparenz: durchsichtig bis undurchsichtig |
| Bruch: blättrig, unelastisch biegsam | Kristallsystem: monoklin |

Einzelkristalle taflig, tonnenförmig, eingesprengt und aufgewachsen. Aggregate schuppig, plattig, feinkörnig, dicht. Vorkommen in Metamorphiten (insbesondere Chloritschiefer) und auf alpinen Klüften, oft andere Mineralien überstaubend.
**Kämmererit** [3] Chromhaltige Varietät von Klinochlor mit pfirsichblütenroten Kristallen oder rosarotem Anflug.

## Talk [4]

| | |
|---|---|
| Chemie: $Mg_3[(OH)_2|Si_4O_{10}]$ | Farbe: farblos, weiß, grünlich, gelblich, rötlich |
| Mohshärte: 1 | Strichfarbe: weiß |
| Dichte: 2,7–2,8 | Glanz: Perlmutt-, Fettglanz |
| Spaltbarkeit: vollkommen | Transparenz: durchsichtig bis undurchsichtig |
| Bruch: uneben, splittrig, biegsam | Kristallsystem: monoklin |

Gut entwickelte größere Kristalle unbekannt. Aggregate schuppig, blättrig, dicht, schalig, nierenförmig. Fühlt sich fettig an. Vorkommen lagig sowie als Kluftfüllung in kristallinen Schiefern, auch in Kalk- und Dolomitstein.
Fundorte: Göpfersgrün/Fichtelgebirge, Kärnten, Zillertal/Tirol, Barberton/Transvaal/Südafrika. Verwendung für lichtbeständige Farben, feingemahlen (Talkum genannt) als Grundlage für Salben und Puder, für Hochspannungsisolatoren, für feuerfeste Baustoffe.
**Speckstein** Synonym für Talk allgemein oder nur für dichte Talk-Aggregate.
**Steatit** Synonym für Speckstein wie für Talk. In Technik gebrannter Speckstein.
**Topfstein** Synonym für Speckstein oder Bezeichnung nur für einen chlorithaltigen Speckstein.
**Agalmatolith** (Bildstein, Pagodit) Dichte Talk-Varietät, auch dichte Pyrophyllit-Varietät oder Gemenge von Talk mit Pyrophyllit. Für Schnitzfiguren.

1 Pyrophyllit, Indian Gulch/Kalifornien/USA
2 Klinochlor, Bayerischer Wald
3 Kämmererit, Guleman/Türkei
4 Talk, Futa-Pass/Prov. Florenz/Italien

1
2
3
4

## Aktinolith [1] Strahlstein
Mineral der Amphibol-Gruppe (S. 52)

| | |
|---|---|
| Chemie: $Ca_2(Mg, Fe)_5\,[(OH, F)|Si_4O_{11}]_2$ | Farbe: grün, weiß, grau, farblos |
| Mohshärte: 5½–6 | Strichfarbe: weiß, grünlich |
| Dichte: 2,9–3,3 | Glanz: Glas-, Seidenglanz |
| Spaltbarkeit: gut | Transparenz: durchscheinend bis undurchsichtig |
| Bruch: splittrig, uneben, spröde, biegsam | Kristallsystem: monoklin |

Kristalle prismatisch, stänglig. Aggregate langstänglig, wirrstrahlig, ebenso derb grobkörnig. Vorkommen in Metamorphiten. Verwendung als Asbest.
**Amiant** (Amianth) [4] (Byssolith, Aktinolithasbest) Fasriger Aktinolith. Asbest.
**Bergleder** (Bergkork, Bergholz) Nadligfilziger Aktinolith oder Chrysotil (S. 88).
**Nephrit** (Beilstein) Mikrokristallines, verfilztes Aktinolith-Aggregat. Sehr zäh. Vorkommen als Rollstein und in Aktinolithschiefer. Fundorte: Jordansmühl/Schlesien, Baikalseegebiet/Russland, China, Neuseeland. Prähistorisch für Werkzeuge, Waffen und Gerät verwendet; als Jade (S. 168) verschliffen.

## Tremolit [2] Grammatit
Mineral der Amphibol-Gruppe (S. 52)

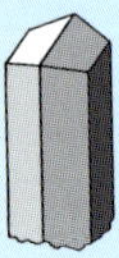

| | |
|---|---|
| Chemie: $Ca_2Mg_5[(OH|Si_4O_{11}]_2$ | Farbe: weiß, grau, grünlich |
| Mohshärte: 5½–6 | Strichfarbe: weiß |
| Dichte: 2,9–3,1 | Glanz: Glas-, Seidenglanz |
| Spaltbarkeit: gut | Transparenz: durchscheinend |
| Bruch: fasrig, spröde | Kristallsystem: monoklin |

Kristalle langprismatisch, nadlig, stänglig, meist eingewachsen. Aggregate strahlig, fasrig, filzartig. Vorkommen in Metamorphiten. Fundorte: Tessin/Schweiz, Paakila/Finnland, bei Turin/Italien, Namibia. Verwendung als Asbest.

## Riebeckit
Mineral der Amphibol-Gruppe (S. 52)

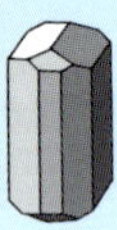

| | |
|---|---|
| Chemie: $Na_2\,(Fe, Mg)_3Fe_2\,[OH|Si_4O_{11}]_2$ | Farbe: blau, blauschwarz |
| Mohshärte: 5–6 | Strichfarbe: blaugrau |
| Dichte: 3,0–3,4 | Glanz: Glas-, Seidenglanz |
| Spaltbarkeit: vollkommen | Transparenz: durchscheinend bis undurchsichtig |
| Bruch: uneben, spröde | Kristallsystem: monoklin |

Kristalle langprismatisch, sehr selten. Gewöhnlich körnige oder fasrige Aggregate. Vorkommen in Quarziten und anderen metamorph überprägten Gesteinen, häufig in sauren Magmatiten. Fundorte: Schirmeck/Vogesen, Langesund/Norwegen, Krivoy Rog/Ukraine, Transvaal/Südafrika, Rhode Island/USA.
**Krokydolith** [3] (Blauasbest, Riebeckitasbest) Feinfasrige Riebeckit-Varietät. Elastisch biegsam, gut zu verspinnen. Verkieselter Krokydolith (Falkenauge, Tigerauge) für Schmuckzwecke (S. 176).

**Asbest** Bezeichnung für feinstfasrige Mineralien der Amphibol-Gruppe (Amiant, Anthophyllit, Krokydolith, Tremolit) und der Serpentin-Gruppe. Wirtschaftlich wichtiger ist Serpentin-Asbest Chrysotil (S. 88). Asbeste sind feuerfest und säurebeständig. Neuerdings ist Asbeststaub als krebserregend erkannt.

---

1 Aktinolith in Talkschiefer, Stubachtal/Tirol
2 Tremolit, Campolungo/Tessin/Schweiz
3 Krokydolith, Transvaal/Südafrika
4 Amiant, Piemont/Italien

1
2
3
4

## Serpentin [1, 2]

| | |
|---|---|
| Chemie: $Mg_6\,[(OH)_8|Si_4O_{10}]$ | Farbe: grün, grau, weiß, gelb |
| Mohshärte: 2½–4 | Strichfarbe: weiß |
| Dichte: 2,0–2,6 | Glanz: Harz-, Fett-, Seidenglanz, matt |
| Spaltbarkeit: vollkommen, fasrig teilbar | Transparenz: durchscheinend bis undurchsichtig |
| Bruch: muschlig, splittrig | Kristallsystem: monoklin |

Keine Kristalle bekannt. Aggregate feinkörnig bis dicht. Vorkommen in Lagen, auf Gängen und Klüften von Serpentingestein und Marmor.

Zwei Strukturvarietäten sind zu unterscheiden: Antigorit und Chrysotil.

**Antigorit** [1] (Blätterserpentin) Dichte, feinschuppige Serpentin-Varietät.
**Chrysotil** [2] (Faserserpentin) Fein- bis grobfasrige Varietät. Wirrfasrig-filzige Aggregate heißen (ebenso wie Aktinolith-Filze, S. 86) Bergleder, Bergkork, Bergholz, parallelfasrige Aggregate Chrysotilasbest.

Nach dem wirtschaftlichen Nutzen werden mehrere Varietäten unterschieden:
**Gemeiner Serpentin** [1] Dicht, trüb, fleckig. Ohne wirtschaftlichen Wert.
**Edler Serpentin** (Abb. S. 323) Dicht, grün bis gelblich. Dekorstein.
**Chrysotilasbest** [2] (Serpentinasbest, Asbest) Seidenglänzender, parallelfasriger Chrysotil. Für feuerfeste Geräte und Kleidung, als Bremsbelag, Asbestzement. Fundorte: Ural/Russland, Arizona/USA, Kanada, Südafrika, Simbabwe.

## Sepiolith [3] Meerschaum

| | |
|---|---|
| Chemie: $Mg_4[(OH)_2|Si_6O_{15}] \cdot 6H_2O$ | Farbe: weiß, gelb, grau |
| Mohshärte: 2–2½ | Strichfarbe: weiß |
| Dichte: 2,0 | Glanz: matt |
| Spaltbarkeit: vollkommen | Transparenz: undurchsichtig |
| Bruch: muschlig | Kristallsystem: orthorhombisch |

Keine Kristalle. Aggregate erdig, knollig, porös. Im bergfeuchten Zustand seifig und weich, getrocknet hart. An der Zunge klebend. Vorkommen als Konkretion in Serpentingestein. Einzige wirtschaftliche wichtige Lagerstätte in Eskishehir/Türkei. Verwendung zur Wärme- und Schallisolierung, für Rauchwaren.

## Graphit [4]

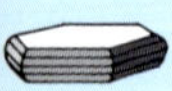

| | |
|---|---|
| Chemie: C | Farbe: dunkel- bis hellgrau, schwarz |
| Mohshärte: 1 | Strichfarbe: grau bis schwarz |
| Dichte: 2,1–2,3 | Glanz: Metallglanz, matt |
| Spaltbarkeit: vollkommen | Transparenz: undurchsichtig |
| Bruch: uneben, biegsam | Kristallsystem: hexagonal |

Gut ausgebildete Kristalle selten, hexagonale Tafeln. Aggregate körnig, schuppig, auch stänglig, erdig bis dicht. Graphit fühlt sich fettig an, färbt beim Anfassen ab. Bei Luftabschluss feuerbeständig. Vorkommen in Gneisen, Schiefern, Marmoren. Fundorte: Kropfmühl und Pfaffenreuth/Bayerischer Wald, Böhmen, Pargas/Finnland, New Jersey/USA, Quebec/Kanada, Sonora/Mexiko, Madagaskar. Verwendung für Elektroden, Schmelztiegel, Schmiermittel, Bleistifte, als Bremssubstanz in Atomreaktoren.

1 Antigorit-Serpentin, Snarum/Norwegen
2 Chrysotil-Serpentin, Quebec/Kanada
3 Sepiolith, Eskishehir/Türkei
4 Graphit, Trieben/Steiermark/Österreich

1
2
3
4

## Hedenbergit [1]

Mineral der Pyroxen-Gruppe (S. 48)

| | |
|---|---|
| Chemie: $CaFe\ [Si_2O_6]$ | Farbe: schwarz, grünschwarz, braunschwarz |
| Mohshärte: 5½–6 | Strichfarbe: graugrün |
| Dichte: 3,5–3,6 | Glanz: Glasglanz |
| Spaltbarkeit: gut | Transparenz: durchscheinend bis undurchsichtig |
| Bruch: uneben, muschlig, spröde | Kristallsystem: monoklin |

Gute Kristalle selten, prismatisch, nadlig. Aggregate derb körnig, stänglig, radialstrahlig. Vorkommen in Kalksilikatgestein, besonders in Skarnen und auf Magnetit-Lagerstätten. Fundorte: Nordmarken/Schweden, Elba und Toskana/Italien, Kasachstan, Franklin/New Jersey/USA.

## Chromdiopsid [3]

Hellsmaragdgrüne Varietät von Diopsid (S. 50). Vorkommen in kalkreichen Metamorphiten. Fundorte: Outukumpu/Finnland, Myanmar, Madagaskar, Namibia. Wenn durchsichtig, Schmuckstein.

## Fassait [4]

Mineral der Pyroxen-Gruppe (S. 48). In der Wissenschaft auch als aluminiumreiche oder eisenarme Varietät von Augit betrachtet.

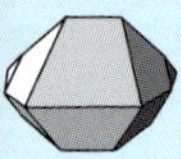

| | |
|---|---|
| Chemie: $Ca(Mg, Fe, Al)\ [(Si, Al)_2O_6]$ | Farbe: grün |
| Mohshärte: 6 | Strichfarbe: weiß |
| Dichte: 2,96–3,34 | Glanz: Glasglanz |
| Spaltbarkeit: gut | Transparenz: durchscheinend bis undurchsichtig |
| Bruch: uneben, muschlig, spröde | Kristallsystem: monoklin |

Flächenreiche, kurzprismatische Kristalle, ein- und aufgewachsen. Aggregate körnig und dicht. Vorkommen in Calcit- und Dolomitmarmor. Fundorte: Fassatal/Südtirol, Vesuv und Adamello/Italien, Helena/Montana/USA.

## Omphacit $(Ca, Na)\ (Mg, Al)\ [Si_2O_6]$

Mineral der Pyroxen-Gruppe. Mischkristall aus Diopsid, Jadeit, Hedenbergit und Ägirin. Chemisch und in der grünen Farbe dem Fassait gleich, in den optischen Daten dem Diopsid ähnlich. Kristalle sehr selten. Körner in Eklogit eingesprengt. Fundorte: Saualpe/Kärnten, Aostatal/Italien, Kalifornien/USA.

## Cordierit [2] Dichroit, Iolith

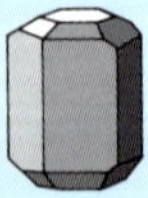

| | |
|---|---|
| Chemie: $Mg_2Al_3[AlSi_5O_{18}]$ | Farbe: blau, violett, grau, bräunlich, farblos |
| Mohshärte: 7–7½ | Strichfarbe: weiß |
| Dichte: 2,50–2,75 | Glanz: Glas-, Fettglanz |
| Spaltbarkeit: gut | Transparenz: durchsichtig bis durchscheinend |
| Bruch: muschlig, uneben, spröde | Kristallsystem: orthorhombisch |

Kristalle selten, ein- oder aufgewachsen, gewöhnlich prismatisch. Aggregate derb, eingesprengte Körner, dicht. Starker Pleochroismus. Vorkommen meist in Metamorphiten, gelegentlich in Magmatiten, vereinzelt in Sedimentiten. Fundorte: Bodenmais/Bayerischer Wald, Kragerö/Norwegen, Falun/Schweden, Orijärvi/Finnland, New Hampshire/USA. Verwendung als Keramik-Rohstoff.

1 Hedenbergit, Neu-Süd-Wales/Australien
2 Cordierit, Kisko/Finnland
3 Chromdiopsid, Outukumpu/Finnland
4 Fassait, aus Calcit geätzt, Fassatal/Südtirol

1
2
3
4

**Margarit** [1] Kalkglimmer, Perlglimmer
Mineral der Glimmer-Gruppe (Sprödglimmer)

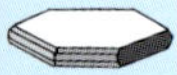

| | |
|---|---|
| Chemie: $CaAl_2\,[(OH)_2|Al_2Si_2O_{10}]$ | Farbe: weiß, grau, rosa, gelblich |
| Mohshärte: 4–4 ½ | Strichfarbe: weiß |
| Dichte: 2,99–3,08 | Glanz: Perlmuttglanz |
| Spaltbarkeit: vollkommen | Transparenz: durchscheinend |
| Bruch: blättrig, spröde | Kristallsystem: monoklin |

Gut ausgebildete Kristalle selten. Aggregate körnig, blättrig, schuppig. Vorkommen in Chlorit- und Glimmerschiefer. Fundorte: Zillertal/Tirol, Pfitschtal/Südtirol, St. Gotthard/Schweiz, Naxos/Griechenland, Izmir/Türkei, Virginia/USA.

**Paragonit** Natronglimmer
Mineral der Glimmer-Gruppe. Ähnlich dem Margarit. Weiße bis grünliche Aggregate, Vorkommen in Schiefern.

**Kernit** [2]

| | |
|---|---|
| Chemie: $Na_2[B_4O_6\,(OH)_2] \cdot 3\,H_2O$ | Farbe: farblos, weiß |
| Mohshärte: 2 ½ | Strichfarbe: weiß |
| Dichte: 1,91 | Glanz: Glasglanz |
| Spaltbarkeit: vollkommen | Transparenz: durchsichtig bis undurchsichtig |
| Bruch: fasrig, splittrig, spröde | Kristallsystem: monoklin |

Kristalle pyramidal, keilförmig. Aggregate derb, spätig, fasrig. Vorkommen in Gängen als kontaktmetamorphes Umwandlungsprodukt. Fundorte: Kern County/Kalifornien, Tincalayu/Argentinien, Türkei. Wichtiges Bor-Mineral.

**Wollastonit** [3]

| | |
|---|---|
| Chemie: $Ca_3\,[Si_3O_9]$ | Farbe: farblos, weiß, grau, leicht gefärbt |
| Mohshärte: 4 ½–5 | Strichfarbe: weiß |
| Dichte: 2,78–2,91 | Glanz: Glas-, Perlmutt-, Seidenglanz |
| Spaltbarkeit: vollkommen | Transparenz: durchsichtig bis durchscheinend |
| Bruch: splittrig | Kristallsystem: triklin und monoklin |

Gute Kristalle selten, meist dicktaflig, eingewachsen. Aggregate radialstrahlig, blättrig, taflig. Vorkommen in Kalk- und Kalksilikatgestein. Fundorte: Auerbach/Hessen, Pargas/Finnland, Santa Fé/Mexiko, Kalifornien/USA. Verwendung für Schweißstäbe, feuerfeste Keramik, Mineralfasern (Bergwolle).

**Okenit** [4]

| | |
|---|---|
| Chemie: $Ca_{10}\,[Si_6O_{16}|(Si_6O_{15})_2] \cdot 18\,H_2O$ | Farbe: weiß, gelblich, bläulich |
| Mohshärte: 5 | Strichfarbe: weiß |
| Dichte: 2,28–2,33 | Glanz: Perlmuttglanz |
| Spaltbarkeit: vollkommen | Transparenz: durchsichtig bis durchscheinend |
| Bruch: uneben | Kristallsystem: triklin |

Kristalle selten, blattförmig-flach. Gewöhnlich derbe, feinstfasrige Aggregate. Vorkommen (als Kontaktmineral) in Basalt. Fundorte: Antrim/Irland, Faröer, Insel Disko/Grönland, Poonah/Indien, Montana/USA.

1 Margarit, Chester/Massachusetts/USA
2 Kernit, Kern County/Kalifornien/USA
3 Wollastonit, Auerbach a.d. Bergstraße/Hessen
4 Nadliger Okenit auf Gyrolith, Poonah/Indien

1
2
3
4

# Erzbildende Mineralien

Erzbildende Mineralien sind Mineralien, aus denen durch Verhüttungsprozess Metalle gewonnen werden können. Wirtschaftlich nur von Nutzen, wenn sie gehäuft als Erz in Lagerstätten auftreten.

**Erz** In der Lagerstättenkunde versteht man unter einem Erz ein Mineralgemenge mit nutzbarem Metallgehalt. Es hat gefügemäßig den Charakter eines Gesteins. Vereinzelt werden auch andere, in der Technik benötigte Rohstoffe als Erz bezeichnet, selbst wenn ihnen der metallische Charakter fehlt.
In der Gesteinskunde dagegen nennt man alle metallischen Gemengteile eines Gesteins Erz.
Die Wissenschaft der Erzkunde unterscheidet streng die Erzmineralien (d. h. erzbildende Mineralien) von den stets aus mehreren Mineralarten zusammengesetzten eigentlichen Erzen.
Viele alte deutsche, von Bergleuten geprägte Mineralnamen führen die Endung -erz, z. B. Brauneisenerz, Chromeisenerz, Federerz, Rotbleierz, Zinnerz. Diese keineswegs konsequente Namengebung bewirkt oft irrige Vorstellungen, weil nicht alle solche Mineralien der heutigen Definition gemäß tatsächlich Bestandteil der Erze und damit von wirtschaftlichem Nutzen sind.

**Lagerstätte** Natürliche Anhäufung nutzbarer und abbauwürdiger Mineralien bzw. Mineralaggregate.

**Namen der Erzmineralien** Die Namen der Erzmineralien nehmen Bezug auf den Metallinhalt, auf Farbe, hervorstechende Eigenschaften und anderes. Viele Bezeichnungen wurden vor Jahrhunderten von Bergleuten geprägt. Auch die Einteilung sulfidischer Mineralien in Blenden (Zinkblende), Fahle (Antimonfahlerz, Quecksilberfahlerz), Glanze (Bleiglanz, Kupferglanz) und Kiese (Magnetkies, Schwefelkies) geht auf alten Bergbau zurück.

**Schreibweise der Erze** Die Schreibweise der Erze, der Erzmineralien und anderer metallischer Mineralien ist oft irreführend. Um Verwechslung der Erze mit deutschen Mineralnamen, die auf -erz (z. B. Zinnerz) enden, zu vermeiden, werden bei den folgenden Ausführungen die eigentlichen Erze, d. h. die Mineralansammlungen, durch Bindestrich kenntlich gemacht, z. B. Zinn-Erz. Ohne Bindestrich geschrieben, ist Zinnerz demnach das auch Zinnstein und Kassiterit genannte Erzmineral. Zinn-Erz dagegen ist ein zinnhaltiges Gestein, ein Erz im lagerstättenkundlichen Sinn.

**Klassifizierung der Erzmineralien** Die gruppenmäßige Ordnung, eine Klassifizierung der Erzmineralien erfolgt gewöhnlich nach dem Metallgehalt. Wenn ein Mineral in seinem chemischen Aufbau mehrere Metalle umschließt, kann es demgemäß auch verschiedenen Metallarten zugeordnet werden.
Eine Gruppenbildung der Metalle und Metallverbindungen wird in Technik, Industrie und Wirtschaft sehr verschieden gehandhabt.
Im vorliegenden Buch werden die Erzmineralien folgenden Metallgruppen zugeordnet: Edelmetalle, Eisenmetalle (als Oberbegriff für Eisen und Stahlveredler) und Nichteisenmetalle (z. B. Bunt- und Leichtmetalle). Schwefelhaltige Mineralien werden hintangefügt.

Terrassenartiger Erzabbau am Erzberg in Eisenerz/Steiermark/Österreich

# Erzlagerstätten

Viele Elemente, so auch die Metalle, sind bei gleichmäßiger Verteilung in der Erdkruste nicht nutzbar. Erst durch Anreicherung in bestimmten Zonen oder Komplexen werden sie gewinnungswürdig. Solch eine abbauwürdige Anhäufung von metallhaltigen Mineralien bzw. Mineralaggregaten nennt man Erz, ihr Vorkommen in der Erdkruste Erzlagerstätte.
Nach der Entstehung unterscheiden wir magmatische, sedimentäre und metamorphe Lagerstätten.

## Magmatische Lagerstätten

Magmatisch entstandene Lagerstätten sind aus der Gesteinsschmelze der Erdtiefe, dem Magma, hervorgegangen. Beim Erkalten dieser Gesteinsschmelze erfolgt in Abhängigkeit von der Temperatur eine Entmischung und Auskristallisierung des ursprünglich homogenen Materials. Wir unterscheiden liquidmagmatische, pegmatitische, pneumatolytische und hydrothermale Lagerstättenbildung.

**Liquidmagmatische Lagerstätten** In der Anfangsphase der Abkühlung entstehen bei Temperaturen von 1200–600 °C und vornehmlich basischen Schmelzen die liquidmagmatischen Lagerstätten. Die zuerst auskristallisierten Mineralien wie auch entmischte Teilschmelzen sinken infolge einer schwerebedingten Differentiation durch die übrige Schmelze zum Boden des Magmakörpers.
An Erzmineralien bilden sich gediegene Metalle (Platin), Sulfide (Magnetkies, Kupferkies, Pentlandit) und Oxide (Magnetit, Chromit, Ilmenit).
Bedeutende liquidmagmatische Lagerstätten gibt es in Kiruna/Schweden, bei Nižnij Tagil/Ural/Russland, in Sudbury/Ontario/Kanada, im Bushveld/Transvaal/Südafrika.

**Pegmatitische Lagerstätten** Bei Temperaturen von 600–500 °C bilden sich aus kieselsäurereichen Restschmelzen im Zusammenwirken mit angereicherten, gasartigen, leicht flüchtigen Bestandteilen grobkristalline Gesteinskörper, die Pegmatite. Man findet sie am Rand oder in Hohlräumen des Plutons (eines nicht gangförmigen Intrusivkörpers) sowie als Spaltenfüllung in Gängen.
Typische Erzmineralien sind Beryll, Lepidolith und Zinnwaldit, Zirkon und Titanit, Kassiterit, Wolframit und Molybdänglanz.
Der Pegmatit-Körper von Hagendorf/Oberpfalz gehört zu den größten Bildungen seiner Art in ganz Europa.

**Pneumatolytische Lagerstätten** Verbleibende Gasgemische eines sonst schon weitgehend auskristallisierten Magmenkörpers (vornehmlich eines Granitplutons) dringen bei Temperaturen von 500–400 °C in Spalten des Nachbargesteins wie auch in Klüfte des schon stark abgekühlten Plutons, kristallisieren aus und bilden Gänge, bei porenreichem Nebengestein auch Imprägnationen.
Charakteristische Erzvertreter sind Kassiterit, Zinnwaldit und Wolframit sowie Molybdänglanz und Pyrit.
Zu diesem Bildungstyp gehören die Zinn-Erzlagerstätten aus dem sächsisch-böhmischen Erzgebirge, von Malaysia und Bolivien, dann die Wolfram-Lagerstätten von Korea, Myanmar und Indonesien, schließlich die Molybdän-Lagerstätte von Climax/Colorado/USA.
Kontaktpneumatolytische Verdrängungslagerstätten, eine Abart pneumatolytischer Lagerstätten, entstehen durch Reaktion der heißen Gase mit dem Nebengestein, wobei dort vorhandene Mineralien verdrängt, d. h. durch andere (z. B. Wolframit und Scheelit) ersetzt werden.

**Hydrothermale Lagerstätten** Bei Temperaturen von 400–0 °C scheiden sich infolge Temperatur- und Druckerniedrigung in Warmwassern gelöste Substanzen ab und bilden Metallanreicherungen, hydrothermale Lagerstätten.
Nach der Art der Entstehung werden hydrothermale Erzgänge, hydrothermale Verdrängungslagerstätten (durch Austausch von Mineralien, sog. Metasomatose) und hydrothermale Imprägnationen unterschieden.
Die Anzahl der hydrothermal entstandenen Lagerstätten, der Erzmineralien und der Paragenesen ist sehr groß. Charakteristisch sind Metallanreicherungen von Antimon, Blei, Gold, Kobalt, Kupfer, Quecksilber, Silber, Zink.
Zu den hydrothermal gebildeten Lagerstätten gehören die Siderit-Erze des Siegerlandes in Nordrhein-Westfalen, der Erzberg in der Steiermark, Bingham/Utah/USA wie auch Tsumeb/Namibia und Trepča/Serbien.

**Vulkanische Lagerstätten** Die magmatisch genannten Lagerstätten sind überwiegend plutonisch, d. h. auf den in der Tiefe liegenden Magmenkörper bezogen. Ihnen stehen die vulkanisch bedingten Bildungen gegenüber. Gelegentlich stellen diese aber auch Übergänge sowohl zu den plutonischen als auch zu den sedimentären Lagerstätten dar.
Zu den vulkanischen Lagerstätten zählen subvulkanische, d. h. tiefvulkanische Bildungen, untermeerisch und oberirdisch vulkanische Exhalationen sowie die postvulkanischen Thermen, die heißen Quellen.
Charakteristische Erzmineralien sind Gold- und Silbermineralien, Hämatit und Pyrit wie auch Schwefel. Eine der bedeutendsten Erzlagerstätten der Welt, der Comstock-Lode in Nevada/USA, ist subvulkanischer, die Eisen-Erzlagerstätte des Lahn-Dill-Reviers in Hessen submarin-vulkanischer Entstehung.

## Sedimentäre Lagerstätten

Sedimentäre Lagerstätten entstehen bei der Verwitterung von Gesteinen, durch Vermittlung des Wassers oder durch chemische Vorgänge unter bestimmten Klimabedingungen. Der Temperaturbereich der sedimentären Erzbildung beginnt bei einigen Grad unter dem Gefrierpunkt und reicht bis etwa 70 °C.

**Seifen- und Trümmererz-Lagerstätten** Unter Mitwirkung von Wasser und Wind werden metallische Mineralien aufgrund ihrer Verwitterungsbeständigkeit und ihrer hohen Dichte in Sanden und Kiesen zu Metallkonzentrationen, den Seifen, angereichert. Nach Mineralführung unterscheiden wir Chromit-, Gold-, Ilmenit-, Kassiterit-, Magnetit-, Monazit- und Platinseifen.
Bedeutende Goldseifen gibt es an der oberen Lena/Russland. Verfestigte Seifen sind die Gold-Lagerstätten von Witwatersrand bei Johannesburg/Südafrika.
Strandseifen, durch Strömung und Wellenschlag verursacht, finden sich in Indien, Brasilien, Carolina/USA. Auch die Trümmererz-Lagerstätte von Peine-Ilsede/Niedersachsen ist (vor 100 Millionen Jahren) im Bereich einer Brandungszone entstanden. Goldseifen wurden bis vor 100 Jahren auch in Flüssen Europas ausgebeutet.

**Lagerstätten der Oxidations- und Zementationszone** Zutage tretende Erzkörper unterliegen im obersten Bereich der Verwitterung. Hier bildet sich eine mit Eisen stark angereicherte, an Edelmetallen verarmte Oxidationszone, von den Bergleuten »Eiserner Hut« genannt. Die Hut-Erze sind porös, oberflächlich zerfressen und von brauner bis schwarzer Farbe. Manchmal deuten grüner Malachit und tiefblauer Azurit auf die Oxidationszone hin. Wegen der leichten Zugänglichkeit wurden diese Lagerstätten früher bevorzugt abgebaut. Sie sind daher fast restlos verschwunden.

Die in der Oxidationszone gelösten Verbindungen werden mit dem Sickerwasser bis zum Grundwasser geführt und hier ausgefällt. Diese Mineralanreicherung, Zementationszone genannt, enthält insbesondere sulfidische Erze des Kupfers (Kupferglanz, Covellin, Kupferkies, Bornit) und des Silbers (Akanthit), aber auch gediegen Kupfer, Silber und Gold.

**Verwitterungslagerstätten** Obwohl alle sedimentären Lagerstätten irgendeine Beziehung zu Verwitterungsvorgängen haben, versteht man unter Verwitterungslagerstätten (im engeren Sinne) nur jene Mineralanreicherungen, die eine deutliche Abhängigkeit von bestimmten Klimaten aufweisen.
In Trockenzonen (arides Klima) werden Schwermetallverbindungen von Kupfer, Kobalt, Blei, Vanadium und Uran ausgeschieden. Im feuchten, humiden Klimabereich entstehen Bauxite und Limonite, letztere gelegentlich in der Form der Bohnerze und als Raseneisenerz.

**Marine Lagerstätten** Hierunter sind nicht etwa die heutzutage in den Ozeanen vorhandenen Lagerstätten gemeint, sondern die im Meer gebildeten Metallanhäufungen.
Oolithische Eisen-Erze entstehen im Flachmeerbereich durch festländische eisenhaltige Lösungen. Die durch das Meerwasser elektrolytisch ausgefällten Eisenverbindungen legen sich schalenförmig um irgendwelche Kerne und bauen Kügelchen von einem halben Millimeter bis zu Erbsengröße auf, die sich schließlich am Meeresboden ansammeln. Die Minette-Erze von Lothringen-Luxemburg sind solche Oolith-Bildungen [Nr. 4, S. 295]. Bedeutende Lagerstätten gibt es auf Neufundland/Kanada, in Alabama/USA, auf der Halbinsel Kertsch/Ukraine. Oolithische Mangan-Erze finden sich in der Ukraine und im Kaukasus.
Durch Ausfällung von Schwermetallverbindungen ebenso im Meer sind die mineralreichen Mansfelder Kupferschiefer im östlichen Harzvorland entstanden.

## Metamorphe Lagerstätten

Durch Metamorphose (S. 304) entwickeln sich keine neuen Lagerstätten. Es werden lediglich schon vorhandene magmatische oder sedimentäre Erzansammlungen durch Mineralneubildungen, Auflösung und Vergröberung von Gemengteilen wie auch das Gefüge der Erze selbst verändert.
Solch metamorphe Umbildung haben erfahren: die Kupfer-Erzlagerstätten von Outukumpu/Finnland, die Skarn-Erze in Mittelschweden, die Erzlager von Kriwoi Rog/Ukraine, die Itabirit-Erze von Brasilien, die Taconit-Erze vom Oberen See/USA.

## Formen der Erzkörper

Die Erzkörper haben nach der Art der Entstehung, nach Aufbau und Gesteinsgefüge verschiedenartigste Formen (s. Abb. S. 190).
**Flöz** Plattige Erzansammlung mit geringer Dicke (Mächtigkeit), großer Längen- und Breitenausdehnung. Sind immer sedimentären Ursprungs und den Schichten der Erdkruste meist parallel (konkordant) eingelagert. Die ursprünglich horizontale Schichtung kann durch gebirgsbildende Vorgänge verändert (gestört) werden.
**Lager** Ein Erzkörper, der im Verhältnis zur Flächenausdehnung eine relativ große Mächtigkeit besitzt.
**Nest** Kleiner, unregelmäßig geformter Erzkörper in fremder Umgebung.

**Gang** Tektonisch aufgebrochene und mit Erzen ausgefüllte Spalte. Der Ganginhalt ist stets jünger als das Nebengestein. Der im Volksmund synonym gebrauchte Ausdruck Ader gilt in der Bergmannssprache nur für sehr kleine Gänge. Bei einer Ansammlung von Gängen spricht man von Gangsystem.
**Linse** Linsenartig nach außen abflachender Erzkörper.
**Schliere** Länglich gestreckter, nicht sehr großer Erzkörper mit erkennbarem Fließgefüge.
**Stock** Kurzer, mächtiger und unregelmäßig begrenzter Erzgang.
**Stockwerk** Massiger Erzkörper mit netzartig durchzogenen, kleinen Erzgängen, ohne scharfe Abgrenzung gegen das Nebengestein.
**Imprägnation** Diffus verteiltes Erz in den Poren eines Gesteins.
**Seife** Anhäufung von schwereren und widerstandsfähigeren Mineralien in Sanden und Kiesmaterial. Je nach dem Ort oder der Art der Entstehung unterscheidet man fluviale (Fluss-), litorale (Strand-), marine (Meer-) und äolische (durch Wind verursachte) Seifen.

## Bauwürdigkeit der Erzlagerstätten

Die Bauwürdigkeit einer Erzlagerstätte ist von vielen Faktoren abhängig, wie Zusammensetzung des Erzes, Gesamtvorrat, Abbaumöglichkeit, Leistungsfähigkeit der Aufbereitung, Verkehrslage, Investitionskosten und Marktsituation. Sie kann sich im Laufe der Zeit ändern. So werden heutzutage alte Abraumhalden wegen neuer Aufbereitungsmethoden und der gestiegenen Rohstoff-Verkaufspreise teilweise wieder aufgearbeitet.
Ziel bei einem modernen Abbau ist es, möglichst viele der verschiedenen in einem Erz enthaltenen Mineralien nutzbringend zu gewinnen. Aus dem abgebauten Roh-Erz werden im Allgemeinen Erzkonzentrate bereitet, die dann der Verhüttung zugeführt werden können.
Wenn man die Preisentwicklung eines Rohstoffs auf dem Welthandelsmarkt verfolgt, lässt sich ermessen, wie die Bauwürdigkeit einer Lagerstätte von den großen Preisschwankungen beeinflusst wird (siehe Grafik).

Entwicklung des Kupferpreises in Dollar je Tonne (London Metal Exchange)

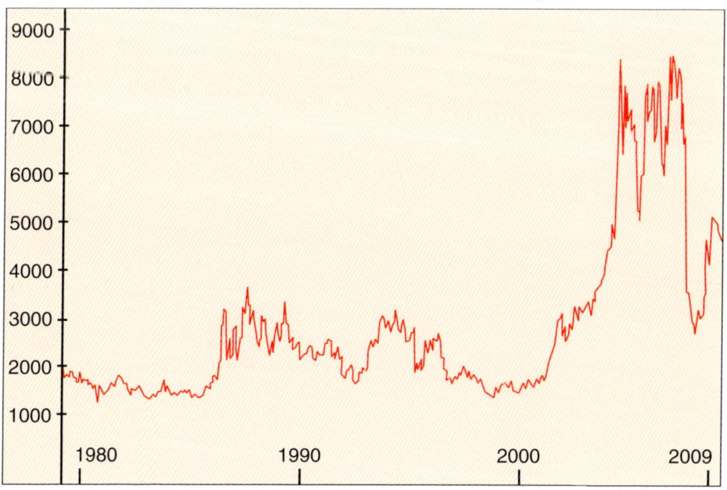

# Mineralien der Edelmetall-Erze

Zu dieser Gruppe gehören Silber-, Gold- und Platin-Erzmineralien.

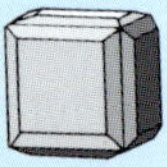

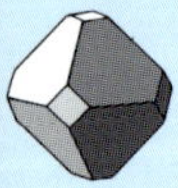

## Silber gediegen [2]

| | |
|---|---|
| Chemie: Ag | Farbe: weiß, grau, bräunlich, schwarz anlaufend |
| Mohshärte: 2½–3 | Strichfarbe: silberweiß |
| Dichte: 9,6–12,0 | Glanz: Metallglanz |
| Spaltbarkeit: keine | Transparenz: durchscheinend bis undurchsichtig |
| Bruch: hakig, dehnbar | Kristallsystem: kubisch |

Kristalle würflig, selten. Meist derbe Massen, Klumpen, dendritisch, drahtförmig. Vorkommen in Klüften und Drusen, gelegentlich in Seifen. Fundorte: Kongsberg/Norwegen, Joachimsthal/Böhmen, Colorado/USA, Cobalt/Kanada, Huanchaca/Bolivien, Broken Hill/Australien. Silber wird benötigt in Metallurgie, Elektrotechnik, Fotoindustrie, für Münzen und Schmuck.

## Proustit [1] Lichtes Rotgültigerz

| | |
|---|---|
| Chemie: $Ag_3 As S_3$ | Farbe: zinnoberrot |
| Mohshärte: 2½ | Strichfarbe: zinnoberrot |
| Dichte: 5,57 | Glanz: Diamantglanz |
| Spaltbarkeit: gut | Transparenz: durchscheinend bis undurchsichtig |
| Bruch: muschlig, spröde | Kristallsystem: trigonal |

Kristalle prismatisch, pyramidal. Aggregate dendritisch, derb, als Anflug. Dunkelt bei Lichteinwirkung schnell nach. Vorkommen auf Erzlagerstätten. Fundorte: Wittichen/Schwarzwald, St. Marie-aux-Mines/Elsass, Cobalt/Kanada, Chanarcillo/Chile, Colorado, Arizona/USA. Wichtiges Silber-Erz.

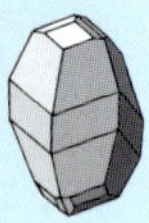

## Pyrargyrit [3, 5] Dunkles Rotgültigerz $Ag_3Sb S_3$

Ähnlich Proustit. Unterschiede: Pyrargyrit härter (2½–3), Dichte höher (5,85), Spaltbarkeit gut, Farbe dunkelrot, Strichfarbe kirschrot.

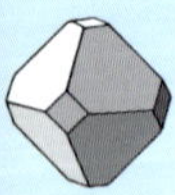

## Argentit [4, 6] Silberglanz

| | |
|---|---|
| Chemie: $Ag_2S$ | Farbe: bleigrau bis schwarz |
| Mohshärte: 2–2½ | Strichfarbe: grau |
| Dichte: 7,2–7,4 | Glanz: Metallglanz, matt anlaufend |
| Spaltbarkeit: undeutlich | Transparenz: undurchsichtig |
| Bruch: muschlig, uneben | Kristallsystem: kubisch und monoklin |

Zwei Modifikationen: der kubische Argentit i. e. S. und der monokline Akanthit. Argentit-Kristalle sind würflig, Akanthit-Kristalle prismatisch, taflig. Aggregate beider Modifikationen derb, draht- und blechförmig. Vorkommen in Ganglagerstätten. Fundorte: Norwegen, Mexiko, Utah/USA. Wichtiges Silber-Erz.

**Silberglanz** Oberbegriff von Argentit und Akanthit oder Synonym zu Argentit.
**Silberschwärze** Rußartiger Anflug auf Argentit.

1 Proustit, Erzgebirge/Sachsen
2 Silber gediegen, Batopilas/Mexiko
3 Pyrargyrit, St. Andreasberg/Harz/Niedersachsen
4 Argentit, Oberschlema/Erzgebirge/Sachsen
5 Pyrargyrit, Sonora/Mexiko
6 Argentit und Calcit, Příbram/Tschechien

Die Abbildungen sind gegenüber den Originalen um etwa 50 % vergrößert.

1

2

3

4

5

6

## Sperrylith [1]

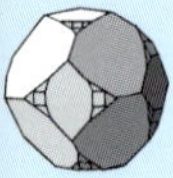

| | |
|---|---|
| Chemie: $PtAs_2$ | Farbe: zinnweiß |
| Mohshärte: 6–7 | Strichfarbe: grauschwarz |
| Dichte: 10,58 | Glanz: Metallglanz |
| Spaltbarkeit: undeutlich | Transparenz: undurchsichtig |
| Bruch: muschlig, spröde | Kristallsystem: kubisch |

Nur kleine Kristalle, eingewachsen. Sehr wichtiges Platin-Mineral.

## Platin gediegen [2] Pt

Kristalle sehr selten, meist unregelmäßige Körner. Farbe und Strichfarbe stahlgrau bis silberweiß. Dichte 14–19, Mohshärte 4–4½, Metallglanz.

## Sylvanit [3] Schrifterz $(Au, Ag)_2Te_4$

Kristalle klein, eingesprengt, flache gestrickte Skelette. Farbe und Strichfarbe grau mit gelblichem Stich. Dichte 8,0–8,3, Mohshärte 1½–2, Metallglanz. Wichtiges Gold-Silber-Tellurid.

## Gold gediegen [4, 5] Au

Kristalle selten, meist derbe Massen, Körner, Klumpen, blechförmig. Farbe und Strichfarbe gold- bis messinggelb. Dichte 15,5–19,3, Mohshärte 2½–3. Wichtigstes Gold-Erz. Bedeutende Förderländer: China, Australien, USA, Südafrika.

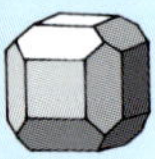

**Nugget** [4, 2] Gold- oder Platinklumpen von Seifenlagerstätten.
**Berggold** Gold auf primärer Lagerstätte, gewöhnlich mit Silbergehalt.
**Seifengold** Gold auf Seifenlagerstätte, d. h. in sekundärer Lagerung.
**Elektrum** Gold mit einem Silberanteil von 15–50 %.

## Petzit [6] $Ag_3Au Te_2$

Keine Kristalle, stets derb. Farbe stahlgrau bis eisenschwarz, Strichfarbe grau. Dichte 8,7–9,2, Mohshärte 2½–3. Seltenes Silber- und Gold-Erz.

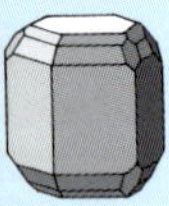

## Stephanit [7] $Ag_5SbS_4$

Kurzprismatische oder dicktaflige Kristalle, selten derb. Farbe bleigrau bis schwarz, Strichfarbe schwarz. Dichte 6,2–6,4, Mohshärte 2–2½. Metallglanz; matt, wenn angelaufen. Örtlich wichtiges Silber-Erz.

## Chlorargyrit [8] Kerargyrit, Chlorsilber, Hornsilber AgCl

Kristalle klein, selten. Meist hornartige Massen; farblos, am Licht bald bräunlich bis schwarz. Strichfarbe weiß. Frisch Diamantglanz, später wachsartig und matt. Dichte 5,5–5,6, Mohshärte 1½–2. Örtlich wichtiges Silber-Erz.

## Polybasit [9] $(Ag, Cu)_{16} (Sb, As)_2S_{11}$

Kurzprismatische, taflige Kristalle, auch derbe Massen. Farbe grauschwarz, in dünnen Splittern tiefrot, Strichfarbe schwarz bis tiefrot. Dichte 6,0–6,2, Mohshärte 1½–2. Metallglanz. Lokal wichtiges Silber-Erz.

---

1 Sperrylith, zinnweiße Einsprenglinge, Sudbury/Ontario/Kanada
2 Platin-Nugget, Ural/Russland
3 Sylvanit, grau und gelb angelaufen, USA
4 Gold-Nugget, Tipuani/Bolivien
5 Gold auf Quarz, Simbabwe
6 Petzit (grau) mit Gold, Colorado/USA
7 Stephanit, Alberoda/Aue/Sachsen
8 Chlorargyrit (braun) mit Malachit, USA
9 Polybasit, Elsa/Yukon/Kanada
Die Abbildungen sind gegenüber den Originalen um etwa 50 % vergrößert.

1
2
3
4
5
6
7
8
9

# Mineralien der Eisenmetall-Erze

Zu dieser Gruppe gehören die Erzmineralien des Eisens. Darüber hinaus zählen alle jene Mineralien dazu, deren Legierungsmetalle die Qualität des Eisens verbessern, die sog. Stahlveredler.

Hauptvertreter der Eisen-Erzmineralien sind Chamosit, Goethit, Hämatit, Lepidokrokit, Magnetit, Siderit, Thuringit. Zu den Stahlveredlern gehören Mangan-, Molybdän-, Nickel-, Wolfram-, Chrom-, Kobalt-, Vanadium-, Titan- und Tantal-Niob-Erzmineralien.

## Magnetit [1] Magneteisenerz

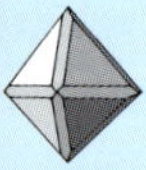

| | |
|---|---|
| Chemie: $Fe_3O_4$ | Farbe: eisenschwarz |
| Mohshärte: 5½–6½ | Strichfarbe: schwarz |
| Dichte: 5,2 | Glanz: Metallglanz, matt |
| Spaltbarkeit: undeutlich | Tranzparenz: undurchsichtig |
| Bruch: muschlig, spröde | Kristallsystem: kubisch |

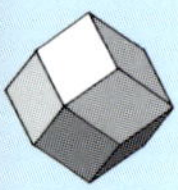

Kristalle ein- und aufgewachsen, Oktaeder, Rhombendodekaeder. Derb eingesprengt, körnige bis dichte Aggregate. Stark magnetisch. Vorkommen als Nebengemengteil in vielen Gesteinen. Selbstständige intramagmatische und sedimentäre Lagerstätten. Fundorte: Lahn-Dill-Gebiet/Hessen, Lothringen/Frankreich, Kirunavaara, Gellivaara, Grängesberg, Taberg/Schweden, Otanmäki/Finnland, Transvaal/Südafrika, Minnesota, Wyoming/USA, Ural/Russland. Wichtiges und verbreitetstes Eisen-Erz.

## Hämatit [2–4]

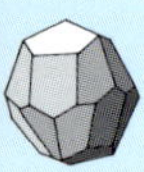

| | |
|---|---|
| Chemie: $Fe_2O_3$ | Farbe: grauschwarz, rotbraun, bunt anlaufend |
| Mohshärte: 6–6½ | Strichfarbe: rot bis rotbraun |
| Dichte: 5,2–5,3 | Glanz: Metallglanz, matt |
| Spaltbarkeit: keine | Transparenz: undurchsichtig |
| Bruch: muschlig, spröde | Kristallsystem: trigonal |

Kristalle ein- und aufgewachsen, dipyramidal, würflig, rhomboedrisch, taflig. Aggregate körnig, dicht schuppig, radialstrahlig, erdig. Vorkommen als Nebengemengteil in vielen Gesteinen. Selbstständige Lagerstätten intramagmatisch, sedimentär, metamorph. Oolithe [Nr. 4, S. 295], Itabirite und Eisenglimmerschiefer sind »Eisengesteine«. Fundorte: Lahn-Dill-Gebiet/Hessen, Kirunavaara, Grängesberg/Schweden, Elba/Italien, Krivoi Rog, Ural/Russland, Minas Gerais/Brasilien, Minnesota/USA. Sehr wichtiges Eisen-Erz.

**Eisenglanz** [2] (Specularit) Grobkristalliner Hämatit, grauschwarz, Metallglanz.
**Eisenrose** [3] Eisenglanz-Varietät mit rosettenartigen Kristalltafeln.
**Eisenglimmer** Eisenglanz-Varietät als dünnblättriges Aggregat.
**Roteisenerz** Dichte Hämatit-Varietät, rot bis rotbraun, meist ohne Glanz.
**Roter Glaskopf** [4] Roteisenerz mit glaskopfartiger, glatter Oberfläche.
**Blutstein** Dichte Roteisenerz-Varietät. Gelegentlich Schmuckstein.
**Rötel** Erdig-pulvrige Roteisenerz-Varietät. Farbrohstoff.

1 Magnetit in Chloritschiefer, Tirol/Österr.
2 Eisenglanz, Rio Marina/Elba/Italien
3 Eisenrose, Fibbia/Tessin/Schweiz
4 Roter Glaskopf, Cumberland/England

1

2

3

4

## Limonit [1, 2] Brauneisenerz

Ein Gemenge verschiedener Mineralien, überwiegend Goethit. Vorkommen in fast allen Böden, in Oxidationszonen von Erzlagerstätten. Fundorte: Salzgitter/Niedersachsen, Lothringen, Luxemburg, Wichtiges Eisen-Erz.

**Brauneisenerz** Synonym zu Limonit oder formlose pulvrige Ausbildung.
**Brauner Glaskopf** [1] Nierige Form des Limonits; schwarze glatte Oberfläche.
**Brauneisenoolith** Rogenartige Limonitkügelchen [Nr. 4, S. 295]
**Bohnerz** Bohnengroße Limonitkonkretionen in Vertiefungen von Kalkgestein.
**Raseneisenerz** Unförmige, oft zellige Limonitmasse mit Pflanzenumkrustungen.
**See-Erz** Limonitausscheidungen in flachen Seen, ähnlich dem Raseneisenerz.
**Ocker** Gelbbraune Limonitmasse mit unterschiedlichen Beimengungen.

## Goethit [4] Nadeleisenerz

| | |
|---|---|
| Chemie: $FeO(OH)$ | Farbe: schwarz, braun, gelblich |
| Mohshärte: 5–5 ½ | Strichfarbe: braun |
| Dichte: 3,8–4,3 | Glanz: Diamant-, Seidenglanz, matt |
| Spaltbarkeit: vollkommen | Transparenz: durchscheinend bis undurchsichtig |
| Bruch: uneben, spröde | Kristallsystem: orthorhombisch |

Kristalle klein, prismatisch, nadlig. Strahlige Aggregate, derb, dicht, pulvrig. Vorkommen in Limonit. Fundorte und Verwendung siehe bei Limonit.

**Nadeleisenerz** Synonym zu Goethit oder Name für aufgewachsenen Goethit.
**Samtblende** [4] Braune kuglige Aggregate mit kurzen Goethit-Nadeln.

## Lepidokrokit Rubinglimmer

Eigenschaften ähnlich Goethit. Vorkommen auch gemeinsam in Limonit.

## Siderit [3] Eisenspat, Spateisenstein

| | |
|---|---|
| Chemie: $Fe[CO_3]$ | Farbe: gelblich, braun, schwarz, bunt anlaufend |
| Mohshärte: 4–4 ½ | Strichfarbe: weiß, braun, schwarz |
| Dichte: 3,7–3,9 | Glanz: Glas-, Perlmuttglanz |
| Spaltbarkeit: vollkommen | Transparenz: durchscheinend bis undurchsichtig |
| Bruch: muschlig, spröde | Kristallsystem: trigonal |

Rhomboedrische Kristalle. Aggregate derb spätig, feinkörnig, oolithisch. Vorkommen in Gängen und Lagen. Fundorte: Siegerland, Erzberg/Steiermark, Hüttenberg/Kärnten, Lothringen, Bilbao/Spanien, Arizona/USA. Wichtiges Eisen-Erz.

## Chamosit [5]

| | |
|---|---|
| Chemie: $(Fe_2Mg)_5\,Al\,[(OH, O)_8|AlSi_3O_{10}]$ | Farbe: grüngrau bis schwarz |
| Mohshärte: 2–3 | Strichfarbe: grüngrau |
| Dichte: 3,0–3,4 | Glanz: Glasglanz, matt |
| Spaltbarkeit: vollkommen | Transparenz: undurchsichtig |
| Bruch: uneben | Kristallsystem: monoklin |

Körnige, dichte, oolithische Massen. Vorkommen in Eisen-Erzen. Fundorte: Uri/Schweiz, Böhmen, Lothringen, Bretagne/Frankreich. Wichtiges Eisen-Erz.

1 Brauner Glaskopf, Waldsassen/Oberpfalz
2 Limonit, Auerbach/Oberpfalz
3 Siderit, Eisenerz/Steiermark
4 Samtblende-Goethit, San Antonio/Chihuahua/Mexiko
5 Chamosit, Nucic/Böhmen

1

2

3

5

4

## Mangan-Erzmineralien

Vertreter sind Coranodit, Hausmannit, Hollandit, Kryptomelan, Manganit, Psilomelan, Pyrolusit, Rhodochrosit, Rhodonit. Braunstein ist Gruppenname für verschiedene manganhaltige Mineralien. – Mangan wird für Ferromangan und Spiegeleisen benötigt.

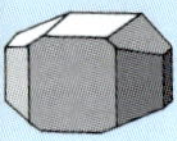

### Pyrolusit [1] Weichmanganerz

| | |
|---|---|
| Chemie: $MnO_2$ | Farbe: eisengrau bis dunkelgrau |
| Mohshärte: Kristalle 6½, derb 2–6 | Strichfarbe: schwarz |
| Dichte: 4,5–5,0 | Glanz: Metallglanz, matt |
| Spaltbarkeit: vollkommen | Transparenz: undurchsichtig |
| Bruch: uneben, spröde | Kristallsystem: tetragonal |

Kristalle prismatisch, selten und klein. Meist traubige, glaskopfig radialstrahlige Aggregate, auch erdige und oolithische Massen. Gewöhnlich leicht abfärbend. Vorkommen in selbstständigen sedimentären Lagerstätten oder als Nebenprodukt auf anderen Mangan-Lagerstätten. Fundorte: Siegerland, Hunsrück, Ukraine, Minas Gerais/Brasilien, Arkansas/USA. Wichtiges Mangan-Erz.
**Weichmanganerz** Synonym zu Pyrolusit oder Bezeichnung für die erdige Ausbildung des Pyrolusits. Auch Name für pyrolusit-ähnliche Erzmineralien.
**Polianit** Veralteter Name für die Kristallbildungen des Pyrolusits.
**Wad** [2] Erdige bis pulvrige Varietät des Pyrolusits.

### Manganknollen [3]

Konzentrisch um einen Kern gewachsene Knollen von 2–5 cm Durchmesser, verbreitet auf dem Meeresboden in 4000–6000 m Tiefe. Es sind Erzknollen mit einem Mangangehalt bis zu 40 % (daher Name). Kupfer, Nickel, Kobalt und Zink sind mit 0,2–1 % vertreten.

### Psilomelan [4] Hartmanganerz

| | |
|---|---|
| Chemie: $(Ba, H_2O)_2\ Mn_5O_{10}$ | Farbe: schwarz, schwarzbraun |
| Mohshärte: 4–6 | Strichfarbe: schwarz, braun |
| Dichte: 4,7 | Glanz: Metallglanz, matt |
| Spaltbarkeit: keine | Transparenz: undurchsichtig |
| Bruch: uneben, spröde | Kristallsystem: monoklin |

Kristalle unbekannt. Feinkörnig-dichte Massen, strahlig, auch erdig. Vorkommen in der Oxidationszone manganhaltiger Erzlagerstätten. Fundorte: Schwarzwald, Sachsen, Kaukasus, Ukraine, Nevada, Virginia/USA. Wichtiges Mangan-Erz. Die sog. Dendriten [Nr. 3, S. 281] sind feinstkristalliner Psilomelan.
**Schwarzer Glaskopf** [4] Wulstig, traubig, nierig und radialstrahlig aufgebautes Aggregat aus Psilomelan. Glatte, wie poliert aussehende Oberfläche.
**Hartmanganerz** Synonym zu Psilomelan oder Sammelbegriff für ähnlich kompakte Mangan-Mineralien wie Psilomelan.
**Manganomelan** Gruppenname für mikrokristalline Mangan-Mineralien, die bisher im Bergbau als Hartmanganerz bezeichnet wurden. Gelegentlich auch als Synonym zu Psilomelan verwendet.
**Romanèchit** Neuerdings als selbstständiges Mangan-Mineral betrachtet. Umfasst Psilomelan und Kryptomelan.

---

1 Pyrolusit, Kalifornien/USA
2 Wad, Bieber bei Gießen/Hessen
3 Manganknollen, Pazifik, 4000 m Tiefe
4 Psilomelan, Raubach/Westerwald

1
3
2
4

## Rhodochrosit [1, 2] Manganspat, Himbeerspat

| | |
|---|---|
| Chemie: $Mn[CO_3]$ | Farbe: rosarot, braun, schwarz |
| Mohshärte: 3½–4 | Strichfarbe: weiß |
| Dichte: 3,3–3,6 | Glanz: Glasglanz |
| Spaltbarkeit: vollkommen | Transparenz: durchscheinend |
| Bruch: uneben, spröde | Kristallsystem: trigonal |

Rhomboedrische Kristalle, selten und meist klein, häufig sattelförmig gekrümmt, in Drusen aufgewachsen. Aggregate derb körnig, spätig, dicht, radialstrahlig und glaskopfig, auch Krustenüberzüge und Rinden. Vorkommen auf Ganglagerstätten, in Stöcken und lagig-sedimentär. Fundorte: Elbingerode/Harz, Siebenbürgen/Rumänien, Las Cabesses/Pyrenäen/Frankreich, Huelva/Spanien, Cripple Creek/Colorado/USA. Lokal wichtiges Mangan-Erz.
Schönfarbige rosarote Abbildungen [1] mit Hell-dunkel-Lagen und gezacktem Schichtenverlauf werden als Schmuck- und Ornamentstein verwendet. Wichtigstes Vorkommen in Argentinien bei San Luis, östlich von Mendoza. Hier hat sich in verlassenen Silberminen der Inkas seit dem 13. Jahrhundert der Rhodochrosit stalagmitisch entwickelt.

## Manganit [3]

| | |
|---|---|
| Chemie: MnO(OH) | Farbe: braunschwarz, grau |
| Mohshärte: 4 | Strichfarbe: dunkelbraun, schwarz |
| Dichte: 4,3–4,4 | Glanz: Metallglanz |
| Spaltbarkeit: vollkommen | Transparenz: durchscheinend bis undurchsichtig |
| Bruch: uneben, spröde | Kristallsystem: monoklin |

Langprismatische Kristalle mit senkrechter Parallelstreifung, häufig Durchkreuzungszwillinge. Aggregate radial- und wirrstrahlig, auch oolithisch, selten körnig. In frischem Zustand sind Kristalle und Aggregate braunschwarz und zeigen dunkelbraune Strichfarbe. Angewittert (d. h. in Pyrolusit übergeführt) ist die Farbe stahlgrau und die Strichfarbe schwarz. Vorkommen auf Mangan-Erzgängen in Magmatiten und auch anderen Lagerstätten. Fundorte: Ilfeld/Harz, Cornwall/England, Nikopol/Ukraine, Michigan/USA.
Wegen seines hohen Mangangehalts von über 60 % ist Manganit ein wichtiges Mangan-Erzmineral. Da die Vorkommen jedoch mengenmäßig beschränkt sind, hat Manganit heutzutage nurmehr eine untergeordnete Bedeutung.

## Hausmannit [4]

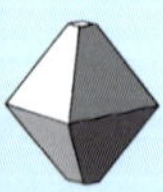

| | |
|---|---|
| Chemie: $Mn_3O_4$ | Farbe: eisenschwarz, bräunlicher Stich |
| Mohshärte: 5½ | Strichfarbe: rötlichbraun |
| Dichte: 4,7–4,8 | Glanz: Metallglanz |
| Spaltbarkeit: gut | Transparenz: undurchsichtig |
| Bruch: uneben, spröde | Kristallsystem: tetragonal |

Kristalle dipyramidal, oft horizontal gestreift, häufig verzwillingt, gewöhnlich aufgewachsen. Aggregate derbkörnig bis feinkörnig-dicht, spätig. Vorkommen auf Manganlagerstätten als Nebenbestandteil, keine selbstständigen Lagerstätten. Fundorte: Ilfeld/Harz, Langban/Schweden, Ural/Russland, Arkansas/USA. Da nicht sehr verbreitet, wirtschaftlich ohne große Bedeutung.

1 Rhodochrosit, San Luis/Argentinien
2 Rhodochrosit mit Bergkristall, Sachsen
3 Manganit, Ilfeld/Harz
4 Hausmannit mit Andradit, Südafrika

1

2

3

4

## Molybdän-Erzmineralien

Zu den Molybdän-Erzmineralien gehören Molybdänglanz, Molybdit, Ferrimolybdit, Powellit und Wulfenit. – Molybdän wird für Spezialstähle verwendet, um die Eigenschaften (insbesondere Korrosionsbeständigkeit, Zähigkeit und Festigkeit bei Erwärmung) zu verbessern. Daneben in chemischer Industrie, in Elektrotechnik und als Schmiermittel bei hohen Temperaturen eingesetzt.

### Molybdänglanz [1, 3] Molybdänit

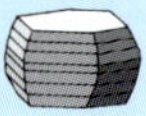

| | |
|---|---|
| Chemie: $MoS_2$ | Farbe: bleigrau mit violettem Stich |
| Mohshärte: 1–1 ½ | Strichfarbe: dunkelgrau, verrieben lauchgrün |
| Dichte: 4,7–4,8 | Glanz: Metallglanz |
| Spaltbarkeit: vollkommen | Transparenz: undurchsichtig |
| Bruch: unelastisch biegsam | Kristallsystem: hexagonal |

Sechsseitige, flache Kristalle, selten und gewöhnlich nicht gut ausgebildet. Aggregate krummblättrig-schuppig, gelegentlich dicht. Fühlt sich fettig an, färbt ab. Vorkommen eingesprengt und in Gängen, häufig in Granitgestein. Nebengemengteil in vielen Lagerstätten. Kaum in größerer Menge. Fundorte: Moss/Norwegen, Cornwall/England, British Columbia/Kanada, Climax/Colorado/USA, Queensland/Australien. Wichtigstes Molybdän-Erz.

### Molybdänocker [2]

Molybdänocker wird teils als Synonym zu Molybdit verstanden, teils aber auch als Oberbegriff für eine Reihe von Verwitterungsprodukten der Molybdänmineralien, insbesondere von Molybdit und Ferrimolybdit.

### Molybdit

| | |
|---|---|
| Chemie: $MoS_2$ | Farbe: grüngelb, orange, braun |
| Mohshärte: 2 | Strichfarbe: gelblich, bräunlich |
| Dichte: 4,0–4,5 | Glanz: Seidenglanz, matt |
| Spaltbarkeit: gut | Transparenz: undurchsichtig |
| Bruch: uneben | Kristallsystem: orthorhombisch |

Mikrokristalline Aggregate, eingesprengt, fasrig, Überzüge. Vorkommen in Quarz mit Molybdänglanz. Fundorte: Buena Vista, Climax/Colorado/USA.

### Wulfenit [4] Gelbbleierz

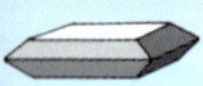

| | |
|---|---|
| Chemie: $Pb[MoO_4]$ | Farbe: gelborange, grau, farblos |
| Mohshärte: 3 | Strichfarbe: weiß |
| Dichte: 6,7–6,9 | Glanz: Harz-, Diamantglanz |
| Spaltbarkeit: gut | Transparenz: durchsichtig bis durchscheinend |
| Bruch: uneben, muschlig, spröde | Kristallsystem: tetragonal |

Kristalle gewöhnlich taflig, daneben pyramidal und kurzsäulig, meist auf Blei-Erz aufgewachsen. Aggregate derb, dicht, selten, bilden kristalline Krusten, zellig-löchrige Massen. Vorkommen in Oxidationszonen von Blei-Erzlagerstätten. Fundorte: Bleiberg/Kärnten, Mežica/Slowenien, Přibram/Böhmen, Tsumeb/Namibia, Utah, Arizona/USA. Örtlich als Molybdän-Erz von Bedeutung.

1 Molybdänglanz in Quarz, Nevada/USA
2 Molybdänocker auf Quarz, Norwegen
3 Molybdänglanz auf Quarz, Australien
4 Wulfenit, Me žica/Slowenien

1
2
3
4

## Nickel-Erzmineralien

Die wichtigsten Mineralien sind Chloanthit, Népouit, Nickelin und Pentlandit. – Nickel wird zur Herstellung von rostfreiem Stahl, für Legierungen mit Eisen und Buntmetallen, zum Vernickeln und als Katalysator benötigt.

### **Chloanthit** [1] Weißnickelkies

| | |
|---|---|
| Chemie: (Ni, Co) $As_3$ | Farbe: zinnweiß, stahlgrau, dunkelgrau |
| Mohshärte: 5 ½ | Strichfarbe: grauschwarz |
| Dichte: 6,4–6,6 | Glanz: Metallglanz |
| Spaltbarkeit: keine | Transparenz: undurchsichtig |
| Bruch: uneben, spröde | Kristallsystem: kubisch |

Würflige Kristalle. Aggregate derb, dicht, eingesprengt, nierig, grüne Anflüge. Vorkommen auf Kobalt-Nickel-Lagerstätten. Fundorte: Erzgebirge, Wittichen/ Schwarzwald, Dauphiné/Frankreich, Marokko, Kanada. Wichtiges Nickel-Erz.

### **Pentlandit** [2] Eisennickelkies

| | |
|---|---|
| Chemie: $(Ni, Fe)_9\ S_8$ | Farbe: bronzegelb, tabakbraun |
| Mohshärte: 3 ½–4 | Strichfarbe: schwarz |
| Dichte: 4,6–5,0 | Glanz: Metallglanz |
| Spaltbarkeit: gut | Transparenz: undurchsichtig |
| Bruch: muschlig, spröde | Kristallsystem: kubisch |

Kristalle sehr selten. Kleine Körper auf Magnetkies-Lagerstätten, als Nebengemengteil in basischen Plutoniten. Fundorte: Ontario/Kanada, Norilsk/Sibirien, Transvaal/Südafrika. Wichtigstes Nickel-Erz.

### **Nickelin** [3] Rotnickelkies, Kupfernickel, Niccolit

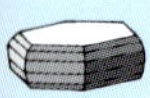

| | |
|---|---|
| Chemie: NiAs | Farbe: kupferrot |
| Mohshärte: 5–5 ½ | Strichfarbe: braunschwarz |
| Dichte: 7,5–7,8 | Glanz: Metallglanz, matt anlaufend |
| Spaltbarkeit: undeutlich | Transparenz: undurchsichtig |
| Bruch: muschlig, spröde | Kristallsystem: hexagonal |

Kristalle taflig, pyramidal. Derbe Massen, nierig-traubig. Häufig von grünlichem Annabergit (Nickelblüte) überkrustet. Vorkommen auf Ganglagerstätten. Fundorte: Schwarzwald, Erzgebirge, Kanada, Colorado/USA. Wichtiges Nickel-Erz.

### **Népouit** [4] (früher Garnierit)

| | |
|---|---|
| Chemie: $(Ni, Mg)_6\ [(OH)_8 \vert Si_4O_{10}]$ | Farbe: gelbgrün, blaugrün |
| Mohshärte: 2–4 | Strichfarbe: hellgrün |
| Dichte: 2,2–2,7 | Glanz: Fettglanz |
| Spaltbarkeit: nicht bestimmbar | Tansparenz: undurchsichtig |
| Bruch: muschlig, scharfkantig | Kristallsystem: monoklin |

Kristalle unbekannt. Dichte, amorphe Aggregate. Tropisches Verwitterungsprodukt von ultrabasischen Magmatiten und Serpentingestein. Fundorte: Kuba, Brasilien, Südostasien. Wichtiges Nickel-Erz.

1 Chloanthit, Schneeberg/Sachsen
2 Pentlandit, Sudbury/Ontario/Kanada
3 Nickelin, St. Joachimsthal/Erzgebirge/Böhmen
4 Népouit, Riddle/Oregon/USA

1

2

3

4

## Wolfram-Erzmineralien

Hierzu gehören Wolframit und Scheelit. – Wolfram ist wichtiger Stahlveredler.

### Wolframit [1]

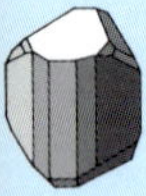

| | |
|---|---|
| Chemie: (Fe, Mn) $[WO_4]$ | Farbe: dunkelbraun bis schwarz |
| Mohshärte: 5–5 ½ | Strichfarbe: dunkelbraun, schwarz |
| Dichte: 7,12–7,60 | Glanz: Metall-, Fettglanz |
| Spaltbarkeit: vollkommen | Transparenz: durchscheinend bis undurchsichtig |
| Bruch: uneben, spröde | Kristallsystem: monoklin |

Kristalle taflig, prismatisch, nadlig, mit Vertikalstreifung. Aggregate derb, blättrig, strahlig. Vorkommen in Gängen. Fundorte: La Coruña/Spanien, Panasqueira/Portugal, Colorado/USA, Kanada. Wichtigstes Wolfram-Erz.

### Scheelit [2] Tungstein

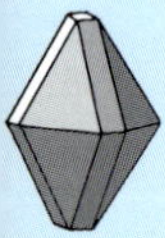

| | |
|---|---|
| Chemie: $Ca[WO_4]$ | Farbe: gelb, grau, bräunlich |
| Mohshärte: 4 ½–5 | Strichfarbe: weiß |
| Dichte: 5,9–6,1 | Glanz: Fett-, Diamantglanz |
| Spaltbarkeit: gut | Transparenz: durchscheinend |
| Bruch: muschlig, spröde | Kristallsystem: tetragonal |

Kristalle dipyramidal, gelegentlich taflig, gewöhnlich aufgewachsen. Selten kompakte Massen. Vorkommen in Gängen, besonders in Pegmatiten und Skarnen, gelegentlich auch auf Seifen. Fundorte: Erzgebirge/Sachsen, Cornwall/England, Namibia, Nevada/USA. Wichtiges Wolfram-Erz.

### Stolzit [3] Scheelbleierz $Pb[WO_4]$

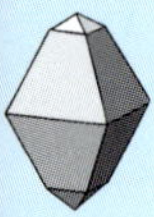

Selten deutlich ausgebildete dipyramidale oder auch dicktaflige Kristalle. Meist kuglige Aggregate. Mohshärte 2½–3, Dichte 7,9–8,2; Farbe rötlich, gelb, grün; Strichfarbe weiß. Fettiger Harzglanz. Vorkommen in Oxidationszonen von Wolfram-Lagerstätten. Als Wolfram-Erz fast keine Bedeutung.

## Chrom-Erzmineralien

Nur Chromit als Chrom-Erz von Bedeutung – Chrom zur Stahlveredlung.

### Chromit [4, 5] Chromeisenstein, Chromeisenerz

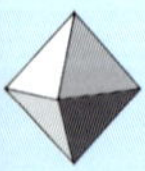

| | |
|---|---|
| Chemie: (Fe, Mg) $Cr_2O_4$ | Farbe: schwarz |
| Mohshärte: 5 ½ | Strichfarbe: braun |
| Dichte: 4,5–4,8 | Glanz: Metall-, Fettglanz |
| Spaltbarkeit: keine | Transparenz: undurchsichtig |
| Bruch: uneben, muschlig | Kristallsystem: kubisch |

Oktaedrische Kristalle, selten. Meist derbe Klumpen oder eingesprengte Körner. Vorkommen in Peridotit und in Serpentinit, auch auf Seifen. Fundorte: Guleman/Türkei, Ural/Russland, Simbabwe, Transvaal/Südafrika, Montana/USA.

1 Wolframit auf Zinnwaldit, Erzgebirge/Sachsen
2 Scheelit auf Quarz, Erzgebirge/Sachsen
3 Stolzit, Neusüdwales/Australien
4 Chromit, Guleman/Türkei
5 Chromit in Serpentinit, Callenberg/Sachsen

1

2

3

4

5

## Kobalt-Erzmineralien

Hierzu gehören Asbolan, Heterogenit, Kobaltglanz, Linneit, Skutterudit. – Kobalt wird als Legierungsmetall für harte und zähe Stähle und für Magnete benötigt. Außerdem Verwendung bei Keramik- und Glasherstellung.

### Erythrin [1] Kobaltblüte $Co_3[AsO_4]_2 \cdot 8H_2O$

Meist strahlig-blättrige Aggregate, kuglig, nierig, erdig und als Anflug. Mohshärte 2, Dichte 3,07, pfirsichblütenrot, bei Vermischung mit Annabergit grünlichgrau. Strichfarbe blassrot. Perlmutt-, Glasglanz. Als Erz ohne Bedeutung, aber wichtiges Leitmineral für kobaltreiche Lagerstätten.

### Kobaltglanz [2] Cobaltit, Cobaltin

| | |
|---|---|
| Chemie: CoAsS | Farbe: silberweiß mit rötlichem Stich |
| Mohshärte: 5 ½ | Strichfarbe: grauschwarz |
| Dichte: 6,0–6,4 | Glanz: Metallglanz |
| Spaltbarkeit: vollkommen | Transparenz: undurchsichtig |
| Bruch: muschlig-uneben, spröde | Kristallsystem: orthorhombisch |

Würflige Kristalle stets eingewachsen, gestreifte Flächen. Auch körnige Aggregate. Vorkommen in verschiedenartigen Ganglagerstätten, in Metamorphiten. Fundorte: Siegerland/Rheinland, Boliden/Schweden, Cobalt/Ontario/Kanada. Wichtiges, aber selten in größeren Mengen auftretendes Kobalt-Erz.

### Skutterudit [3] Smaltin, Speiskobalt

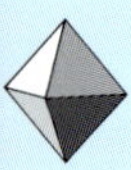

| | |
|---|---|
| Chemie: (Co, Ni) $As_3$ | Farbe: zinnweiß, stahlgrau |
| Mohshärte: 6 | Strichfarbe: schwarz |
| Dichte: 6,8 | Glanz: Metallglanz |
| Spaltbarkeit: undeutlich | Transparenz: undurchsichtig |
| Bruch: muschlig, spröde | Kristallsystem: kubisch |

Kristalle oktaedrisch, klein, häufig derbe Aggregate. Vorkommen auf Gängen von Kobalt-Nickel-Lagerstätten. Fundorte: St. Andreasberg/Harz, Erzgebirge/Sachsen, Kongsberg/Norwegen, Ontario/Kanada, Australien. Wichtiges Kobalt-Erz.

### Linneit [4] Kobaltkies

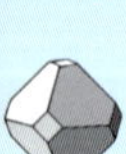

| | |
|---|---|
| Chemie: $Co_3S_4$ | Farbe: weiß, grau, mit rötlichem Stich |
| Mohshärte: 4 ½–5 ½ | Strichfarbe: schwarz |
| Dichte: 4,8–5,8 | Glanz: Metallglanz |
| Spaltbarkeit: undeutlich | Transparenz: undurchsichtig |
| Bruch: uneben, spröde | Kristallsystem: kubisch |

Oktaedrische Kristalle, häufig gut ausgebildet. Meist eingesprengt, selten derbe und körnige Aggregate. Vorkommen auf sulfidischen Erzlagerstätten. Fundorte: Tschechien, Sambia, Dem. Republ. Kongo, Maryland/USA. Wichtiges Kobalt-Erz.

**Asbolan** (Kobaltschwärze) Kobalthaltiger Wad (S. 108). Erdiges, pulvriges Aggregat. Fundorte: Ural/Russland, Usbekistan, Neukaledonien.

**Heterogenit** CoO(OH) Kobalthaltige, knollige, schwarze, erdige Masse.

1 Erythrin, Bou Azzer/Marokko
2 Kobaltglanz, Hakansboda/Schweden
3 Skutterudit, Schneeberg/Sachsen
4 Linneit, Littfeld/Siegerland

1

2

3

4

# Vanadium-Erzmineralien

Die wichtigsten Vanadium-Erzmineralien sind Carnotit, Descloizit, Patronit und Vanadinit. – Vanadium wird überwiegend als Legierungsmetall für Spezialstähle verwendet, daneben auch für Herstellung von Dauermagneten.

## Carnotit [1]

| | |
|---|---|
| Chemie: $K_2\,[(UO_2)_2\,|\,V_2O_8]\cdot 3\,H_2O$ | Farbe: gelb, grüngelb |
| Mohshärte: 4 | Strichfarbe: gelb bis grün |
| Dichte: 4,5–4,6 | Glanz: Perlmutt-, Seidenglanz, matt |
| Spaltbarkeit: vollkommen | Transparenz: durchscheinend bis undurchsichtig |
| Bruch: spröde | Kristallsystem: monoklin |

Kristalle taflig und sehr klein. Feinkörnige bis dichte Aggregate, auch erdige und pulvrige Massen. Stark radioaktiv. Vorkommen in Sedimentiten. Fundorte: Colorado/USA, Turkmenistan, Australien, Marokko. Wichtiges Vanadium- und Uran-Erz.

## Descloizit [2]

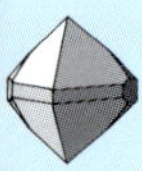

| | |
|---|---|
| Chemie: $Pb\,(Zn, Cu)\,[OH\,|\,VO_4]$ | Farbe: braun, braunrot, schwarz |
| Mohshärte: 3½ | Strichfarbe: hellbraun, hellgrün |
| Dichte: 5,5–6,2 | Glanz: Harz-, Diamantglanz |
| Spaltbarkeit: keine | Transparenz: durchsichtig bis undurchsichtig |
| Bruch: muschlig, spröde | Kristallsystem: orthorhombisch |

Prismatische Kristalle pyramidal. Krustige, traubige, stalaktitische, auch erdige Massen. Vorkommen in Oxidationszonen von Buntmetall-Lagerstätten, in Sandstein und in Karsteintiefungen. Fundorte: Dahn/Rheinpfalz, Obir/Kärnten, Tsumeb/Namibia, Broken Hill/Sambia, Arizona/USA. Wichtiges Vanadium-Erz.

## Patronit [3]

| | |
|---|---|
| Chemie: $VS_4$ | Farbe: bleigrau |
| Mohshärte: 1–2 | Strichfarbe: grünschwarz |
| Dichte: 2,81 | Glanz: matt |
| Spaltbarkeit: nicht bestimmbar | Transparenz: undurchsichtig |
| Bruch: muschlig | Kristallsystem: monoklin |

Natürliche Kristalle unbekannt. Feinkörnige Massen, koksartig, erdig. Vorkommen in bituminösen Schiefern und Asphaltgemengen. Fundort: Minas Ragra/Peru, früher von größtem Wert zur Gewinnung von Vanadium, heute ohne Bedeutung.

## Vanadinit [4]

| | |
|---|---|
| Chemie: $Pb_5\,[Cl\,|\,(VO_4)_3]$ | Farbe: gelb, braun, orangerot |
| Mohshärte: 3 | Strichfarbe: hellgelb |
| Dichte: 6,5–7,1 | Glanz: Diamant-, Fettglanz |
| Spaltbarkeit: keine | Transparenz: durchscheinend bis undurchsichtig |
| Bruch: muschlig, spröde | Kristallsystem: hexagonal |

Kristalle kurzsäulig oder taflig; selten derb, nierig, fasrig. Vorkommen in der Verwitterungszone von Blei-Lagerstätten. Fundorte: Tsumeb/Namibia, Broken Hill/Sambia, Arizona/USA. Örtlich wichtiges Vanadium-Erz.

1 Carnotit, Yavapai Co./Arizona/USA
2 Descloizit, Ankas/Namibia
3 Patronit, Minas Ragra/Peru
4 Vanadinit, Mibladen/Marokko

1

2

3

4

## Titan- und Tantal-Niob-Erzmineralien

Zu den Titan-Mineralien gehören Ilmenit, Rutil (S. 56), Titanit, zu den Niob- und Tantal-Mineralien Columbit, Pyrochlor. – Titan, Tantal und Niob sind Stahlveredler, auch Bedeutung in Elektronik und Rüstungsindustrie.

### **Titanit** [1] Sphen

| | |
|---|---|
| Chemie: $CaTi[O\|SiO_4]$ | Farbe: gelb, braun, grün, schwarz |
| Mohshärte: 5–5 ½ | Strichfarbe: weiß |
| Dichte: 3,4–3,6 | Glanz: Diamant-, Fettglanz |
| Spaltbarkeit: gut | Transparenz: durchsichtig bis undurchsichtig |
| Bruch: muschlig, spröde | Kristallsystem: monoklin |

Kristalle prismatisch, taflig. Häufig Zwillinge. Gelegentlich körnige Aggregate. Vorkommen als Nebengemengteil in vielen Gesteinsarten. Nur vereinzelt als Titan-Erz abbauwürdig: Kola/Russland, Minas Gerais/Brasilien, Ontario/Kanada.

### **Ilmenit** [2] Titaneisen, Titaneisenerz

| | |
|---|---|
| Chemie: $FeTiO_3$ | Farbe: schwarz mit violettem Stich |
| Mohshärte: 5–6 | Strichfarbe: braunschwarz |
| Dichte: 4,5–5,0 | Glanz: Metallglanz, matt |
| Spaltbarkeit: keine | Transparenz: undurchsichtig |
| Bruch: muschlig, uneben, spröde | Kristallsystem: trigonal |

Kristalle taflig oder rhomboedrisch. Derbe, körnige Aggregate; häufig eingesprengt. Vorkommen in Magmatiten und in Sanden. Fundorte: Norwegen, Schweden, Quebec/Kanada, Wyoming/USA. Wichtiger Titan-Rohstoff.

### **Columbit** [3]

Sammelname für lückenlose Mischungsreihe von Niobit und Tantalit.

| | |
|---|---|
| Chemie: Niobit: $(Fe, Mn)(Nb, Ta)_2O_6$ | Bruch: muschlig, spröde |
| Tantalit: $(Fe, Mn)(Ta, Nb)_2O_6$ | Farbe: schwarz, braun |
| Mohshärte: 6–6 ½ | Strichfarbe: braunschwarz |
| Dichte: 5,2–8,1 | Glanz: Metallglanz |
| Spaltbarkeit: gut | Transparenz: undurchsichtig |

Kristalle (orthorhombisches System) taflig, prismatisch. Derbe Massen, eingesprengte Körner. Gelegentlich radioaktiv. Vorkommen in Granitpegmatiten und auf Seifen. Fundorte: Oberpfalz, Norwegen, Schweden, Nigeria, Brasilien.

### **Pyrochlor** [4]

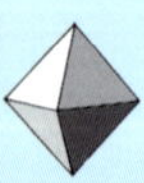

| | |
|---|---|
| Chemie: $(Na, Ca)_2(Nb, Ti, Ta)_2O_6(OH, F, O)$ | Farbe: braun, rötlich |
| Mohshärte: 5–5 ½ | Strichfarbe: gelbbraun |
| Dichte: 3,5–4,6 | Glanz: Diamant-, Fettglanz |
| Spaltbarkeit: gut | Transparenz: durchscheinend bis undurchsichtig |
| Bruch: muschlig, uneben, spröde | Kristallsystem: kubisch |

Kristalle eingewachsen, Würfel, Oktaeder. Derbe Massen, eingesprengt. Oft radioaktiv. Vorkommen in Pegmatiten und Karbonatit. Fundorte: Schweden, Russland.

1 Titanit, Minas Gerais/Brasilien
2 Ilmenit, Norwegen
3 Columbit (schwarz), Hagendorf/Oberpfalz
4 Pyrochlor (braun), Brevik/Norwegen

1

2

3

4

# Mineralien der Nichteisenmetall-Erze

Zu dieser Gruppe gehören Mineralien, aus denen sich Bunt-, Leicht- und Reaktormetalle, Wismut, Arsen, Antimon und Quecksilber gewinnen lassen.

## Kupfer-Erzmineralien

Hierzu gehören Bornit, Chalkanthit (Kupfervitriol), Chrysokoll (S. 182), Covellin, Cuprit, Enargit, Kupfer gediegen, Kupferglanz, Kupferkies, Malachit (S. 172) – Kupfer wird überwiegend in der Elektroindustrie verarbeitet.

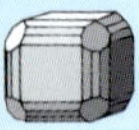

### **Kupfer gediegen** [1] Cu

Würflige Kristalle, gewöhnlich verzerrt. Meist derbe Massen, Körner, plattig, drahtförmig. Mohshärte 2½–3, Dichte 8,3–8,9. Vorkommen in basischen Magmatiten und in Oxidationszonen von Kupfer-Lagerstätten. Fundorte: Siegerland, am Oberen See/USA, Ural/Russland. Als Kupfer-Erz unbedeutend.

### **Kupferkies** [2] Chalkopyrit

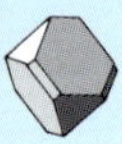

| | |
|---|---|
| Chemie: $CuFeS_2$ | Farbe: messinggelb mit Grünstich |
| Mohshärte: 3½–4 | Strichfarbe: grünschwarz |
| Dichte: 4,1–4,3 | Glanz: Metallglanz |
| Spaltbarkeit: undeutlich | Transparenz: undurchsichtig |
| Bruch: muschlig, uneben, spröde | Kristallsystem: tetragonal |

Kristalle klein. Meist derbe Massen. Vorkommen in Magmatiten, Kupferschiefer. Fundorte: Siegerland, Spanien, USA, Südafrika. Wichtiges Kupfer-Erz.

### **Covellin** [3] Kupferindig

| | |
|---|---|
| Chemie: CuS | Farbe: blauschwarz |
| Mohshärte: 1½–2 | Strichfarbe: blauschwarz |
| Dichte: 4,68 | Glanz: Metall-, Fettglanz, matt |
| Spaltbarkeit: vollkommen | Transparenz: undurchsichtig |
| Bruch: muschlig | Kristallsystem: hexagonal |

Taflige Kristalle, selten. Meist derbe, erdige Massen, auch als Anflug. Vorkommen im Verwitterungsbereich von Kupfer-Erzlagerstätten. Fundorte: Sangerhausen/Harz, Bor/Serbien, Butte/Montana/USA. Wichtiges Kupfer-Erz.

### **Kupferglanz** [4] Chalkosin



| | |
|---|---|
| Chemie: $Cu_2S$ | Farbe: bleigrau |
| Mohshärte: 2½–3 | Strichfarbe: dunkelgrau |
| Dichte: 5,5–5,8 | Glanz: Metallglanz, matt anlaufend |
| Spaltbarkeit: undeutlich | Transparenz: undurchsichtig |
| Bruch: muschlig | Kristallsystem: monoklin |

Kristalle dicktaflig, kurzsäulig, selten. Meist derbe Massen, auch eingesprengt. Vorkommen in Ganglagerstätten und als Imprägnation. Fundorte: Butte/Montana/USA, Tsumeb/Namibia, Transvaal/Südafrika. Wichtiges Kupfer-Erz.

---

1 Kupfer gediegen, Ray Mine/Arizona/USA
2 Kupferkies, Siegen/Westfalen
3 Covellin, Sardinien/Italien
4 Kupferglanz, Bristol/Connecticut/USA

1
3
2
4

## Enargit [1]

| | |
|---|---|
| Chemie: $Cu_3AsS_4$ | Farbe: grauschwarz mit violettem Stich |
| Mohshärte: 3½ | Strichfarbe: schwarz |
| Dichte: 4,4 | Glanz: Metallglanz |
| Spaltbarkeit: vollkommen | Transparenz: undurchsichtig |
| Bruch: uneben, spröde | Kristallsystem: orthorhombisch |

Kristalle säulig, taflig, selten. Gewöhnlich derbe Massen, auch strahlig und eingesprengt. Vorkommen in eisenarmen Kupfer-Erzgängen. Fundorte: Bor/Serbien, Butte/Montana/USA, Tsumeb/Namibia. Wichtiges Kupfer-Erz.

## Bornit [2] Buntkupferkies

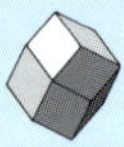

| | |
|---|---|
| Chemie: $Cu_5FeS_4$ | Farbe: rötlich, bunt anlaufend |
| Mohshärte: 3 | Strichfarbe: grauschwarz |
| Dichte: 4,9–5,3 | Glanz: Metallglanz |
| Spaltbarkeit: undeutlich | Transparenz: undurchsichtig |
| Bruch: muschlig | Kristallsystem: orthorhombisch |

Selten gut ausgebildete Kristalle, verzerrte Würfel. Gewöhnlich derbe Massen oder eingesprengt. Vorkommen in eisenarmen Kupfer-Lagerstätten, in Gängen und als Imprägnation. Fundorte: Siegerland/Rheinland, Sachsen-Anhalt, Montana/USA, Tsumeb/Namibia, Transvaal/Südafrika. Wichtiges Kupfer-Erz.

## Cuprit [3] Rotkupfererz

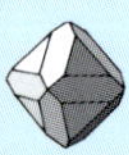

| | |
|---|---|
| Chemie: $Cu_2O$ | Farbe: braunrot, grau |
| Mohshärte: 3½–4 | Strichfarbe: braunrot |
| Dichte: 5,8–6,2 | Glanz: Metallglanz, matt |
| Spaltbarkeit: gut | Transparenz: durchscheinend bis undurchsichtig |
| Bruch: muschlig, uneben, spröde | Kristallsystem: kubisch |

Kristalle meist aufgewachsen, Oktaeder. Aggregate derb, körnig, dicht. Vorkommen in der Oxidationszone von sulfidischen Kupfer-Erzen. Fundorte: Lyon/Frankreich, Arizona/USA, Tsumeb/Namibia. Örtlich wichtiges Kupfer-Erz.

**Kupferblüte** (Chalkotrichit) Haarförmige Cuprit-Varietät.
**Ziegelerz** Gemenge von Cuprit mit pulvrigem Limonit.
**Kupferpecherz** Dichtes Gemenge von Cuprit, Limonit und Kieselsäure.

## Aurichalcit [4] Messingblüte

| | |
|---|---|
| Chemie: $(Zn, Cu)_5 [(OH)_6 \vert CO_3]_2$ | Farbe: grün, blau |
| Mohshärte: 2 | Strichfarbe: grünblau |
| Dichte: 3,6–4,2 | Glanz: Perlmutt-, Seidenglanz |
| Spaltbarkeit: vollkommen | Transparenz: durchscheinend |
| Bruch: blättrig | Kristallsystem: monoklin |

Kristalle nadlig, taflig, meist klein, büschlige Aggregate, Rosetten, Krusten, auch erdig. Vorkommen in der Oxidationszone von Buntmetall-Lagerstätten. Fundorte: Laurion/Griechenland, Monteponi/Italien, Tsumeb/Namibia, Bisbee/Arizona/USA. Kein Kupfer-Erz, aber Leitmineral für Kupfer-Erze.

1 Enargit, Pasto Bueno/Peru
2 Bornit, Grube Neue Hardt/Siegerland
3 Cuprit auf Cerussit, Tsumeb/Namibia
4 Aurichalcit, Mapimi/Durango/Mexiko

1
2
3
4

## Blei-Erzmineralien

Hierzu gehören Anglesit, Bleiglanz, Cerussit, Pyromorphit. – Blei wird benötigt für Kabel, Rohre, Akkumulatoren, im Strahlenschutz.

### **Krokoit** [1] Rotbleierz

| | |
|---|---|
| Chemie: $Pb[CrO_4]$ | Farbe: gelblichrot |
| Mohshärte: 2 ½–3 | Strichfarbe: orange |
| Dichte: 5,9–6,1 | Glanz: Fett-, Diamantglanz |
| Spaltbarkeit: gut | Transparenz: durchscheinend |
| Bruch: muschlig, uneben | Kristallsystem: monoklin |

Kristalle nadlig. Selten derbe Massen. Vorkommen in Bleiglanz-Lagerstätten. Fundorte: Tasmanien, Brasilien, Russland. Keine wirtschaftliche Bedeutung.

### **Anglesit** [2]

| | |
|---|---|
| Chemie: $Pb[SO_4]$ | Farbe: farblos, weiß, grau, schwarz |
| Mohshärte: 3–3 ½ | Strichfarbe: weiß |
| Dichte: 6,3–6,4 | Glanz: Diamant-, Fettglanz |
| Spaltbarkeit: gut | Transparenz: durchsichtig bis durchscheinend |
| Bruch: muschlig, spröde | Kristallsystem: orthorhombisch |

Kristalle meist klein, pyramidal, prismatisch, taflig. Aggregate körnig, erdig, krustig. Vorkommen in der Oxidationszone von Bleiglanz-Lagerstätten. Fundorte: Kärnten, Spanien, Schottland, Missouri/USA. Örtlich wichtiges Blei-Erz.

### **Cerussit** [3] Weißbleierz

| | |
|---|---|
| Chemie: $Pb[CO_3]$ | Farbe: farblos, grau, bräunlich |
| Mohshärte: 3–3 ½ | Strichfarbe: weiß |
| Dichte: 6,4–6,6 | Glanz: Diamant-, Fett-, Glasglanz |
| Spaltbarkeit: gut | Transparenz: durchsichtig bis undurchsichtig |
| Bruch: muschlig, spröde | Kristallsystem: orthorhombisch |

Kristalle taflig, prismatisch. Aggregate dicht, feinkörnig, büschlig. Vorkommen in der Verwitterungszone karbonathaltiger Bleiglanz-Lagerstätten. Fundorte: Colorado/USA, Sambia, Namibia. Örtlich wichtiges Blei-Erz.
**Schwarzbleierz** Durch Bleiglanz dunkel gefärbter, feinkristalliner Cerussit.
**Bleierde** Stark verunreinigte, erdige Cerussit-Varietät.

### **Bleiglanz** [4] Galenit

| | |
|---|---|
| Chemie: PbS | Farbe: bleigrau, mit rötlichem Stich |
| Mohshärte: 2 ½–3 | Strichfarbe: grauschwarz |
| Dichte: 7,2–7,6 | Glanz: Metallglanz, matt |
| Spaltbarkeit: vollkommen | Transparenz: undurchsichtig |
| Bruch: muschlig | Kristallsystem: kubisch |

Würflige Kristalle, meist aufgewachsen. Aggregate derb, körnig. Fast stets mit Zinkblende (S. 132) verwachsen. Vorkommen in Gängen, Stöcken, Flözen. Fundorte: Harz, Kärnten, Příbram/Böhmen, Sambia, USA. Wichtigstes Blei-Erz.

---

1 Krokoit, Tasmanien/Australien
2 Anglesit, Tsumeb/Namibia
3 Cerussit, Tsumeb/Namibia
4 Bleiglanz mit Calcit, Siegen/Westfalen

---

1
2
3
4

## Mimetesit [1]

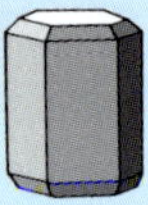

| | |
|---|---|
| Chemie: $Pb_5[Cl|(AsO_4)_3]$ | Farbe: gelb, grün, braun, farblos |
| Mohshärte: 3½–4 | Strichfarbe: weiß |
| Dichte: 7,1 | Glanz: Diamant-, Fettglanz |
| Spaltbarkeit: keine | Transparenz: durchsichtig bis durchscheinend |
| Bruch: muschlig, uneben, spröde | Kristallsystem: hexagonal |

Kristalle prismatisch, tonnenförmig, pyramidal, aufgewachsen. Aggregate kuglig, nierig, krustig, auch erdige Massen. Vorkommen in der Oxidationszone von Blei-Lagerstätten. Fundorte: Erzgebirge, Cornwall/England, Langban/Schweden, Tsumeb/Namibia. Selten, keine wirtschaftliche Bedeutung.

## Pyromorphit [2, 5]

| | |
|---|---|
| Chemie: $Pb_5[Cl|(PO_4)_3]$ | Farbe: grün, braun, orange, weiß, farblos |
| Mohshärte: 3½–4 | Strichfarbe: weiß |
| Dichte: 6,7–7,1 | Glanz: Diamant-, Fettglanz |
| Spaltbarkeit: keine | Transparenz: durchsichtig bis durchscheinend |
| Bruch: muschlig, uneben, spröde | Kristallsystem: hexagonal |

Kristalle aufgewachsen, prismatisch, tonnenförmig, auch nadlig, taflig. Aggregate traubig, eingesprengt, als Anflug, selten derb. Vorkommen in der Oxidationszone von Blei-Lagerstätten. Fundorte: Freiberg/Sachsen, Clausthal/Harz, Přibram/Böhmen, Cornwall/England. Lokal wichtiges Blei-Erz.
**Braunbleierz** [5] Braunfarbige Pyromorphit-Varietät
**Buntbleierz** Buntfarbige Pyromorphit-Varietät
**Grünbleierz** Grünfarbige Pyromorphit- [2] oder Mimetesit-Varietät.

## Linarit [3]

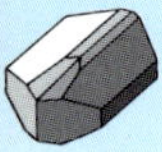

| | |
|---|---|
| Chemie: $PbCu[(OH)_2|SO_4]$ | Farbe: azurblau |
| Mohshärte: 2½ | Strichfarbe: hellblau |
| Dichte: 5,3–5,5 | Glanz: Glas-, Diamantglanz |
| Spaltbarkeit: vollkommen | Transparenz: durchscheinend |
| Bruch: muschlig | Kristallsystem: monoklin |

Kristalle klein, flächenreich, prismatisch, selten taflig. Kristalline Krusten, verfilzte Aggregate. Vorkommen in der Oxidationszone von Kupfer-Blei-Lagerstätten. Fundorte: Spanien, Kärnten, Namibia, Arizona, Kalifornien/USA.

## Phosgenit [4] Bleihornerz

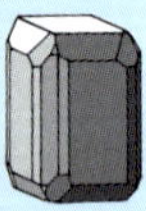

| | |
|---|---|
| Chemie: $Pb_2[Cl_2|CO_3]$ | Farbe: gelblich, weiß, grau, farblos, grün |
| Mohshärte: 2–3 | Strichfarbe: weiß |
| Dichte: 6,0–6,3 | Glanz: Diamant-, Fettglanz |
| Spaltbarkeit: gut | Transparenz: durchsichtig bis durchscheinend |
| Bruch: muschlig | Kristallsystem: tetragonal |

Kristalle kurzsäulig, oft flächenreich, auch dicktaflig. Aggregate derb, körnig. Vorkommen in der Oxidationszone von Blei-Erzlagerstätten. Fundorte: Sardinien, Laurion/Griechenland, Tsumeb/Namibia, Colorado, Arizona/USA.

1 Mimetesit, Mexiko
2 Pyromorphit, Freihung/Oberpfalz
3 Linarit, Neu-Mexiko/USA
4 Phosgenit, Monte Poni/Sardinien/Italien
5 Braunbleierz, Grube Friedrichssegen bei Bad Ems/Rheinland

1
2
3
4
5

## Zink-Erzmineralien

Hierzu gehören Franklinit, Hemimorphit, Smithsonit, Willemit, Zinkblende, Zinkit. – Zink wird zum Verzinken und als Legierungsmetall verwendet.

### **Hemimorphit** [1] Kieselzinkerz

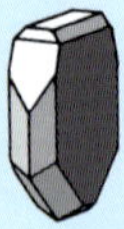

| | |
|---|---|
| Chemie: $Zn_4[(OH)_2 \vert Si_2O_7] \cdot H_2O$ | Farbe: farblos, weiß, grün, braun |
| Mohshärte: 5 | Strichfarbe: weiß |
| Dichte: 3,3–3,5 | Glanz: Glasglanz |
| Spaltbarkeit: vollkommen | Transparenz: durchsichtig bis durchscheinend |
| Bruch: muschlig, spröde | Kristallsystem: orthorhombisch |

Kristalle gewöhnlich klein, meist taflig, aufgewachsen. Kristalline Krusten, auch kuglige und stalaktitische Massen. Vorkommen in der Oxidationszone von Blei-Zink-Lagerstätten. Fundorte: Bleiberg/Kärnten, Chihuahua/Mexiko, Transbaikalien/Russland, Arizona, Virginia/USA. Wichtiges Zink-Erz.
**Galmei** Sammelname für karbonatische und silikatische Zinkerze: Hemimorphit, Hydrozinkit, Smithsonit, Willemit.

### **Zinkit** [2] Rotzinkerz

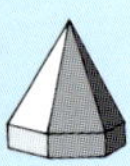

| | |
|---|---|
| Chemie: $(Zn, Mn)O$ | Farbe: rot |
| Mohshärte: 4–5 | Strichfarbe: orangegelb |
| Dichte: 5,4–5,7 | Glanz: Fett-, Diamantglanz |
| Spaltbarkeit: vollkommen | Transparenz: durchsichtig bis durchscheinend |
| Bruch: muschlig, spröde | Kristallsystem: hexagonal |

Kristalle pyramidal, sehr selten. Körnige und spätige Aggregate oder eingesprengt. Vorkommen in Marmor. Fundorte: New Jersey/USA, Olkusz/Polen, Toskana/Italien, Australien. Nur in New Jersey/USA wichtiges Zink-Erz.

### **Zinkblende** [4] Sphalerit, Blende

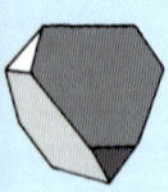

| | |
|---|---|
| Chemie: $ZnS$ | Farbe: schwarz, braungelb, rot, weißlich |
| Mohshärte: 3½–4 | Strichfarbe: braun, gelblichweiß |
| Dichte: 3,9–4,2 | Glanz: Diamant-, Fettglanz |
| Spaltbarkeit: vollkommen | Transparenz: durchsichtig bis undurchsichtig |
| Bruch: uneben, spröde | Kristallsystem: kubisch |

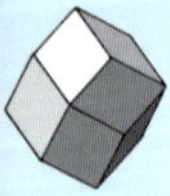

Kristalle tetraedrisch, dodekaedrisch. Aggregate körnig, spätig, krustig, eingesprengt. Vorkommen auf Gängen, in Kupferschiefer. Fundorte: Meggen/Westfalen, Bleiberg/Kärnten, Trepča/Serbien. Wichtigstes Zink-Erz.

**Farbvarietäten**
Honigblende gelbbraun [4]
Rubinblende rot
Cleiophan weißlich
Marmatit schwarz
Christophit schwarz, eisenreich

### **Schalenblende** [3] Leberblende

Feinkörnig-fasriges Aggregat. Teils Wechsellagerung von Zinkblende, Wurtzit und Bleiglanz, teils Gemenge von Zinkblende mit Wurtzit.

1 Hemimorphit, Chihuahua/Mexiko
2 Zinkit (rot) mit Franklinit (schwarz) Franklin/New Jersey/USA
3 Schalenblende, Wiesloch/Baden
4 Zinkblende (Honigblende), Casapalca/Peru

1
2
3
4

## **Smithsonit** [1, 2] Zinkspat

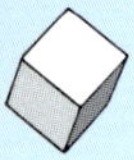

| | |
|---|---|
| Chemie: $Zn[CO_3]$ | Farbe: farblos, weißlich, viele Farben |
| Mohshärte: 5 | Strichfarbe: weiß |
| Dichte: 4,3–4,5 | Glanz: Glas-, Perlmuttglanz |
| Spaltbarkeit: vollkommen | Transparenz: durchscheinend bis undurchsichtig |
| Bruch: uneben, muschlig, spröde | Kristallsystem: trigonal |

Kristalle selten und klein. Aggregate nierig, stalaktitisch, krustig. Vorkommen in der Oxidationszone sulfidischer Blei-Zink-Lagerstätten. Fundorte: Bleiberg/Kärnten, Griechenland, Australien, Namibia. Wichtiges Zink-Erz.

## **Hydrozinkit** [3] Zinkblüte

| | |
|---|---|
| Chemie: $Zn_5\,[(OH)_3|CO_3]_2$ | Farbe: weiß, gelblich, rosa, farblos |
| Mohshärte: 2–2½ | Strichfarbe: weiß |
| Dichte: 3,5–3,8 | Glanz: Seidenglanz, matt |
| Spaltbarkeit: vollkommen | Transparenz: durchscheinend bis undurchsichtig |
| Bruch: erdig, spröde | Kristallsystem: monoklin |

Kleine taflige Kristalle. Derbe, dichte Massen, gebändert, krustig, stalaktitisch. Vorkommen in der Oxidationszone von Zink-Lagerstätten. Fundorte: Bleiberg/Kärnten, Spanien, Nevada/USA, Westaustralien. Gelegentlich lokal Zink-Erz.

# Zinn-Erzmineralien

Nur Kassiterit und Stannin als Erz wichtig. – Zinn ist Legierungsmetall.

## **Stannin** [4] Stannit, Zinnkies

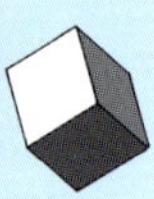

| | |
|---|---|
| Chemie: $Cu_2FeSnS_4$ | Farbe: grau mit olivgrünem Stich |
| Mohshärte: 4 | Strichfarbe: schwarz |
| Dichte: 4,3–4,5 | Glanz: Metallglanz |
| Spaltbarkeit: undeutlich | Transparenz: undurchsichtig |
| Bruch: uneben, spröde | Kristallsystem: tetragonal |

Kristalle tetraedrisch und taflig, selten und klein. Körnige bis dichte Aggregate, Einsprenglinge. Vorkommen auf Zinn-Erzlagerstätten. Fundorte: Sachsen, England, Bolivien, Ostsibirien/Russland. Örtlich Zinn- und Kupfer-Erz.

## **Kassiterit** (Cassiterit) [5] Zinnstein, Zinnerz

| | |
|---|---|
| Chemie: $SnO_2$ | Farbe: braun, schwarz, gelb, rötlich |
| Mohshärte: 7 | Strichfarbe: weiß, bräunlich |
| Dichte: 6,8–7,1 | Glanz: Diamant-, Fettglanz |
| Spaltbarkeit: undeutlich | Transparenz: durchscheinend bis undurchsichtig |
| Bruch: muschlig, spröde | Kristallsystem: tetragonal |

Kristalle ein- und aufgewachsen, gedrungen, nadlig (Nadelzinn). Derbe Massen, feinfasrig, glaskopfig (Holzzinn). Vorkommen in Pegmatiten, Gängen, als Imprägnation (Bergzinn), als abgerollte Körner (Seifenzinn). Fundorte: Erzgebirge, England, Frankreich, Malaysia, Bolivien. Wichtigstes Zinn-Erz.

---

1 Smithsonit, Kelley Mine/Neu-Mexiko/USA
2 Smithsonit, Tsumeb/Namibia
3 Hydrozinkit (weiß), Yazd/Iran
4 Stannin, St. Agnes/Cornwall/England
5 Kassiterit (schwarze Kristalle), Ehrenfriedersdorf/Erzgebirge/Sachsen

1
2
3
4
5

## Wismut-Erzmineralien

Hierzu gehören gediegen Wismut, Wismutglanz und Wismutocker. – Wismut ist Legierungsmetall, auch in Pharmazie und Medizin verwendet.

### **Wismutglanz** [1, 3] Bismuthinit, Bismuthin

| | |
|---|---|
| Chemie: $Bi_2S_3$ | Farbe: weiß, grau, gelblich anlaufend |
| Mohshärte: 2 | Strichfarbe: grau |
| Dichte: 6,8–7,2 | Glanz: Metallglanz |
| Spaltbarkeit: vollkommen | Transparenz: undurchsichtig |
| Bruch: muschlig, mild | Kristallsystem: orthorhombisch |

Kristalle nadlig, säulig. Aggregate strahlig, blättrig, körnig, selten derbe Massen. Vorkommen in Zinn-, Silber-, Kobalt-, Wolfram-Lagerstätten. Fundorte: Erzgebirge, England, Bolivien, Australien. Wichtiges Wismut-Erz.

### **Wismut gediegen** [4]

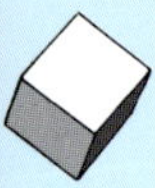

| | |
|---|---|
| Chemie: Bi | Farbe: rötlich silberweiß, bunt anlaufend |
| Mohshärte: 2–2½ | Strichfarbe: grau |
| Dichte: 9,7–9,8 | Glanz: Metallglanz |
| Spaltbarkeit: vollkommen | Transparenz: undurchsichtig |
| Bruch: spröde | Kristallsystem: trigonal |

Kristalle sehr selten, würfelähnlich. Gewöhnlich gestrickte, dendritische Aggregate, auch körnig eingesprengt, selten in größeren Massen. Vorkommen in Kobalt-Nickel-Silber-Erzgängen, gelegentlich auf Seifen. Fundorte: Erzgebirge, England, Kanada, Bolivien. Örtlich wichtiges Wismut-Erz.

### **Wismutocker** [2] $Bi_2O_3$

Wismutocker ist ein Gemenge verschiedener seltener Wismutmineralien (z. B. Bismit, Bismutit). Kanarien- bis zitronengelb oder grün, Strichfarbe grau. Mohshärte 2½–3½, Dichte 6,7–7,4, Glasglanz. Erdige Ausbildung, krustig, kuglig. Vorkommen als Verwitterungsprodukt auf Kobalt-Nickel-Silber-Erzgängen. Fundorte: Erzgebirge, England, Kalifornien/USA, Bolivien. Als Erz ohne Bedeutung, aber charakteristischer Anzeiger für Wismutvorkommen.

### **Schapbachit** [5] Matildit, Silberwismutglanz

| | |
|---|---|
| Chemie: $AgBiS_2$ | Farbe: grau bis schwarz |
| Mohshärte: 2½ | Strichfarbe: hellgrau |
| Dichte: 6,9–7,2 | Glanz: Metallglanz |
| Spaltbarkeit: keine | Transparenz: undurchsichtig |
| Bruch: uneben, spröde | Kristallsystem: orthorhombisch |

Kristalle selten, prismatisch, gewöhnlich derbe oder körnige Aggregate, mit Bleiglanz verwachsen. Vorkommen auf Bleiglanz-Lagerstätten. Fundorte: Schapbachtal/Schwarzwald, Zinnwald/Erzgebirge, Peru, Tasmanien, Japan. Obwohl der Wismutgehalt über 50% beträgt, als Wismut-Erz keine wirtschaftliche Bedeutung. Örtlich wichtig als Silberträger.

---

1 Wismutglanz mit Pyrit, Vogtland
2 Wismutocker, San Domingo/Wickenburg/Arizona/USA
3 Wismutglanz, Colorado/USA
4 Wismut gediegen, Schneeberg/Sachsen
5 Schapbachit, Wildschapbachtal/Schwarzwald

1

2

3

4

5

# Quecksilber-Erzmineralien

Das wichtigste Erzmineral ist Zinnober. Gediegen Quecksilber, Kalomel und Schwazit sind von geringerer Bedeutung. Natürliche Mischkristalle von Gold oder Silber mit Quecksilber heißen Amalgame. – Quecksilber wird in der Elektroindustrie, für Messinstrumente, in Medizin und Rüstungsindustrie benötigt.

## **Zinnober** [3, 5] Cinnabarit

| | |
|---|---|
| Chemie: HgS | Farbe: rot, selten bläulich |
| Mohshärte: 2–2 ½ | Strichfarbe: rot |
| Dichte: 8,0–8,2 | Glanz: Diamant-, Metallglanz |
| Spaltbarkeit: vollkommen | Transparenz: durchscheinend |
| Bruch: splittrig, spröde | Kristallsystem: trigonal |

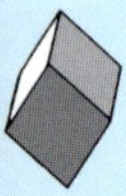

Kristalle klein und selten, dicktaflig, rhomboedrisch, prismatisch, oft Durchkreuzungszwillinge. Meist körnige oder derbe Massen, auch eingesprengt und pulvrige Beschläge. Vorkommen auf Gängen in Sedimentiten, in vulkanischem Tuffgestein, gelegentlich auch auf Seifen. Fundorte: Almadén/Spanien, Slowenien, Toskana/Italien, Kalifornien/USA, Kirgisistan, Mexiko, Peru.

## **Quecksilber gediegen** [5] Hg

Kleine zinnweiße Tröpfchen, häufig mit grauer Haut überzogen, haften nur leicht auf dem Muttergestein, namentlich auf Zinnober. Erstarrt bei –38,9 °C zu rhomboedrischen Kristallen im trigonalen Kristallsystem. Dichte 13,55, Metallglanz. Sehr giftig. Vorkommen in der Verwitterungszone von Quecksilber-Lagerstätten. Fundorte wie Zinnober. Mit Zinnober als Erz abgebaut.

## **Kalomel** (Calomel) [1] Quecksilberhornerz, Hornquecksilber

| | |
|---|---|
| Chemie: $Hg_2Cl_2$ | Farbe: gelblich, grau, braun, farblos |
| Mohshärte: 1–2 | Strichfarbe: weiß, hellgelb |
| Dichte: 6,4–7,1 | Glanz: Diamantglanz |
| Spaltbarkeit: gut | Transparenz: durchsichtig bis durchscheinend |
| Bruch: muschlig | Kristallsystem: tetragonal |

Kleine Kristalle, prismatisch, taflig, pyramidal. Aggregate derb hornartig, krustig, auch erdig. Vorkommen in der Verwitterungszone von Quecksilber-Lagerstätten. Fundorte wie Zinnober. Selten in größeren Mengen.

## **Schwazit** [2, 4] Hermesit, Quecksilberfahlerz

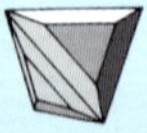

| | |
|---|---|
| Chemie: $(Cu, Hg)_3 SbS_4$ | Farbe: grau bis schwarz |
| Mohshärte: 3–4 | Strichfarbe: grauschwarz |
| Dichte: 5,1 | Glanz: Metallglanz, matt |
| Spaltbarkeit: keine | Transparenz: undurchsichtig |
| Bruch: muschlig, spröde | Kristallsystem: kubisch |

Schwazit gehört zur Gruppe der Fahlerze (S. 142). Kristalle tetraedrisch, dodekaedrisch, würflig. Aggregate derb, körnig, dicht, auch eingesprengt. Vorkommen auf quecksilberhaltigen Ergänzungen. Fundorte wie Zinnober.

1 Kalomel mit Zinnober, Nevada/USA
2 Schwazit, Schwaz/Tirol
3 Zinnober mit Quecksilber, Spanien
4 Schwazit, Rudňany/Böhmen
5 Zinnober mit gediegenem Quecksilber, Almadén/Kastilien/Spanien

1
2
3
4
5

## Arsen-Erzmineralien

Hierzu gehören Arsen, Arsenkies, Auripigment, Löllingit, Realgar, Tennantit. – Arsen wird verwendet zur Schädlingsbekämpfung, in Gerberei, in Pharmazie und Kosmetik. Einige Arsen-Verbindungen sind sehr giftig!

### Arsen gediegen [5]

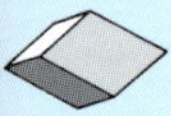

| | |
|---|---|
| Chemie: As | Farbe: zinnweiß, schwarz anlaufend |
| Mohshärte: 3–4 | Strichfarbe: schwarz |
| Dichte: 5,4–5,9 | Glanz: Metallglanz, matt |
| Spaltbarkeit: vollkommen | Transparenz: undurchsichtig |
| Bruch: uneben, spröde | Kristallsystem: trigonal |

Kristalle rhomboedrisch, würfelähnlich, nadlig, selten. Meist derbe, feinkörnige Massen, schalig-kuglige Aggregate, auch stalaktitisch. Vorkommen als Nebenbestandteil auf Gängen arsenhaltiger Erze. Fundorte: Erzgebirge, Wittichen/ Schwarzwald, Vogesen/Frankreich, Přibram/Böhmen, Kongsberg/Norwegen, New Jersey/USA. Kaum wirtschaftliche Bedeutung.
**Scherbenkobalt** [5] Glaskopfig-schaliges Arsen-Aggregat.

### Arsenkies [2] Arsenopyrit, Misspickel

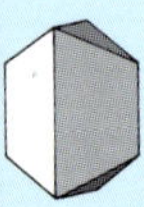

| | |
|---|---|
| Chemie: FeAsS | Farbe: zinnweiß, grau, gelblich anlaufend |
| Mohshärte: 5½–6 | Strichfarbe: grauschwarz |
| Dichte: 5,9–6,2 | Glanz: Metallglanz |
| Spaltbarkeit: gut | Transparenz: undurchsichtig |
| Bruch: uneben, spröde | Kristallsystem: monoklin |

Kristalle kurz- und langsäulig, oktaedrisch, ein- und aufgewachsen, häufig Durchkreuzungszwillinge. Aggregate derb-körnig, strahlig, eingesprengt. Vorkommen auf Erzgängen. Fundorte: Fichtelgebirge, Erzgebirge, Mitterberg/Österreich, Cornwall/England, Boliden/Schweden, New Jersey/USA. Wichtigstes Arsen-Erz.

### Löllingit [1, 4]

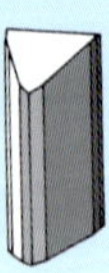

| | |
|---|---|
| Chemie: $FeAs_2$ | Farbe: silberweiß, grau anlaufend |
| Mohshärte: 5–5½ | Strichfarbe: grauschwarz |
| Dichte: 7,1–7,5 | Glanz: Metallglanz |
| Spaltbarkeit: gut | Transparenz: undurchsichtig |
| Bruch: uneben, spröde | Kristallsystem: orthorhombisch |

Kristalle prismatisch. Derbe Aggregate, eingesprengt. Vorkommen als Nebenbestandteil auf Erzgängen. Fundorte: Lölling/Kärnten, Harz, Falun/Schweden, Ontario/Kanada. Mit anderen Arsen-Mineralien als Arsen-Erz abgebaut.

### Gersdorffit [3] NiAsS

Farbe silberweiß bis stahlgrau, dunkelgrau anlaufend, Metallglanz bis matt. Strichfarbe grauschwarz. Mohshärte 5, Dichte 5,6–6,2. Kristalle würflig, oktaedrisch, körnig, selten derbe Aggregate. Häufig grüner Verwitterungsbeschlag (Annabergit). Wirtschaftlich ohne Bedeutung.

1 Löllingit in Rhodonit, Australien
2 Arsenkies, Hartmannsdorf/Sachsen
3 Gersdorffit, Vogtland/Sachsen
4 Löllingit, Reichenstein/Schlesien/Polen
5 Arsen als Scherbenkobalt, St. Andreasberg/Harz

1

2

3

4

5

## **Auripigment** [1, 4] Rauschgelb

| | |
|---|---|
| Chemie: $As_2S_3$ | Farbe: zitronengelb bis orangegelb |
| Mohshärte: 1 ½–2 | Strichfarbe: lichtgelb bis orangegelb |
| Dichte: 3,48 | Glanz: Perlmutt-, Fettglanz |
| Spaltbarkeit: vollkommen | Transparenz: durchsichtig bis durchscheinend |
| Bruch: blättrig, biegsam | Kristallsystem: monoklin |

Gut ausgebildete Kristalle selten, meist klein, kurzprismatisch. Gewöhnlich derbe unförmige oder nierige, stänglig blättrige, grobspätige Massen, auch erdige Anflüge. Vorkommen auf Ganglagerstätten arsenhaltiger Erze und in Tongestein. Fundorte: Makedonien, Kurdistan/Türkei, Rumänien, Ungarn, Utah/USA. Örtlich Arsen-Rohstoff. Früher häufig als gelber Farbstoff in der Malerei (Königsgelb) verwendet. Auch Insektenvertilgungsmittel. Giftig!

## **Realgar** [2] Rauschrot

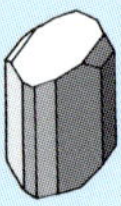

| | |
|---|---|
| Chemie: $As_4S_4$ | Farbe: rot, rotorange |
| Mohshärte: 1 ½–2 | Strichfarbe: orangegelb |
| Dichte: 3,5–3,6 | Glanz: Diamant-, Fettglanz |
| Spaltbarkeit: gut | Transparenz: durchscheinend |
| Bruch: muschlig | Kristallsystem: monoklin |

Kristalle flächenreich, prismatisch, meist klein, aufgewachsen. Aggregate derb, feinkörnig, auch Anflug. Realgar zerfällt bei Tageslicht in erdigen Auripigment. Vorkommen auf Ganglagerstätten arsenhaltiger Erze, in Ton- und Kalkgestein. Fundorte: Wallis/Schweiz, Makedonien, Türkei, Siebenbürgen/Rumänien, Utah, Wyoming/USA, Mexiko. Örtlich Arsen-Rohstoff. Auch für rote (giftige!) Farbe verwendet.

## **Tennantit** [3] Arsenfahlerz

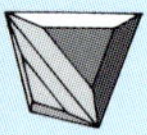

| | |
|---|---|
| Chemie: $Cu_{12}[S \mid As_4S_{12}]$ | Farbe: grau mit olivfarbenem Stich |
| Mohshärte: 3–4 ½ | Strichfarbe: schwarz, braun, dunkelrot |
| Dichte: 4,6–4,8 | Glanz: Metallglanz, matt |
| Spaltbarkeit: keine | Transparenz: durchscheinend bis undurchsichtig |
| Bruch: muschlig, uneben, spröde | Kristallsystem: kubisch |

Tennantit gehört zur Gruppe der Fahlerze. Kristalle aufgewachsen, gewöhnlich tetraedrisch, flächenreich, häufig Durchkreuzungszwillinge. Meist derbe, körnige bis dichte Aggregate, auch eingesprengt. Selten eigene Lagerstätten. Vorkommen auf Kupfer- und Blei-Lagerstätten. Fundorte: Clausthal/Harz, Freiberg/Sachsen, Příbram/Böhmen, St. Marie-aux-Mines/Elsass/Frankreich, Butte/Montana/USA, Boliden/Schweden. Gelegentlich Arsen-Rohstoff.

### **Fahlerz-Gruppe**

Unter Fahlerzen wird eine Gruppe sulfidischer Mineralien mit typisch »fahlem« Aussehen, d. h. mit oliv-grau-gelblichem Glanz, verstanden. Dazu gehören u. a. der silberreiche Freibergit (Silberfahlerz), der quecksilberreiche Schwazit (Quecksilberfahlerz) [Nr. 2 und 4, S. 139], der arsenreiche Tennantit (Arsenfahlerz) [3], der antimonreiche Tetraedrit (Antimonfahlerz) [Nr. 1, S. 147]. Der Name Fahlerz ist eine alte deutsche Bergmannsbezeichnung.

1 Auripigment, Khorassan/Iran
2 Realgar, King Co./Washington/USA
3 Tennantit, Dhezkazgan/Kasachstan
4 Auripigment, Goyaz/Brasilien

1
2
3
4

## Antimon-Erzmineralien

Antimonträger sind gediegen Antimon, Antimonit, Berthierit, Boulangerit, Bournonit, Jamesonit, Senarmontit, Tetraedrit, Valentinit. Einzig wichtig ist Antimonit. – Antimon ist Legierungsmetall und Rohstoff für Farben.

### Antimonit [1] Antimonglanz, Stibnit, Grauspießglanz

| | |
|---|---|
| Chemie: $Sb_2S_3$ | Farbe: bleigrau |
| Mohshärte: 2 | Strichfarbe: bleigrau |
| Dichte: 4,6–4,7 | Glanz: Metallglanz, matt |
| Spaltbarkeit: vollkommen | Transparenz: undurchsichtig |
| Bruch: muschlig, biegsam | Kristallsystem: orthorhombisch |

Kristalle nadlig. Kristall-Aggregate, auch körnige und dichte Massen. Vorkommen auf Antimonit-Quarzgängen oder auf Blei- und Silber-Lagerstätten. Fundorte: Frankreich, Japan, Südafrika, Bolivien, Nevada/USA. Wichtigstes Antimon-Erz.

### Senarmontit [2]

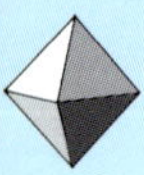

| | |
|---|---|
| Chemie: $Sb_2O_3$ | Farbe: farblos, weiß, grau |
| Mohshärte: 2–2½ | Strichfarbe: weiß |
| Dichte: 5,5 | Glanz: Diamant-, Fettglanz |
| Spaltbarkeit: undeutlich | Transparenz: durchsichtig bis durchscheinend |
| Bruch: muschlig, spröde | Kristallsystem: kubisch |

Kristalle oktaedrisch. Aggregate derb-körnig, dicht, krustig. Vorkommen in Oxidationszonen antimonführender Lagerstätten. Fundorte: Algerien, Simbabwe.

### Boulangerit [3]

| | |
|---|---|
| Chemie: $Pb_5Sb_4S_{11}$ | Farbe: grauschwarz |
| Mohshärte: 2½–3 | Strichfarbe: schwarz |
| Dichte: 5,8–6,2 | Glanz: Metallglanz |
| Spaltbarkeit: gut | Transparenz: undurchsichtig |
| Bruch: uneben, biegsam | Kristallsystem: monoklin |

Kristalle sehr selten, prismatisch. Meist feinfasrige oder feinkörnige Aggregate, auch derbe Massen. Vorkommen auf Blei-Zink-Lagerstätten. Fundorte: Harz, Příbram/Böhmen, Serbien, Schweden, Idaho/USA. Gelegentlich Blei-Erz.
**Plumosit** Haarförmiger Boulangerit. Galt früher als eigenständiges Mineral.

### Bournonit [4] Rädelerz

| | |
|---|---|
| Chemie: $PbCuSbS_3$ | Farbe: grau bis schwarz |
| Mohshärte: 2½–3 | Strichfarbe: grau |
| Dichte: 5,7–5,9 | Glanz: Metallglanz, matt |
| Spaltbarkeit: undeutlich | Transparenz: undurchsichtig |
| Bruch: muschlig | Kristallsystem: orthorhombisch |

Kristalle dicktaflig. Aggregate derb, körnig, dicht, auch eingesprengt. Vorkommen als Nebengemengteil auf Blei-Zink-Kupfer-Lagerstätten. Fundorte: Harz, Kärnten, England, Bolivien, Utah/USA. Örtlich Blei- und Kupfer-Erz.

1 Antimonit mit Quarz, Wolfsberg/Harz
2 Senarmontit, Djebl Hammate/Algerien
3 Boulangerit auf Quarzit, Ramsbeck/Rheinland
4 Bournonit mit Siderit, Horhausen/Siegerland

1
2
3
4

## **Tetraedrit** [1] Antimonfahlerz

| | |
|---|---|
| Chemie: $Cu_{12}[S \vert Sb_4S_{12}]$ | Farbe: grau mit olivfarbenem Stich |
| Mohshärte: 3–4 | Strichfarbe: schwarz bis braun |
| Dichte: 4,6–5,2 | Glanz: Metallglanz, matt |
| Spaltbarkeit: keine | Transparenz: undurchsichtig |
| Bruch: muschlig, spröde | Kristallsystem: kubisch |

Kristalle tetraedrisch, oft flächenreich, aufgewachsen. Derbe, körnige, dichte Aggregate, auch eingesprengt. Vorkommen in Kupfer- und Blei-Lagerstätten. Fundorte: Harz, England, Idaho/USA. Gelegentlich Kupfer-Erz.

## **Valentinit** [2] Antimonblüte, Weißspießglanz

| | |
|---|---|
| Chemie: $Sb_2O_3$ | Farbe: farblos, weiß, grau, gelblich |
| Mohshärte: 2½–3 | Strichfarbe: weiß |
| Dichte: 5,6–5,8 | Glanz: Diamant-, Perlmuttglanz |
| Spaltbarkeit: vollkommen | Transparenz: durchscheinend |
| Bruch: uneben, spröde | Kristallsystem: orthorhombisch |

Kristalle prismatisch, taflig, flächenreich. Stänglig-fasrige Büschel, auch derbe Aggregate. Vorkommen in der Oxidationszone antimonhaltiger Erzlagerstätten. Fundorte: Harz, Sachsen, Dauphiné/Frankreich, Algerien, Bolivien. Zusammen mit Antimonit als Antimon-Erz wirtschaftlich genutzt.

## **Berthierit** [3]

| | |
|---|---|
| Chemie: $FeSb_2S_4$ | Farbe: stahlgrau, bunt anlaufend |
| Mohshärte: 2–3 | Strichfarbe: braungrau |
| Dichte: 4,6 | Glanz: Metallglanz |
| Spaltbarkeit: undeutlich | Transparenz: undurchsichtig |
| Bruch: uneben, spröde | Kristallsystem: orthorhombisch |

Kristalle prismatisch, nadlig. Strahlig-fasrige Aggregate, auch körnige bis dichte Massen. Vorkommen auf Antimon-Erzlagerstätten. Fundorte: Auvergne/Frankreich, Cornwall/England, Kalifornien/USA. Wirtschaftlich unbedeutend.

## **Jamesonit** [4, 5]

| | |
|---|---|
| Chemie: $Pb_4Fe\ Sb_6S_{14}$ | Farbe: bleigrau, bunt anlaufend |
| Mohshärte: 2½ | Strichfarbe: grauschwarz |
| Dichte: 5,63 | Glanz: Metall-, Seidenglanz |
| Spaltbarkeit: gut | Transparenz: undurchsichtig |
| Bruch: spröde | Kristallsystem: monoklin |

Nadlige Kristalle. Aggregate derb, strahlig, verfilzt. Vorkommen auf Blei-Zink-Lagerstätten. Fundorte: Harz, Sachsen, England. Selten in bauwürdigen Massen.

**Federerz** Keine einheitliche Definition. Im Allgemeinen ein verfilztes Aggregat von Jamesonit, Boulangerit, Antimonit und anderen Mineralien.
**Antimon gediegen** (Sb) Zinnweiß, Mohshärte 3–3½, Dichte 6,7.
**Antimonocker** Gelbliches Verwitterungsprodukt von Antimonit.

1 Tetraedrit, Pasto Bueno/Peru
2 Valentinit, Pezinok/Slowakei
3 Berthierit, Herja/Rumänien
4 Jamesonit (metallisch grau) in Quarz, Neumühle/Thüringen
5 Jamesonit mit Pyrit, Zacatecas/Mexiko

1
2
3
4
5

## Leichtmetall-Rohstoffe

Hierzu gehören der Aluminium-Rohstoff Bauxit und der Magnesium-Rohstoff Magnesit. – Aluminium im Fahrzeugbau und in Elektrotechnik, Magnesium im Flugzeugbau, als Legierungsmetall und für Feuerwerkerei eingesetzt.

### Bauxit [3]

Bauxit ist ein Gemenge, insbesondere aus den Mineralien Gibbsit, Diaspor, Böhmit und Alumogel. Weiß bis dunkelrot-braun, dicht, erdig, nierig. Entstanden als Verwitterungsrückstand aus Karbonatgestein (Kalkbauxit) oder im tropischen Klima aus Silikatgestein (Silikatbauxit). Fundorte: Vogelsberg/Hessen, Les Baux/Frankreich, Gant/Ungarn, Nordaustralien, Guinea, Jamaika.

### Gibbsit [1] Hydrargillit

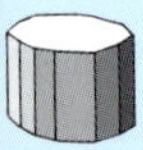

| | |
|---|---|
| Chemie: Al $(OH)_3$ | Farbe: farblos, weiß, verschieden getönt |
| Mohshärte: 2 ½–3 ½ | Strichfarbe: weiß |
| Dichte: 2,3–2,4 | Glanz: Glas-, Perlmuttglanz |
| Spaltbarkeit: vollkommen | Transparenz: durchsichtig bis durchscheinend |
| Bruch: biegsam, zäh | Kristallsystem: monoklin |

Kleine, taflige Kristalle. Gewöhnlich schuppige, radialfasrige, traubige Aggregate, warzige Krusten. Vorkommen als Gemengteil der Bauxite und tropischer Böden (Laterit, Terra rossa). Fundorte s. bei Bauxit.

### Diaspor [2]

| | |
|---|---|
| Chemie: AlO(OH) | Farbe: farblos, weiß, leicht getönt |
| Mohshärte: 6 ½–7 | Strichfarbe: weiß |
| Dichte: 3,3–3,5 | Glanz: Glas-, Perlmuttglanz |
| Spaltbarkeit: vollkommen | Transparenz: durchsichtig bis durchscheinend |
| Bruch: muschlig, spröde | Kristallsystem: orthorhombisch |

Kristalle klein, taflig, selten. Blättrige, strahlige Aggregate, auch derbe Massen. Vorkommen als Gemengteil in Kalkbauxiten, Metamorphiten, tropischen Lateritböden. Fundorte: Tessin/Schweiz, Greiner/Tirol, Griechenland, Russland.

**Böhmit** AlO(OH) In vielen Erscheinungen dem Diaspor ähnlich.

**Alumogel** Kliachit AlO(OH) + aq. Amorphe, weiße oder gefärbte Masse.

### Magnesit [4] Bitterspat

| | |
|---|---|
| Chemie: $Mg[CO_3]$ | Farbe: farblos, weiß, grau, bräunlich |
| Mohshärte: 4–4 ½ | Strichfarbe: weiß |
| Dichte: 2,9–3,1 | Glanz: Glasglanz |
| Spaltbarkeit: vollkommen | Transparenz: durchsichtig bis durchscheinend |
| Bruch: muschlig, spröde | Kristallsystem: trigonal |

Kristalle selten. Aggregate körnig-spätig oder feinkörnig-dicht. Vorkommen in Metamorphiten und Dolomitstein. Fundorte: Kärnten, Tirol, Mähren, Griechenland, Kroatien, Korea, China, Nevada/USA. Rohstoff für hochfeuerfeste Baustoffe, als Isolationsmaterial und zur Gewinnnung von Magnesium.

1 Gibbsit, Minas Gerais/Brasilien
2 Diaspor, Mineral County/Nevada/USA
3 Bauxit, Istrien/Kroatien
4 Magnesit, Toskana/Italien

1
2
3
4

# Radioaktive Mineralien

Die bekanntesten radioaktiven Mineralien sind Autunit, Brannerit, Carnotit (S. 120), Monazit (S. 152), Torbernit, Thorit, Uranocircit, Uranophan, Uranpecherz. – Uran und Thorium werden zur Erzeugung nuklearer Energie verwendet.

## **Torbernit** [1] Kupferuranglimmer

| | |
|---|---|
| Chemie: Cu $[UO_2\|PO_4]_2 \cdot 8\text{–}12\ H_2O$ | Farbe: grasgrün |
| Mohshärte: 2–2 ½ | Strichfarbe: blassgrün |
| Dichte: 3,3–3,7 | Glanz: Glas-, Perlmuttglanz |
| Spaltbarkeit: vollkommen | Transparenz: durchscheinend |
| Bruch: uneben | Kristallsystem: tetragonal |

Kristalle dünntaflig. Schuppige Aggregate, auch krustig. Stark radioaktiv. Vorkommen in der Oxidationszone von Uran-Lagerstätten. Fundorte: Erzgebirge, Zentralplateau/Frankreich, D. R. Kongo, Utah/USA. Leitmineral für Uran-Erze.

## **Uranophan** [2] Uranotil

| | |
|---|---|
| Chemie: Ca $[UO_2\|SiO_3(OH)]_2 \cdot 5\ H_2O$ | Farbe: gelb |
| Mohshärte: 2 ½ | Strichfarbe: hellgelb |
| Dichte: 3,8–3,9 | Glanz: Glas-, Perlmuttglanz |
| Spaltbarkeit: vollkommen | Transparenz: duchscheinend |
| Bruch: spröde | Kristallsystem: monoklin |

Nadlige Kristalle. Radialstrahlige, auch verfilzte Aggregate. Stark radioaktiv. Vorkommen auf Uran-Lagerstätten und in Granitdrusen. Fundorte: Oberpfalz, Erzgebirge/Böhmen, Dem. Republ. Kongo, Neu-Mexiko/USA.

## **Autunit** [3] Kalkuranglimmer

| | |
|---|---|
| Chemie: Ca $[UO_2\|PO_4]_2 \cdot 10\text{–}12\ H_2O$ | Farbe: gelb mit grünlichem Stich |
| Mohshärte: 2–2 ½ | Strichfarbe: gelblich |
| Dichte: 3,2 | Glanz: Glas-, Perlmuttglanz |
| Spaltbarkeit: vollkommen | Transparenz: durchscheinend |
| Bruch: uneben, spröde | Kristallsystem: tetragonal |

Kristalle taflig. Büschlige Aggregate. Stark radioaktiv. Vorkommen auf Uran-Lagerstätten. Fundorte: Erzgebirge, Autun/Saône/Frankreich, Dem. Republ. Kongo.

## **Uranpecherz** [4] Uraninit, Pechblende

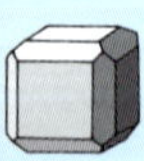

| | |
|---|---|
| Chemie: $UO_2$ | Farbe: schwarz |
| Mohshärte: 4–6 | Strichfarbe: schwarz, bräunlich, grünlich |
| Dichte: 9,1–10,6 | Glanz: Fettglanz, matt |
| Spaltbarkeit: keine | Transparenz: undurchsichtig |
| Bruch: muschlig, spröde | Kristallsystem: kubisch |

Kristalle und kristalline Aggregate (Uraninit) zeigen Würfel und Oktaeder, derbe Ausbildung (Pechblende) nierig, pulvrig (Uranschwärze). Stark radioaktiv. Vorkommen in sauren Gesteinen, Pegmatiten, Sandsteinen. Fundorte: Oberpfalz, Erzgebirge, Ontario/Kanada, Colorado/USA. Wichtigstes Uran-Erz.

1 Torbernit, Poppenreuth/Oberpfalz
2 Uranophan, Neu-Mexiko/USA
3 Autunit auf Quarz, Erzgebirge
4 Pechblende, Wölsendorf/Oberpfalz

1
2
3
4

## Monazit [3]

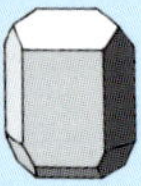

| | |
|---|---|
| Chemie: (Ce, Th) [$PO_4$] | Farbe: gelb bis dunkelbraun |
| Mohshärte: 5–5 ½ | Strichfarbe: weiß |
| Dichte: 4,6–5,7 | Glanz: Harzglanz |
| Spaltbarkeit: vollkommen | Transparenz: durchscheinend bis undurchsichtig |
| Bruch: muschlig, spröde | Kristallsystem: monoklin |

Kristalle dicktaflig, ein- und aufgewachsen, häufig verzwillingt, fast stets thoriumhaltig, daher oft radioaktiv. Eingesprengte Körner in sauren Magmatiten und deren Pegmatiten, in Gneis sowie besonders in Fluss- und Strandseifen. Fundorte: Travancore/Südindien, Sri Lanka, Esperito Santo/Brasilien, Kapprovinz/Südafrika. Wichtiger Rohstoff zur Gewinnung von Thorium und Cer.

# Schwefelhaltige Mineralien

Schwefelhaltige Mineralien sind Magnetkies, Markasit, Pyrit und gediegen Schwefel. – Schwefel wird zur Herstellung von Schwefelsäure benötigt. Chemische und pharmazeutische Industrie, Kautschuk- und Papierindustrie verbrauchen große Mengen von Schwefelsäure.

## Magnetkies [1, 2] Pyrrhotin

| | |
|---|---|
| Chemie: FeS | Farbe: braungelb |
| Mohshärte: 4 | Strichfarbe: grauschwarz |
| Dichte: 4,6 | Glanz: Metallglanz |
| Spaltbarkeit: keine | Transparenz: undurchsichtig |
| Bruch: uneben, spröde | Kristallsystem: hexagonal |

Kristalle gewöhnlich klein, taflig, selten. Aggregate grobblättrig, rosettenartig, meist derb-körnige bis dichte Massen, häufig eingesprengt. Magnetisch. Vorkommen in basischen Plutoniten, in Skarnen, in Gängen und Stöcken, selten in Metamorphiten. Fundorte: Bodenmais/Bayerischer Wald, Freiberg/Sachsen, Uri/Schweiz, Trepča/Serbien, Mittelschweden, Minas Gerais/Brasilien, Chihuahua/Mexiko. Gelegentlich Rohstoff zur Schwefelsäureherstellung. Zusammen mit Pentlandit (S. 114) wichtiges Nickel-Erz.

## Schwefel gediegen [4]

| | |
|---|---|
| Chemie: S | Farbe: gelb, bräunlich mit grünlichem Stich |
| Mohshärte: 2 | Strichfarbe: weiß |
| Dichte: 2,0–2,1 | Glanz: Diamant-, Harz-, Fettglanz |
| Spaltbarkeit: undeutlich | Transparenz: durchscheinend |
| Bruch: muschlig, uneben | Kristallsystem: orthorhombisch |

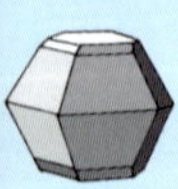

Kristalle pyramidal, häufig. Aggregate derb-körnig, fasrig, dicht, auch Krusten, Anflüge und Imprägnationen. Häufig Vorkommen im vulkanischen Bereich durch Dämpfe und Thermen, daneben in tonig-mergligen Sedimentiten. Fundorte: Sizilien/Italien, Texas, Louisiana/USA, Mexiko, Japan, Indonesien. Schwefel ist Rohstoff für Schwefelsäureproduktion und wichtiger Grundstoff zur Herstellung von Schädlingsbekämpfungsmitteln.

1 Magnetkies, Waldsassen/Oberpfalz
2 Magnetkies mit Ankerit, Mexiko
3 Monazit in Muttergestein, Namibia
4 Schwefel auf Calcit, Sizilien/Italien

1
2
3
4

## Markasit [1, 2]

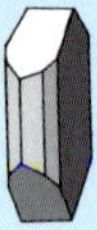

| | |
|---|---|
| Chemie: $FeS_2$ | Farbe: messinggelb mit grünlichem Stich |
| Mohshärte: 6–6½ | Strichfarbe: grünlichschwarz |
| Dichte: 4,8–4,9 | Glanz: Metallglanz |
| Spaltbarkeit: gut | Transparenz: undurchsichtig |
| Bruch: uneben, spröde | Kristallsystem: orthorhombisch |

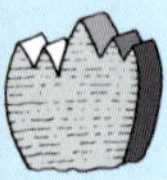

Kristalle ein- und aufgewachsen, taflig, oft verwachsen. Zwillingsbildungen. Häufig von rostfarbener Verwitterungsrinde überzogen. Aggregate als Kristallgruppe oder derb strahlig, krustig, als Anflug. Versteinungsmaterial pflanzlicher und tierischer Fossilien. Vorkommen auf Magnetkies-Lagerstätten, Erzgängen in Kalkgestein, als Konkretion in Tongestein und Braunkohle. Fundorte: Meggen/Westfalen, Oberschlesien/Polen, Brüx/Böhmen, Kansas, Missouri/USA. Zusammen mit Pyrit als Schwefelrohstoff genutzt.

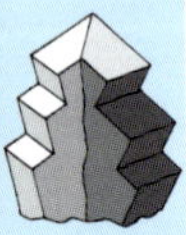

Markasit kann zerfallen und wandelt sich dabei in schweflige Säure und Schwefel um. Daher Markasit in Sammlungen isoliert lagern. Eine sichere Konservierungsmethode gibt es nicht. Manchmal hilft ein Lacküberzug oder Tränken mit Paraffin. Häufig setzt der Zerfall erst nach Jahren ein.

**Kammkies** [1] Parallelverwachsene Markasit-Kristalle, die hahnenkammähnliche Aggregate bilden.
**Speerkies** [2] Speerspitzenähnliche Verwachsungen von Markasit-Kristallen.
**Strahlkies** Grob- bis feinstrahlige Markasit-Aggregate.
**Leberkies** Derbe, dichte Markasit-Massen.
**Markasit-Knolle** [3] Nuss- bis kopfgroße Konkretion mit radialstrahligem Aufbau. Die meisten der als Markasit angebotenen Knollen bestehen aus Pyrit!

## Pyrit [3–5] Schwefelkies, Eisenkies

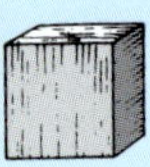

| | |
|---|---|
| Chemie: $FeS_2$ | Farbe: messinggelb, oft bunt anlaufend |
| Mohshärte: 6–6½ | Strichfarbe: grünlichschwarz |
| Dichte: 5,0–5,2 | Glanz: Metallglanz |
| Spaltbarkeit: undeutlich | Transparenz: undurchsichtig |
| Bruch: muschlig, spröde | Kristallsystem: kubisch |

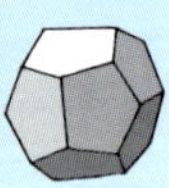

Kristalle ein- und aufgewachsen, Würfel mit charakteristischer Streifung, Pentagondodekaeder, Oktaeder, viele Kristallkombinationen, Durchdringungszwillinge. Wegen des gelblichen Glanzes Katzengold genannt. Gelegentlich braune Verwitterungsrinde. Aggregate derb-körnig, radialstrahlig, knollig, nierig, häufig eingesprengt. Versteinerungsmaterial von pflanzlichen und tierischen Fossilien.
Vorkommen als selbstständige Lagerstätten, beigeordnet in sulfidischen Erzlagerstätten, in Ton- und Kalkgesteinen, in Stein- und Braunkohlelagern und als Nebengemengteil in vielen Magmatiten.

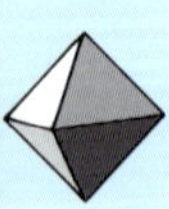

Fundorte: Meggen/Westfalen, Rammelsberg/Harz, Elba, Piemont/Italien, Griechenland, Spanien, Schweden, Transvaal/Südafrika, Colorado/USA.
Pyrit ist neben Schwefel wichtigster Schwefelrohstoff, aufgrund häufig beigemengter Gold- und Kupfermineralien lokal auch Gold- und Kupfer-Erz.
Bei Verwitterung des Pyrits auf Sulfidlagerstätten entsteht im oberflächennahen Bereich der sog. Eiserne Hut, limonitisches Eisen-Erz.

1 Markasit als Kammkies, Indiana/USA
2 Markasit als Speerkies, Brüx/Böhmen
3 Sog. Markasitknolle, Calais/Frankreich
4 Pyrit-Aggregat, Huelva/Spanien
5 Pyrit in Kristallen und in derber Ausbildung auf Hämatit als Muttergestein, Elba/Italien

1
2
3
4
5

# Mineralien als Schmuck- und Edelsteine

## Edelsteine im Leben der Menschen

Edelsteine sind dem Menschen seit mindestens 7000 Jahren bekannt. Zu den frühesten gehören Amethyst, Bernstein, Granate, Jade, Lapislazuli, Smaragd und Türkis. Sie bleiben den wohlhabenden Bevölkerungsschichten vorbehalten und dienen als Statussymbol. Die Fürsten dokumentierten mit den edelsteinbesetzten Insignien Reichtum und somit Macht.
Bis in die Neuzeit sind Edelsteine als Amulett und Talisman geschätzt. Sie sollen Böses abwehren, Gesundheit erhalten, der Fürsten Gunst geneigt machen und Seefahrer heimführen. Sogar als Heilmittel haben Edelsteine ihren Wert.
Schon frühzeitig werden Edelsteine den Tierkreis-Sternbildern zugeordnet, daraus wiederum Geburts- und Monatssteine abgeleitet. Neuerdings identifizieren sich einige Staaten symbolartig mit Edelsteinen, die innerhalb ihrer Grenzen zu finden sind.
Auch in den modernen Religionen haben Edelsteine ihren festen Platz. Der Amtsschild des Hohepriesters der Juden war mit vier Reihen Edelsteine besetzt. Edelsteine schmücken die Tiara und Mitra von Papst und Bischof wie auch Monstranzen, Reliquien und Ikonen in christlichen Kirchen.
In unseren Tagen dient der Schmuck in viel höherem Maße als früher der eigenen Freude, dem Gefallen an Schönheit und Harmonie.
Oft wird der edle Stein aber aller Symbolik und Ästhetik entledigt und als reine Kapitalanlage betrachtet.

## Begriffsbestimmungen

**Edelstein** Es gibt keine eindeutige, überzeugende Definition für den Edelstein. Allen Edelsteinen ist das Besondere, das Schöne gemeinsam. Früher bezeichnete man nur wenige Steine als edel. Heute ist die Zahl der Edelsteine kaum übersehbar.
Die meisten Edelsteine sind Mineralien, selten Mineral-Aggregate. Auch einige organischen Substanzen (Bernstein) zählen beim Handel zu den Edelsteinen.
Durch Nachbildung natürlicher Edelsteine, sog. Synthesen, und durch Züchtung von Steinen, die in der Natur überhaupt kein Gegenstück haben, ist die Vielfalt der edlen Steine noch größer geworden.
**Halbedelstein** Früher verstand man unter Halbedelstein die weniger wertvollen und nicht sehr harten Steine. Dieser Begriff, der im Handel heute noch umgeht, sollte wegen seiner abwertenden Bedeutung und der unklaren Abgrenzung gegenüber den »echten« Edelsteinen nicht verwendet werden.
**Schmuckstein** Sammelbegriff für alle schmückenden Steine. Nach anderer Meinung nur die weniger wertvollen Steine umfassend, ähnlich dem Begriff des Halbedelsteins. Tatsächlich gibt es keine überzeugende Abgrenzung gegenüber den »wertvolleren« Edelsteinen, daher oft als Synonym für Edelsteine schlechthin verstanden.
**Farbedelstein** (Farbstein) Vornehmlich im Handel verwendete Bezeichnung für Edelsteine mit Ausnahme von Achat und Diamant.

Toison des Goldenen Vlieses (1760/70) mit Diamanten, Rubinen und Granaten; Originalgröße (Schatzkammer, Residenz München)

**Juwel** Im weiteren Sinn ist jedes Schmuckstück ein Juwel. Im engeren Sinn versteht man unter Juwel ein Schmuckstück, das einen oder mehrere in Edelmetall gefasste Edelsteine enthält. Gelegentlich werden geschliffene Steine auch ohne Fassung als Juwelen bezeichnet.
**Gemmologie** (Edelsteinkunde) Wissenschaftsdisziplin, die sich mit den Edelsteinen befasst, ein Zweig der Mineralogie.
**Karat** (Carat) Seit der Antike allgemein verbreitete Gewichtseinheit im Edelsteinhandel, früher allerdings mit etwas unterschiedlichen Gewichtswerten. Seit 1907 gilt das metrische Karat (mct). 1 Karat = 200 Milligramm oder 0,2 Gramm. Die Unterteilung des Karats erfolgt in Bruchzahlen (z. B. $\frac{1}{10}$ ct) oder in Dezimalen mit zwei Stellen (z. B. 1,25 ct).
Das Karatgewicht der Edelsteine nicht mit der Karatzahl der Goldschmiede verwechseln. Bei Gold ist Karat keine Gewichtseinheit, sondern eine Qualitätsbezeichnung. Je höher die Karatzahl, desto mehr Feingold ist in dem Schmuckstück vorhanden. Das Gewicht kann dabei jedes Mal verschieden sein.

### Die Namen der Edelsteine

Die ältesten Namen der Edelsteine gehen auf orientalische Sprachen, auf Griechisch und Latein zurück. Besonders die griechische Sprache hat auch der modernen Edelsteinnomenklatur ihren Stempel aufgedrückt.
Die Namen nehmen Bezug auf hervorstechende Eigenschaften (insbesondere auf Farbe), auf Fundorte und auf vermeintlich geheimnisvolle Kräfte, die dem Edelstein angeblich innewohnen.
Mit dem Einsetzen der wissenschaftlichen Betrachtungsweise in der Mineralogie gewinnt auch die Edelsteinkunde mehr an Sachlichkeit. Okkulte und mystische Vorstellungen treten in den Hintergrund. Dennoch bleibt den Edelsteinen immer noch irgendwie etwas unerklärlich Besonderes anhängig. Dazu tragen auch die vielen fremdländisch klingenden Namen der Edelsteine, wie sie im Handel häufig verwendet werden, bei. Viele Fantasienamen, oft geradezu irreführend, sollen den Kaufanreiz erhöhen, indem sie höherwertige Steine vortäuschen und auch etwas Geheimnisvolles mitschwingen lassen.
Zwar gibt es in vielen Ländern rechtsverbindliche Vorschriften und Empfehlungen für die Bezeichnung von Edelsteinen, in der Praxis des Schmucksteinverkaufs werden solche Bestimmungen allerdings häufig umgangen.

## Nachahmungen

Versuche, Edelsteine nachzuahmen, sind uralt. Die Arten der Nachahmungen kann man in drei Gruppen gliedern. Am ältesten sind die Imitationen. Nachahmungen aus anderer Stoffsubstanz als der betreffende Stein. Die sog. zusammengesetzten Steine enthalten mindestens einen Teil eines echten Edelsteins. Synthetische Edelsteine schließlich sind reine Kunstprodukte, aber aus gleicher stofflicher Substanz wie der nachgeahmte Stein.

**Imitationen** Die Ägyter sind wohl die Ersten, die mit Glas und Glasur wertvolle Steine vortäuschen, imitieren. 1758 entwickelt ein Wiener, Joseph Strasser, eine Glassorte, die sich schleifen lässt und dem Diamant täuschend ähnlich sieht. Diese Diamantimitationen, Strass genannt, gelangten in den Edelsteinhandel.
Inzwischen sind viele Edelsteinimitationen verbreitet. Für billigen Modeschmuck genügt Normalglas, für wertvoller wirkende Edelsteinimitationen dient stark lichtbrechendes Blei- oder Flintglas. Auch Porzellan, Kunstharze und Plastikmaterialien werden zur Edelsteinimitation verwendet.

Diese Imitationen haben nur das farbliche Aussehen mit dem Vorbild gemeinsam, die anderen physikalischen Eigenschaften, insbesondere die Härte und das Feuer (farbspektrale Effekte), konnten nie zufriedenstellend nachgeahmt werden.

**Zusammengesetzte Steine** Bei dieser Gruppe der Nachahmungen ist mindestens ein Teil natürlicher Edelstein, der mit anderen Edelsteinen, nicht edlen Mineralien oder Glas kombiniert wird. Besteht der neu konstruierte Stein aus zwei Teilen, spricht man von einer Dublette, bei drei Teilen von Triplette. Oft bewirkt nur eine farbige, die Einzelteile verbindende Klebeschicht den gewünschten Farbton. Sorgfältig zusammengesetzte Steine sind schwer zu erkennen, besonders wenn die Nähte in der Fassung liegen.

Rekonstruierte Steine Werden aus kleinen Splittern echter Edelsteine zu größeren Formaten zusammengeschmolzen. Sie nehmen eine Mittelstellung zwischen Synthese und Dublette ein.

**Synthetische Steine** (Synthesen), im Handel auch als Edelstein bezeichnet. Seit Jahrhunderten ist es ein Traum der Menschen, Steine zu produzieren, die den echten Edelsteinen völlig gleichen. Am Ende des vorletzten Jahrhunderts hat sich diese Hoffnung erfüllt, als es dem französischen Chemiker A. V. Verneuil gelang, erste wirtschaftlich nutzbare synthetische Rubine zu züchten. Bis heute wird dessen Schmelz-Tropf-Verfahren in großem Umfang angewandt. Das Endprodukt dieser Methode ist ein länglich birnenförmiger Körper von etwa 1,5 cm Durchmesser und einer Länge bis zu 7 cm. Dieser Kunststein entspricht nach Kristallstruktur, chemischer Zusammensetzung und physikalischen Eigenschaften völlig dem Original. Eine Unterscheidung von natürlichem Edelstein und Synthese ist dem Laien kaum möglich.

Mittlerweile züchtet man zu fast allen Edelsteinen gute Synthesen. 1955 gelang in den USA und in Schweden gleichzeitig eine Diamantsynthese. 1970 wurden Diamanten in Edelsteinqualität und in nutzbarer Größe gewonnen. Seit 1997 gibt es synthetische Diamanten, Moissanit genannt, mit besten Qualitäten und zu erschwinglichen Preisen. Für Industriezwecke sind Diamantsynthesen ohne Edelsteinqualität unentbehrlich geworden.

Seit 1953 gibt es synthetische Steine mit Edelsteinqulität, die in der Natur kein Gegenstück haben. Sie bestechen durch hervorragende optische Eigenschaften und dienen häufig als Diamantersatz. Dazu gehören Fabulit (oder Diagem), YAG (oder Diamonair), Galliant, Zirkonia (oder Djevalith, Phianit, auch Fianit).

Die synthetisch hergestellten Steine werden nicht zu den Imitationen gezählt, sondern gelten neben den natürlichen Edelsteinen als eigenständige Gruppe. Im Handel müssen sie stets als »synthetisch« bezeichnet werden.

Schmelzbirnen und geschliffene synthetische Edelsteine

## Bearbeitung der Edelsteine

Bis etwa 1400 werden bei durchsichtigen Steinen nur natürliche Kristall- und Spaltflächen bearbeitet. Durch Polieren erhalten sie stärkeren Glanz und bessere Transparenz. Undurchsichtige Edelsteine werden schon davor auf hartem Sandstein glatt oder gewölbt (muglig) geschliffen. Ein Höhepunkt in der Steinbearbeitung ist der Facettenschliff. Er entsteht im 15. Jahrhundert.
Das Schleifen soll die Farbe des Edelsteins betonen, die Brillanz (Lichtwirkung) heben, die Farbzerstreuung verstärken, aber andererseits nachteilige Eigenschaften unterdrücken. Nach der Art der Flächengestaltung unterscheidet man den mugligen Schliff (Cabochonschliff), den Glattschliff und den Facettenschliff.
Heutzutage kennen wir bei der Edelsteinbearbeitung folgende Bereiche: Steingravur, Bearbeitung von Achat, von Farbsteinen und von Diamant.

**Die Steingravur** Die Steingravur, auch Glyptik genannt, umfasst das Schneiden von Reliefs sowie die Fertigung von Kleinplastiken und Ziergegenständen.
Eingetiefte Gravuren heißen Gemmen, jene mit negativem Bild, wie für Siegel verwendet, Intaglios; erhaben geschnittene Bilder heißen Kameen. Die Bezeichnung Gemme wird auch als Oberbegriff für beide Gravuren verwendet.
Rohmaterial für Gemmen sind gewöhnlich mehrschichtige Achate.

**Bearbeitung von Achat** An einem Carborundum-Schleifrad bekommt der Achat seine grobe Form. Der Feinschliff erfolgt am Sandsteinrad. Poliert wird auf langsam sich drehenden Walzen und Rädern mit Holz-, Leder- oder Filzbelag. Für ebenen Schliff und gleichmäßig gerundete Formen gibt es neuerdings Maschinen, die die Arbeit selbsttätig besorgen.

**Bearbeitung von Farbsteinen** Mit einer diamantbesetzten Kreissäge wird der Farbstein in die vorgesehene Größe geschnitten, dann auf einem grobkörnigen Carborundum-Rad in eine rohe Form gebracht. Undurchsichtige Steine erhalten auf feinkörnigen Carborundum-Rädern Cabochonschliff, durchsichtige Steine auf einer horizontal laufenden Schleifscheibe einen Facettenschliff.

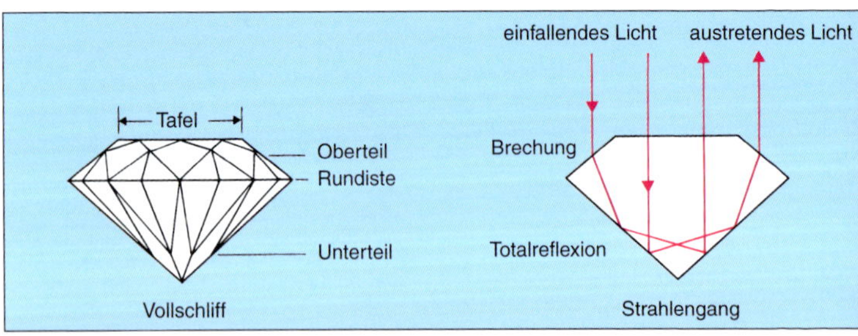


Diamant, Brillant-Schliff

**Bearbeitung von Diamant** Früher wurden Rohdiamanten zunächst durch Spalten zerteilt, später mit Diamantscheiben gesägt. Heutzutage werden sie nur noch mit einem Laser in vorgedachter Form geschnitten. Danach erhält der Diamant durch Aneinanderreiben mit einem zweiten seine Rohform. Schließlich werden auf einer horizontal laufenden, mit Diamantpulver und Öl bestrichenen Stahlscheibe die Facetten angelegt. Beim Brillant-Schliff sind die Facettenflächen vorausberechnet, so dass das einfallende Licht im Kristall wiederholt gebrochen und nach oben zurückgeworfen wird. Dadurch erzielt man die Brillanz.

## **Bekannte Schliffarten der Edelsteine** (Draufsicht und Seitenansicht)

Brillant-Vollschliff Besitzt mindestens 32 Facetten und die Tafel im Oberteil sowie mindestens 24 Facetten im Unterteil. Da speziell für den Diamant entwickelt, auch Diamant-Schliff genannt. Die Kurzbezeichnung Brillant ist nur für den Diamant zulässig, alle anderen brillantgeschliffenen Edelsteine müssen den Mineralnamen führen (z. B. Zirkon-Brillant).

Achtkant Trägt außer der Tafel im Ober- und Unterteil je 8 Facetten. Früher für kleinste Diamanten, bei denen ein Vollschliff nicht möglich war. Heute werden auch kleinste Diamanten mit Vollschliff angeboten.

Treppenschliff Einfache Art des Facettenschliffs, besonders für farbige Edelsteine verwendet. Mehrere Facetten liegen kantenparallel, die Steilheit der Facetten nimmt gegen die Rundiste zu. Im Unterteil ist die Anzahl der Facetten meist größer.

Smaragdschliff Treppenschliff mit achteckiger Form, für Smaragd bevorzugt, aber ebenso für andere Farbsteine verwendet.

Rose Facettenschliff ohne Tafel und ohne Unterteil. Je nach Anzahl und Anordnung der Facetten mehrere Varianten. Wegen geringer Brillanz heutzutage recht selten angewendet.

Scherenschliff Abart des Treppenschliffs. Facetten werden durch die »Schere« in vier Teilfacetten untergliedert.

Tafelschliff Einfachste Art des Treppenschliffs. Zu Gunsten einer großen Tafel ist der Oberteil sehr flach. Als Siegel- und Herrenring verwendet.

Cabochon Hauptvertreter des Glattschliffs. Oberteil rundlich geschliffen, Unterteil eben oder flach gewölbt. Bei dunklen Steinen wird der Unterteil innen ausgehöhlt (ausgeschlägelt), um den Farbton aufzuhellen.

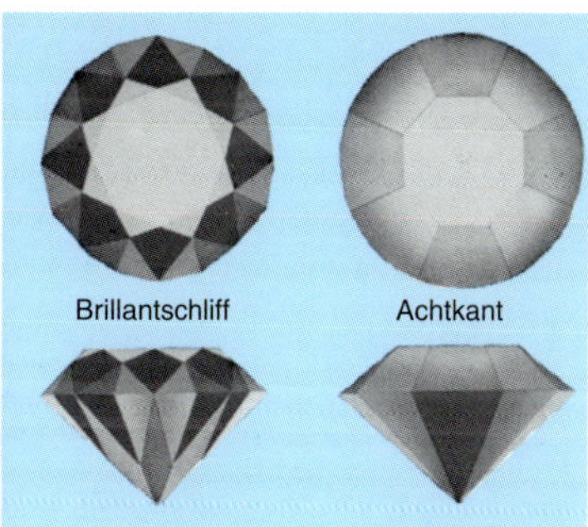


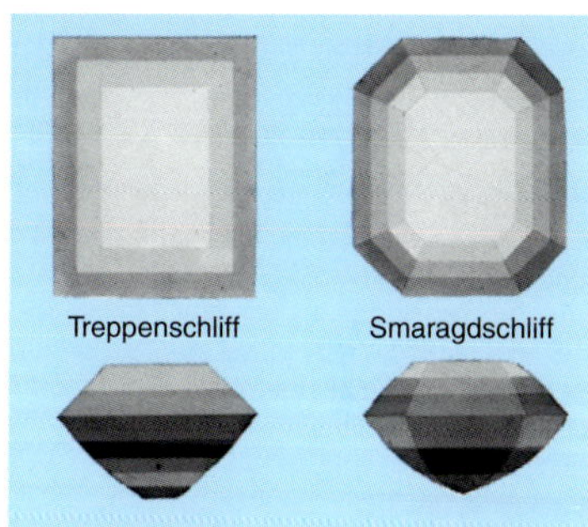


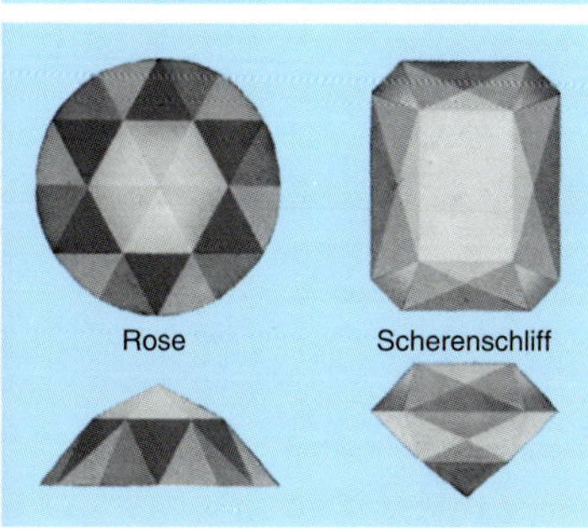


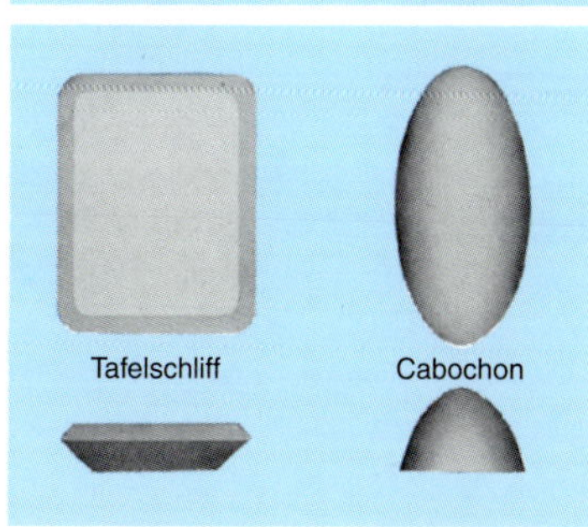

# Edelstein-Mineralien

## Diamant [3, 12, 13]

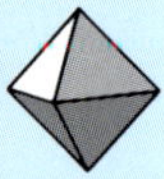
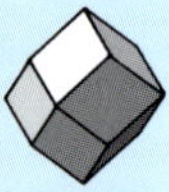
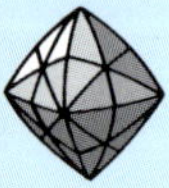

| | |
|---|---|
| Chemie: C | Farbe: farblos, alle Farben, auch schwarz |
| Mohshärte: 10 | Strichfarbe: weiß |
| Dichte: 3,47–3,55 | Glanz: Diamantglanz |
| Spaltbarkeit: vollkommen | Transparenz: durchsichtig bis undurchsichtig |
| Bruch: muschlig, splittrig, spröde | Kristallsystem: kubisch |

Kristalle eingewachsen, Oktaeder, Dodekaeder, Würfel. Hohe Lichtbrechung, starke Dispersion. Kuglige, dichte Aggregate heißen Carbonado oder Bort. Farblose und schönfarbige Diamanten zu Schmuckstein verschliffen. Die Qualitätsbewertung berücksichtigt Reinheit, Farbe, Schliff und Gewicht.
Nur 20 % aller Diamanten für Schmuckzwecke geeignet. Der Hauptteil wird als Industriediamant (Bort) für Bohr-, Schneid-, Schleifgeräte verwendet.
Vorkommen in alten Vulkanschloten, den Pipes, oder auf Seifenlagerstätten. Größte Schmuckdiamantproduzenten sind (2009) Russland, Botswana, Südafrika, größte Produzenten von natürlichen Schmuck- und Industriediamanten sind Russland, Dem. Rep. Kongo, Botswana, Angola, Kanada, Australien, Südafrika, Namibia.
1955 gelang in den USA und Schweden die Diamant-Synthese.

## Korund [6–8, 10, 15–18]

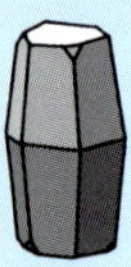
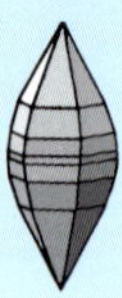

| | |
|---|---|
| Chemie: $Al_2O_3$ | Farbe: farblos, verschieden getönt |
| Mohshärte: 9 | Strichfarbe: weiß |
| Dichte: 3,97–4,05 | Glanz: Glasglanz |
| Spaltbarkeit: keine | Transparenz: durchsichtig bis undurchsichtig |
| Bruch: muschlig, splittrig, spröde | Kristallsystem: trigonal |

Kristalle meist eingewachsen, taflig, säulig, tonnenförmig. Gelegentlich Asterismus [1, 4]. Kristalline Aggregate und derbe, spätige Massen. Vorkommen in Plutoniten und deren Pegmatiten, in Karbonatgestein und auf Seifen.
**Gemeiner Korund** [16] Unscheinbar trüb. Als Schleif- und Poliermittel verwendet.
**Schmirgel** Gemenge von feinkörnigem Korund und Magnetit, Hämatit, Quarz u. a.; Schleifmittel. Fundorte: Türkei, Griechenland, Massachusetts/USA.
**Edler Korund** Für Schmuckzwecke geeigneter Korund: Rubin und Saphir.
**Rubin** [10, 17, 18] Rote Varietät des Korunds. Vorkommen in dolomitisiertem Marmor und auf Seifenlagerstätten. Fundorte: Myanmar, Thailand, Sri Lanka, Tansania. Synthetische Schmuckstein-Rubine [4, 14] auf dem Markt.
**Saphir** [6–8, 15] Alle nicht tiefroten Korunde mit Edelsteinqualität, insbesondere blaue Varietäten. Farbloser Saphir heißt Leukosaphir, orangegelber Padparadscha. Vorkommen gewöhnlich auf Seifenlagerstätten. Fundorte: Australien, Myanmar, Sri Lanka, Thailand. Synthetische Saphire [1, 2, 5, 6, 11].

1 Synthetischer Sternsaphir
2 Synthetischer Saphir
3 Diamant, Südafrika
4 Synthetischer Sternrubin
5 Synthetische Saphir-Triplette
6 Synthetischer Saphir, Sri Lanka
7 Saphir, Mogok/Myanmar
8 Saphir, Mogok/Myanmar
9 Zirkonia, als Diamantersatz verwendet
10 Rubin, Thailand
11 Synthetischer Saphir
12 Diamant-Kristall, Ghana
13 Diamant-Kristall, Kinshasa/D. R. Kongo
14 Synthetischer Rubin
15 Saphir-Kristalle, Australien und Myanmar
16 Korund-Kristalle, Sri Lanka
17 Rubin in Matrix, Kanada
18 Rubin-Kristalle, Myanmar

1
2
3
4
5
6
7
8
9
10
11
12
13
14
15
16
17
18

## Beryll [2–5, 8, 10, 12]

| | |
|---|---|
| Chemie: $Al_2Be_3[Si_6O_{18}]$ | Farbe: farblos, verschieden gefärbt |
| Mohshärte: 7½–8 | Strichfarbe: weiß |
| Dichte: 2,63–2,91 | Glanz: Glasglanz |
| Spaltbarkeit: undeutlich | Transparenz: durchsichtig bis undurchsichtig |
| Bruch: muschlig, uneben, spröde | Kristallsystem: hexagonal |

Kristalle ein- und aufgewachsen, meist lange Prismen, selten taflig. Gelegentlich derbe stänglige Aggregate. Vorkommen in Pegmatitgängen granitischer Gesteine und auf Seifenlagerstätten. Fundorte: Südkorea, Indien, Brasilien, Westaustralien. Wichtigstes Erz zur Gewinnung von Beryllium.

**Gemeiner Beryll** Unscheinbar trüb, ohne Edelsteinqualität.
**Edelberyll** Schönfarbige, für Schmuckzwecke geeignete Beryll-Varietät.

**Smaragd** [2, 8] Grüne Beryll-Varietät. Meist durch Einschlüsse getrübt. Vorkommen in Pegmatitgängen oder in deren Nähe. Gewinnung fast ausschließlich aus dem Muttergestein, selten von Seifenlagerstätten. Fundorte: Muzo und Chivor/Kolumbien, Brasilien, Simbabwe, Transvaal/Südafrika, Habachtal/Salzburg. Seit den fünfziger Jahren synthetische Smaragde auf dem Markt. Ebenso gibt es Tripletten [1] als Nachahmung.

**Aquamarin** [3, 4, 12] Blaue Beryll-Varietät. Muttergestein sind Pegmatite und Granite. Fundorte: Brasilien, Nigeria, Australien, Myanmar, Indien, Sri Lanka. Sog. synthetische Aquamarine sind in Wirklichkeit synthetische Spinelle.

**Goldberyll** [5] Edelberyll von zitronengelber bis goldgelber Farbe.
**Goshenit** Farbloser Edelberyll.
**Heliodor** Edelberyll von hellgelbgrüner Farbe.
**Morganit** [10] Edelberyll von zartrosa bis violetter Farbe.

## Chrysoberyll [6, 9, 11]

| | |
|---|---|
| Chemie: $Al_2BeO_4$ | Farbe: gelb, grünlich, bräunlich |
| Mohshärte: 8½ | Strichfarbe: weiß |
| Dichte: 3,70–3,72 | Glanz: Glas-, Fettglanz |
| Spaltbarkeit: gut | Transparenz: durchsichtig bis durchscheinend |
| Bruch: muschlig, spröde | Kristallsystem: orthorhombisch |

Kristalle eingewachsen, dicktaflig. Vorkommen in Pegmatiten, Schiefern und auf Seifen. Fundorte: Sri Lanka, Mogok/Myanmar, Ural/Russland, Minas Gerais/Brasilien. Lokal als Beryllium-Erz genutzt. Schönfarbige Varietäten sind Edelsteine.

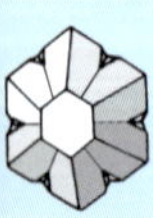

**Alexandrit** [9] Chrysoberyll mit Edelsteinqualität. Bei Tageslicht grün, bei Kunstlicht rot. Häufig Durchdringungszwillinge. Fundorte: Sri Lanka, Simbabwe, Myanmar, Brasilien. Alexandritfarbene Nachahmungen bekannt [7].

**Chrysoberyll-Katzenauge** (Katzenauge, Kymophan) Chrysoberyll-Varietät mit wogendem Lichtschein. Fundorte: Sri Lanka, Brasilien, China.

1 Smaragdfarbene Beryll-Triplette
2 Smaragd, Muzo/Kolumbien
3 Aquamarin, Madagaskar
4 Aquamarin, MInas Gerais/Brasilien
5 Goldberyll, Sri Lanka
6 Chrysoberyll, Minas Novas/Brasilien
7 Alexandritfarbener synthetischer Korund
8 Smaragd in Muttergestein, Chivor/Kolumbien
9 Alexandrit, Novello Claims/Simbabwe
10 Morganit in Muttergestein, Utah/USA
11 Chrysoberyll (gelb) mit Granat (rötlich), USA
12 Aquamarin in Quarz, Brasilien

1
2
3
4
5
6
7
8
9
10
11
12

## Spinell [1, 2, 15]

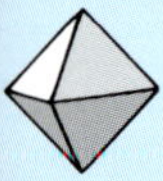

| | |
|---|---|
| Chemie: $MgAl_2O_4$ | Farbe: farblos, alle Farben |
| Mohshärte: 8 | Strichfarbe: weiß |
| Dichte: 3,58–3,61 | Glanz: Glasglanz |
| Spaltbarkeit: undeutlich | Transparenz: durchsichtig bis undurchsichtig |
| Bruch: muschlig, spröde | Kristallsystem: kubisch |

Kristalle gewöhnlich oktaedrisch, eingewachsen, meist klein, häufig verzwillingt. Vorkommen in Karbonatgestein, Magmatiten, Schiefern, auf Seifen. Fundorte: Sri Lanka, Myanmar, Thailand. Synthetische Spinelle vorhanden [3, 4].
**Pleonast** (Ceylanit) Undurchsichtiger, schwarzer Spinell.

## Topas [5, 10, 13, 16]

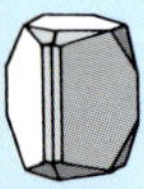

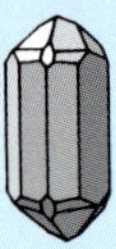

| | |
|---|---|
| Chemie: $Al_2\,[F_2 \vert SiO_4]$ | Farbe: farblos, gelb, braun, blau, grün, rot |
| Mohshärte: 8 | Strichfarbe: weiß |
| Dichte: 3,53–3,56 | Glanz: Glasglanz |
| Spaltbarkeit: vollkommen | Transparenz: durchsichtig bis durchscheinend |
| Bruch: muschlig, uneben, spröde | Kristallsystem: orthorhombisch |

Kristalle prismatisch, aufgewachsen. Vorkommen in sauren Magmatiten, in Greisen, auf Seifen. Fundorte: Sachsen, Brasilien, Sri Lanka, Myanmar, Pakistan. Edelstein (Edeltopas). Durch Brennen werden Farben verändert.
**Goldtopas** Irreführender Handelsname für gelbgebrannten Amethyst.

## Zirkon [7, 11, 12, 14]

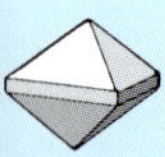

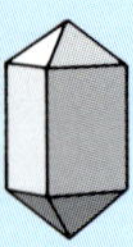

| | |
|---|---|
| Chemie: $Zr\,[SiO_4]$ | Farbe: braun, rot, gelb, grün, blau, farblos |
| Mohshärte: 6½–7½ | Strichfarbe: weiß |
| Dichte: 3,9–4,8 | Glanz: Diamant-, Fettglanz |
| Spaltbarkeit: undeutlich | Transparenz: durchsichtig bis undurchsichtig |
| Bruch: muschlig, spröde | Kristallsystem: tetragonal |

Kristalle kurzsäulig, eingewachsen oder abgerollte Körner. Nichtedelstein-Zirkone gelegentlich radioaktiv. Vorkommen als Nebengemengteil in vielen Gesteinsarten, auf Seifenlagerstätten. Fundorte: Norwegen, Kambodscha, Myanmar, Thailand, Sri Lanka. Wichtigstes Zirkonium-Erz, Edelstein. Durch Brennen werden farblose oder blaue Steine [11] gewonnen.
**Hyazinth** (Hyacinth) Gelbrote bis rotbraune Zirkon-Varietät.
**Starlit** Blaue Zirkon-Varietät. Nr. 11 ist gebrannter Zirkon mit Starlit-Farbe.
**Jargon** Farblose bis blassgelbe Zirkon-Varietät.
**Zirkonia** [6] Synthetischer Edelstein, wird Zirkon und Diamant unterschoben.

**Granat** [8, 9] Siehe auch S. 80/81. Edelstein-Mineralien, die mit allen Farben außer blau vertreten sind.

1 Spinell, Mogok/Myanmar
2 Spinell, Sri Lanka
3 Synthetische Spinell-Triplette
4 Topasfarbener synthetischer Spinell
5 Topas, Minas Gerais/Brasilien
6 Zirkonia, eine Edelsteinsynthese
7 Zirkon, Sri Lanka
8 Granat-Varietät Pyrop, Böhmen
9 Granat-Varietät Almandin, Sri Lanka
10 Topas-Kristall, Thomas Mountains/Utah/USA
11 Zirkon gebrannt, Sri Lanka
12 Zirkon-Kristall, Brasilien
13 Topas-Kristall, Minas Gerais/Brasilien
14 Zirkon mit Biotit in Quarz, Norwegen
15 Spinell (Pleonast) in Calcit, Madagaskar
16 Topas auf Quarz, Schneckenstein/Sachsen

1
4
6
8
2
3
5
7
9

10
11
12
13
14
15
16

## Turmalin [2–6]

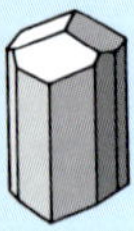

| | |
|---|---|
| Chemie: $(Na, Li, Ca)\ (Fe, Mg, Mn, Al)_3\ Al_6\ [(OH)_4 \vert (BO_3)_3 \vert Si_6O_{18}]$ | Bruch: muschlig, uneben, spröde |
| Mohshärte: 7–7 ½ | Farbe: farblos, alle Farben |
| Dichte: 3,02–3,26 | Strichfarbe: weiß |
| Spaltbarkeit: undeutlich | Glanz: Glasglanz |
| | Transparenz: durchsichtig bis undurchsichtig |

Kristalle (trigonales System) ein- und aufgewachsen, langgestreckt, vertikale Streifung, dreieckiger Querschnitt. Derbe, stänglige Aggregate. Vorkommen in sauren Magmatiten und deren Pegmatiten, in Kalkgestein und Schiefer, auf Seifenlagerstätten. Fundorte: Sri Lanka, Madagaskar, Brasilien, Mosambik.

Turmalin umfasst eine Gruppe von Mischkristallen:
**Elbait** Lithium-Turmalin
**Dravit** Magnesium-Turmalin
**Schörl** Eisen-Turmalin
**Buergerit** Eisen-Turmalin
**Tsilaisit** Mangan-Turmalin
**Uvit** Magnesium-Turmalin

Turmalin ist verbreiteter Schmuckstein. Farbvarietäten tragen eigene Namen:
**Achroit** Farblos oder nahezu farblos
**Dravit** Gelbbraun bis dunkelbraun
**Indigolith** Blau in allen Tönungen
**Rubellit** Rosa bis rot
**Schörl** Schwarz
**Verdelith** Grün in allen Tönungen

## Spodumen [7, 8]

| | |
|---|---|
| Chemie: $LiAl\ [Si_2O_6]$ | Farbe: grauweiß, farblos, grün, violett |
| Mohshärte: 6 ½–7 | Strichfarbe: weiß |
| Dichte: 3,16–3,20 | Glanz: Glas-, Perlmuttglanz |
| Spaltbarkeit: vollkommen | Transparenz: durchsichtig bis durchscheinend |
| Bruch: uneben, spröde | Kristallsystem: monoklin |

Kristalle prismatisch, taflig. Aggregate spätig, breitstänglig. Vorkommen in Granitpegmatiten. Fundorte: Schottland, Schweden, Madagaskar, Brasilien, Myanmar. Wichtiger Lithium-Rohstoff. Schönfarbige Varietäten Schmuckstein.
**Hiddenit** [7] Gelbgrüne bis grüne Spodumen-Varietät. Schmuckstein.
**Kunzit** [8] Rosarote bis violette Spodumen-Varietät. Schmuckstein.

## Jadeit [1, 9, 10]

| | |
|---|---|
| Chemie: $NaAl\ [Si_2O_6]$ | Farbe: grün, auch andere Farben |
| Mohshärte: 6 ½–7 | Strichfarbe: weiß |
| Dichte: 3,30–3,36 | Glanz: Glasglanz |
| Spaltbarkeit: gut | Transparenz: durchscheinend bis undurchsichtig |
| Bruch: uneben, splittrig, sehr zäh | Kristallsystem: monoklin |

Kristalle äußerst selten, kurzprismatisch. Gewöhnlich verfilzte, fasrige Aggregate. Vorkommen in kristallinen Schiefern und als Geröll. Fundorte: Myanmar, Yünan/China, Japan. Für kunstgewerbliche Gegenstände verwendet.
**Chloromelanit** [9] Grün bis schwarz gefleckte Jadeit-Varietät.
**Jade** Oberbegriff für die ähnlichen Mineralien Jadeit und Nephrit (S. 86).

1 Dunkel- und hellgrüner Jadeit, Taiwan
2 Grüner Turmalin, Brasilien
3 Grüner und roter Turmalin, Madagaskar
4 Turmalin-Kristalle, Brasilien
5 Turmalin, Kristallquerschnitt, Mosambik
6 Rubellit-Turmalin, Kalifornien/USA
7 Hiddenit, Minas Gerais/Brasilien
8 Kunzit, Brasilien
9 Chloromelanit, Myanmar
10 Jadeit, China

1
2
3
4
5
6
7
8
9
10

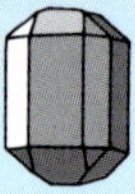

**Peridot** [1–3] Chrysolith

Als Peridot oder Chrysolith wird im Handel die Schmuckstein-Varietät von Olivin verstanden. In der Mineralogie sind die beiden Namen Synonym zu Olivin. Mineralogische Daten S. 52 bei Olivin.

Die Farbe des Peridots ist gelbgrün, olivgrün oder grünlichbraun. Vorkommen in basischen Magmatiten, in Serpentingestein und sekundär in Sanden. Fundorte: Vulkaninsel Zebirget (St. John)/Rotes Meer, Mogok/Myanmar, Queensland/Australien, Brasilien, Arizona/USA, Südafrika.

**Thulit** [4]

Dichte, rote Schmuckstein-Varietät des Zoisits. Mineralogische Daten S. 82 bei Zoisit. Vorkommen in Metamorphitgestein. Fundorte: Mittel- und Südnorwegen, Namibia, Westaustralien, Nord-Carolina/USA.

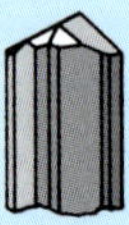

**Tansanit** [5, 6]

Blaue, durchsichtige Schmuckstein-Varietät des Zoisits. Mineralogische Daten S. 82 bei Zoisit. Die Farbe ist bei guten Qualitäten ultramarinblau bis saphirblau, bei künstlicher Beleuchtung mehr amethystviolett. Durch Erhitzen auf 400–500 °C wird das Blau vertieft. Vorkommen in Gängen und Kluftausfüllungen von Gneisen. Einziger Fundort im nördlichen Tansania bei Arusha.

Tansanit wurde erst 1967 entdeckt und von der Juwelierfirma Tiffany in New York nach dem Fundland benannt.

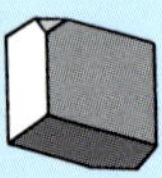

**Mondstein** [7]

Durchsichtige bis durchscheinende Adular-Schmucksteinvarietät mit gelblichbraunem oder bläulichweißem Schimmer. Mineralogische Daten S. 40 bei Orthoklas. Vorkommen in Pegmatiten. Fundorte: Sri Lanka, Indien, Madagaskar, Myanmar, Australien, USA, Brasilien. Mondstein ist also kein Stein vom Mond. Der Name erinnert vielmehr an den Mondschein.

Auch von einigen anderen Feldspäten sind ähnlich aussehende Mondsteine bekannt, u. a. von Mikroklin, Albit und Labradorit.

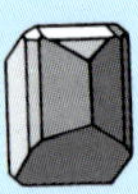

**Amazonit** [8, 9]

Grüne bis bläulichgrüne, undurchsichtige Schmucksteinvarietät von Mikroklin. Der Farbton ist gewöhnlich nicht einheitlich. Mineralogische Daten S. 40 bei Mikroklin. Vorkommen in Granitgestein, Granitpegmatit. Fundorte: Colorado/USA, Ilmengebirge/Ural, Madagaskar, Namibia, Indien, Brasilien.

**Sonnenstein** [10] Aventurin-Feldspat, Aventurin, Avanturin

Orange bis rotbraune Schmucksteinvarietät von Oligoklas. Mineralogische Daten S. 42 bei Plagioklas. Das typisch metallische Glitzern ist auf Interferenzerscheinungen des Lichtes in Hämatit- oder Goethit-Einlagerungen zurückzuführen. Vorkommen in sauren Magmatiten und Gneisen. Fundorte: Südnorwegen, USA, Kanada, Indien, Sibirien/Russland.

Nicht mit Aventurin-Quarz [Nr. 1 und 4, S. 177] verwechseln, der in der Kurzform wie Sonnenstein Aventurin genannt wird.

---

1 Peridote getrommelt, Südafrika
2 Peridote geschliffen, Myanmar
3 Peridote abgerollt, Arizona/USA
4 Thulit-Kugeln, Namibia
5 Tansanit geschliffen, Arusha/Tansania
6 Tansanit-Rohsteine, Arusha/Tansania
7 Mondsteine poliert, Indien
8 Amazonit angeschliffen, Namibia
9 Amazonit geschliffen, Norwegen
10 Sonnenstein poliert, Norwegen

1
2
3
4
5
6
7
8
9
10

## Rhodonit [1]

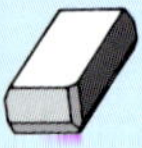

| | |
|---|---|
| Chemie: $(Ca, Mn, Fe)_5 [Si_5O_{15}]$ | Farbe: rosa, rot, schwarze Flecken und Adern |
| Mohshärte: 5 ½–6 ½ | Strichfarbe: weiß |
| Dichte: 3,40–3,73 | Glanz: Glas-, Perlmuttglanz |
| Spaltbarkeit: vollkommen | Transparenz: durchsichtig bis undurchsichtig |
| Bruch: muschlig, uneben, spröde | Kristallsystem: triklin |

Kristalle taflig, prismatisch, selten. Grobspätige, dichte Aggregate. Vorkommen in Schiefern, auf Mangan-Lagerstätten. Fundorte: Frankreich, Ural/Russland, Indien, Madagaskar. Verwendung im Kunstgewerbe; gelegentlich Mangan-Erz.

## Lapislazuli [2] Lasurit, Lasurstein, Lapis

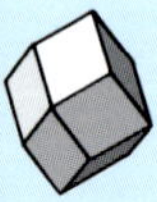

| | |
|---|---|
| Chemie: $Na_6Ca_2[(S, SO_4, Cl_2)_2 \mid Al_6Si_6O_{24}]$ | Farbe: lasurblau, violett, grünlichblau |
| Mohshärte: 5–6 | Strichfarbe: hellblau |
| Dichte: 2,38–2,42 | Glanz: Glas-, Fettglanz |
| Spaltbarkeit: undeutlich | Transparenz: undurchsichtig |
| Bruch: muschlig, spröde | Kristallsystem: kubisch |

Kristalle eingewachsen, sehr selten. Gewöhnlich feinkörnige, dichte Massen. Häufig von Calcit durchädert, Pyriteinsprenglinge. Vorkommen in Kalkgestein. Fundorte: Afghanistan, Russland, Chile, Kalifornien/USA. Verwendung als Schmuck und für kunstgewerbliche Gegenstände.
Da Lapislazuli stets mehrere Mineralien (z. B. Calcit, Diopsid, Glimmer, Hauyn, Pyrit, Sodalith) enthält, wird er von einigen Fachleuten zu den Gesteinen gezählt, wobei Lasurit dann als Hauptgemengteil verstanden wird.

## Türkis [3] Kallait

| | |
|---|---|
| Chemie: $Cu(Al, Fe)_6[(OH)_4 \mid (PO_4)_2]_2 \cdot 4\,H_2O$ | Farbe: himmelblau, blaugrün |
| Mohshärte: 5–6 | Strichfarbe: weiß |
| Dichte: 2,6–2,8 | Glanz: Wachs-, Glasglanz |
| Spaltbarkeit: vollkommen | Transparenz: undurchsichtig |
| Bruch: muschlig, uneben, spröde | Kristallsystem: triklin |

Kristalle prismatisch, sehr selten. Feinkörnige Massen, traubig, als Überzug. Vorkommen auf Klüften von Trachyt und Sandstein. Fundorte: Iran, Samarkand/Usbekistan, Sinai/Ägypten, SW-Staaten der USA, Cornwall/England.
**Zahntürkis** (Odontolith) Durch Vivianit türkisblau gefärbtes fossiles Elfenbein.

## Malachit [4]

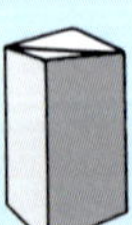

| | |
|---|---|
| Chemie: $Cu_2[(OH)_2 \mid CO_3]$ | Farbe: hellgrün, schwarzgrün |
| Mohshärte: 3 ½–4 | Strichfarbe: hellgrün |
| Dichte: 3,75–3,95 | Glanz: Glas-, Seidenglanz, matt |
| Spaltbarkeit: vollkommen | Transparenz: durchscheinend bis undurchsichtig |
| Bruch: muschlig, spröde | Kristallsystem: monoklin |

Kristalle nadlig, selten. Aggregate derb, nierig, glaskopfig, gebändert, radialstrahlig. Vorkommen in der Oxidationszone von Kupfer-Lagerstätten. Fundorte: Ural/Russland, Dem. Republ. Kongo, Australien, Chile, Namibia, Arizona/USA. Verwendung als Schmuckstein, für Kunstgewerbe.

1 Rhodonit, Franklin/New Jersey/USA
2 Lapislazuli, Badakhschan/Afghanistan
3 Türkis, Neu-Mexiko/USA
4 Malachit geschliffen, Katanga/D. R. Kongo

1
2
3
4

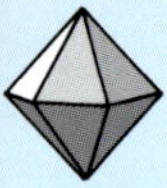

**Bergkristall** [5]
Farblose makrokristalline Varietät der Quarz-Gruppe. Mineralogische Daten S. 36. Obwohl Fundorte weltweit, ist schleifwürdiges Material selten. Für Modeschmuck und als Diamantimitation.

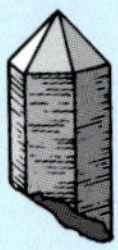

**Amethyst** [1, 11]
Violettfarbige makrokristalline Varietät der Quarz-Gruppe. Mineralogische Daten S. 36. Kräftigste Farbtöne in den Kristallspitzen. Farben können ausbleichen. Durch Brennen entstehen gelbe, braune, grüne und farblose Töne. Fundorte: Brasilien, Uruguay, Indien, Madagaskar, Montana, Kalifornien/USA. Amethyst-Synthesen bekannt.

**Amethystquarz** [2]
Derbe Ausbildung der violetten Quarz-Varietät Amethyst. Häufig durch milchigen Quarz gebändert und gestreift. Mineralogische Daten S. 36. Fundorte: Brasilien, Uruguay, Madagaskar, Namibia, Ural/Russland.

**Citrin** (Zitrin) [3, 4, 12]
Gelbe bis bräunliche makrokristalline Varietät der Quarz-Gruppe. Mineralogische Daten S. 36. Natürliche Citrine sind blassgelb [4]. Die meisten der auf dem Markt angebotenen Citrine haben einen Stich ins Rötliche [3, 12]. Sie sind durch Brennen von Amethyst und Rauchquarz entstanden. Im Handel werden Citrine oftmals irreführend als Topas schlechthin oder als Bahia-, Gold-, Madeira-, Palmyra-, Rio-Grande-Topas bezeichnet. Das ist unzulässig. Naturfarbener Citrin ist selten. Fundorte: Bahia, Minas Gerais/Brasilien, Colorado/USA, Madagaskar, Ural/Russland, Spanien, Frankreich, Schottland.

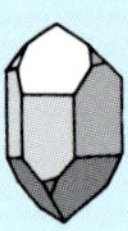

**Rauchquarz** [6, 7, 10]
Rauchfarbige makrokristalline Quarz-Varietät. Mineralogische Daten S. 36. Die Farbe schwankt von braun bis schwarz. Im Handel irreführend häufig als Rauchtopas angeboten. Bei Temperaturen von 300–400 °C kann Rauchquarz entfärbt werden. Fundorte. Schweiz, Brasilien, Colorado/USA, Madagaskar.
**Morion** Sehr dunkle bis schwarze, undurchsichtige Rauchquarz-Varietät.

**Rosenquarz** [8, 9]
Rosafarbene, meist trübe Quarz-Varietät. Gewöhnlich derb. Kristalle sehr selten. Mineralogische Daten S. 36. Farbe, gelegentlich mit einem Stich ins Violette, kann verblassen. Eingelagerte Rutilnädelchen können bei mugligem Schliff sechsstrahligen Stern verursachen. Fundorte: Bayerischer Wald, Pleystein/Oberpfalz, Minas Gerais/Brasilien, Madagaskar, Indien.

**Prasiolith**
Lauchgrüne Quarz-Varietät, deren Farbe durch Brennen von violettem Amethyst oder gelblichem Citrin entstanden ist. Nur wenige Quarze aus Minas Gerais/Brasilien und Arizona/USA sind für diesen Brennvorgang geeignet.

---

1 Amethyst, Indien
2 Amethystquarz, Madagaskar
3 Citrin gebrannt, Indien
4 Citrin natürlich, Indien
5 Bergkristall, Japan
6 Rauchquarz, Brasilien
7 Rauchquarz, Indien
8 Rosenquarz angeschliffen, Madagaskar
9 Rosenquarz, Minas Gerais/Brasilien
10 Rauchquarz, Graubünden/Schweiz
11 Amethyst, Rio Grande do Sul/Brasilien
12 Citrin gebrannt, Brasilien

1
3
6
5
2
4
7
8
9
10
12
11

**Aventurin** (Avanturin) [1, 4] Aventurin-Quarz
Derbe Quarz-Varietät mit metallischem Schiller. Mineralogische Daten S. 36. Eingelagerter Fuchsit-Glimmer verleiht dem Stein eine mittel- bis dunkelgrüne Farbe, Hämatitblättchen rote oder braune Farbtöne. Fundorte: Indien, Brasilien, Ural, Sibirien/Russland, Tansania.
Nicht mit dem Sonnenstein [Nr. 10, S. 171] verwechseln, der in einer synonymen Kurzform wie Aventurin-Quarz auch Aventurin genannt wird.

**Prasem** [6] Smaragdquarz
Lauchgrüne, derbe Quarz-Varietät. Mineralogische Daten S. 36. Die Farbe wird durch Aktinolith-Einlagerungen verursacht. Fundorte: Erzgebirge/Sachsen, Salzburg/Österreich, Finnland, Schottland, Nord-Carolina/USA, Westaustralien. Gelegentlich wird auch lauchgrüner Jaspis Prasem genannt.

**Blauquarz** Saphirquarz
Gewöhnlich trübblau-farbige, derbe Quarz-Varietät, vereinzelt auch klar durchsichtig bis durchscheinend. Mineralogische Daten S. 36. Die Farbe rührt von eingelagerten Krokydolith- oder Rutilfasern her. Fundorte: Salzburg/Österreich, Skandinavien, Brasilien, Südafrika, Virginia/USA.

**Quarz-Katzenauge** Katzenaugen-Quarz
Derbes Quarz-Aggregat von weißer, grauer, grünlicher oder bräunlicher Farbe mit Katzenaugeneffekt. Dieser bei mugligem Schliff deutlich hervortretende Lichtschein wird durch eingelagerte, parallel angeordnete, feinstfasrige Amphibol-Asbeste (S. 86) verursacht. Mineralogische Daten S. 36. Bruch unregelmäßig. Fundorte: Sri Lanka, außerdem Indien, Brasilien.
Die Kurzform Katzenauge darf für Quarz-Katzenauge nicht verwendet werden, denn sie meint stets nur das Katzenauge des Chrysoberylls (S. 164).

**Falkenauge** [3]
Feinfasriges, undurchsichtiges Quarz-Aggregat mit Einlagerungen von Krokydolith, blaugrau bis blaugrün mit flächenhaftem Schiller, bei mugligem Schliff mit Katzenaugeneffekt. Das Gefüge entspricht einer Teilpseudomorphose von Quarz nach Krokydolith. Mineralogische Daten S. 36. Bruch fasrig, seidenglänzend. Fundorte: Griqualand/Oranje/Südafrika, Westaustralien, Myanmar, Indien, Kalifornien/USA.

**Tigerauge** [2, 5]
Feinfasriges, undurchsichtiges Quarz-Aggregat, eine Pseudomorphose von Quarz nach Krokydolith. Entstanden aus Falkenauge durch Verkieselung des Krokydoliths unter Beibehaltung des stängligen Gefüges. Mineralogische Daten S. 36. Bruch fasrig, seidenglänzend. Die goldgelbe Farbe wird durch eingelagerten Limonit bewirkt. Flächenschiller, bei mugligem Schliff Katzenaugeneffekt. Vorkommen zusammen mit Falkenauge als plattenartige Kluftfüllung von nur wenigen Zentimetern Stärke. Dabei liegen die Fasern des Tigerauges senkrecht zu den Kluftflächen. Fundorte: Griqualand/Oranje/Südafrika, Westaustralien, Myanmar, Indien, Kalifornien/USA.

1 Aventurin poliert, Südafrika
2 Tigerauge poliert, Griqualand/Oranje/Südafrika
3 Falkenauge, Oranje/Südafrika
4 Aventurin anpoliert, Warmbrunn/Schlesien/Polen
5 Tigerauge, Oranje/Südafrika
6 Prasem geschliffen, Norseman/Westaustralien

1
2
3
4
5
6

## Chalcedon (Chalzedon) [1, 2] Chalcedon im engeren Sinn

Bläuliche mikrokristalline Varietät der Quarz-Gruppe. Mineralogische Daten S. 38. Der natürliche Chalcedon hat keine Bänderung [1]. Im Handel werden auch parallel gestreifte, künstlich blau gefärbte Achate [2] als Chalcedon angeboten. Fundorte: Namibia, Brasilien, Uruguay, Indien, Madagaskar.

## Achat [3]

Verschiedenfarbige mikrokristalline Varietät der Quarz-Gruppe, ein Chalcedon. Mineralogische Daten S. 38. In dünnen Scheiben gewöhnlich durchscheinend, sonst undurchsichtig. Vorkommen als kuglige oder mandelförmige Einlagerung in basischen Vulkanitgesteinen. Die streifige Zeichnung entsteht durch rhythmische Kristallisation. Unter dem Einfluss der Verwitterung bildet sich in der Außenschicht und den obersten Achatlagen eine weiße Kruste. Im Innern der Achatmandeln häufig gut entwickelte Kristalle (z.B. Bergkristall, Amethyst, Rauchquarz, Calcit, Hämatit, Siderit).
Fundorte: Brasilien, Uruguay, China, Indien, Madagaskar, Mexiko, USA.
Viele Achate sind von Natur aus unscheinbar grau und haben nur eine schwache Zeichnung. Erst durch Färben erhalten sie ihr buntes Aussehen und die lebhaften Strukturen. Je nach Porosität, Wassergehalt und Kristallzustand ist die Färbbarkeit der einzelnen Lagen verschieden.
Verwendung des Achats sehr vielseitig: kunstgewerbliche Gegenstände, Ringsteine, Broschen, Anhänger, als mehrschichtiger Lagenstein für Gemmen und Kameen, wegen Zähigkeit und der chemischen Resistenz auch umfassender Einsatz in der Technik. Je nach Farbe und Zeichnung gibt es zahlreiche Varietäten-Namen.

**Bandachat** Bänderzeichnung parallel zur Außenwand.
**Enhydros** (Wasserstein) Achatmandel mit Wasser, das durch die Wände scheint, gefüllt. Trocknet an der Luft bald aus.
**Festungsachat** Zeichnung wie Bastionen alter Festungsanlagen.
**Röhrenachat** Von schlauchartigen Zufuhrkanälen durchsetzter Achat.
**Sardstein** Achat mit geradlinigen Innenbändern.
**Trümmerachat** Zerbrochener, auf natürlichem Wege wieder verkitteter Achat.

## Chrysopras [5]

Grüne mikrokristalline Varietät der Quarz-Gruppe, ein Chalcedon. Mineralogische Daten S. 38. Größere Rohstücke oft rissig und farblich ungleichmäßig. Farbe kann verblassen. Durch feuchte Lagerung Farbauffrischung möglich. Fundorte: Queensland/Australien, Goyaz/Brasilien, Kalifornien/USA, Südafrika, Indien, Madagaskar.

## Jaspis [4]

Mikrokristalline Quarz-Varietät, ein Chalcedon. Mineralogische Daten S. 38. Fremdbeimengung bis 20 %. Diese Fremdstoffe bestimmen auch Farbton, Strichfarbe (ockergelb, braun bis rot, sonst weiß) und Zeichnung. Einfarbige Jaspise selten, meist verschiedenfarbig, gestreift, fleckig oder geflammt.
Viele Handelsnamen: z.B. Basanit (schwarz), Plasma (grün), Silex (braun/rot). Fundorte: Baden, St. Egidien/Sachsen, Dauphiné/Frankreich, Indien, Ural/Russland, USA. Verwendung für kunstgewerbliche Gegenstände.

1 Chalcedon, Namibia
2 Chalcedon, Streifen-Jaspis genannt, tatsächlich gefärbter Achat, Brasilien
3 Achat, Idar-Oberstein/Pfalz
4 Jaspis, Idar-Oberstein/Pfalz
5 Chrysopras, Kalifornien/USA

1
2
3
4
5

**Karneol** [1, 2]
Rote bis braunrote mikrokristalline Quarz-Varietät, ein Chalcedon. Mineralogische Daten S. 38. Die meisten der angebotenen Karneole sind gefärbte Achate mit streifigem Gefüge [2], echte Karneole zeigen im Durchlicht wolkige Farbverteilung [1]. Fundorte: Indien, Brasilien, Uruguay.

**Sarder** [3]
Rotbraune Karneol-Varietät. Ohne scharfe Abgrenzung zum eigentlichen Karneol. Viele der angebotenen Sarder sind gefärbt.

**Heliotrop** [4] Blutjaspis
Undurchsichtige, dunkelgrüne Quarz-Varietät mit roten, punktartigen Einschlüssen, ein Chalcedon. Mineralogische Daten S. 38. Farbe nicht immer lichtbeständig. Fundorte: Indien, Australien, Brasilien, China, USA.

**Dendritenachat** [7] Baumstein, Mokkastein
Farbloser bis weißlichgrauer, durchscheinender Chalcedon mit baum- oder farnartiger Zeichnung, den Dendriten. Das sind braune bis schwarze Eisen-Mangan-Ausscheidungen auf feinsten Spaltenflächen. Mineralogische Daten S. 38. Fundorte: Rio Grande do Sul/Brasilien, Indien, USA.

**Onyx**
In der Edelsteinkunde versteht man unter Onyx einen schwarzen Chalcedon wie auch die achatische Doppellage von schwarzer Grundschicht und weißer Oberschicht. Bei Sard-Onyx ist die Grundschicht braun, bei Karneol-Onyx rot.
Im Handel wird Onyx auch als Kurzform von Onyx-Marmor verwendet, zart gefärbtem, durchscheinendem Kalkgestein, insbesondere Sintergestein (S. 286).

**Opal**
Opal gehört zur Quarz-Gruppe. Drei Varietäten: der Gemeine Opal, der opalisierende Edelopal, der orangerote Feueropal. Mineralogische Daten S. 38.

**Edelopal** [8, 9]
Das Kennzeichen der Edelopale ist das Opalisieren, ein regenbogenartiger Schiller, der sich je nach Blickwinkel verändert. Ursache sind Reflexions- und Interferenzerscheinungen kleinster, in eine Kieselgelmasse eingelagerter Kugeln des Minerals Cristobalit. Durch Verringerung des Wassergehalts wird das Opalisieren beeinträchtigt und der Stein rissig. Beim Lagern in feuchter Watte kann das Altern verzögert und das Farbenspiel erhöht werden. Fundorte: Australien, Brasilien, Guatemala, Honduras, Nevada/USA. Seit 1970 Edelopal-Synthesen.
**Weißer Opal** [9] Edelopal mit heller oder weißer Grundfarbe.
**Schwarzer Opal** [8] Edelopal mit dunkler Grundfarbe.

**Feueropal** [5, 6]
Benannt nach der feuerroten, orangenen Farbe. Zeigt kein Opalisieren, ist gewöhnlich milchig-trüb, nur selten klar durchsichtig. Fundorte: Hidalgo und Queretaro/Mexiko, Brasilien, Guatemala, Honduras, USA, Westaustralien.

---

1 Karneol geschliffen, Indien
2 Karneol gefärbt, Uruguay
3 Sarder geschliffen, Indien
4 Heliotrop geschliffen, Kathiavar/Indien
5 Feueropal geschliffen, Mexiko
6 Feueropal, Rohstein, Mexiko
7 Dendritenachat angeschliffen, Indien
8 Schwarzer Opal in Matrix, Cooper Pedy/Südaustralien
9 Weißer Opal, Queensland/Australien

1
2
3
4
5
6
7
8
9

## Variscit [1] Utahlith

| | |
|---|---|
| Chemie: $Al\,[PO_4] \cdot 2\,H_2O$ | Farbe: gelbgrün, bläulich, farblos |
| Mohshärte: 4–5 | Strichfarbe: weiß |
| Dichte: 2,52 | Glanz: Glas-, Wachsglanz |
| Spaltbarkeit: vollkommen | Transparenz: durchscheinend bis undurchsichtig |
| Bruch: muschlig, spröde | Kristallsystem: orthorhombisch |

Kristalle taflig oder kurzprismatisch, klein, selten. Radialstrahlige Knollen, Krusten. Fühlt sich fettig an. Vorkommen in Klüften und als Hohlraumausfüllung aluminiumreicher Gesteine. Fundorte: Plauen/Vogtland, Leoben/Steiermark, Utah, Arkansas/USA, Queensland/Australien.

## Chrysokoll [2] Kieselkupfer, Kieselmalachit

| | |
|---|---|
| Chemie: $(Cu, AL)_2H_2[(OH)_4\vert Si_2O_5] \cdot n\,H_2O$ | Farbe: grün, blau |
| Mohshärte: 2–4 | Strichfarbe: grünlichweiß |
| Dichte: 2,0–2,2 | Glanz: Glas-, Fettglanz |
| Spaltbarkeit: keine | Transparenz: durchscheinend bis undurchsichtig |
| Bruch: muschlig, spröde | Kristallsystem: keine Kristalle, amorph |

Gelartige Aggregate, traubig, stalaktitisch. Vorkommen in der Oxidationszone von Kupfer-Lagerstätten. Fundorte: Kalifornien, Idaho/USA, Mexiko, Chile, Dem. Republ. Kongo. Lokal wichtiges Kupfer-Erz. Gelegentlich Schmuckstein.

**Eilatstein** Gemenge von Chrysokoll, Türkis und Malachit, Schmuckstein.

## Azurit [3] Kupferlasur

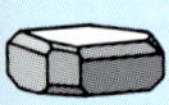

| | |
|---|---|
| Chemie: $Cu_3[OH\vert CO_3]_2$ | Farbe: tiefblau |
| Mohshärte: 3½–4 | Strichfarbe: hellblau |
| Dichte: 3,7–3,9 | Glanz: Glasglanz |
| Spaltbarkeit: gut | Transparenz: durchsichtig bis undurchsichtig |
| Bruch: muschlig, uneben, spröde | Kristallsystem: monoklin |

Kristalle ein- und aufgewachsen, säulig, dicktaflig, flächenreich. Aggregate strahlig, nierig, auch erdig. Vorkommen in der Oxidationszone von Kupfer-Lagerstätten. Fundorte: Lyon/Frankreich, Tsumeb/Namibia, Swerdlowsk/Ural, Katanga/D. R. Kongo, Arizona/USA. Gelegentlich Schmuckstein.

**Azur-Malachit** Verwachsung von Azurit mit Malachit, Schmuckstein.

## Dioptas [4] Kupfersmaragd, Kieselkupfersmaragd

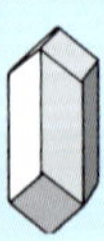

| | |
|---|---|
| Chemie: $Cu_6\,[Si_6O_{18}] \cdot 6\,H_2O$ | Farbe: smaragdgrün |
| Mohshärte: 5 | Strichfarbe: grün |
| Dichte: 3,28–3,35 | Glanz: Glasglanz |
| Spaltbarkeit: vollkommen | Transparenz: durchsichtig bis durchscheinend |
| Bruch: muschlig, uneben, spröde | Kristallsystem: trigonal |

Kristalle kurzprismatisch, gedrungen, in Drusen aufgewachsen, auch als Krusten. Vorkommen in der Oxidationszone von Kupfer-Lagerstätten, auf Calcit- und Dolomitspatgängen. Fundorte: Namibia, Katanga/D. R. Kongo, Kasachstan, Chile, Arizona/USA. Gelegentlich Schmuckstein.

1 Variscit, High Run Mine/Westaustralien
2 Chrysokoll, Zacatecas/Mexiko
3 Azurit auf Malachit, Arizona/USA
4 Dioptas, Tsumeb/Namibia

1
2
3
4

## Koralle [4, 5, 7, 8]

| | |
|---|---|
| Chemie: $CaCO_3$ | Farbe: weiß, rosa, rot |
| Mohshärte: 3–4 | Strichfarbe: weiß |
| Dichte: 2,6–2,7 | Glanz: matt, Glas-, Wachsglanz |
| Spaltbarkeit: keine | Transparenz: undurchsichtig |
| Bruch: uneben, splittrig | Kristallsystem: trigonal |

Korallen sind die Stützgerüste kleiner Polypen. Diese scheiden durch ihre Fußscheiben Kalksubstanz aus und bauen dadurch Riffe, Atolle und Korallenbänke mit vielfach verzweigten Stöcken [7, 8] gewöhnlich bis in eine Meerestiefe von 300 m auf. Nur diese Stöcke werden für die Edelsteinverarbeitung genützt. Im Rohzustand sind Korallenstücke matt oder wachsglänzend, poliert glasglänzend. Fundorte: Küsten der westlichen Mittelmeerländer, Golf von Biscaya, Kanarische Inseln, Malayischer Archipel, Midway-Inseln, Japan.
Schwarze und dunkelblaue Korallen bestehen aus organischer Hornsubstanz, ihre Dichte liegt bei 1,34–1,46. Fundorte: Malaiischer Archipel, Rotes Meer. In der Edelsteinverarbeitung unbedeutend.

## Bernstein [6] Succinit

| | |
|---|---|
| Chemie: etwa $C_{10}H_{16}O$ | Farbe: gelb bis braun, auch andere Farben |
| Mohshärte: 2–2½ | Strichfarbe: weiß |
| Dichte: meist 1,05–1,09, max 1,30 | Glanz: Fett-, Harzglanz |
| Spaltbarkeit: keine | Transparenz: durchsichtig bis undurchsichtig |
| Bruch: muschlig, spröde | Kristallsystem: amorph |

Bernstein ist fossiles Harz von Nadelbäumen. Knollenförmig, homogenes Gefüge oder schaliger Bau. Wegen zahlreicher Bläschen und kleinerer Risse gewöhnlich trüb. Gelegentlich Einschlüsse von Insekten und Pflanzenteilen. Vorkommen in Tongestein oder als Strandablagerung. Fundorte: Ostpreußen/Russland, daneben übrige Ostseeländer, Rumänien, Sibirien, Myanmar, Kanada.
**Ambroid** Aus kleinen Stücken erstellter Pressbernstein.

## Perlen [1–3]

| | |
|---|---|
| Chemie: $CaCO_3 + C_{32}H_{48}N_2O_{11} + H_2O$ | Farbe: weiß, beige, silbrig, alle Farben |
| Mohshärte: 3–4 | Strichfarbe: weiß |
| Dichte: 2,60–2,78 | Glanz: Perlmuttglanz |
| Spaltbarkeit: keine | Transparenz: durchscheinend bis undurchsichtig |
| Bruch: uneben | Kristallsystem: orthorhombisch/trigonal |

Perlen sind das Erzeugnis von Muscheln, seltener von Schnecken; bis Taubeneigröße. Sie bestehen aus Perlmutt, das ist kohlensaurer Kalk (in der Modifikation des Aragonits) und organischer Hornsubstanz (Conchyn). Fundorte: Persischer Golf, Südküste Indiens, Küsten Mittelamerikas und Nordaustraliens.
Seit dem zweiten Jahrzehnt des letzten Jahrhunderts werden Zuchtperlen (Kulturperlen) farmmäßig in Meeresbuchten und in Süßwasserseen gewonnen. Heute machen Zuchtperlen über 90 % des gesamten Perlenhandels aus. Produktionsländer: Japan, China, Nord- und Westaustralien, mehrere Staaten Südostasiens.

---

1 Cremefarbige Zuchtperlen, Japan
2 Silberfarbige Zuchtperle, Japan
3 Barocke (unregelmäßige) Zuchtperle
4 Rosafarbene Koralle poliert, Malaysia
5 Rote Koralle poliert, Taiwan
6 Bernstein, Palmnicken/Ostpreußen/Russland
7 Weißer Korallenstock, Süditalien
8 Roter Korallenstock, Sizilien

1
2
3
4
5

6
7
8

# Gesteine

# Einführung in die Gesteinskunde

## Die Gesteine im Leben des Menschen

Seit Beginn menschlicher Kulturen ist der Stein über viele Jahrtausende neben Holz und Knochen das wichtigste Material für Gerät und Waffen. Metalle bleiben noch lange unbekannt. Schon frühzeitig werden Gesteine bewusst gesucht und gezielt eingesetzt. Zeugnisse belegen einen Bergbau auf Feuerstein vor 50000 Jahren. Die Kulturgeschichte vieler Völker ist aufs Engste mit den vorhandenen, die Landschaft prägenden Gesteinen ihres Lebensraumes verbunden. In felsiger Landschaft ist die kulturelle Entwicklung eine andere als in den Schwemmlandebenen der großen Ströme. Schon bald hat der Mensch die unterschiedliche Verwendungsmöglichkeit der Gesteine für Bau, Skulptur und Ornamentik zu beurteilen gelernt.
In der Architektur vieler Städte und Dörfer lässt sich die Abhängigkeit der Baustoffe vom Untergrund oder von der umgebenden Landschaft deutlich erkennen. In Norddeutschland, wo Fels nur selten bis zur Oberfläche durchstößt, herrscht in den Ortschaften Ziegelbauweise vor; die Innenstadt von Bern hat den grünlichgelben Farbton vom Sandstein der Umgebung; die Gebäude im Vorland alter und junger Vulkane sind aus dunklem Lavagestein errichtet.
Trotz Stahl und Beton hat der Naturstein auch in der Gegenwart seine Bedeutung. Wegen des bewussteren Einsatzes und der leichteren Transportmöglichkeit gegenüber früher wird er als dekoratives Element bei der Gestaltung von Fassaden, Treppenhäusern und repräsentativen Hallen sogar über Kontinente hinweg verfrachtet.

## Die Namen der Gesteine

Viel verwirrender als bei den Mineralien, Edelsteinen und Erzen ist die Bezeichnung der Gesteine. Manche erhielten ihren Namen nach äußerlichen Erscheinungen, andere nach Orten oder Landschaften, wieder andere gemäß dem Mineralbestand. Eine Flut von recht eigenartigen, unverständlichen, auch falschen und irreführenden Handelsbezeichnungen erschwert den Überblick zusätzlich. Es gibt keine allgemein verbindliche Nomenklatur der Gesteine insgesamt. Die Bemühungen, hier ein gültiges, international anerkanntes System zu entwickeln, sind seit Jahren im Gange und zeigen erste Ergebnisse. 1972 wurden die Gesteine aus der Gruppe der Plutonite und 1976 die der Vulkanite von der International Union of Geological Sciences (IUGS/Subcommission) mit Hilfe des sog. »Streckeisen-Diagramms« klassifiziert, definiert und ihre Namen festgelegt.
Wohl existieren in der praktischen Anwendung auch für viele andere Gesteinsgruppen einheitliche Namen, ihre Abgrenzung gegenüber ähnlichen Gesteinen wird aber oft verschieden gehandhabt. Im Unterschied zu den Mineralien sind die einzelnen Gesteinsarten von Natur aus nicht gegeneinander abgesetzt. Es gibt vielmehr alle Übergänge zu den genetisch benachbarten Gesteinen. Erst der Mensch legt hier Maßstäbe an und gliedert eine Gesteinsmasse in einzelne Gesteinsarten.

Kalksteinbruch im Fränkischen Jura

## Begriffsbestimmungen

**Gestein** Natürliches Gemenge von mehreren Mineralarten, gelegentlich auch aus einer einzigen Mineralart bestehend. Bildet selbstständige geologische Körper von größerer Ausdehnung. In den geologischen Wissenschaften wird nur von Gestein gesprochen, nicht von Stein und Steinen.
**Urgestein** Falsche Sammelbezeichnungen für Plutonite und einige Metamorphite. Früher hielt man diese Gesteine für die ältesten Bildungen.
**Fels** Größere, an der Erdoberfläche anstehende, kompakte Gesteinsmasse. Außerdem Bezeichnung für einige nicht geschieferte Metamorphite (S. 318).
**Fest- und Lockergestein** Verfestigte Gesteinsmasse (z. B. Sandstein) bzw. lockere Gesteinsansammlung (z. B. Sand und Kies).
**Naturstein** Bezeichnung für natürlich auftretendes Gestein, das in der Bauwirtschaft technisch genutzt wird. Gegensatz dazu der künstlich gefertigte Baustein, der Kunststein, wie Ziegel oder Betonstein.
**Werkstein** Jeder in der Bauwirtschaft verwendete Naturstein, der vom Steinmetz handwerksgerecht bearbeitet wurde.
**Hart- und Weichgestein** Von Steinmetzen und Technikern der Bauwirtschaft verwendete Bezeichnungen. Die Abgrenzung ist nicht einheitlich. Hartgesteine haben Druckfestigkeitswerte etwa oberhalb 1800 kg/cm². Zu ihnen zählen Magmatite mit Ausnahme der Basaltlaven, dann Gneise, Amphibolite, Quarzite und Grauwacken. Bei Weichgesteinen liegt die Druckfestigkeit unter 800 kg/cm². Sandsteine, Kalksteine und Basaltlaven gehören hierher. Bei Druckfestigkeiten von 800–1800 kg/cm² spricht man von mittelharten Gesteinen.

## Klassifizierung der Gesteine

In der wissenschaftlichen Gesteinskunde erfolgt die Hauptklassifizierung der Gesteine nach dem genetischen Prinzip, d. h. nach der Art der Entstehung: Magmatite, Sedimentite und Metamorphite.

**Magmatite** Entstehen durch Erstarren von glühend flüssiger Gesteinsschmelze, dem Magma, in der Erdkruste oder an der Erdoberfläche (S. 190).

**Sedimentite** Entstehen an der Erdoberfläche aus den Verwitterungsprodukten anderer Gesteine (S. 260).

**Metamorphite** Entstehen durch Umwandlung anderer Gesteine in der Erdkruste infolge großer Drücke und hoher Temperaturen (S. 304).

| **Anteil der Gesteine am Aufbau der Erdkruste** (nach Ronov und Yaroshevsky, 1969; etwas verändert) | | **Anteil der Mineralien am Aufbau der Erdkruste** (nach Ronov und Yaroshevsky, 1969; etwas verändert) | |
|---|---|---|---|
| Magmatite | 65 Volumen-% | Plagioklasfeldspäte | 39 Volumen-% |
| Sedimentite | 8 | Alkalifeldspäte | 12 |
| Metamorphite | 27 | Quarz | 12 |
| davon: | | Pyroxene | 11 |
| Granite | 10 | Amphibole | 5 |
| Granodiorite, Diorite | 11 | Glimmer | 5 |
| Basalte | 43 | Olivin | 3 |
| | | Tonmineralien | 5 |
| | | Calcit | 1 |
| | | Andere | 7 |

## Kreislauf der Gesteine

Wie die Hauptgesteinsgruppen genetisch zueinander und zum Magma stehen, zeigt die folgende Darstellung, der sog. Kreislauf der Gesteine.

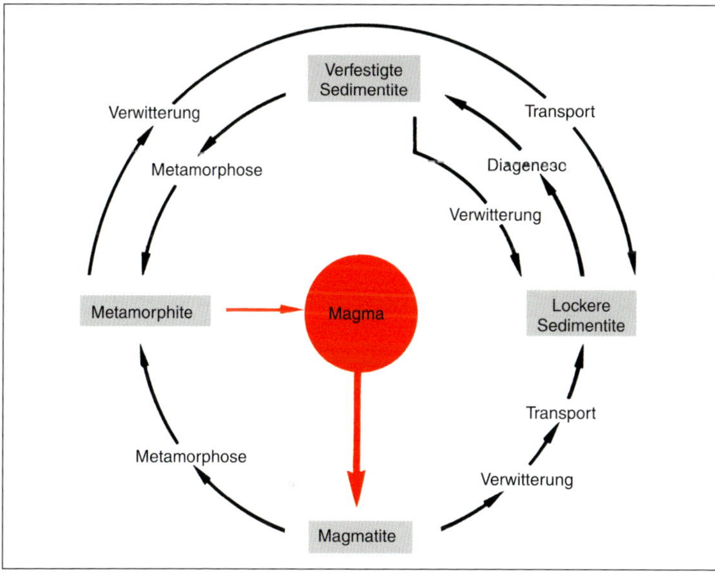


**Magma** Glühendflüssige Gesteinsschmelze, ursprünglich unterhalb der erstarrten Erdkruste. Von dort aufsteigend und in die feste Kruste eindringend oder sogar bis zur Erdoberfläche durchstoßend. Derart entstehen Plutonite und Vulkanite, zusammenfassend Magmatite genannt.

**Verwitterung** Aufbereitung, d. h. Zerkleinerung oder Lösung der Gesteine unter dem Einfluss der Wetterelemente. Je nach Art der wirkenden Kräfte unterscheiden wir physikalisch-mechanische, chemische und biologische Verwitterung. In der Natur überlappen sich die genannten Verwitterungsarten unterschiedlich intensiv.

**Transport** Im Allgemeinen mehr oder weniger horizontale Verfrachtung von aufbereitetem Gesteinsmaterial. Führt zur Bildung von Sedimentiten. Nur ganz vereinzelt und lokal sehr begrenzt bilden sich Sedimentite ohne vorausgegangenen Transport.

**Diagenese** Wenig intensive Veränderung, d. h. Umwandlung eines Gesteins, besonders zu stärkerer Festigkeit hin. Gewöhnlich auf Sedimentite bezogen, z. B. Umbildung von Lockersediment zu Festgestein.

**Metamorphose** Intensive Umwandlung eines Gesteins durch große Drücke und hohe Temperaturen unter Beibehalt der festen Struktur. Vollzieht sich stets unterhalb der Erdoberfläche. Führt zur Bildung von Metamorphiten.

**Aufschmelzung** Überführung eines festen Gesteins in den glühendflüssigen Schmelzzustand als Folge magmatischer Wirkung auf das Nebengestein, mehr oder weniger lokal begrenzt. Bei großflächigem Abtauchen von Erdkrustenpartien geht jeder Hinweis auf das ursprüngliche Gestein verloren. Das Material wird Teil des globalen Magmas.

# Magmatite

## Entstehung

Ausgangsmaterial für die Magmatite ist die zäh- und glutflüssige Schmelze des Erdinnern, das Magma. Dringt dieses Glutflussmaterial in die unteren Teile der Erdkruste ein, entstehen nach langsamer Abkühlung die Plutonite. Ergießt sich magmatisches Material unmittelbar auf die Erdoberfläche, bilden sich hier bei relativ schneller Abkühlung die Vulkanite. Zwischen diesen beiden Gruppen liegen als Übergangsglieder die Ganggesteine. Weil die Magmatite den Kreislauf der Gesteine (S. 189) einleiten, werden sie auch als Primärgestein bezeichnet.

## Synonyme

Synonym zu Magmatit werden die folgenden Begriffe verwendet: Magmatisches Gestein, Erstarrungsgestein, Schmelzflussgestein, Massengestein und Eruptivgestein. Die letztere Bezeichnung ist wenig glücklich, da vom Namen her nicht ganz richtig. Durch wirkliche Eruption entstehen nämlich nur die Vulkanite, die daher vielfach ebenso als Eruptivgestein angesprochen werden.

## Kieselsäuregehalt

Der Kieselsäuregehalt ($SiO_2$) der Magmatite bestimmt in hohem Maße deren Aussehen. Kieselsäurereiche Gesteine, saure Gesteine genannt, erscheinen hell, kieselsäurearme Gesteine, als basisch bezeichnet, wirken dunkel.

**Saure Gesteine** Magmatite mit einem Kieselsäuregehalt über 65 %.

**Intermediäre Gesteine** Magmatische Gesteine mit einem Kieselsäuregehalt von 52–65 %. Gelegentlich auch neutral genannt.

**Basische Gesteine** (Basite) Magmatische Gesteine mit Kieselsäuregehalt unter 52 %. Bei Werten unterhalb 45 % spricht man von ultrabasischen Gesteinen.

Lagerungsformen des aufsteigenden Magmas und der Magmatite

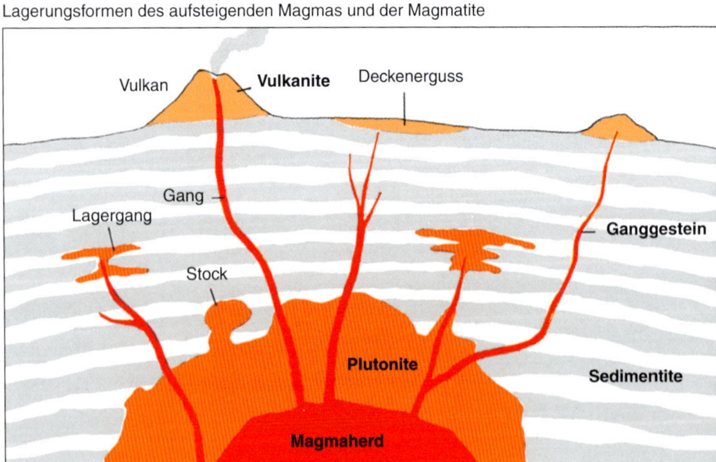

## Klassifikation und Nomenklatur der Magmatite

Erst seit 1972 bzw. 1976 gibt es in der Wissenschaft eine international vereinbarte Nomenklatur für die Magmatite (S. 187). Einige im Handel und beim Gewerbe bisher kaum geläufige Namen gewinnen jetzt an Bedeutung, während andererseits altbekannte Begriffe völlig verschwinden sollen.

Die neue Nomenklatur mit klarer Definition der Begriffe ist für die wissenschaftliche Gesteinskunde uneingeschränkt zu begrüßen. Für den Praktiker im Steingewerbe und für alle mineralogisch-petrografisch nicht Vorgebildeten bedeutet die neue Klassifizierung sicherlich keine Erleichterung bei der Verbindung von Theorie und Praxis. Den am Stein Arbeitenden und den für den Steineinsatz Verantwortlichen fehlen gewöhnlich die fachlichen Voraussetzungen, um das differenzierende Definitionsgefüge zu verstehen.

Daher wird in diesem Buch bei den folgenden Ausführungen versucht, die wissenschaftliche Nomenklatur durch Gruppenbildung bei den Gesteinen (Gesteinsfamilien genannt) zu vereinfachen und gleichzeitig eine Brücke von den neuen Begriffen zu den alten Gesteinsnamen zu schlagen. Diese Vereinfachung erfordert, wie jede Generalisierung, zahlreiche Kompromisse.

Grundlage für die neue Klassifizierung und Nomenklatur der Magmatite ist das sog. »Streckeisen-Diagramm« (nach A. Streckeisen), ein Doppeldreieck, aus dem die einzelnen Gesteinsarten nach dem Prozentsatz der Hauptgemengteile abgeleitet werden. Die Streckeisen-Klassifizierung unterscheidet bei den Plutoniten 16, bei den Vulkaniten 15 verschiedene, auch wieder unterteilte Gesteinsarten.

Zur Vereinfachung werden diese zahlreichen Gesteinsarten im vorliegenden Bestimmungsbuch in 5 Gesteinsfamilien zusammengefasst. Auf S. 192 und 193 dazu Grafik und Text.

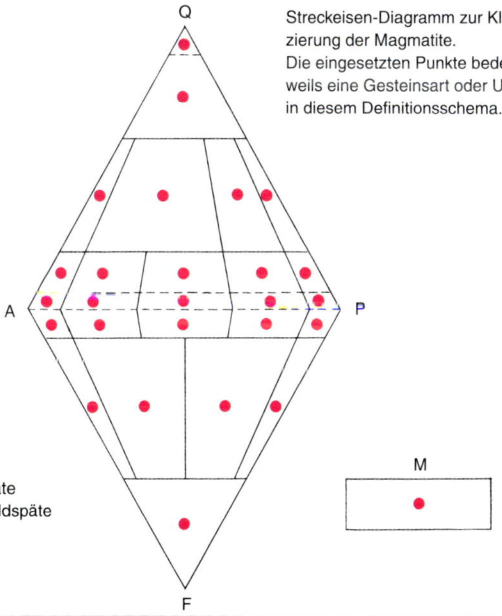


Streckeisen-Diagramm zur Klassifizierung der Magmatite.
Die eingesetzten Punkte bedeuten jeweils eine Gesteinsart oder Unterart in diesem Definitionsschema.

Q = Quarze
A = Alkalifeldspäte
P = Plagioklasfeldspäte
F = Foide
M = Mafite

**Magmatite** und deren Gesteinsfamilien

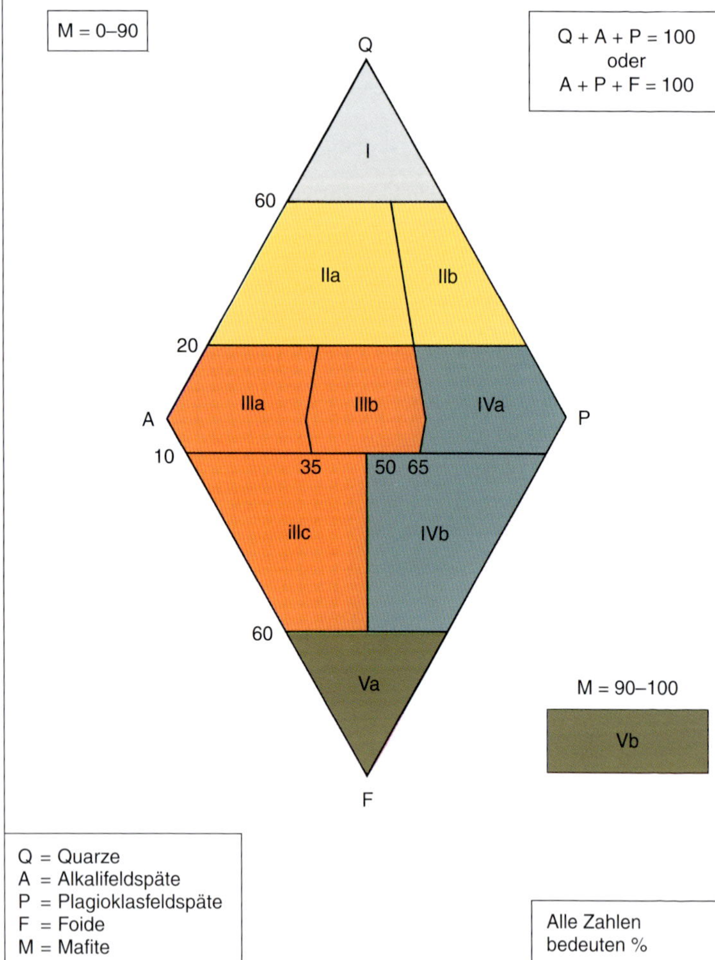


**Streckeisen-Diagramm** (vereinfacht und verändert)

**Hauptgemengteile des Streckeisen-Diagramms**

**Quarze** Quarz, Tridymit, Cristobalit (S. 36)

**Alkalifeldspäte** Orthoklas, Mikroklin, Perthit, Anorthoklas, einschließlich Albit mit $An_{0-5}$ (S. 40)

**Plagioklasfeldspäte** Albit-Anorthit, ausschließlich Albit mit $An_{0-5}$ (S. 40)

**Foide** Leucit, Analcim, Nephelin, Sodalith, Nosean u.a. (S. 42)

**Mafite** Bezeichnung für dunkel gefärbte Silikat-Mineralien mit Magnesium (Mg) und Eisen (Fe, daher der Name), z.B. Biotit, Augit, Hornblende, Olivin, Granat, Melilith. Im deutschen Schrifttum werden auch die aus dunklen Mineralien zusammengesetzten Gesteine gelegentlich als Mafite bezeichnet. Adjektiv: mafisch (auch femisch).

**Felsite** Bezeichnung für helle Mineralien, z.B. Quarz, Feldspäte, Foide. Name von Feldspat und Silikat abgeleitet, hat also mit dem festen Fels im Gebirge nichts zu tun. Im deutschen Schrifttum werden helle, aus Feldspat und/oder Quarz bestehende Gesteine manchmal als Felsite bezeichnet. Adjektiv: felsisch (auch sialisch oder salisch).

| | **Plutonite** | **Vulkanite** | **Hauptgemengteile** |
|---|---|---|---|
| I | Quarzolith-Familie | – | Quarze |
| II | Granit-Familie<br>a) Granit<br>b) Granodiorit | Rhyolith-Familie<br>a) Rhyolith<br>b) Dacit | Feldspäte + Quarze |
| III | Syenit-Familie<br>a) Syenit<br>b) Monzonit<br>c) Foyait | Trachyt-Familie<br>a) Trachyt<br>b) Latit<br>c) Phonolith | Feldspäte |
| IV | Diorit/Gabbro-Familie<br>a) Diorit und Gabbro<br>b) Essexit | Andesit/Basalt-Familie<br>a) Andesit und Basalt<br>b) Tephrit | Feldspäte + Foide |
| V | Peridotit-Familie<br>a) Foidolith<br>b) Mafitolith | Pikrit-Familie<br>a) Foidit<br>b) Mafitit | Foide |

## Ganggesteine (Übergangsmagmatite)

Bei der neuen Klassifikation gemäß dem Streckeisen-Diagramm werden Ganggesteine, bisher als Übergangsglied zwischen Plutoniten und Vulkaniten angesehen, nicht mehr als eigene Gruppe betrachtet. Sie sollen entweder den Plutoniten oder den Vulkaniten zugeordnet werden. Tatsächlich gibt es in jeder dieser beiden Hauptgruppen gangförmige Gesteinsbildungen.
In diesem vorliegenden Bestimmungsbuch werden die Ganggesteine weiterhin als eigene Gruppe behandelt (S. 256), ein Zugeständnis an den Bekanntheitsgrad des alten Gliederungsschemas in Praktikerkreisen. Auch in mehreren anderen Ländern bleiben die Ganggesteine ebenso als eigenständige Gruppe erhalten.

## Prinzip der Klassifizierung nach Streckeisen

Die Klassifizierung der Magmatite erfolgt für Plutonite und Vulkanite nach dem gleichen Schema.
Zunächst müssen die Volumen-Prozent-Anteile der Mineralien des unbekannten Gesteins bestimmt werden. Daraus ergibt sich eine erste Aussonderung. Das Gliederungsschema im Doppeldreieck gilt nur für jene Gesteine, deren Mafitanteil (d. h. Menge der dunklen Mineralien) 0–90 % beträgt. Bei den übrigen Gesteinen wird anders klassifiziert.
Zur Bestimmung des Lagepunktes im Doppeldreieck werden nur Quarze (Q), Alkalifeldspäte (A), Plagioklase (P) und Foide (F) berücksichtigt. Die Mafite bleiben zunächst unbeachtet. Dann erfolgt Umrechnung von Q + A + P bzw. A + P + F auf 100 %. Da Quarze und Foide nicht gleichzeitig in einem Gestein auftreten können, behindern sie sich auch im Doppeldreieck nicht.
Dieser so ermittelte Quarz- bzw. Foid-Wert wird parallel zur Grundlinie A–P im Diagramm eingetragen.
Sodann werden die im Gestein ermittelten A- und P-Werte auf 100 % umgerechnet und auf der Linie A–P abgetragen. Die Verbindungslinie von diesem Punkt zur Dreiecksspitze bei Q bzw. F führt zum Schnittpunkt mit der horizontalen »Quarzlinie«.
Das ist der Lagepunkt der Gesteinsprobe im Streckeisen-Diagramm.

**Beispiel**

Eine Gesteinsprobe hat
40 % Quarz (Q),
30 % Alkalifeldspat (A),
20 % Plagioklasfeldspat (P),
8 % Biotit und 2 % Erz.

8 % Biotit und 2 % Erz bleiben als Mafite zunächst unberücksichtigt.

Umrechnung ergibt
44 Q + 33 A + 23 P = 100

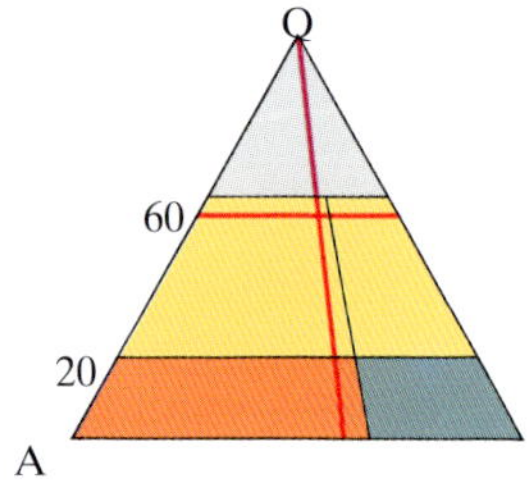


Umrechnung von 30 A und 20 P ergibt 60 A + 40 P = 100.

Die Gesteinsprobe ist demnach ein Granit.

**Die Mafite im Klassifizierungssystem** Die dunklen Gesteine mit über 90 % Mafiten, nicht im Diagramm erfasst, werden nach dem Olivingehalt, nach Pyroxenen und Melilith unterschieden.
Bei den Plutoniten, die vollkristallin und grobkörnig ausgebildet sind, lassen sich die Gemengteile relativ einfach erkennen, gegebenenfalls im Dünnschliff unter dem Mikroskop. Schwierig ist die Bestimmung bei feinkörnigen oder glasigen Vulkaniten. Hier müssen aus chemischen Analysen vergleichbare Werte errechnet werden. Das ist nur etwas für Spezialisten.

**Die Nomenklatur im Klassifizierungssystem** Zu den Standardnamen der Gesteine können Mineralbegriffe ergänzend davorgesetzt werden. Nach Art der Schreibung (Substantiv, Adjektiv) und der Reihenfolge der Anordnung erkennt der Fachmann die Feinklassifikation von Gesteinsarten.
Gesteinsvarietäten, die heller als allgemein üblich sind, werden durch die Vorsilbe Leuko-, jene, die dunkler sind als allgemein üblich, durch die Vorsilbe Mela- gekennzeichnet.

# Plutonite

## Entstehung

Plutonite, benannt nach Pluto, dem Gott der Unterwelt in der griechischen Mythologie, entstehen in der Tiefe der Erdkruste.
Magma dringt großflächig (als sog. Intrusion) in die unteren Teile der festen Erdkruste ein und erstarrt hier allmählich zu relativ grobkörnigen Gesteinen, den Plutoniten. Aufgrund der sehr langsamen Abkühlung unter mächtigen Deckschichten von mehreren tausend Metern können die Mineralien gut auskristallisieren und erreichen Korngrößen, die mit bloßem Auge zu erkennen sind.
Der Druck überlagernder Gesteinspakete verhindert Gashohlräume, wodurch die Plutonite sehr kompakt wirken und nur geringes Porenvolumen aufweisen. Die Kristalle liegen ohne jede Richtungseinregelung durcheinander.
Die Ausscheidung der Mineralarten aus dem Schmelzfluss vollzieht sich in bestimmter Reihenfolge. Zuerst bilden sich die Nebengemengteile und Erze, wie Apatit, Titanit, Magnetit und Zirkon, dann folgen die dunklen Gemengteile Olivin, Augit, Hornblende und Biotit, zuallerletzt Quarz. Die Feldspäte kristallisieren während der ganzen Abkühlungsphase nach und nach aus, zunächst die Plagioklase (Anorthit bis Albit) und schließlich die Orthoklase.
Die zuerst ausgeschiedenen Mineralien können wegen des Platzangebots ihre Kristallform voll entwickeln, die letzten nur noch die übrig gebliebenen Zwickel füllen. Deshalb zeigen Feldspäte nur gelegentlich, Quarze niemals ihre Eigengestalt als Gemengteil im Gestein.
Durch die Differentiation bei der Kristallbildung sinken die schwereren, meist mafischen Mineralien im Magma ab, so dass eine räumliche Sonderung der Mineralien und damit der Gesteine erfolgt. Zuunterst liegt Peridotit, im Mittelfeld finden sich Gabbro, Diorit und Syenit, im obersten Bereich des einstigen Magmas entsteht Granit.
Wenn wir Plutonite heute an der Erdoberfläche und sogar in den Hochregionen der Gebirge finden, dann bedeutet das, dass diese Gesteine von ihrer einstigen Decklast im Laufe der Zeit befreit wurden.

## Synonyme

Synonym zu Plutonit werden die folgenden Begriffe verwendet: Plutonisches Gestein, Intrusivgestein, Tiefengestein. Die Bezeichnung Massengestein wird sowohl für die Gesamtheit der Magmatite als auch für Plutonite benutzt.

Plutonisches Gestein mit charakteristisch richtungslosem, körnigem Gefüge (Zweiglimmergranit, Fichtelgebirge); ½ natürliche Größe.

**Plutonite** Gesteinsfamilien und zugehörige Gesteinsarten

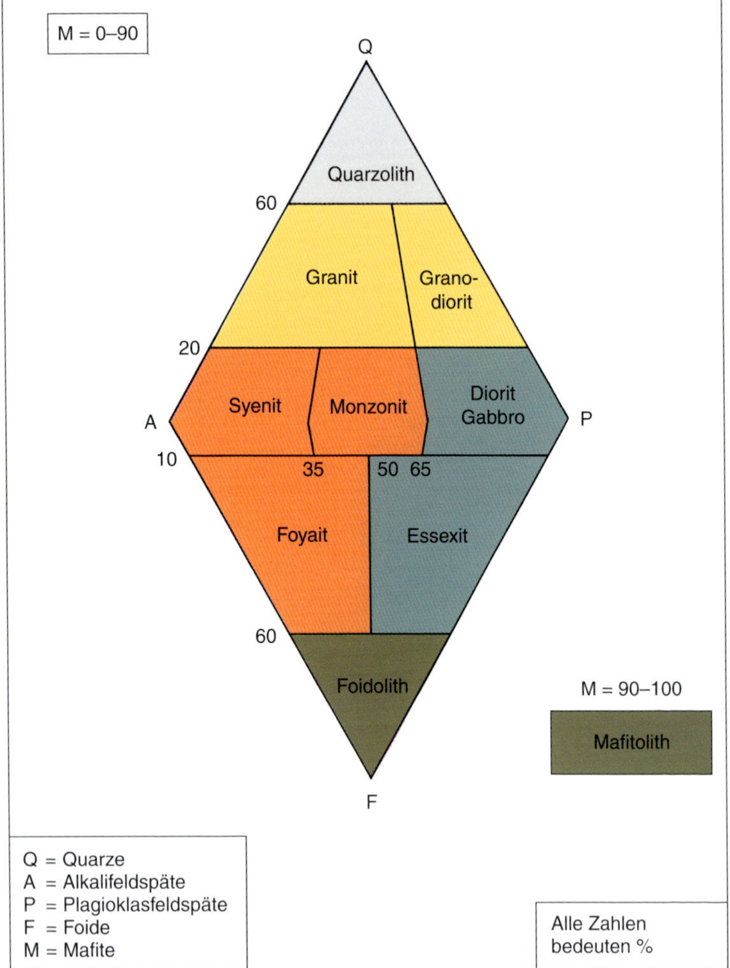


**Streckeisen-Diagramm** (vereinfacht und verändert)

| | Plutonit-Familien | Untergliederung der Plutonit-Familien | Bekannte Gesteinsarten (in Auswahl) |
|---|---|---|---|
| | Quarzolith-Familie | | Greisen, Peracidit Arizonit, Pfahlquarz |
| | Granit-Familie | Granit | Granit, Kugelgranit, Rapakivi |
| | | Granodiorit | Granodiorit, Trondhjemit, Tonalit |
| | Syenit-Familie | Syenit | Syenit, Pulaskit, Larvikit |
| | | Monzonit | Monzonit |
| | | Foyait | Foyait, Shonkinit |
| | Diorit/Gabbro-Familie | Diorit | Diorit, Kugeldiorit |
| | | Gabbro | Gabbro, Norit, Troktolith, Anorthosit |
| | | Essexit | Essexit, Theralith |
| | Peridotit-Familie | Foidolith | Ijolith |
| | | Mafitolith | Dunit, Peridotit, Pyroxenit, Hornblendit, Karbonatit |

**Erkennungsmerkmale der Plutonite**

1. Vollkristallin, die ganze Masse auskristallisiert
2. Große Kristalle, mit bloßem Auge zu erkennen
3. Eine Richtung im handgroßen Stück (Handstück) gewöhnlich nicht zu erkennen, Mineralien durcheinandergemischt; selten Fließstrukturen
4. Sehr kompakt, fast keine Hohlräume
5. Niemals Fossilien
6. Klüfte stehen senkrecht aufeinander
7. Wollsackstruktur als typische Verwitterungsform
8. Gebirgige Großformen meist sanft wellig

## Quarzolith-Familie

In der Quarzolith-Familie werden jene Gesteine zusammengefasst, die im Streckeisen-Diagramm die oberste Spitze füllen. Synonymer Gruppenname auch Peracidit. Quarzolith im engeren Sinn ist Bezeichnung für Gesteine mit über 90% Quarzgehalt.

Hauptgemengteile: Quarz 60–100%
Nebengemengteile: Glimmer, Feldspäte, Topas, Fluorit, Apatit

Die genetische Entwicklung der Quarzolithe ist umstritten. Echte Plutonit-Bildungen scheint es nicht zu geben. Meist ist die Entstehung mit Pegmatiten oder Gangfüllungen verknüpft. Ein Gegenstück bei den Vulkaniten ist nicht bekannt. Hauptvertreter: Greisen, Peracidit, Arizonit, Pfahlquarz.

### Greisen [4]

Hellgrau, körnig, durch Eisenbeimengung manchmal braun verfärbt. Entstanden durch Verdrängung (Metasomatose) der Feldspäte aus sauren Magmatiten (z.B. Granit) oder Metamorphiten (Gneis). Umschließt gelegentlich Lagerstätten von Zinn, Wolfram und Molybdän.
Die Greisen treten meist als Gangfüllung mit nur wenigen hundert Metern Erstreckung auf, vereinzelt auch in unregelmäßigen Stöcken.
Fundorte: Fichtelgebirge, Sächsisches Erzgebirge, Cornwall/England, Galicien/Spanien, Portugal.

### Zwitter [1]

Ursprünglich Bezeichnung für feinkörnige Varietät von Greisen. Heutzutage wird diese Unterscheidung nicht immer angewendet und Zwitter dann als Synonym zu Greisen verstanden.

### Peracidit [3] Silexit

Ein Quarzolith mit über 90% Quarz. Die namengebende Fundstätte bei New York/USA ist ein Pegmatit.
Gelegentlich wird Peracidit auch als Gruppenname anstelle von Quarzolith gebraucht.

### Arizonit

Milchiggrauer Quarzolith mit über 80% Quarzgehalt, mit Glimmer als Übergemengteil sowie Orthoklas-Feldspat und Apatit als Nebengemengteil.

### Pfahlquarz [2]

Trübweißer oder grauer, durch Eisenbeimengungen auch bräunlichgelb bis rötlich verfärbter Quarzstein vom Pfahl im Bayerischen Wald (Abb. S. 256).
Der Pfahl (Eigenname) ist in der Hauptsache eine 150 km lange, bis 120 m breite Gangfüllung, die als Härtling die Umgebung stellenweise bis 100 m überragt. Er wird von zahlreichen kleinen Quarzgängen begleitet.
Früher als Straßenschotter überregional genützt, jetzt als Landschaftsschutzgebiet vor weiterer Zerstörung bewahrt.

1 Zwitter, Galicien/Spanien
2 Pfahlquarz, Bayerischer Wald
3 Peracidit, New York/USA
4 Greisen, Cornwall/Engalnd

1

2

3

4

## Granit-Familie

Zur Granit-Familie gehören Granit und Granodiorit. Gelegentlich werden die Glieder dieser Gruppe auch als Granitoide oder Feldspat-Quarz-Plutonite bezeichnet. Diese Gesteine sind unter den Plutoniten am weitesten verbreitet.
Während man früher die Entstehung der granitischen Gesteine durch Differentiation aus einem innerirdischen Magma erklärte, neigt man gegenwärtig dazu, die Bildung granitischen Glutflusses durch Aufschmelzvorgänge schon vorhandener Gesteine zu sehen.

### Granit

Der Name Granit entstammt dem Lateinischen (»granum« = Korn) und nimmt Bezug auf das körnige Gefüge.

| | | |
|---|---|---|
| Helle Mineralien: | 80–100 % | |
| davon: | Quarz 20–60 % | |
| | Feldspäte 40–80 % | davon: Alkalifeldspat 35–100 % |
| | | Plagioklasfeldspat 0–65 % |
| Dunkle Mineralien: | 0–20% | |
| Nebengemengteile: | Biotit, Augit, Hornblende, Muskovit, Apatit, Zirkon, Magnetit | |

»Feldspat, Quarz und Glimmer, die drei vergess ich nimmer«, heißt es im Volksmund etwas vereinfachend über die Zusammensetzung des Granits.
Wegen des hohen Prozentanteils der hellen Gemengteile ist der Granit im Gestamteindruck immer ein helles Gestein, gleichgültig, ob er grau, gelblich, bräunlich, bläulich oder rötlich aussehen mag. Die dunklen Mineralien erreichen nie mehr als 20 %.
Die verschiedenen Farben rühren von den Feldspäten her. Der Quarz erscheint im Granit nicht farblos wie als Einzelstück, sondern grau. Es ist die Dunkelheit der Höhlung, die durch den glasartigen Quarz hindurchscheint und die graue Farbe bewirkt.
Der dunkle Glimmer (Biotit) ist gleichmäßig verteilt oder nesterartig angehäuft. Mehrere im Allgemeinen als Nebengemengteil auftretende Mineralien können bei starker Ansammlung zu Übergemengteilen und dadurch zum Charkteristikum für Granit-Varietäten werden.

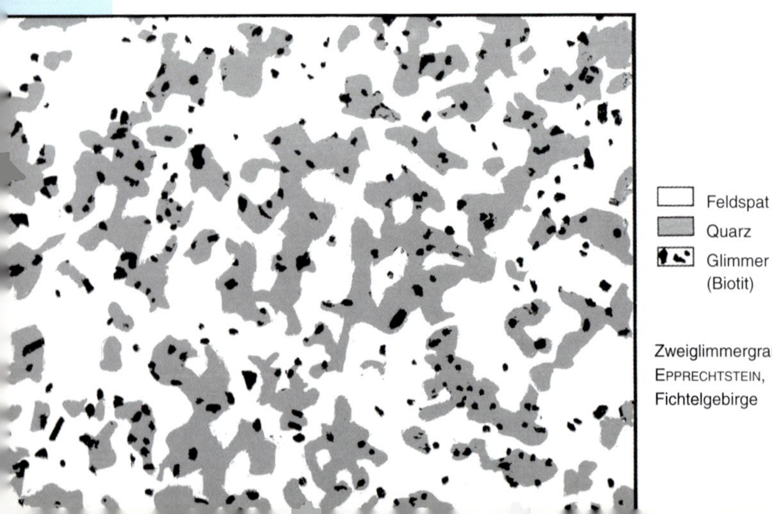


Zweiglimmergranit
EPPRECHTSTEIN,
Fichtelgebirge

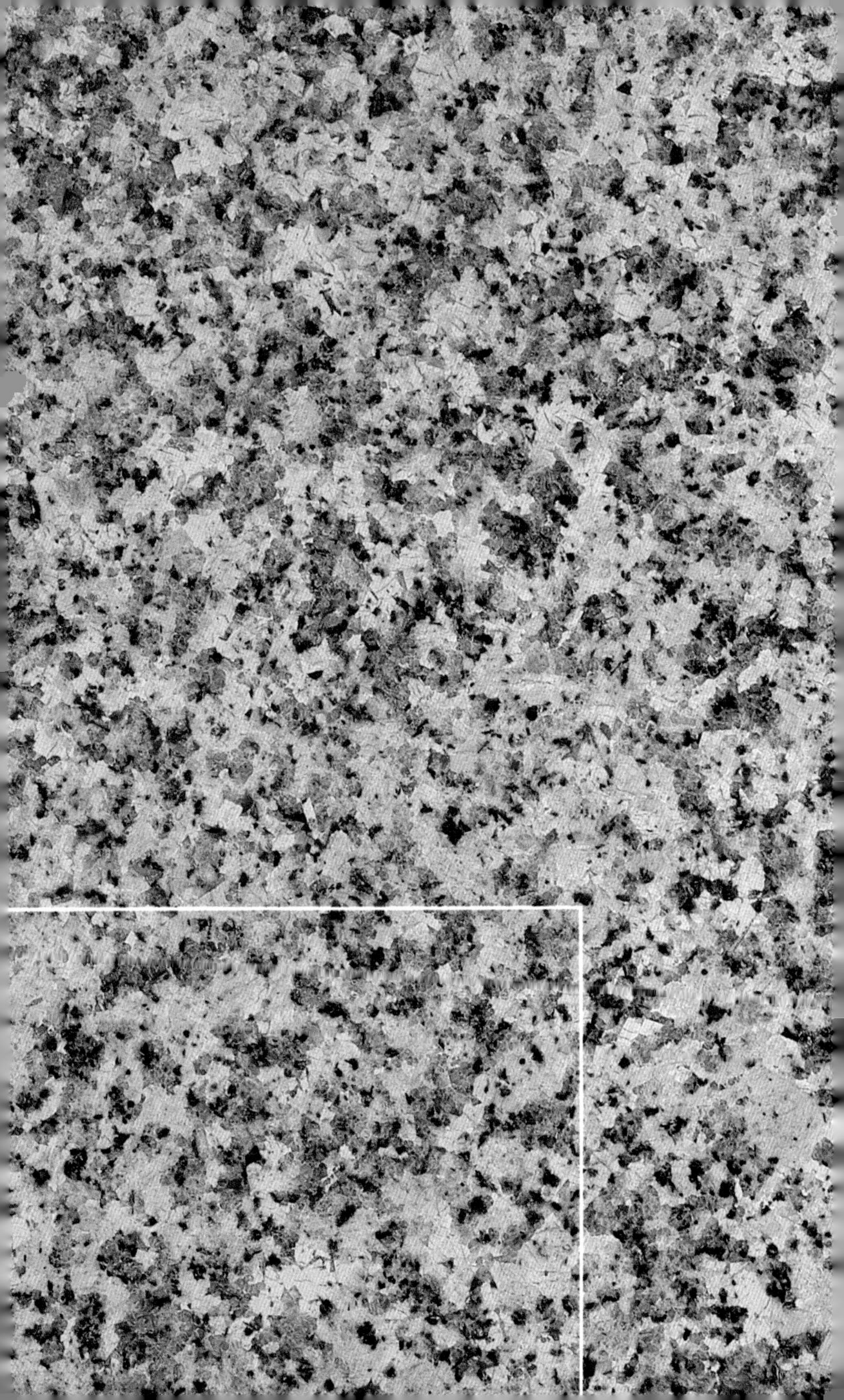

**Gefüge** Die Größe der einzelnen Gemengteile ist sehr verschieden. Die Körner sind jedoch immer so entwickelt, dass man sie mit bloßem Auge erkennen kann, also mindestens einen Millimeter betragen. Feldspäte, insbesondere Kalifeldspat, zeigen gelegentlich voll ausgebildete Eigengestalt bis zu mehreren Zentimeter Größe (porphyrische Struktur). Quarz erscheint im Granit niemals in seiner typischen Kristallform, denn er wird bei der Erstarrung der Gesteinsschmelze als Letzter ausgeschieden und kann daher nur die verbliebenen Zwickel im Gestein ausfüllen.
Wesentliche Erkennungsmerkmale für Granite (wie für alle übrigen Plutonite) sind außerdem die Richtungslosigkeit der Mineralkörner und das kompakte Gefüge, es gibt fast keine erkennbaren Hohlräume.

**Verbreitung** Granit kann ebenso in großen Gesteinskomplexen auftreten wie in Stöcken und Gängen.
Fundorte: Schwarzwald, Odenwald, Harz, Fichtelgebirge, Erzgebirge, Bayerischer Wald, Skandinavien und Finnland, Zentralalpen, Vogesen und Bretagne/Frankreich, Pyrenäen, Kanada, Rocky Mountains/USA.

**Namengebung** In der wissenschaftlichen Gesteinskunde unterscheidet man die Granite nach bemerkenswerten Gemengteilen, in der Bauwirtschaft nach Farbe und Fundort. Handelsnamen werden mit großen Buchstaben geschrieben.

<u>Alkalifeldspatgranit</u> Gewöhnlich heller Granit mit (neben Quarz) vorherrschenden Alkalifeldspäten. Der Plagioklasanteil liegt unter 10 %. Nebengemengteile besonders Augit, Hornblende und Zirkon.
<u>Augit-Hornblende-Granit</u> Augit und Hornblende bewirken einen dunkleren Gesamteindruck, als es dem Granit normalerweise zukommt.
<u>Biotitgranit</u> Biotit als Übergemengteil kann bis 20 % Volumenanteil erreichen.
<u>Flasergranit</u> Nimmt eine Mittelstellung zwischen Granit und Gneis ein. Infolge tektonischer Beanspruchung sind die Feldspäte etwas länglich ausgewalzt, wodurch sich ein leicht schiefriges Gefüge, eine Paralleltextur, ergibt.
<u>Porphyrgranit</u> Große graue, weiße oder rötliche Feldspäte mit voll entwickelter Eigengestalt liegen in einer kleinkörnigen Umgebung.
<u>Turmalingranit</u> Der sonst im Granit nur selten vertretene schwarze Turmalin ist hier charakteristisches Merkmal.
<u>Zweiglimmergranit</u> Neben dem von Hause aus im Granit fast stets vertretenen Biotit ist auch der sonst nur in Spuren vorhandene Muskovit merklich zu erkennen. Dadurch erhält der Granit viele silbrig glänzende Lichtreflexe.

**Verwendung** Granit ist ein weit verbreiteter Bau- und Werkstein. Aufgrund des hohen Quarzgehaltes besitzt er eine große Abnutzungshärte und Verwitterungsbeständigkeit. Das im rechten Winkel sich schneidende Kluftsystem ermöglicht im Verein mit dem hohen Anteil an Feldspäten (die sich im Winkel von 90° spalten lassen) die Gewinnung von Quadern und das Bearbeiten mit senkrecht aufeinander stehenden Teilbarkeitsflächen.
Graue Sorten werden als Pflaster-, Rand- und Grenzsteine, gebrochen als Schotter und Splitt verwendet. Farbige Granite dienen als Rohstein für Skulpturen, geschliffen und poliert für Fassadenverkleidung, Fußbodenbeläge und ähnlich flächenhafte Gestaltung. Gleiche Körnung ist für Schliff und Politur günstig, hoher Glimmergehalt wirkt sich nachteilig aus.

---

1 Zweiglimmergranit, Schwarzwald
2 Alkaligranit, Angermanland/Schweden
3 Biotitgranit, Brocken/Harz
4 Biotitgranit, Vogesen/Frankreich

1

2

3

4

**Kugelgranit** [1]

Ein recht seltener Granit, bei dem in mittel- bis feinkörniger Grundmasse kugelartige, einschalige oder mehrschalige Gebilde eingelagert sind.
Die Kugeln sind radialstrahlig und konzentrisch aufgebaut, der Durchmesser kann 10 cm und vereinzelt sogar mehr betragen. Sie bestehen im Allgemeinen aus den gleichen Mineralien wie das Muttergestein. Weißlicher Plagioklas-Feldspat (Oligoklas) ist radial, dunkler Glimmer (Biotit) tangential angeordnet. Rhythmische Anreicherung der genannten Mineralien ergibt den schaligen Bau der Kugeln. Meist bilden Feldspat-Kristalle, gelegentlich auch Gesteinsteilchen einen innersten Kern.
Wie es zur Bildung der Kugeln kommt, ist noch nicht sicher geklärt. Die rhythmische Kristallisation hängt offenbar mit einem wechselnden Wasserdampfdruck leichtflüchtiger Bestandteile des Magmas zusammen. Teilaufschmelzen und Wiederauskristallisieren wirken wahrscheinlich mit.
Kugelgranite kommen nur in Gängen von wenigen Metern Erstreckung vor.
Fundorte: Finnland, Schweden, Waldviertel/Österreich, Riesengebirge/Polen, Korsika/Frankreich, Peru, Chile, Japan, Neuseeland, Vermont und Kalifornien/USA.
Verwendung für Kleinmonumente.

**Ähnliche Bildungen** Kugelgesteinsbildungen gibt es außer bei Granit auch in anderen Plutoniten, z. B. Diorit, Granodiorit, Syenit und Gabbro. Unterscheidung oft schwierig. Kugeldiorit von Korsika wohl am meisten bekannt.

Orbicul Kugliges Gesteinsgebilde.
Orbiculit Gestein mit kugligen Gebilden in einer Grundmasse.
Esboit Lokalname für einen finnischen Kugelgranit, bei dem ein abgegrenzter Kern nicht zu erkennen ist.
Korsit Kugeldiorit von Korsika. Das konzentrische Gefüge wird hier von weißlichem Plagioklas-Feldspat und grüner Hornblende bestimmt.

**Rapakivi** [2] Rapakivigranit

Der aus dem Finnischen stammende Name Rapakivi (»fauler Stein«) ist ein porphyrischer Hornblendegranit. Er hat zwar gewisse Ähnlichkeit mit einem Kugelgranit, gehört aber keineswegs zur Gruppe der Orbiculite.
In einer mittelkörnigen Grundmasse aus reichlich Quarz und Biotit bzw. Hornblende liegen rundliche bis eiförmige, im Allgemeinen lachs- bis fleischbarbene, aber auch graue Alkalifeldspat-Kristalle (Orthoklas) von maximal 2–3 Zentimeter Durchmesser. Sie werden von hellgrauem bis gelblichgrauem, manchmal von grünem Plagioklas (meist Oligoklas oder Albit bzw. Andesin) ummantelt. Gelegentlich sind mehrere Rinden zu erkennen.
Die Genese des Rapakivigranits ist umstritten. Sicherlich wurden die Orthoklase aus der Gesteinsschmelze zuerst ausgeschieden. Die Kristallisation der anderen Gemengteile scheint sich in etwa gleichzeitig vollzogen zu haben, so dass sie sich mehr oder weniger geordnet um die Orthoklas-Kerne legten. Es gibt aber auch Vorstellungen über gewisse Aufschmelzvorgänge bei der Entstehung der Rapakivigranite.
Fundorte: Südfinnland, bei St. Petersburg/Russland, Maine/USA, Brasilien.
Große Blöcke für Monumentalbauten, geschliffene Platten auch für Hausfassaden verwendet. Einige Sorten sind zerfallsanfällig, da die Oligoklas-Rinde relativ leicht verwittert und die Orthoklaskristalle dadurch herausbröckeln.

---

1 Kugelgranit (Kugeldiorit?), Korsika 2 Papakivi BALTIK BRAUN, Ylämaa/Finnland

1

2

Granitische Gebirgsmassive zeigen weiche, gerundete Formen (Vogesen/Frankreich)

## Handelsnamen des Granits

Für den Granit, der zu den am meisten verwendeten Gesteinen zählt, gibt es eine kaum überschaubare Zahl von Handelsnamen. Einige davon sind völlig falsch und irreführend. Andere sind zwar wissenschaftlich nicht richtig, aber die genannten Gesteine sind mit dem Granit mehr oder weniger eng verwandt und daher mit ähnlichen Eigenschaften ausgestattet.

Schließlich existiert eine Fülle von Handelsnamen echter Granit-Varietäten. Die in letzter Zeit zur Kennzeichnung von Handelssorten üblich gewordene Schreibung mit großen Buchstaben setzt sich mehr und mehr durch.

**Irreführende Handelsnamen** mit der Bezeichnung »Granit«
Belgischer Granit: grauschwarzer, bituminöser Kalkstein, Belgien.
Granit de Rocq: grauer Kalkstein, Frankreich.
Granitmarmor: grauer Kalkstein, Oberbayern.
Granito Nero: schwarzer Kalkstein, Tessin/Schweiz.
Petit Granit: schwarzer Kalkstein, Belgien, manchmal gleichbedeutend mit Belgischem Granit.

**Falsche Handelsnamen** mit der Bezeichnung »Granit«
Calanca-Granit: feingeschieferter Paragneis, Tessin/Schweiz.
Felsberg-Granit: schwarzweiß gesprenkelter Granodiorit, Schwarzwald.
Granito Azul: blaugrauer Foyait, Brasilien.
Granito Dorato: gelbfleckiger Paragneis, Piemont/Italien.
Granito Preto Tijuca: schwarzgrüner Diorit, Brasilien.
Granito Verde: graugrüner Monzonit, Südtirol/Italien.
Granito Verde Ubatuba: blauolivfarbener Charnockit, Brasilien.
Lausitzer Grüner Granit: schwarzgrüner Andesit oder Diabas, Sachsen.
Shandong-Granit: grüner Orthogneis, Graubünden/Schweiz.
Spaltgranit: mehrere Sorten glimmerreicher Paragneise, Tessin/Schweiz.
SS-Granit: nahezu schwarzer Gabbro oder Diabas, Schweden. SS = Schwedisch Schwarz.
Yellow Juparana Granite: gelblicher Orthogneis, Brasilien.

1 Granit Meissen, Sachsen
2 Granit Isergebirge, Isergebirge/Böhmen
3 Granit Clair du Tarn, Südfrankreich
4 Granit Guilt Palacios, Westspanien
5 Granit Kösseine, Fichtelgebirge/Bayern
6 Granit Tranas, Mittelschweden

1
2
3
4
5
6

Tafoni, Korsika

Blockmeer, Bayerischer Wald

Schalenablösung, Fichtelgebirge

## Verwitterungsstrukturen granitischer Gesteine

Granit und ähnliche Gesteine (Granodiorit, Diorit, Syenit) weisen charakteristische Verwitterungsstrukturen auf.

**Tafoni** (Abb. oben) Löchrige Auswitterung bei Massengestein. Vorkommen in periodisch feuchten Küstengebieten (Mittelmeerländer, Mittelamerika, Namibia). Häufiges Benetzen und Wiederabtrocknen führt einerseits zu Hartrinden, andererseits zu löchriger Zermürbung.

**Blockmeer** (Abb. Mitte) (Felsenmeer) Anhäufung von kantigen Blöcken in Gipfelregionen von Mittelgebirgen. Entstanden durch Auflösung eines Bergmassivs entlang dem senkrecht zueinander stehenden Kluftsystem durch frühere, tief wirkende Verwitterung. Während das feinkörnige Material abgespült wird, bleiben die vom Muttergestein losgelösten Blöcke, wirr verteilt, liegen.

**Schalenablösung** (Abb. unten) Zwiebelartige Schalenbildung um einen kompakten Kern unter Überdeckung von gelockertem, mürbem Gestein. Entstehung durch das Zusammenwirken von Druckentlastung des ursprünglich homogenen Gesteins, Temperaturverwitterung sowie chemischer Wirkung zirkulierender Salzlösungen.

**Wollsackstruktur** (Abb. oben und unten rechts, S. 209) Gerundete Verwitterungsformen in Massengestein. Besonders deutlich bei freistehenden Felsdomen mit kissenartig-wulstigen Partien übereinander. Entstehen durch Abgrusen von Gesteinsteilchen an den sich rechtwinklig schneidenden Klüften.

**Abschuppung** (Abb. unten links, S. 209) Ablösung dünner Schalen bei freistehenden, granitischen Felsaufragungen. Führt zu sog. Glocken- oder Zuckerhutbergen. Ursache sind kurzfristig sich ändernde Temperaturen, wechselfeuchtes Klima und/oder Gesteinsausdehnung bei Wegfall des Überlagerungsdruckes wie auch Verhärtung der Außenschalen durch einwandernde Minerallösungen.

Granitische Verwitterungsstrukturen, Oase Tafraout/Marokko

Links: Abschuppung, Kapland/Südafrika – Rechts: Wollsackstruktur, Bayerischer Wald

## Granitgewinnung

Das Loslösen von Granitblöcken im Steinbruch geschieht durch Keilspaltung, durch Sprengen, mit einem Brennstrahl oder durch Sägen.
Keilspaltung Abgliedern mittels Keilen erfolgt dort, wo mittelgroße Blöcke als Werkstein gewonnen werden sollen. Ein Drucklufthammer bricht zunächst bis 6 cm tiefe Löcher im Abstand von 5–10 cm entlang einer vorgesehenen Spaltlinie in die Felsoberfläche. Kantkeile werden dann, in die Vertiefungen gesetzt, mit einem mittelschweren Hammer von Hand eingetrieben. Diese Methode ist nur bei gering mächtigen (d. h. wenig dicken) Gesteinslagen möglich.
Bei der Keilspaltung müssen drei freie Flächen den zu gewinnenden Block umgeben. Das können Kluftflächen oder Spalten sein. Andernfalls müssen vorweg künstlich Schlitze eingearbeitet werden. Abrücken größerer Blöcke von den Spaltebenen und Abheben von den Kluftflächen wird heute meist hydraulisch besorgt.
Schießspaltung Zunächst wird eine Reihe tief gebohrter Löcher mit Sprengschnüren belegt. Durch gleichzeitige Explosion können selbst große Blöcke geradlinig abgegliedert werden. Nachteilig sind die Bohrrillen an den Blockseiten.
Bei der Gewinnung von Bruchmaterial genügen wenige Löcher in größerem Abstand voneinander zur Aufnahme von Sprengsätzen. Wegen der Materialanhäufung am Fuß der Felswand ist eine verzögernde Explosion der einzelnen Sprengladungen von Vorteil.
Brennstrahlverfahren Mit Hilfe einer gezielten Flamme von über 1200 °C werden Granitblöcke aus dem umgebenden Fels herausgetrennt. Durch die Hitzeeinwirkung platzen fortwährend Plättchen ab, so dass die Flamme immer wieder den frischen Rohstein trifft und sich dadurch schlitzartig in den Fels eingräbt. Auf diese Weise können große Blöcke frei von Druck- und Stoßschäden gewonnen werden. Da kostenintensiv, nur noch vereinzelt im Einsatz.
Sägeverfahren In großen Steinbruchbetrieben wird zunehmend mit Seilzugsägen gearbeitet. Mit Diamant besetzte Seilzüge schneiden die Blöcke erschütterungs- und stoßfrei aus dem Fels.
In China kommen neuerdings 2 m große Sägeblätter zum Einsatz.

Rechte Seite: Abgliedern eines Felsblockes nach dem Brennstrahlverfahren (Feuerlanze)
Unten: Abkeilen (links) und Abrücken (rechts) eines Granitblocks

## Oberflächenbearbeitung granitischer Gesteine

Farbige Granite werden häufig in Platten geschnitten und dann als Dekorstein für Innengestaltung oder Fassadenverkleidung verwendet. Das Zerteilen geschieht mit Gattersägen, ähnlich den Gattern bei der Holzverarbeitung.
Die so gewonnenen und dann noch weiter zugeschnittenen Granitplatten erfahren unterschiedliche, effektvolle Oberflächenbearbeitungen.

Bruchrau [1] Natürliche, nicht weiter bearbeitete, je nach Körnung mehr oder weniger raue Oberfläche.
Gespitzt Mit Spitzeisen aus gehärtetem Stahl tief- oder flachspitzig geformte Steinoberfläche.
Gestockt [2] Oberfläche, Struktur und Farbkontrast grob egalisiert. Werkzeug ist usprünglich der mit Zahnspitzen versehene Stockhammer. Zunehmend Stockmaschinen im Einsatz.
Geriffelt Rauung durch den mit Zahnreihen versehenen Riffelhammer.
Sandgestrahlt [3] Mit Hilfe eines Sandstrahlgebläses mattierte Steinoberfläche.
Geflammt [4] Durch gezielte, heiße Flamme entsteht infolge Abgliederung kleiner Plättchen raue, struktur- und farbkräftige Oberfläche.
Geschliffen [5] Durch Abschleifen aller Unebenheiten werden auf glatter, matter Fläche Farben und Strukturen betont.
Poliert [6] Durch Feinschliff und spezielle Behandlung mittels Polierpaste erhält die Steinoberfläche starken Glanz. Dadurch werden Struktur und Farben kontrastreich belebt. Je härter und kompakter das Gestein, desto wirkungsvoller die Politur. Quarz- und Feldspat (und damit Granit) nehmen Politur besonders gut an. Da polierte Gesteine die Einzelgemengteile deutlicher als sonst hervortreten lassen, wirken sie insgesamt dunkler als beim natürlichen Bruch.

Gattersäge im Einsatz: Der Steinblock wird von oben her durch parallele Sägeblätter senkrecht in zahlreiche Platten zerteilt und dabei fortlaufend mit Wasser gekühlt.

Oberflächenbearbeitung am Beispiel des Granits ▶ KAPUSTINO, Ukraine
1 Bruchrau
2 Gestockt
3 Sandgestrahlt
4 Geflammt
5 Geschliffen
6 Poliert

1
2
3
4
5
6

## Granodiorit [1–4]

Granodiorit gehört zur Granit-Familie. Der Name deutet eine Mittelstellung zwischen Granit und Diorit an.

| | | |
|---|---|---|
| Helle Mineralien: | 60–95 % | |
| davon: | Quarz 20–60 % | |
| | Feldspäte 40–80 % | davon: Plagioklasfeldspat 65–100 % |
| | | Alkalifeldspat 0–35 % |
| Dunkle Mineralien: | 5–40 % | |
| Nebengemengteile: | Biotit, Hornblende, Muskovit, Pyroxene, Zirkon, Apatit, Magnetit | |

Granodiorit ist makroskopisch nur schwer von Granit zu unterscheiden, der Gesamteindruck ist allerdings stets dunkler. Während beim Granit die Alkalifeldspäte überwiegen, sind es beim Granodiorit die Plagioklasfeldspäte. An dunklen Gemengteilen herrscht Biotit vor. Bei hohem Mafitanteil ist Granodiorit deutlich dunkler als Granit.
Vorkommen als relativ kleine Gesteinskomplexe entweder eigenständig oder innerhalb granitischer Massive.
Fundorte: Bayerischer Wald, Harz, Schwarzwald, Odenwald, Oberösterreich, Insel Bornholm, Südnorwegen, Coast Range/USA.
Verwendung wie Granit als Pflaster- und Randstein, für Grabsteine, geschliffene Platten als Bodenbelag und für Fassadengestaltung.

**Trondhjemit** [2] Biotit-Granodiorit, Quarz-Glimmer-Diorit. Eine quarzreiche Varietät von Granodiorit. Name nach Fundort im mittleren Norwegen.
Trondhjemit führt nur sehr wenig oder gar keinen Alkalifeldspat, während der Quarzgehalt deutlich mehr als 20 % beträgt. An dunklen Gemengteilen treten Biotit, daneben Hornblende auf. Sie sind regelmäßig eingestreut, ihr Anteil liegt unter 15 %. Dadurch ist der Gesteinscharakter hell. Als untergeordnete Nebengemengteile sind Zirkon, Apatit und Magnetit vorhanden.
Fundorte: Norwegen, Alaska/USA, Anden/Südamerika.
Verwendung als Straßenbaustein, für Treppenstufen; geschliffene Platten für Raum- und Fassadengestaltung.

**Tonalit** [4] Varietät von Granodiorit. Name nach Tonale-Gebiet in Südtirol. Enthält nur wenig, meist sogar keinen Alkalifeldspat. Die gesamte Feldspatmenge wird also vom Plagioklas gestellt. Das ist auch der wesentliche Unterschied zum Granit und Granodiorit. Quarzgehalt etwa 20 %. Je nach Anteil mafischer Mineralien (10–40 %) wirkt Tonalit hell oder dunkler. Übergemengteile sind Biotit und Hornblende, Akzessorien Apatit, Magnetit und Zirkon sowie Augit und Muskovit. Hornblende und Biotit treten häufig porphyrisch in sonst heller Grundmasse auf. Dadurch gefleckte s Aussehen von Tonalit.
Fundorte: Südtirol/Italien, Graubünden/Schweiz, Südnorwegen, Finnland, Schweden, Kalifornien/USA, Britisch Kolumbien/Kanada.
Verwendung als Baumaterial für Straßenbelege, geschliffen und poliert als Platten und Treppenstufen.

**Quarzdiorit** Gewöhnlich Synonym zu Tonalit. Gelegentlich aber auch Oberbegriff für eine Reihe ähnlicher Varietäten.

1 Granodiorit NEUHAUS, Oberösterreich
2 Trondhjemit SOGNEFJORD, Norwegen
3 Granodiorit RÖNNE, Insel Bornholm/Dänemark
4 Tonalit BIANCO AURINIA, Südtirol/Italien

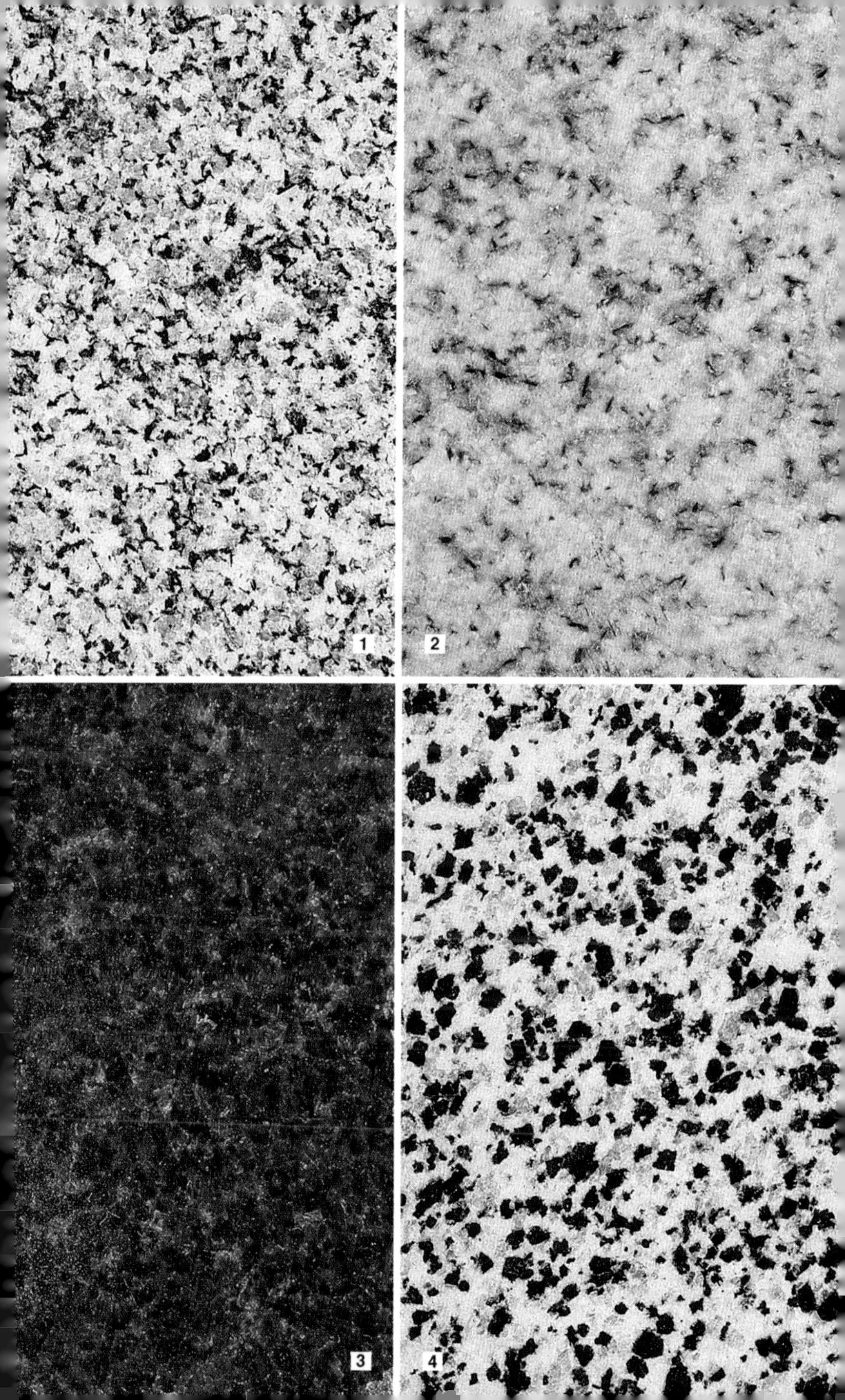
1
2
3
4

# Syenit-Familie

Zur Syenit-Familie gehören Syenit, Monzonit und Foyait.

## Syenit [1–4]

Der Name leitet sich von Syene ab, einem Ort in Oberägypten, heute Assuan genannt. Hier wurde im Altertum ein geschätzter Baustein gebrochen, der tatsächlich kein Syenit, sondern Hornblendegranit ist.

| | | |
|---|---|---|
| Helle Mineralien: | 60–100 % | |
| davon: | Feldspäte 80–100 % | davon: Alkalifeldspat 65–100 % |
| | | Plagioklasfeldspat 0–35 % |
| | Quarz 0–20 % oder Foide 0–10 % | |
| Dunkle Mineralien: | 0–40 % | |
| Nebengemengteile: | Biotit, Pyroxene, Zirkon, Apatit, Magnetit, Ilmenit | |

Syenit ist hell- bis dunkelgrau, auch bläulich oder rot, sein Gefüge mittel- bis grobkörnig, selten porphyrisch. Vom ähnlich aussehenden Granit dadurch zu unterscheiden, dass der normale Syenit wenig oder überhaupt keinen Quarz enthält. Entweder sind Quarz oder Foide vertreten. Beide Mineralgruppen schließen einander aus.
Vorkommen beschränkt, mit Diorit und Granit vergesellschaftet.
Fundorte: Schwarzwald, Sachsen, Westalpen, südliches Portugal, Norwegen, New Hampshire und Massachusetts/USA.
Verwendung als Zierstein, Grabstein, für Bodenplatten und Fassadenverkleidung.

**Falsche Handelsnamen** mit der Bezeichnung »Syenit«
FRIEDERSDORFER SYENIT: dunkelgraugrüner Lamprophyr, Sachsen.
LAUSITZER SYENIT: schwarzgrüner Lamprophyr, Sachsen.
ODENWÄLDER SYENIT: dunkelgrauer Diorit, Odenwald.
SCHREMSER SYENIT: dunkler Tonalit, Niederösterreich.
WÖLSAUER SYENIT: schwarzgrüner Diorit, Oberfranken.

### Pulaskit [4]

Hell- bis dunkelblaugraue Syenit-Varietät, ein foidführender Alkalisyenit. Auch als Nephelinsyenit anzusprechen, da Nephelin hier wichtigstes Foidmineral ist. Die Foide können bis 5 % Anteil erreichen. Kein Quarz. Gelegentlich leicht porphyrischer Charakter durch etwas vergrößerte Kalifeldspäte. Name nach Pulaski County in Arkansas/USA.

### Larvikit [2]

Bläulichgraue bis dunkelgrüne Syenit-Varietät. Hauptgemengteil ist mit 90 % Anorthoklas-Feldspat, daneben Augit und Biotit. Bis zu 2 % können Quarz oder Nephelin vertreten sein. Ursache für das typisch blaugrüne Schillern, fälschlich (in Anlehnung an den Labradorit-Feldspat, S. 40) Labradorisieren genannt, sind sog. Entmischungsvorgänge beim Anorthoklas.
Fundort: nahe Larvik (Name des Gesteins!) am Oslofjord/Norwegen.
Larvikit ist geschätzter Dekorstein, insbesondere für Fassaden, Fußböden und Grabsteine. Nach Farbton und Glanzeffekten mehrere Handelssorten.

1 Hornblendesyenit BALMA, Piemont/Italien
2 Larvikit LABRADOR, Südnorwegen
3 Augitsyenit KARDINAL, Transvaal/Südafrika
4 Pulaskit, Serra de Monchique/Südportugal

1

2

3

4

## Monzonit [1, 2]

Monzonit gehört zur Syenit-Familie. Name vom Monzonigebirge in Südtirol.

| | | |
|---|---|---|
| Helle Mineralien: | 55–90% | |
| davon: | Feldspäte 80–100% | davon: Alkalifeldspat 35–65% |
| | | Plagioklasfeldspat 35–65% |
| | Quarz 0–20% oder Foide 0–10% | |
| Dunkle Mineralien: | 10–45% | |
| Nebengemengteile: | Pyroxene, Hornblende, Biotit | |

Beim normalen Monzonit sind Alkali- und Plagioklasfeldspat etwa zu gleichen Teilen vertreten, bei den zu Diorit/Gabbro überleitenden Monzoniten überwiegt Plagioklas. Quarz im Allgemeinen unter 5% oder ganz fehlend. Selten Foide (Nephelin, Sodalith). Pyroxene manchmal bis 20%.
Gefüge meist mittelkörnig, Farbe gewöhnlich hell- bis dunkelgrau, auch grünlich, bräunlich und rot. Manchmal taflig ausgebildete Alkalifeldspäte (Mikroklin). Durch eingeregelte Mineralien Fließstruktur angedeutet.
Vorkommen in enger Beziehung zu Granit und Granodioritbildungen. Fundorte: Sachsen, Südtirol/Italien, Südnorwegen, Quebec/Kanada.
Verwendung lokal als Baustein. Einige Sorten als Dekorstein geschätzt.
**Syenodiorit** Ältere Bezeichnung für Monzonit.

## Foyait [3, 4] Foid-Syenit

Foyait gehört zur Syenit-Familie. Name nach Foya, einem Berg in Portugal.

| | | |
|---|---|---|
| Helle Mineralien: | 55–100% | |
| davon: | Feldspäte 40–90% | davon: Alkalifeldspat 50–100% |
| | | Plagioklasfeldspat 0–50% |
| | Foide 10–60% | |
| Dunkle Mineralien: | 0–45% | |
| Nebengemengteile: | Leucit, Sodalith, Nosean, Hauyn, Hornblende, Pyroxene, Biotit | |

Plagioklas tritt deutlich zurück, kann auch ganz fehlen. Niemals Quarz dabei. Unter den Foiden dominiert Nephelin. Pyroxene und Hornblende sind bei den dunklen Foyaiten bestimmend für den Farbcharakter. Die Unterscheidung der vielen Varietäten erfolgt nach typischen Foid-Vertretern.
Das Gefüge ist mittel- bis grobkörnig. Taflige Kalifeldspäte und stänglige Hornblenden sowie Pyroxene sind manchmal eingeregelt. Je nach Anteil der mafischen Mineralien erhalten die gewöhnlich hellen Gesteine eine mehr oder weniger intensive Sprenkelung.
Foyaite sind selten. Vorkommen in kleineren Intrusivkörpern und Stöcken.
Fundorte: Odenwald, Norwegen, Südtirol, Kola/Russland, Kanada, Brasilien.
Verwendung lokal als Baustein und als Straßenschotter, wegen des scheckigen Aussehens einige Sorten auch als Dekorstein. Die größere Bedeutung der Foid-Gesteine liegt in der Nutzung als Alkalirohstoff für die Keramikindustrie.
**Shonkinit** [3] Dunkelgraue bis fast schwarze Foyait-Varietät mit über 50% dunkler Gemengteile von Pyroxenen (Ägirin, Augit), Hornblende und oftmals Olivin. Name nach Fundstelle in Montana/USA.
**Nephelinsyenit** und **Eläolithsyenit** Frühere, synonym gebrauchte Bezeichnungen für Foyait.

1 Monzonit Verde Pellegrino, Südtirol
2 Monzonit Schipaio, Elfenbeinküste
3 Shonkinit, Odenwald
4 Sodalithfoyait Azul Bahia, Brasilien

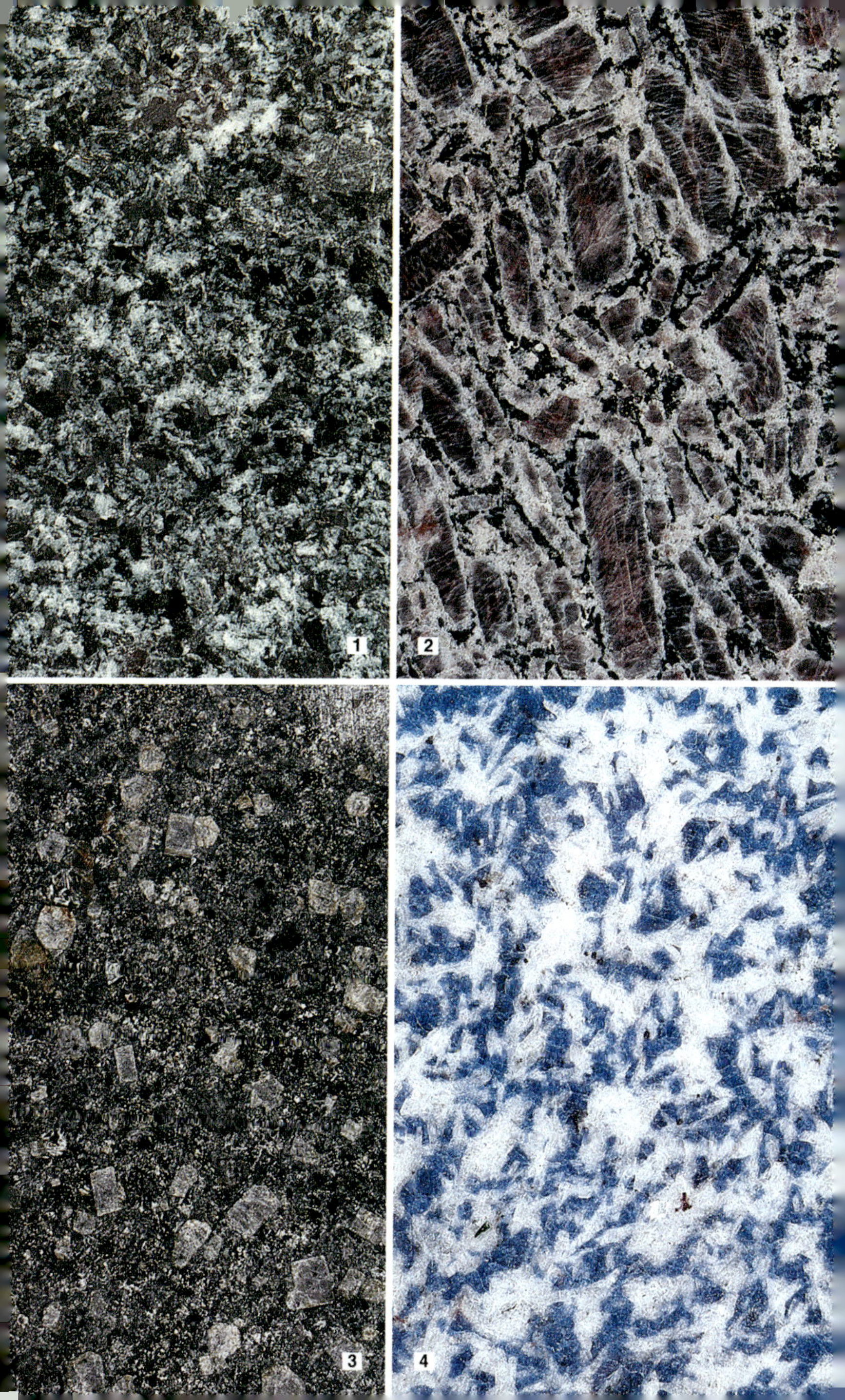
1
2
3
4

## Diorit/Gabbro-Familie

Zur Diorit/Gabbro-Familie gehören Diorit, Gabbro und Essexit. Zwischen Diorit und Gabbro sind die Unterschiede gering, daher Doppelname dieser Familie.

### Diorit [1 und Nr. 4, S. 223]

Der Name (griech. »unterscheiden«) nimmt Bezug auf die Hauptgemengteile.

| | | |
|---|---|---|
| Helle Mineralien: | 50–85% | |
| davon: | Feldspäte 80–100% | davon: Plagioklasfeldspat 65–100% |
| | | Alkalifeldspat 0–35% |
| | Quarz 0–20% oder Foide 0–10% | |
| Dunkle Mineralien: | 15–50% | |
| Nebengemengteile: | Hornblende, Pyroxene, Titanit, Apatit, Zirkon, Granate | |

Beim Diorit herrschen die helleren Plagioklase (Oligoklas und Andesin) vor. Der Anorthitgehalt liegt unter 50%. Beim ähnlichen Gabbro treten die dunkleren Plagioklase (Labradorit und Bytownit) in den Vordergrund. Hornblende und Augit sind Hauptvertreter der dunklen Gemengteile. Makroskopisch ist Diorit von Gabbro kaum zu unterscheiden. Gewöhnlich betragen Alkalifeldspat- bzw. Quarzanteil weniger als 5%. Foidführende (und quarzfreie) Diorite sind selten.
Gefüge klein- bis mittelkörnig, gelegentlich porphyrisch. Farbe hell- bis dunkelgrau, grünlichgrau, Übergangstypen zu den Gabbros schwarzgrau.
Vorkommen in kleineren Stöcken und Lagergängen sowie am Rand großer granitischer Intrusionen. Insgesamt wenig verbreitet. Fundorte: Bayerischer Wald, Harz, Odenwald, Schwarzwald, Finnland, Schottland. Verwendung als Schotter und als Pflasterstein, wegen guter Polierbarkeit auch Dekorationsmaterial. Viele Handelsnamen dioritischer Gesteine führen die Bezeichnung SYENIT.

**Kugeldiorit** Aussehen und Entstehung wie Kugelgranit (S. 204). Die Orbiculite von Korsika (Korsit) und von Finnland (Esboit) werden verschiedentlich als Kugeldiorit, andererseits als Kugelgranit beschrieben.

### Gabbro [2 und Nr. 3, S. 223]

Name nach einer italienischen Ortschaft in der Toskana.

| | | |
|---|---|---|
| Helle Mineralien: | 35–80% | |
| davon: | Feldspäte 80–100% | davon: Plagioklasfeldspat 65–100% |
| | | Alkalifeldspat 0–35% |
| | Quarz 0–20% oder Foide 0–10% | |
| Dunkle Mineralien: | 20–65% | |
| Nebengemengteile: | Pyroxene, Hornblende, Olivin, Biotit, Magnetit, Ilmenit, Magnetkies | |

Beim Gabbro herrschen die dunkleren Plagioklase (Labradorit und Bytownit) vor. Der Anorthitgehalt liegt über 50%. Beim ähnlichen Diorit treten die helleren Plagioklase (Oligoklas und Andesin) in den Vordergrund (siehe oben). Gabbro wirkt etwas dunkler als Diorit. Hauptvertreter der dunklen Gemengteile sind Pyroxene, Hornblende und Olivin. Selten sind Alkalifeldspäte, Quarz oder Foide vertreten.

1 Diorit ITOACA, Espirito Santo/Brasilien
2 Gabbro VIITASAARI, Finnland
3 Norit IMPALA, Transvaal/Südafrika
4 Anorthosit SPEKTROLITH, Finnland

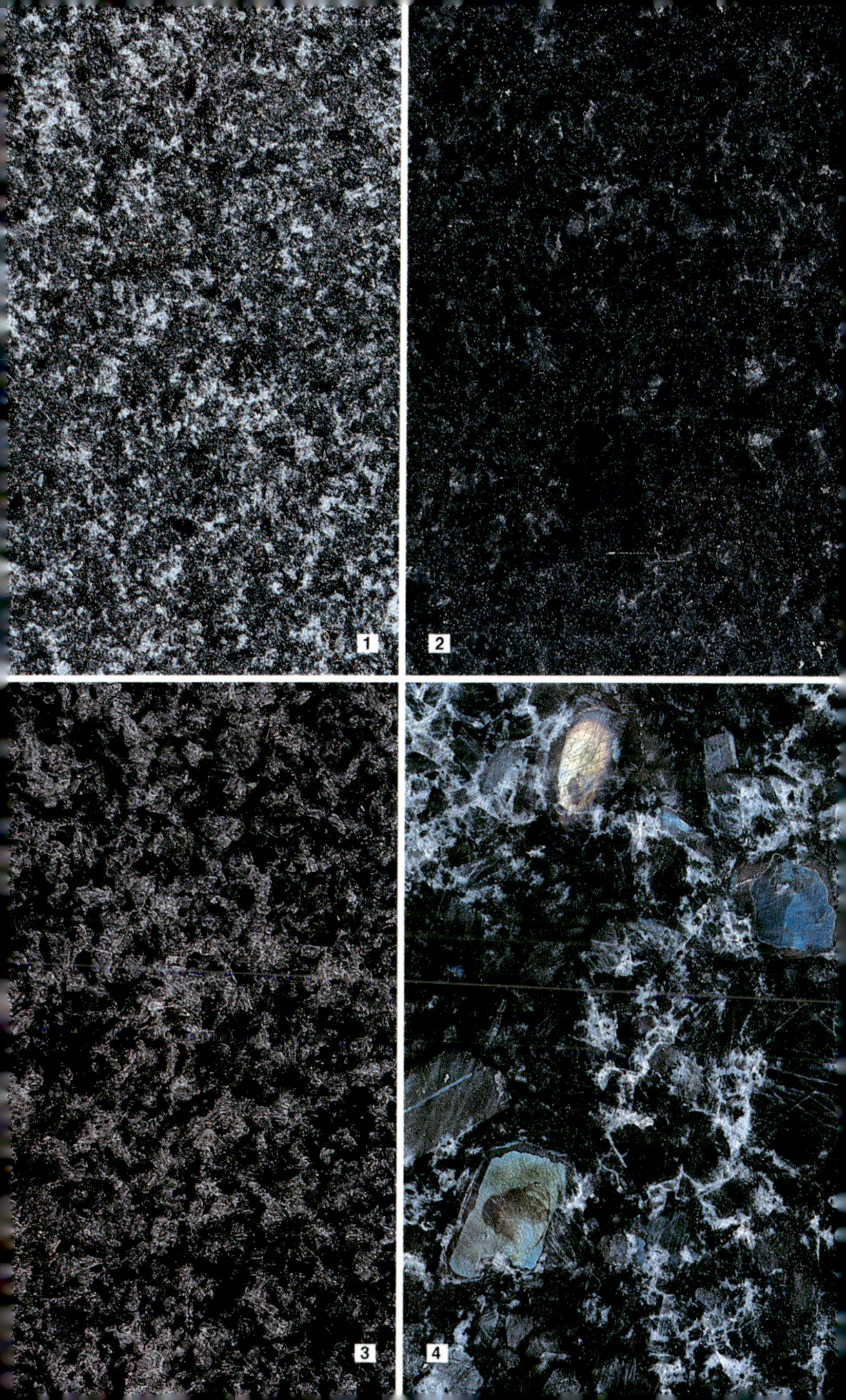
1
2
3
4

Das Gefüge kann fein- bis grobkörnig sein. Farbe bläulich, mittel- bis dunkelgrau, manchmal fast schwarz. Bei Umwandlung einiger Mineralien zu Chloriten erhält Gabbro eine grünliche Farbe (vgl. Grünsteine, S. 248).
Vorkommen in größeren Intrusionen, Stöcken und Lagergängen. Fundorte: Odenwald, Harz, Wallis/Schweiz, Transvaal/Südafrika, Montana und Minnesota/USA. Verwendung als Bau- und Werkstein. Einsatz einiger Sorten wegen ihres zähen, sperrigen und verfilzten Gefüges für hochbeanspruchten Bahnschotter. Gut polierbare Gabbros als Grabstein und für Fassadenverblendungen.

**Norit** [Nr. 3, S. 221]
Dunkelgraue Gabbro-Varietät mit Hypersthen als dunklem Gemengteil. Makroskopisch gelegentlich an den Bronzetönen einiger Pyroxene zu erkennen, sonst vom normalen Gabbro nicht zu unterscheiden.
Fundorte: Norwegen, Transvaal/Südafrika, Montana/USA. Die bedeutenden Nickel-Lagerstätten von Sudbury/Kanada sind an Norite gebunden.

**Troktolith** [1] Forellenstein
Seltene Gabbro-Varietät mit hellem Plagioklas und Olivin als dunklem Gemengteil. Die fleckenartig auftretenden Olivine sind grün oder als serpentinierte Umwandlungsprodukte gelb, bräunlich, rötlich und schwarz.
Fundorte: Harz, Schlesien/Polen, Oklahoma und Montana/USA.

**Anorthosit** [Nr. 4, S. 221]
Hellgraue bis fast schwarze Gabbro-Varietät aus Plagioklas und einem Mafitanteil unter 10%. Nebengemengteile sind Pyroxene, Olivin, Magnetit und Ilmenit. Fundorte: Norwegen, Ukraine, Labrador und Quebec/Kanada, Montana und New York/USA, Transvaal/Südafrika, Angola, Brasilien.
SPEKTROLITH [Nr. 4, S. 221] Handelsname einer Anorthosit-Varietät aus Finnland mit labradorisierendem Feldspat. Für Dekorzwecke und als Modeschmuck.

**Essexit** [2]
Essexit gehört zur Diorit/Gabbro-Familie. Name nach Fundort in USA.

| | | |
|---|---|---|
| Helle Mineralien: | 30–80% | |
| davon: | Feldspäte 40–90% | davon: Plagioklasfeldspat 50–100% |
| | | Alkalifeldspat 0–50% |
| | Foide 10–60% | |
| Dunkle Mineralien: | 20–70% | |
| Nebengemengteile: | Hornblende, Biotit, Magnetit, Titanit, Ilmenit, Apatit | |

Gefüge klein- bis mittelkörnig, manchmal porphyrisch. Dunkelgrau bis fast schwarz durch hohen Pyroxenanteil. Vorkommen in kleinen Gesteinskörpern und Gängen, selten. Fundorte: Kaiserstuhl/Baden, Böhmen, Südtirol, Schottland, Brasilien. Verwendung lokal als Baustein. Von einem porphyrischen Essexit aus Schottland stammen die Curling-Steine.

**Theralith**

Essexit-Varietät aus Plagioklas, Nephelin und Pyroxen, selten. Fundorte: Böhmen, Auvergne/Frankreich, Schottland, Quebec/Kanada.

1 Troktolith FORRELLENSTEIN, Radautal/Harz
2 Essexit, Kaiserstuhl/Baden
3 Gabbro, Odenwald/Hessen
4 Quarzdiorit, Schrems/Niederösterreich

1
2
3
4

## Peridotit-Familie

Zur Peridotit-Familie gehören Foidolithe und Mafitolithe.

### Foidolith [1]

Sammelbegriff für alle Plutonite mit sehr hohem Foidgehalt.

| | | |
|---|---|---|
| Dunkle Mineralien: | 0–90% | |
| Helle Mineralien: | 10–100 % | davon: Foide 60–100% |
| | | Feldspäte 0–40% |

Die meisten Foidolithe sind infolge eines hohen Anteils mafitischer Mineralien dunkel, einige nahezu schwarz. Quarz fehlt völlig. Aufgrund der sehr variablen Zusammensetzung der Einzelglieder existiert eine Vielzahl von Gesteinsnamen. Im Unterschied zu der sonst üblichen Weise, durch Vorsetzen einer Mineralbezeichnung zum Hauptnamen ein Gestein näher zu kennzeichnen, werden die Foidolithe ausschließlich nach geografischen Lokalitäten (wie Italit, Missourit, Algarvit) benannt. Vorkommen nur in kleinen Gesteinskörpern, selten.
**Ijolith** [1] Foidolith-Varietät. Das Foid-Mineral Nephelin ist mit etwa 50% Hauptgemengteil. Mafische Mineralien machen insgesamt auch etwa 50% aus, Pyroxene davon 40%. Untergeordnete Begleiter sind Apatit, Titanit und Calcit.

### Mafitolith [2, 4]

Sammelbegriff für Plutonite mit über 90% Gehalt an dunklen Mineralien. Hauptgemengteile sind Olivin, Pyroxene, Hornblende und Melilith. Farbe grau bis schwarz, auch Grüntöne.
Untergliederung nach Olivinanteil und der vorherrschenden Mineralart.

| | Dunit | Peridotit | Pyroxenit | Hornblendit | Melilitholith |
|---|---|---|---|---|---|
| Olivin (%-Anteil) | über 90 | 40–90 | unter 40 | unter 40 | unter 40 |
| Andere Hauptgemengteile | | Pyroxene | Pyroxene | Hornblende | Melilith |
| Varietäten | | Harzburgit<br>Wehrlit<br>Lherzolith | Enstatitit<br>Bronzitit<br>Hypersthenit | | |

**Peridotit** Manchmal Oberbegriff für Dunit und Peridotit im engeren Sinn.

### Karbonatit [3]

Ein helles, aus Calcit und/oder Dolomitspat bestehendes Gestein, das sowohl plutonischen als auch vulkanischen Ursprungs sein kann. Da es sich im engen Kontakt mit Foidgesteinen befindet und auch durch Übergänge mit ihnen verbunden ist, wird Karbonatit im Allgemeinen den Mafitolithen zugeordnet. Karbonat-Mineralien mindestens 50%. Nebengemengteile sind Baryt, Apatit, Magnetit, Nephelin, Biotit und Phlogopit. Manchmal einem Marmor ähnlich. Vorkommen in kleinen Plutoniten, Stöcken, Gängen oder Schlieren. Fundorte: Kaiserstuhl/Baden, Schweden, Norwegen, Arkansas/USA.
**Ultramafit** Entweder Synonym zu Mafitolith oder Sammelbegriff für Mafitolith und Mafitit (S. 252).

1 Ijolith, Finnland
2 Dunit, Aheim/Norwegen
3 Karbonatit, Telemark/Norwegen
4 Harzburgit, Bad Harzburg/Harz

1

2

3

4

## Technische Eigenschaften von Plutonitgesteinen

| | Rohwichte Rohdichte Raumgewicht Raumdichte g/cm³ | Reinwichte Reindichte Spez. Gewicht Korndichte Dichte g/cm³ | Wahre Porosität Gesamtporosität Raum-% | Wasseraufnahme Gewichts-% | Scheinbare Porosität Nutzporosität Raum-% |
|---|---|---|---|---|---|
| Granit,Syenit | 2,60–2,80 | 2,62–2,85 | 0,4–1,5 | 0,2–0,5 | 0,4–1,4 |
| Diorit, Gabbro | 2,80–3,00 | 2,85–3,05 | 0,5–1,2 | 0,2–1,4 | 0,5–1,2 |
| Granit, Granodiorit | 2,54–2,80 | 2,62–2,85 | 0,4– 6,9 | 0,1 –1,9 | |
| Syenit, Monzonit | 2,56–2,97 | 2,62–2,98 | 0,4– 8,0 | 0,1 –2,0 | |
| Diorit, Gabbro | 2,80–3,15 | 2,84–3,20 | 0,2–10,6 | 0,05–2,7 | |
| Foyait, Essexit | 2,45–2,75 | 2,48–2,80 | 0,5– 5,0 | 0,2 –2.0 | |
| Peridotit | 2,78–3,37 | 3,00–3,42 | 0,2– 5,0 | 0,05–1,6 | |
| Granit | 2,3 –2,8 | 2,6 –2,8 | 0,4–1,4 | | |
| Syenit | 2,5 –2,9 | 2,7 –2,9 | 0,5–1,6 | | |
| Diorit | 2,5 –2,9 | 2,8 –3,0 | 0,5–1,2 | | |
| Gabbro | 2,5 –3,0 | 2,8 –3,0 | 0,5–1,2 | | |

| | Druckfestigkeit im trockenen Zustand kg/cm² | Biegezugfestigkeit kg/cm² | Schlagfestigkeit Schlaganzahl bis zur Zerstörung | Abriebfestigkeit Verlust auf 50 cm² in cm³ | Bemerkungen | Quelle |
|---|---|---|---|---|---|---|
| Granit, Syenit | 1600–2400 | 100–200 | 10–12 | 5–8 | mittlere Häufigkeitswerte | DIN 52100 |
| Diorit, Gabbro | 1700–3000 | 100–200 | 10–15 | 5–8 | | |
| | | | | | | Peschel 1983 |
| Granit | 1600–3700 | | 5–12 | | | Reinsch 1991 |
| Syenit | 800–2300 | | 6–14 | | | |
| Diorit | 800–3400 | | 6–18 | | | |
| Gabbro | 800–3800 | | 6–20 | | | |

Im Lauf der Zeit wurden Maßeinheiten, u. a. auch die Gesteine betreffend, wiederholt geändert. Um die technischen Angaben auch in älterer Literatur zu verstehen, sind die gewechselten Begriffe insgesamt im Kopf der Tabelle dargestellt.

Gabbrosteinbruch im Odenwald, Groß-Bieberau/Hessen. Der hier abgebaute Gabbro ist sehr dunkel, poliert ist er nahezu schwarz.

1

2

3

# Vulkanite

## Entstehung

Vulkanite entstehen, wenn das glutflüssige Magma mit Hilfe vulkanischer Kräfte bis zur Erdoberfläche aufdringt. Die sich wie ein Schlammstrom aus einem Vulkanschlot oder entlang einer Erdspalte ergießende Schmelze heißt Lava. Werden solche Lavafetzen, vermischt mit Gesteinsresten der einstigen Schlotfüllung oder Schlotumrahmung, erst durch die Luft geschleudert, bevor sie zur Ablagerung kommen, spricht man von Pyroklastiten.

Chemismus und Mineralbestand der Vulkanite sind denen der entsprechenden Plutonite (vgl. S. 193) ungefähr gleich. Die Vulkanite werden wie die Plutonite mit Abnahme des Kieselsäuregehalts ebenso dunkler und schwerer.

Wesentliche Unterschiede zwischen Vulkaniten und Plutoniten liegen im Gesteinsgefüge. Aufgrund der realitv raschen Abkühlung vulkanischer Schmelzen verlaufen Kristallisation und Mineralbildung anders als bei den Plutoniten. Die Kristalle der Vulkanite sind gewöhnlich klein, meist mikroskopisch klein; mit bloßem Auge nicht zu erkennen. Wir sprechen von dichtem Gesteinsgefüge.

Nur einzelne Kristalle können sich bevorzugt entwickeln und ihre Eigengestalt ausbilden. Diese liegen dann wie Fremdlinge in sonst gleichartiger Grundmasse. Das nennt man porphyrisches Gefüge (porphyrische Struktur).

Erfolgt die Abkühlung vulkanischer Gesteinsschmelzen besonders schnell, wie z. B. an der Oberfläche eines Lavastromes oder beim Sturz ins Meer, können sich gar keine Kristalle bilden. Die Masse ist amorph, ein Gesteinsglas.

Bei Vulkaniten finden sich häufig kleine Hohlräume, die durch Entgasung der Gesteinsschmelze entstanden sind.

1 Porphyrische Struktur mit Kristall-Eigengestalt
2 Fließgefüge mit eingeregelten Kristallen
3 Fließgefüge mit oval geformten Hohlräumen

Manchmal haben diese Hohlräume eine ovale oder sonstwie langgezogene Form. Sie zeigen damit eine Richtung im Gestein, die Fließrichtung des Lavastroms, an. Auch früh auskristallisierte Mineralien können aufgrund ihrer Einregelung solch ein Fließgefüge (Fließstruktur) bei Vulkaniten andeuten.
Ein charakteristisches Merkmal insbesondere für dunkle, basische Vulkanite sind säulige Absonderungen, die man naturgemäß erst bei Aufschlüssen (steilen Hängen oder Steinbrüchen) erkennen kann. Solche vier- bis achteckigen Säulen stellen keine Kristallformen dar, sondern aus dem Gesteinsverband abgegliederte Felsteile. Sie sind durch Kontraktion bei der Abkühlung der Lava entstanden. Die Richtung der Säulen steht senkrecht zur einstigen Abkühlungsfläche.
Irgendwelche Fossilien gibt es im Allgemeinen bei Vulkaniten nicht. Heiße Lava vernichtet normalerweise alles Leben. Nur in vulkanischen Tuffablagerungen lassen sich ganz vereinzelt Lebensspuren nachweisen.

**Erkennungsmerkmale der Vulkanite**

1. Nur einzelne Kristalle voll ausgebildet (porphyrische Struktur)
2. Grundmasse dicht (mikrokristallin) oder amorph (gestaltlos, glasig)
3. Zahlreiche kleine Hohlräume
4. Oft Fließstrukturen
5. Häufig Säulenbildung
6. Sehr selten Fossilien

## Synonyme

Synonym zu Vulkanit werden die folgenden Begriffe verwendet: vulkanisches Gestein, Ergussgestein, Effusivgestein, Extrusivgestein, Eruptivgestein. Die letztere Bezeichnung sollte wegen möglicher Verwechslung nicht benutzt werden, denn vielfach werden die Magmatite auch als Eruptivgestein angesprochen.

Säulenabsonderung im Basalt, Auvergne/Frankreich

**Vulkanite** Gesteinsfamilien und zugehörige Gesteinsarten

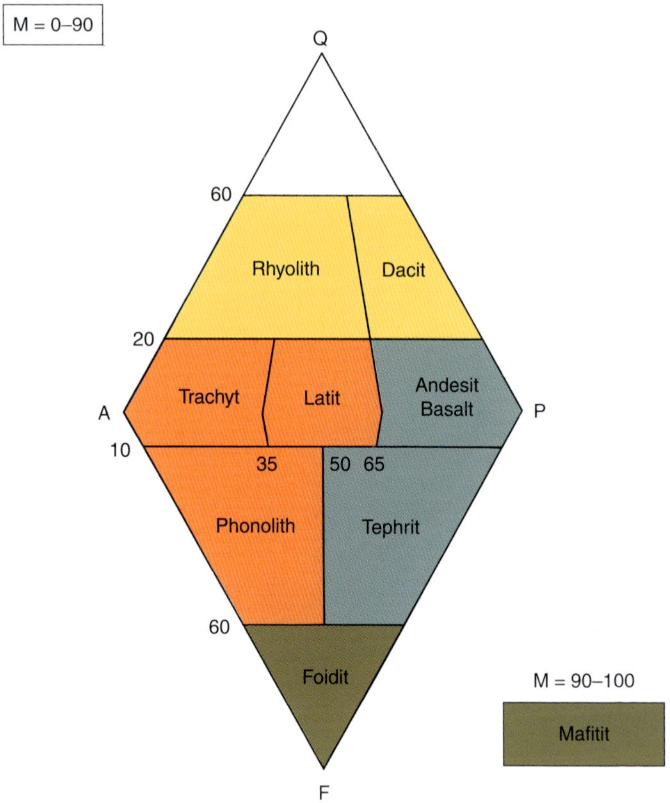


Q = Quarze
A = Alkalifeldspäte
P = Plagioklasfeldspäte
F = Foide
M = Mafite

Alle Zahlen bedeuten %

**Streckeisen-Diagramm** (vereinfacht und verändert)

## Klassifikation der Vulkanite

Gemäß der Entstehung unterscheiden wir Auswurfprodukte, die Pyroklastite, und die aus erkalteten Lavaströmen hervorgegangenen Bildungen, Lavagesteine genannt.

Eine Klassifizierung der Pyroklastite erfolgt nach Korngröße, nach Entstehung und nach Aussehen, die der Lavagesteine nach dem Streckeisen-Diagramm (S. 230).

Die in Mitteleuropa übliche Zweiteilung der Vulkanite nach älterer (paläozoischer) und jüngerer (neozoischer) Genese soll nicht mehr angewendet werden. Tatsächlich sind aber in der Praxis einige der nun auszuscheidenden Gesteinsbezeichnungen derart fest verwurzelt, dass es zweifelhaft ist, ob sich der Handel je davon trennen wird.

Im vorliegenden Bestimmungsbuch werden die alten und die neuen Gesteinsbezeichnungen gleichermaßen berücksichtigt.

### Alte Klassifikation der Lavagesteine

| Gruppenname | Junge Bildung | Alte Bildung |
|---|---|---|
| Quarzporphyr-Gruppe | Rhyolith (Liparit) | Quarzporphyr |
| Trachyt-Gruppe | Trachyt | Orthophyr,<br>Keratophyr |
| Porphyrit-Gruppe | Andesit | Porphyrit |
| Basalt-Gruppe | Basalt<br>Dolerit | Melaphyr,<br>Diabas |
| Pikrit-Gruppe | Pikrit | Paläopikrit |

### Neue Klassifikation der Vulkanite

| | Vulkanit-Familien | Untergliederung der Vulkanit-Familien | Bekannte Gesteinsarten (Auswahl) |
|---|---|---|---|
| | Rhyolith-Familie | Rhyolith<br>Dacit | Rhyolith, Quarzporphyr<br>Dacit, Quarzporphyrit |
| | Trachyt-Familie | Trachyt<br>Latit<br>Phonolith | Trachyt, Keratophyr<br>Latit<br>Phonolith |
| | Andesit/Basalt-Familie | Andesit<br>Basalt<br><br>Tephrit | Andesit, Porphyrit<br>Basalt, Dolerit, Melaphyr, Diabas, Tholeiit<br>Tephrit, Basanit, Limburgit |
| | Pikrit-Familie | Foidit<br>Mafitit | Nephelinit, Leucitit<br>Melilithit, Pikrit, Kimberlit |

# **Pyroklastit** Tuffgestein

Pyroklastite (griech. »Feuer-Brechen«) sind Vulkanite, die aus Auswurfprodukten (Lavafetzen, Reste von Schlotfüllungen oder -wänden) bestehen. Da die Art der Ablagerung den Sedimentgesteinen ähnelt, werden die Pyroklastite manchmal auch zu den Sedimentiten gestellt.
Die Untergliederung der Pyroklastite erfolgt nach Korngröße, nach Entstehung und Aussehen: Tuff, Tuffstein, Tuffit, Ignimbrit. Nomenklatur nicht immer einheitlich.

Vulkanische Asche an der Flanke des Popocatepetl, Mexiko

## **Tuff** [1–5] Vulkanischer Tuff, Tephra

Unter Tuff (lat. »poröser Stein«) im engeren Sinn versteht man die Lockerprodukte der Pyroklastite, im weiteren Sinn (besonders in älterer Literatur) die Gesamtheit aller Pyroklastite.
Der Name Tuff ist auch Kurzbezeichnung für Kalktuff, ein Sintergestein (S. 286). Hat mit dem hier besprochenen vulkanischen Tuff nichts zu tun.
Die vulkanischen Tuffe (i.e.S.) werden nach der zugehörigen Lava (z. B. Andesit-Tuff) oder nach der Korngröße gruppiert.
Die feinkörnigsten Auswurfmassen heißen Staubtuff, Körner bis 2 mm Durchmesser Sandtuff, beide Gruppen zusammen vulkanische Asche oder Aschentuff. Bohnen- bis nussgroße Steinchen (2–64 mm) nennt man Lapilli [1, 2].
Große Auswürflinge (über 64 mm Durchmesser) in eckiger Form werden Block, gerundete Bombe [4, 5] genannt. Blöcke entstammen gewöhnlich verfestigten Laven und benachbartem Gestein der Vulkanschlote oder -spalten. Bomben, meist faust- bis kopfgroß, sind geformte Lavafetzen. Durch Rotieren während des Flugs nehmen die noch heißen Schmelzen rundliche, gedrehte oder spindlige Formen an. Vor der Ablagerung zu festem Gestein erstarrt.
Schlacken [3] sind poröse, aufgeblähte Magmafetzen.
Das Gesteinsgefüge der Tuffe ist kleinkristallin, amorph, vereinzelt porphyrisch und meist porenreich.
Vorkommen: großkörnige Pryoklastite nur in Nähe eines Vulkans, im Umkreis von wenigen Kilometern. Aschen dagegen können durch den Wind über Hunderte von Kilometern vom Vulkan weggetragen werden.

1 Lapilli, Popocatepetl/Mexiko
2 Lapilli, Hohentwiel/Hegau
3 Vulkanische Schlacke, Tenayuca/Mexiko
4 Vulkanische Bombe, Mauna Loa/Hawaii
5 Vulkanische Bombe, spindlig gedreht, Vesuv/Italien

1
2
3
4
5

## Tuffstein [1–4]

Tuffstein (Kurzform Tuff) ist verfestigter vulkanischer Tuff. Je nach Art und Verteilung der einzelnen Körner gibt es fein-, grob- oder gemischtkörnigen Tuffstein, meist von Hohlräumen durchsetzt. Die Verfestigung des ursprünglichen Lockermaterials erfolgt durch Druck und durch Zementierung. Bindemittel ist gewöhnlich Kalk oder Kiesel. Grundwasser, Bergfeuchtigkeit, zirkulierende Flüssigkeiten und Regen besorgen den Transport des Kittzements.

Durch Korngrößensortierung bei der Sedimentation oder durch wiederholte Ablagerungen können Tuffsteine geschichtet sein. Im Unterschied zu den Sedimentgesteinen, die parallele Schichten aufweisen, sind bei den Tuffsteinen die Schichtflächen häufig durch niedergegangene große Auswürflinge (Bomben und Blöcke) eingedrückt. Feinkörnige Sorten im Handstück oft schwer von Sedimentiten zu unterscheiden. Sehr alte Tuffsteine dagegen können derart stark verfestigt sein, dass sie ausgeflossenen Lava-Vulkaniten ähneln.

Vorkommen grobkörniger Tuffsteine in Nähe von Vulkanen, feinkörnige Sorten auch weit von ihrer Eruptionsquelle entfernt. Fundorte: Eifel, Neuwieder Becken/Rheinland, Kaiserstuhl/Baden, Sachsen, Auvergne/Frankreich, Pozzuoli/Italien. Wegen der Porigkeit zur Wärmedämmung und als Leichtbaustein verwendet, verwitterungsgefährdet.

**Trass** [4] Trachytische oder phonolithische Tuffstein-Varietät. Wegen seiner hydraulischen Eigenschaften, gemahlen dem Beton zugesetzt, besonders im Unterwasserbau verwendet. Er erhöht aufgrund seiner geringen Abbindetemperatur die Risssicherheit und macht Beton dichter und chemisch widerstandsfähiger. Trasszement besonders für Massenbeton geeignet. Fundorte: Eifel, Siebengebirge/Rheinland, Südfrankreich, Krim/Ukraine.

Vulkanische Tuffschichten, von verschieden großen Bomben eingedrückt, Niedermendig/Eifel

## Tuffit

Gesteinsgemenge von pyroklastischen Materialien und Sedimentiten. Die Ablagerung beider Gesteinsarten erfolgte gleichzeitig oder auch in Wechselfolge, oft geschichtet.

## Ignimbrit Schmelztuff

Ignimbrite (lat. »Feuerwolke«) sind Absätze von Glutwolken, die wie leichte Flüssigkeiten, also im schmelzflüssigen Zustand, den Boden erreichen. Hier verschmelzen sie zu einem kompakten Gestein, das wie Lava aussieht und häufig auch von ihr nur schwer zu unterscheiden ist.

Fundorte: große Areale in Neuseeland, Alaska, Anden.

1 Selbergit-(Phonolith-)Tuffstein, Eifel
2 Limburgit-Tuffstein, Kaiserstuhl/Baden
3 Phonolith-Tuffstein, Ettringer, Eifel
4 Trass, Brohltal/Eifel

1
2
3
4

## Gesteinsglas

Gesteinsglas ist ein Vulkanit, aber keine eigentliche Gesteinsart, sondern Bezeichnung für ein Gesteinsgefüge. Dieses ist amorph, wie bei den künstlichen Gläsern. Nur vereinzelt sind Kleinstkristalle eingelagert.
Gesteinsgläser entstehen bei sehr rascher Abkühlung des zur Erdoberfläche aufgedrungenen Magmas. Die Zeit bis zur Erstarrung der Schmelze ist für eine Auskristallisierung der gesamten Masse zu kurz.
Bei gasreicher und zäher Lava bildet sich ein porenreiches Gestein, schaumiges Glas genannt, bei gasarmer oder außerordentlich fester Lava ein porenarmes, kompaktes Gesteinsglas.

### Bimsstein [1, 2] Bims

Bimsstein (lat. »Schaum«) ist ein schaumiges Gesteinsglas. Wie bei einem Badeschwamm ist die ganze Masse von unregelmäßig oder oval geformten Poren, die meist nicht miteinander verbunden sind, durchsetzt. Wegen des großen Porenvolumens, das bis 85% erreichen kann, schwimmt Bims auf dem Wasser. Farbe gewöhnlich hellgrau bis gelblich, selten rot oder in dunklen Tönen.
Bimsstein entsteht bei gasreicher und zähflüssiger Lava. Durch plötzliche Druckentlastung an der Erdoberfläche wandern die Gase aus und bewirken die vielen Hohlräume. Kurz danach erstarrt die Lava.
Da saure Laven besonders zäh sind, begünstigen sie eine Bimssteinbildung. Dementsprechend haben die meisten Bimssteine einen hohen Kieselsäuregehalt und helle Farben. Sie sind dann der Rhyolith-Gesteinsfamilie zuzuordnen.
Fundorte: Liparische Inseln/Italien, Island, Auvergne/Frankreich.
Verwendung zur Herstellung von Leichtbausteinen. Der Vorzug dieser Steine liegt im geringen Gewicht und in der guten Wärmeisolierung.
Die Nutzung des Bimssteins als Schleifmittel in der Technik und für kosmetische Zwecke beruht darauf, dass scharfkantige Kristalle, die verletzend wirken könnten, fehlen und dass die Steinoberfläche immer rau und griffig bleibt.
Wegen unterschiedlicher Körnung und Härte der natürlichen Bimssteine gewinnen in der Schleiftechnik aus Quarzsand künstlich hergestellte Bimssteine mit gleichbleibenden Qualitäten zunehmend an Bedeutung.

### Schlacke [3]

Löchrige, bimssteinartige Krusten auf Lavaströmen. Sie sind kompakter als Bimsstein, wetterbeständig und meist rötlich.

### Perlit [4] Perlstein

Gesteinsglas, das aus kleinen, bis erbsengroßen Kügelchen von schaligem Bau zusammengesetzt ist. Bei leichtem Schlag zerfällt Perlit in perlartige Teilchen. Farbe dunkel, bläulich, grün oder braun. Wachsartiger Glanz.
Entstehung wahrscheinlich durch Entspannung und der damit verbundenen Ausdehnung, also ein Zerspringen ursprünglich kompakter Obsidiane oder Pechsteine. Gemäß der chemischen Zusammensetzung meist als Rhyolith-Glas anzusprechen.
Fundorte: Ungarn, Neu-Mexiko/USA.
Durch Erhitzen wird Perlit aufgeschäumt und dann als Leichtbaustein, Filtermaterial sowie als Füll- und Isolierstoff verwendet.

---

1 Künstlicher gleichporiger Bimsstein
2 Bimsstein, Insel Lipari/Italien
3 Tephrit-Schlacke, Vogelsberg/Hessen
4 Perlit, Fuzer/Ungarn

1

2

3

4

## Obsidian [1, 2, 4]

Obsidian ist ein kompaktes Gesteinsglas. Name nach dem Römer Obsius (fälschlich meist Obsidius oder Obsidianus genannt), der in der Antike erstmals ein Stück Obsidian aus Äthiopien nach Rom brachte.
Bei kieselsäurereicher Zusammensetzung gehört Obsidian zur Rhyolith-Familie. Es gibt auch trachytische, andesitische und phonolithische Obsidiane.
Trotz des hohen Kieselsäuregehalts ist die Farbe dunkel, grün, braun bis tiefschwarz. Das rührt von feinstverteiltem Magnetit bzw. Hämatit her. Winzige Poren sind Ursache für gelegentlich auftretende goldähnliche Reflexe. Farbe einheitlich oder streifig. An den Kanten selbst schwarzer Obsidian grau durchscheinend, kleine Splitter sogar hell und durchsichtig. Charakteristisch sind Glasglanz und muschliger, scharfkantiger Bruch.
Entstehung durch rasche Abkühlung meist gasreicher, aber derart zäher Schmelzen, dass die Gase (und bis zu 3% Wasser) nicht entweichen konnten und auch jetzt noch im Gestein enthalten sind. Bei Erhitzung auf etwa 1000 °C wandern die Gase aus und blähen Obsidian zu einem Bimsstein auf.
Vorkommen als Kruste auf Lavaströmen, als Auswürfling oder als äußere Schicht aufgequollener Vulkandome.
Fundorte: Liparische Inseln/Italien, Anatolien/Türkei, Island, Ungarn, Neu-Mexiko, Wyoming/USA, Java, Japan.
In der Steinzeit war Obsidian wegen des scharfkantigen Bruchs und der großen Härte (Mohshärte 5–5½) neben Feuerstein ein geschätzter Rohstoff für Gerät und Waffen. In Mexiko wurde er bis ins 16. Jahrhundert für Messer, Schaber, Pfeilspitzen u. a. verwendet. Heute zu Skulpturen, Kultgegenständen und zu Modeschmuck verarbeitet.
**Schneeflocken-Obsidian** [1] Handelsbezeichnung für einen Obsidian mit kugelförmigen Einschlüssen, sog. Sphärolithen. Diese Gebilde bestehen aus radial angeordneten Mineralien (z. B. Feldspäte, Cristobalit) und erreichen Nussgröße. Strahlenartig sind die Kristalle von einem Kristallisationskern in die noch heiße, zähflüssige Schmelze hineingewachsen, bis Abkühlung und Erstarrung der Lava diesen Prozess beendeten.
Fundorte: Neu-Mexiko und Utah/USA, Mexiko.
**Apachentränen** [2] Handelsbezeichnung für knollenförmige Obsidian-Bruchstücke. Die Rundung besorgten Flusstransport und Sandschliff. Vielfach auch künstlich nachgeholfen. Fundorte: Texas/USA. Nach dem Volksglauben sind die Knollen dort zu finden, wo ein Indianer starb.

## Pechstein [3]

Paläovulkanisches Gesteinsglas mit harz- oder pechartigem Glanz. Farbe grau, schwarz, grünlich oder braun, manchmal gefleckt und gestreift. Häufig große Einsprenglinge von Quarz und Feldspäten. Arm an vulkanischen Gasen, reich an Wasser (bis 10%), das bei 200–300 °C ausgetrieben werden kann. Nach dem Chemismus den Rhyolithen zuzuordnen.
Entstehung aus Obsidian durch Entglasung, d. h. durch allmähliche Auskristallisierung, also Übergang vom glasigen in den kristallinen Zustand.
Fundorte: Sachsen, Südtirol/Italien, Colorado/USA.
**Wildes Ei** Knollenförmige Pechstein-Einlagerung in paläozoische Rhyolithe (Quarzporphyre). Kann Fußballgröße erreichen.

---

1 Schneeflocken-Obsidian angeschliffen und poliert, Utah/USA
2 Apachentränen, Texas/USA
3 Pechstein-Rhyolith (früher Pechstein-Porphyr genannt), Südtirol/Italien
4 Obsidian, Insel Lipari/Italien

1

2

3

4

## Rhyolith-Familie

Zur Rhyolith-Familie gehören Rhyolith und Dacit.

### Rhyolith [3, 4] Liparit

Rhyolith (griech. »Fließstein) ist ein kieselsäurereiches Vulkanitgestein.

| | | | |
|---|---|---|---|
| Helle Mineralien: | 80–100% | | |
| davon: | Quarz 20–60% | | |
| | Feldspäte 40–80% | davon: | Alkalifeldspat 35–100% |
| | | | Plagioklasfeldspat 0–65% |
| Dunkle Mineralien: | 0–20% | | |
| Nebengemengteile: | Ägirin, Biotit, Zirkon, Apatit, Magnetit | | |

Gewöhnlich porphyrisches Gefüge. Einsprenglinge sind Quarz, Sanidin, Plagioklase, selten Biotit. Grundmasse mit unterschiedlichen Glasanteilen, auch dicht und feinkörnig. Sehr kompakt. Häufig Fließgefüge durch eingeregelte Einsprenglinge. Die Farbe junger Rhyolithe ist hell, weiß, grau, gelblich, rötlich. Ältere Rhyolithe wirken dunkler. Da kieselsäurereiche Laven zäh sind, finden sich Rhyolithe (über 70% $SiO_2$) in aufgequollenen Vulkanbildungen, wie Staukuppen und Domen. Selten säulige Absonderung.
Fundorte: Schwarzwald, Sachsen, Vogesen/Frankreich, Lipari und Toskana/Italien, Island, Rocky Mountains/USA, Anden.
Verwendung als Schotter und Splitt, für Pflastersteine, als Dekorationsmaterial.
**Quarzporphyr** [1] (Paläorhyolith) Paläozoisches Vulkanitgestein rhyolithischer Zusammensetzung. Der Name Quarzporphyr (griech. »purpurfarben«) soll durch die Bezeichnung Paläorhyolith ersetzt werden.
Wegen des hohen Alters ist das Gestein etwas verändert und hat rote, braune, teils grünliche Farben. Bedeutendster Fundort in Europa: Südtirol/Italien.

### Dacit (Dazit) [2]

Kieselsäurereiches Vulkanitgestein. Name nach römischer Provinz in Rumänien.

| | | | |
|---|---|---|---|
| Helle Mineralien: | 70–95% | | |
| davon: | Quarz 20–60% | | |
| | Feldspäte 40–80% | davon: | Plagioklasfeldspat 65–100% |
| | | | Alkalifeldspat 0–35% |
| Dunkle Mineralien: | 5–30% | | |
| Nebengemengteile: | Pyroxene, Hornblende, Biotit, Zirkon, Apatit, Magnetit | | |

In feinkörniger, oft glasiger Grundmasse liegen Plagioklase, Quarz, seltener Kalifeldspäte, Hornblende und Biotit als Einsprenglinge. Oft Fließgefüge. Auch dacitische Gesteinsgläser bekannt. Farbe hell- bis mittelgrau, im Allgemeinen etwas dunkler als bei Rhyolith, mit dem Dacit vergesellschaftet auftritt.
Fundorte: Saar-Nahe-Gebiet, Schwarzwald, Siebenbürgen/Rumänien, Zentralmassiv/Frankreich, Rocky Mountains/USA.
Verwendung als Schotter und Splitt, auch als Werk- und Dekorstein.
**Quarzporphyrit** (Paläodacit) Paläozoisches Vulkanitgestein dacitischer Zusammensetzung. Der Name Quarzporphyrit soll durch Paläodacit ersetzt werden. Gesteinsfarbe häufig rötlich oder grünlich.

1 Quarzporphyr, Südtirol/Italien
2 Dacit, Lemberg/Pfalz
3 Rhyolith, Toskana/Italien
4 Rhyolith, Fuzer/Ungarn

1

2

3

4

## Trachyt-Familie

Zur Trachyt-Familie gehören Trachyt, Latit und Phonolith.

### Trachyt [1, 2]

Trachyt (griech. »rau«) ist ein feldspatreiches, helles Vulkanitgestein.

| | | |
|---|---|---|
| Helle Mineralien: | 60–100% | |
| davon: | Feldspäte 80–100% | davon: Alkalifeldspat 65–100% |
| | | Plagioklasfeldspat 0–35% |
| | Quarz 0–20% oder Foide 0–10% | |
| Dunkle Mineralien: | 0–40% | |
| Nebengemengteile: | Pyroxene, Hornblende, Biotit, Apatit | |

Farbe hell- bis mittelgrau, gelblich, bräunlich, bei älteren Bildungen rötlich. Grundmasse dicht, feinkörnig, glasig, porös, stets porphyrisch. Neben Plagioklasen, Pyroxenen und Hornblende vor allem Sanidin als Einsprengling. Häufig Fließgefüge. Vorkommen in Stau- und Quellkuppen. Fundorte: Siebengebirge, Westerwald, Auvergne/Frankreich. Viele Trachyte sind frostempfindlich.
**Keratophyr** [2] Paläozoischer Trachyt mit Mafitanteil unter 40%.

### Latit [3] Trachytandesit

Ein feldspatreiches Vulkanitgestein. Name nach Landschaft Latium/Italien.

| | | |
|---|---|---|
| Helle Mineralien: | 65–95% | |
| davon: | Feldspäte 80–100% | davon: Alkalifeldspat 35–65% |
| | | Plagioklasfeldspat 35–65% |
| | Quarz 0–20% oder Foide 0–10% | |
| Dunkle Mineralien: | 5–35% | |
| Nebengemengteile: | Pyroxene, Hornblende, Biotit, Olivin, Apatit, Magnetit | |

Hauptgemengteile sind Feldspäte, Übergemengteile Nephelin und Pyroxene. Porphyrisches Gefüge mit Plagioklasen, Pyroxenen und Sanidin als Einsprenglinge. Grundmasse feinkörnig und glasig. Fließstrukturen. Farbe hell- bis mittelgrau. Vorkommen in Lavadecken. Fundorte: Auvergne/Frankreich, Italien.

### Phonolith [4]

Phonolith (griech. »Klingstein«) ist ein feldspat- und foidreicher Vulkanit.

| | | |
|---|---|---|
| Helle Mineralien: | 60–100% | |
| davon: | Feldspäte 40–90% | davon: Alkalifeldspat 50–100% |
| | | Plagioklasfeldspat 0–50% |
| | Foide 10–60% | |
| Dunkle Mineralien: | 0–40% | |
| Nebengemengteile: | Ägirin, Hornblende, Melanit, Olivin | |

Gefüge dicht bis feinkörnig, selten glasig. Porphyrisch mit Sanidin und Nephelin als Einsprenglinge. Parallelgefüge, was zur plattigen Absonderung führen kann. Farbe grau, grünlich, bräunlich. Vorkommen in gestauten Lavaergüssen, selten in Decken. Fundorte: Hegau, Kaiserstuhl/Baden, Rhön, Auvergne/Frankreich.

1 Alkalitrachyt, Auvergne/Frankreich
2 Quarzkeratophyr, Westfalen
3 Nephelinlatit, Siebengebirge/Rheinland
4 Phonolith, Hohentwiel/Hegau

1

2

3

4

## Andesit/Basalt-Familie

Zur Andesit/Basalt-Familie gehören Andesit, Basalt und Tephrit. Die Abgrenzung der Einzelglieder innerhalb dieser Gesteinsfamilie wie auch zu den genetisch benachbarten Gesteinen ist makroskopisch oft nicht möglich.

### Andesit [1]

Name nach dem Andengebirge in Südamerika.

| | | |
|---|---|---|
| Helle Mineralien: | 60–85% | |
| davon: | Feldspäte 80–100% | davon: Plagioklasfeldspat 65–100% |
| | | Alkalifeldspat 0–35% |
| | Quarz 0–20% oder Foide 0–10% | |
| Dunkle Mineralien: | 15–40% | |
| Nebengemengteile: | Hornblende, Pyroxene, Biotit, Olivin, Magnetit, Apatit, Zirkon | |

Andesit ist ein relativ helles Gestein mit porphyrischer Struktur. Einsprenglinge sind Plagioklase (insbesondere Andesin), Hornblende, Pyroxene und Biotit. Grundmasse feinkörnig und glasig. Durch die Verfilzung taflig und leistenförmig ausgebildeter Haupt- und Übergemengteile ergibt sich ein zähes und sperriges Gefüge. Quarz kaum mehr als 5% in der Grundmasse. Farbe der Andesite grau, bräunlich, rötlich, alte Varietäten meist grünlich.
Vorkommen in Lavaströmen und Stöcken zusammen mit Basalt, Latit und Trachyt. Fundorte: Rheinpfalz, Westerwald, Siebengebirge/Rheinland, Vogesen und Auvergne/Frankreich, Schottland, Rumänien, Rocky Mountains/USA.
Aufgrund des sperrigen Gefüges als Schottermaterial und Splitt für hohe Beanspruchung geeignet. Nach Basalt ist Andesit das wichtigste Vulkanitgestein.
Die Unterscheidung von Andesit und Basalt erfolgt nicht wie bei der Diorit/Gabbro-Familie, dem plutonischen Gegenstück, nach dem Anorthitgehalt, sondern nach der Farbzahl, d. h. nach dem Mafitanteil in Volumen-Prozent. Aufgrund der porphyrischen Struktur und des feinkörnigen bis glasigen Gefüges ist nämlich eine Identifizierung der Feldspat-Mineralien sehr schwierig. Bei den Andesiten haben die dunklen Mineralien unter 40% Anteil, bei den Basalten über 40% am Gesamtvolumen des Vulkanitgesteins.
**Porphyrit** [2] Bezeichnung für meist grünlichen, paläozoisch entstandenen Andesit. Soll durch den Begriff Paläoandesit ersetzt werden.

### Basalt [3, 4]

Name nach einer Landschaft in Syrien. Schon in der Antike bekannt.

| | | |
|---|---|---|
| Helle Mineralien: | 30–60% | |
| davon: | Feldspäte 80–100% | davon: Plagioklasfeldspat 65–100% |
| | | Alkalifeldspat 0–35% |
| | Quarz 0–20% oder Foide 0–10% | |
| Dunkle Mineralien: | 40–70% | |
| Nebengemengteile: | Hornblende, Pyroxene, Biotit, Olivin, Magnetit, Ilmenit, Apatit | |

Basalt ist ein dunkles Gestein, grau bis schwarz, graublau, auch bräunlich, ältere Varietäten grünlich oder braunrot.

1 Hornblendeandesit, Almeria/Spanien
2 Augitporphyrit, Lemberg/Rheinland-Pfalz
3 Porphyrischer Basalt, Vogelsberg/Hessen
4 Nephelinbasalt, Odenwald/Hessen

1

2

3

4

Alle dunklen Vulkanitgesteine sehen ähnlich aus und sind häufig nur mit Hilfe genauer Mineralbestimmungen anhand von Dünnschliffen zu identifizieren. Selbst das gelingt nicht immer, weil die Kristallbildung bei Vulkaniten teilweise etwas anders verläuft als bei Plutoniten.
Die Unterscheidung der Basalte von den in der gleichen Gesteinsfamilie befindlichen Andesiten (S. 244), die einen nahezu gleichen Mineralbestand aufweisen, erfolgt nach dem Helligkeitswert, d. h. nach dem Anteil der Mafite. Bei Basalten machen die dunklen Gemengteile über 40%, bei den Andesiten unter 40% aus.
Das Gefüge des Basalts ist gewöhnlich feinkörnig bis dicht, nur vereinzelt grobkörnig oder glasig. Porphyrische Struktur mit Pyroxenen, Hornblende und Olivin als Einsprenglinge; häufig eingeregelt. Gelegentlich Hohlräume durch einstige Gasblasen, aber selten stark porig. Infolge wirrer Verzahnung leistenartig ausgebildeter Plagioklase ergibt sich ein sperriges Gefüge, was den Basalt besonders zäh, fest und wetterbeständig erscheinen lässt.
Von allen Vulkanitgesteinen ist Basalt am weitesten verbreitet. Da die basaltischen Laven wegen des geringen Kieselsäuregehalts dünnflüssig sind, bilden sich als Folge von Spaltenergüssen weit ausgedehnte Lavadecken, die sog. Plateaubasalte, auch Trapp genannt. Mächtigkeiten bis 3000 m sind möglich. Dazu gehören die Dekkanbasalte von Indien, die Karroobasalte von Südafrika, Decken im Columbia-Plateau von Oregon/USA, weitere in Argentinien und Sibirien. Außerdem gibt es Basaltkegel und Staukuppenbildungen: Eifel, Westerwald, Rhön, Rheinpfalz, Auvergne/Frankreich.
Charakteristisch wie für alle basischen Vulkanite sind säulige Absonderungen (S. 229 u. 254). Plattige Abgliederungen treten selten auf.
Basalt wird wegen sehr guter Eigenschaften und der weiten Verbreitung als Naturstein vielseitig genutzt. Er gilt als der verwitterungsbeständigste Naturstein überhaupt. Eingeregelte Basalte haben weniger gute Eigenschaften. Früher als Mauer- und Pflastersteine verwendet, liegt seine Hauptbedeutung heute in der Nutzung als Schotter für große Beanspruchung (z. B. Gleisbau) und als Splitt (Zuschlag für Bitumendecken). Als Pflasterstein sollte er wegen seiner Schlüpfrigkeit bei Nässe auf Fahrbahnen nicht eingesetzt werden.
Infolge der säuligen Absonderung im Anstehenden (dem felsigen Zustand) lassen sich von Basalt keine großen Blöcke gewinnen. Von poröser Basaltlava, an der Oberfläche eines Lavastroms entstanden und daher wenig klüftig, kann man dagegen Quader fast beliebiger Größe herauslösen. Geschmolzener Basalt (Schmelzbasalt) ist auch Rohmaterial zur Herstellung von Mineralwolle sowie Grundstoff für hochwiderstandsfähige Fußbodenplatten und Auskleidungen.

## Basalt-Varietäten

Gewöhnlich werden die Basalte nach Alter und Körnigkeit weiter unterschieden, ohne dass es klare Definitionen und eine einheitliche Nomenklatur gibt:

| Alter | feinkörnig | grobkörnig |
|---|---|---|
| jung | Basalt im engeren Sinn | Dolerit |
| alt | Melaphyr | Diabas |

**Basalt i. e. S.** [Nr. 3 und 4, S. 245] Unveränderter, feinkörniger Basalt tertiären oder jüngeren Alters. Farbe gewöhnlich grau, blaugrau bis schwarz.

1 Dolerit, Siebengebirge/Rheinland
2 Tholeiit, Nahegebiet/Rheinland-Pfalz
3 Melaphyr (Mandelstein), Rheinland-Pfalz
4 Diabas, Rauschermühle/Rheinland-Pfalz

1

2

3

4

**Melaphyr** [Nr. 3, S. 247] Feinkörniger Basalt vortertiären Alters. Einstige Gasblasen sind mit Quarz, Achat, Chalcedon, Zeolithen oder Chloriten ausgefüllt (Melaphyr-Mandelstein). Farbe dunkelgrau oder infolge Veränderungen der Mineralien rötlich bis braun. In Bauwirtschaft nur bedingt einsetzbar. Der Begriff Melaphyr soll nicht mehr verwendet und durch die Bezeichnung Paläobasalt ersetzt werden. Vereinzelt wurden früher auch alte Andesite Melaphyr genannt.

**Dolerit** [3 und Nr. 1, S. 247) Grobkörniger, unveränderter, meist junger Basalt.

**Diabas** [1 und Nr. 4, S. 247] Alter, paläozoischer Basalt. Durch sekundäre Veränderung wurden aus dunklen Mineralien Chlorite und Serpentine. Daher Gesteinsfarbe grünlich (Grünstein). Man spricht von Vergrünung der Basalte. Obwohl solch eine mineralische Veränderung nicht altersbedingt sein muss, sondern von tektonischen Vorgängen und zirkulierenden Wassern abhängig, werden die meisten Diabase wohl auch höheren Alters sein. Ebenso wie für Melaphyr soll auch für Diabas die Bezeichnung Paläobasalt verwendet werden.
Neuerdings wird Diabas als vergrüntes Gestein von Basalt wie auch vom plutonischen Gegenstück, dem Gabbro, verstanden. Einige Autoren wiederum betrachten Diabas vornehmlich als Ganggestein.
Verwendung als Schotter und wegen der grünlichen Farbe als effektvoller Architekturstein für Innengestaltung sowie für Fassadenverblendungen.

**Tholeiit** [Nr. 2, S. 247] Olivinfreier Basalt. Als Gegenstück gibt es einen Olivinbasalt. Diese Zweigliederung der Basalte wird jetzt anstelle der früheren Unterscheidung nach Korngröße und Alter empfohlen.

**Basaltlava** [Nr. 4, S. 251] Ein von vielen Gasblasen durchsetztes Basaltgestein. Entstanden an der Oberfläche eines Lavastroms.

**Basaltisches Gestein** Sammelname für dunkle Vulkanite (z. B. Basalt, Tephrit, Basanit, Foidit, Mafitit), die makroskopisch kaum zu unterscheiden und selbst mit Hilfe von Dünnschliff und Mikroskop nur schwer zu bestimmen sind.

**Sonnenbrennerbasalt** Falsche Gesteinsbezeichnung für einen Tephrit (S. 250).

## Handelsnamen basaltischer Gesteine

Schwarz-Schwedisch [3]: schwarzer Dolerit, Schweden.
Porfido Verde Antico: grünlicher Andesit, Griechenland.
Schwarzer Porphyr: dunkler Andesit, Lugano/Schweiz.
Hessisch-Neugrün: grüner Diabas, Marburg/Hessen.
Tiberias: fleckiger Basalt, Israel.
Bodafors: dunkelgrüner Diabas, Schweden.
Verde India [1]: grünlicher Diabas, Karnataka/Indien.

**Falsche Handelsnamen** mit basaltischen Bezeichnungen
Hessischer Diabas [4]: Pikrit, Dillgebiet/Hessen.
Grün-Porphyr: Lamprophyr, Fichtelgebirge.
Lobensteiner Diabas: Pikrit, Thüringen.
Solvag-Gabbro: norwegische Bezeichnung für einen Peridotit, Norwegen.
Lausitzer Grüner Granit: schwarzgrüner Andesit oder Diabas, Sachsen.
Granit Patria: Bezeichnung für einen grünlichen Diabas, Fichtelgebirge.

1 Diabas Verde India, Karnataka/Indien
2 Lamprophyr Grenzland, Lausitz/Sachsen
3 Dolerit Schwarz-Schwedisch, Schweden
4 Pikrit Hessischer Diabas, Hessen

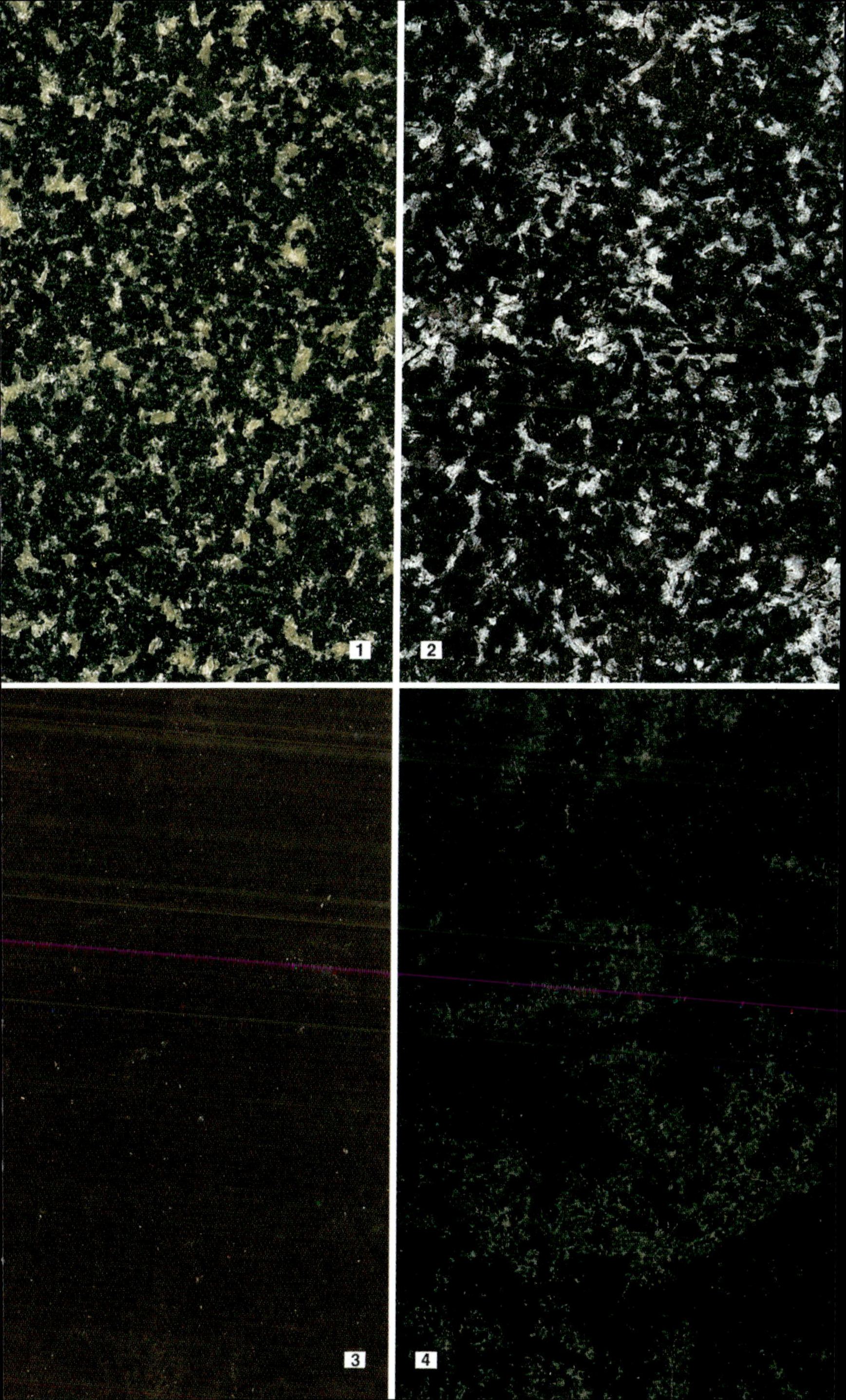
1
2
3
4

## **Tephrit** [1]

Tephrit (griech. »Aschenstein«) gehört zur Basalt-Familie.

| | | | |
|---|---|---|---|
| Helle Mineralien: | 30–80% | | |
| davon: | Feldspäte 40–90% | davon: | Plagioklasfeldspat 50–100% |
| | | | Alkalifeldspat 0–50% |
| | Foide 10–60% | | |
| Dunkle Mineralien: | 20–70% | | |
| Nebengemengteile: | Pyroxene, Hornblende, Olivin | | |

Tephrit wirkt je nach Anteil der Mafite mehr oder weniger dunkel. Gefüge fast immer porphyrisch mit Einsprenglingen von Pyroxenen und Hornblende. In feinkörniger, dichter oder glasiger Grundmasse liegen Plagioklasleisten verfilzt sperrig durcheinander (Intersertalgefüge). Pyroxene sind herausragender Übergemengteil.

Vom ähnlich aussehenden Basalt durch den hohen Gehalt an Foiden zu unterscheiden. Stets Nephelin oder Leucit vertreten, niemals Quarz vorhanden.

Vorkommen nur als geologisch junge Bildung. Sekundär veränderte Tephrite werden wegen der neu entstehenden Mineralien zu völlig anderen Gesteinen, so dass der tephritische Ursprung dann nicht mehr zu erkennen ist. Säulige Absonderung und plattige Abgliederung wie bei anderen kieselsäurearmen Vulkaniten.

Fundorte: Vogelsberg, Rhön, Eifel, Steiermark/Österreich, Auvergne/Frankreich, Vesuv/Italien.

Die wirtschaftliche Nutzung ist wegen der leichten Verwitterbarkeit von Foiden unter Umständen eingeschränkt (siehe unten bei Sonnenbrennerbasalt). Verwitterungsfeste Sorten als Schotter, Splitt, Schmelzbasalt und zur Herstellung von Mineralwolle verwendet.

**Basanit** [2] Olivinreiche Tephrit-Varietät. Wegen des hohen Mafitanteils von 40–70% dunkelgrau bis schwarz. Porphyrische Struktur, meist kristalline Grundmasse. Die zahlreichen Hohlräume oft mit Zeolithen angefüllt. Fundorte: Eifel, Viterba/Italien, Kanarische Inseln, Tassiligebirge/Algerien, Montana/USA. Nur lokal als Baustein genutzt.

**Limburgit** [3] Eine Tephrit-Varietät mit über 50% Glasanteil, über 30% Pyroxene und bis etwa 10% Olivin, der als Einsprengling erscheinen kann. In den Hohlräumen häufig Zeolithe eingelagert.

**Mühlsteinlava** [4] Bezeichnung für einen Leucit-Nephelin-Tephrit, fälschlich auch Mühlsteintrachyt genannt. Gleichartig festes Gestein als Mahlstein (insbesondere für Papiermühlen) weltweit verwendet. Wegen der zahllosen Poren, die ihn durchsetzen, bleibt er auch bei Abrieb stets rau und griffig. Fundorte: Niedermendig/Eifel. Hier sowohl im Tagebau als auch unterirdisch gebrochen. Die Nutzung dieser Brüche zur Gewinnung von Mahlsteinen geht bis in die Steinzeit zurück.

**Sonnenbrennerbasalt** (Sonnenbrenner) Volkstümliche Bezeichnung für verwitterungsanfällige Tephrite und Nephelinite. Durch Umwandlung von Nephelin in Analcim können Gesteine wegen der dabei entstehenden Volumenvergrößerung (um 5%) zerfallen. Fälschlich auf Sonneneinwirkung (Name!) zurückgeführt. Bei Verwendung derart gefährdeter Gesteine in Bauwirtschaft und Technik ist eine labormäßige Überprüfung vorweg dringend anzuraten.

1 Tephrit, Kaiserstuhl/Baden
2 Leucitbasanit, Vesuv/Italien
3 Limburgit, Kaiserstuhl/Baden
4 Mühlstein-Lava, Niedermendig/Eifel

1

2

3

4

# Pikrit-Familie

Zur Pikrit-Familie gehören Foidite und Mafitite.

## Foidit

Sammelbegriff für alle Vulkanite mit sehr hohem Foidgehalt. Bekannteste Vertreter sind Nephelinit und Leucitit.

| | | |
|---|---|---|
| Dunkle Mineralien: | 5–70% | |
| Helle Mineralien: | 30–95% | davon: Foide 60–100% |
| | | Feldspäte 0–40% |

Foidite gleichen im äußeren Erscheinungsbild den Basalten. Wesentliches Unterscheidungsmerkmal sind die meist reichlich vorhandenen Foide. Benennung der Einzeltypen nach dem am stärksten vertretenen Foid-Mineral.

**Nephelinit** [1] Hell- bis mittelgrau mit Nephelin und Pyroxen als Hauptgemengteile. Hornblende, Apatit, Melilith und Titanit untergeordnet vertreten. Olivin kann bis über 20% ausmachen. Gefüge feinkörnig bis dicht, glasig und porphyrisch. Gelegentlich Gesteinszerfall durch sekundäre Umwandlung von Nephelin in Analcim (siehe Sonnenbrennerbasalt S. 250). Vorkommen in Gängen und kleinen Stöcken. Fundorte: Eifel, Rhön, Erzgebirge, Auvergne/Frankreich.

**Leucitit** [2] Bei hohem Anteil von Leucit, der häufig große Einsprenglinge in sonst feinkörniger bis dichter Grundmasse bildet, wirkt Leucitit recht hell. Wenn Pyroxene das Übergewicht haben, erscheint das Farbbild dunkel. Fundorte: Eifel, Kaiserstuhl/Baden, Böhmisches Mittelgebirge, Vesuv/Italien.

## Mafitit

Mafitite sind sehr dunkle Vulkanitgesteine, da der Anteil dunkler Mineralien über 90% beträgt. Melilithit und Pikrit sind die bekanntesten Vertreter.

**Melilithit** Das Mineral Melilith ist namengebender Gemengteil, es muss mindestens 10% ausmachen, kann aber auch über 30% betragen. Weitere Hauptgemengteile sind Diopsid und Phlogopit.

**Pikrit** [3 und Nr. 4, S. 249] Fein- bis mittelkörniges, porphyrisches Gefüge. Hauptgemengteile sind Pyroxen und Olivin, außerdem Hornblende, Biotit und Magnetit vertreten. Durch sekundäre Umwandlung einiger Mineralien in Serpentin und Chlorite nimmt der ursprünglich graue bis schwarze Pikrit mehr grünlichen Farbton an. Vorkommen in kleinen Gesteinskörpern, selten.

## Kimberlit [4]

Kimberlit (nach der Stadt Kimberley/Südafrika bzw. nach deren Namengeber, dem Earl of Kimberley, englischer Staatssekretär für Kolonien) wird teils als Peridotit oder Pikrit-Abart, teils als Ganggestein aufgefasst. Gefüge fein- bis mittelkörnig, auch porphyrisch, Gesteinsausbildung oft brekzienartig. Farbe grünlich bis graubläulich. Hauptmineralien gewöhnlich Olivin, Pyroxene und Phlogopit. Pyrop, Chromdiopsid und Spinell sind Neben-, gelegentlich Übergemengteile. Vorkommen in Gängen oder in Durchschlagsröhren, den Pipes. Fundorte: Südafrika, D. R. Kongo, Indien, Jakutien/Russland. Vereinzelt diamantführend.

**Lamproit** Grünlichgrau gefleckte Kimberlit-Abart, Argyle-Mine/Westaustralien.

---

1 Olivin-Nephelinit, Eifel/Rheinland
2 Nephelin-Leucitit, Eifel/Rheinland
3 Pikrit, Fichtelgebirge/Bayern
4 Kimberlit, Transvaal/Südafrika

1
2
3
4

## Technische Eigenschaften von Vulkanitgesteinen

| | Rohwichte Rohdichte Raumgewicht Raumdichte g/cm³ | Reinwichte Reindichte Spez. Gewicht Korndichte Dichte g/cm³ | Wahre Porosität Gesamtporosität Raum-% | Wasseraufnahme Gewichts-% | Scheinbare Porosität Nutzporosität Raum-% |
|---|---|---|---|---|---|
| Quarzporphyr Porphyrit, Andesit, Keratophyr | 2,55–2,80 | 2,58–2,83 | 0,4–1,8 | | |
| Basalt, Melaphyr | 2,95–3,00 | 3,00–3,15 | 0,2–0,9 | 0,1–0,3 | 0,2–0,8 |
| Basaltlava | 2,20–2,35 | 3,00–3,15 | 20 –25 | 4 – 10 | 9 – 24 |
| Diabas | 2,80–2,90 | 2,85–2,95 | 0,3–1,1 | 0,1–0,4 | 0,3–1,0 |
| Pyroklastite | 1,80–2,00 | 2,62–2,75 | 20 –30 | 6 –15 | 12 –30 |
| Rhyolith, Dacit | 2,35–2,70 | 2,58–2,73 | 0,4–14,5 | 0,1–4,7 | |
| Trachyt | 2,42–2,75 | 2,52–2,78 | 1,0–10,0 | 0,3–4,0 | |
| Andesit | 2,50–2,75 | 2,58–2,80 | 0,8–14,0 | 0,3–4,6 | |
| Basalt | 2,74–3,20 | 2,84–3,22 | 0,3–4,5 | 0,1–1.7 | |
| Phonolith, Tephrit | 2,37–2,64 | 2,50–2,67 | 1,3–12,5 | 0,3–4,4 | |
| Pyroklastite (rhyolithisch, trachytisch) | 0,88–2,20 | 2,50–2,75 | 20,0–65,0 | 6,0–25,0 | |
| Basaltlava | 2,20–2,45 | 2,95–3,15 | 18,0–28,0 | 4,0–10,0 | |
| Diabas | 2,5 –3,0 | 2,8 –3,0 | 0,3–1,0 | | |
| Rhyolith | 2,2 –2,7 | 2,6 –2,7 | 0,4–1,8 | | |
| Andesit | 2,4 –2,9 | 2,6 –2,9 | 0,4–1,8 | | |
| Trachyt | 2,3 –2,8 | 2,5 –2,8 | 0,4–2,0 | | |
| Basalt | 2,6 –3,3 | 2,9 –3,3 | 0,2–0,8 | | |

| | Druckfestigkeit im trockenen Zustand | Biegezugfestigkeit | Schlagfestigkeit | Abriebfestigkeit | Bemerkungen | Quelle |
|---|---|---|---|---|---|---|
| | kg/cm² | kg/cm² | Schlaganzahl bis zur Zerstörung | Verlust auf 50 cm² in cm³ | | |
| Quarzporphyr, Porphyrit, Andesit, Keratophyr | 1800–3000 | 150–200 | 11–13 | 5– 8 | mittlere Häufigkeitswerte | DIN 52100 |
| Basalt, Melaphyr | 2500–4000 | 150–250 | 12–17 | 5– 8,5 | | |
| Basaltlava | 800–1500 | 80–120 | 4–5 | 12–15 | | |
| Diabas | 1800–2500 | 150–250 | 11–16 | 5– 8 | | |
| Pyroklastite | 200– 300 | 20–60 | | | | |
| | | | | | | Peschel 1983 |
| Diabas | 1400–4000 | | 8–22 | | | Reinsch 1991 |
| Rhyolith | 900–3500 | | 3–10 | | | |
| Andesit | 800–3300 | | 3–13 | | | |
| Trachyt | 1100–2400 | | 3–12 | | | |
| Basalt | 1600–4000 | | 7–20 | | | |

Im Lauf der Zeit wurden Maßeinheiten, u. a. auch die Gesteine betreffend, wiederholt geändert. Um die technischen Angaben auch in älterer Literatur zu verstehen, sind die gewechselten Begriffe insgesamt im Kopf der Tabelle dargestellt.

Aufgelassener Basaltsteinbruch im Westerwald mit typischer Säulenabsonderung, Betzdorf/Rheinland-Pfalz. Heute als sog. Druidenstein eine Art Wallfahrtsstätte.

## Ganggesteine

Die Ganggesteine (auch Übergangsmagmatite genannt) galten bisher als dritte eigenständige Gesteinsgruppe innerhalb der Magmatite. Hinsichtlich Genese, Gefüge und Vorkommen nahmen sie eine Mittelstellung zwischen den Plutoniten und den Vulkaniten ein (vgl. Abb. S. 190). Die Entstehung wurde durch Abspalten von Teilschmelzen in kleinen Gesteinskörpern, den Gängen, erklärt.
Neuerdings neigt man dazu, die Ganggesteine mehr den Plutoniten beizuordnen, einige Typen aber als Vulkanite aufzufassen.
Gemäß den neuen Vorstellungen hat sich die Nomenklatur geändert. Während früher zur Bezeichnung der Ganggesteine der Name aus den äquivalenten Plutoniten und Vulkaniten abgeleitet wurde, sollen diese Gesteine jetzt mit dem Präfix Mikro- und dem entsprechenden Plutonitbegriff als Grundwort gekennzeichnet werden. Mikroplutonit ist sinngemäß der moderne Name für Ganggestein.

**Nomenklatur der Ganggesteine/Mikroplutonite**

| | **Neue Nomenklatur** | **Alte Nomenklatur** |
|---|---|---|
| Plutonite | Mikroplutonite | Ganggesteine |
| Granit | Mikrogranit | Granitporphyr |
| Granodiorit | Mikrogranodiorit | |
| Syenit | Mikrosyenit | Syenitporphyr |
| Monzonit | Mikromonzonit | |
| Foyait | Mikrofoyait | |
| Diorit | Mikrodiorit | Dioritporphyrit |
| Gabbro | Mikrogabbro | Gabbroporphyrit |
| Essexit | Mikroessexit | |
| Foidolith | Mikrofoidolith | |
| Mafitolith | Mikromafitolith | |

### Ungespaltene Ganggesteine

Die oben in der Tabelle genannten Ganggesteine haben die gleiche chemische Zusammensetzung wie das Muttergestein, nur das Gesteinsgefüge ist abweichend. Solche Ganggesteine wurden früher als ungespalten, mit einem wenig bekannten Fachausdruck auch als aschist (griech. »ungespalten«) bezeichnet.

Mauerartig erhebt sich der herausgewitterte Quarzgang, Pfahl/Bayerischer Wald.

1 Granitporphyr, Odenwald/Hessen
2 Schriftgranit, Hitterö/Norwegen
3 Granitpegmatit mit Orthoklaskristallen tafligen Albiten und Rauchquarz, Fichtelgebirge

1

2

3

**Granitporphyr** (Mikrogranit) Bekanntester Vertreter der »normalen« (d. h. ungespaltenen) Ganggesteine mit typisch porphyrischem Gefüge. Große Feldspat- und Quarzeinsprenglinge in kleinmineralischer Grundmasse.

## Gespaltene Ganggesteine

Vereinzelt sind Mineralbestand und Gefüge der Ganggesteine völlig anders als bei den verwandten Plutoniten und Vulkaniten. Wir sprechen dann von gespaltenen oder diaschisten (griech. »zerspalten«) Ganggesteinen. Dazu gehören der grobkörnige Pegmatit, der helle Aplit und der dunkle Lamprophyr. Sicherlich muss man auch einige der Quarzolithe (S. 198) hierher stellen.

**Pegmatit** [Nr. 3, S. 257] Helles grobkörniges Gestein (griech. »fester Stein«). Kann den Ganggesteinen wie auch den Plutoniten zugeordnet werden. Er tritt in Gängen, Stöcken, Linsen oder am Rand großer plutonischer Gesteinskörper auf, meist mit Plutoniten vergesellschaftet. Viele Kristalle haben ihre Eigengestalt voll ausgebildet. Riesenkristalle bekannt.
Da Pegmatite oftmals seltene Mineralien enthalten, können sie wirtschaftlich von Bedeutung sein. Benennung der Pegmatite nach dem zugehörigen Plutonitgestein (z. B. Granitpegmatit) oder auch nach ihren nutzbaren Mineralien (Glimmer-P., Feldspat-P., Edelstein-P.).
Unter Pegmatit versteht man nicht nur die grobkörnige Gesteinsart, sondern im weiteren Sinn auch den ganzen pegmatitischen Gesteinskörper.
Schriftgranit [Nr. 2, S. 256] Pegmatitische Varietät mit regelmäßiger Verwachsung von Kalifeldspat (Mikroklin) und stängelförmigem Quarz. Wie arabische Schriftzeichen oder germanische Runen liegen die dunkelgrauen Quarze in hellen, grauweißen oder bräunlichen Feldspatfeldern. Das Verhältnis von Kalifeldspat zu Quarz beträgt etwa 70 zu 30%.

**Aplit** [1, 2] Helles, feinkörniges Ganggestein (griech. »einfacher Stein«). Alle Mineralien körnig, ohne Eigengestalt der Kristalle, zuckerartiges Gefüge. Oft granitische Zusammensetzung (Granitaplit) mit Alkalifeldspat und Plagioklas je zur Hälfte. Es gibt aber auch zu anderen Plutoniten entsprechende Aplite (z. B. Syenit-A., Diorit-A., Essexit-A.). Gesteinsfarbe weiß, gelblich oder rot.
Vorkommen in Gängen bis mehrere Meter Mächtigkeit. Fast in jedem Granitkomplex vertreten. Häufig in Nachbarschaft zu Pegmatiten.

**Lamprophyr** [3, 4 und Nr. 2, S. 248] Dunkles Ganggestein (griech. »glänzendes Gemisch«) mit feinstkörniger oder glasiger Grundmasse und meist porphyrischem Gefüge. Glimmer auf den Bruchflächen bewirken einen gewissen Glanz. Mineralbestand und Gefüge sind bei den einzelnen Gliedern der Lamprophyre sehr verschieden. Vorkommen in Gängen kaum über einen Meter Mächtigkeit. Bekannte Varietäten: Kersantit, Minette, Monchiquit, Spessartit, Vogesit. Von einigen Autoren wird auch der Kimberlit (S. 252) hierher gestellt.
Minette [3] Lamprophyr-Varietät syenitischer Zusammensetzung. Mehr Kalifeldspat als Plagioklas. Biotit und Pyroxene stark vertreten. – Nicht mit den oolithischen Eisen-Erzen, ebenso Minette genannt (S. 294), verwechseln.
Spessartit [4] Lamprophyr-Varietät dioritischer Zusammensetzung. Mehr Plagioklas als Kalifeldspat. Hornblende oder Augit sind die dunklen, farbbestimmenden Gemengteile. Quarz kann vertreten sein.

1 Aplit, Odenwald/Hessen
2 Turmalin-Aplit, Fichtelgebirge/Bayern
3 Minette, Vogesen/Frankreich
4 Spessartit, Oberpfalz/Bayern

1

2

3

4

# Sedimentite

Sedimentite haben nur etwa 8% Anteil am Aufbau der Erdkruste. Ihre Hauptverbreitung liegt an der Erdoberfläche. Hier bedecken sie als Locker- oder Festgestein 75% der Kontinente und wahrscheinlich noch mehr der Ozeanböden.

## Entstehung

Sedimentite sind Sekundärgesteine. Sie entstehen an der Erdoberfläche aus Verwitterungsmaterialien anderer Gesteine, also der Magmatite, der Metamorphite und älterer Sedimentite.
Normalerweise vollzieht sich zwischen dem Ort des Ursprunggesteins und der Ablagerungsstelle der Verwitterungsprodukte ein mehr oder weniger weiter Transport. Auf diesem Weg, durch Wasser, Eis, Wind und die Schwerkraft besorgt, werden die mitgeführten Gesteinsreste und die in Lösung gehaltenen Bestandteile durchmischt, separiert oder chemisch so verändert, dass sich am Ablagerungsort ein völlig neues Gestein entwickelt.

**Schichtung** Fast alle Sedimentite sind geschichtet. Sie zeigen durchgehende Grenzlinien und beiderseits davon unterschiedliches Gesteinsmaterial. Solche Schichten entstehen durch ungleichartige Sedimentation (Ablagerung) des Wassers, sei es infolge Kornsortierung oder zeitlicher Unterbrechung.
Bei parallelen Schichtgrenzen sprechen wir von Konkordanz, stoßen Schichtflächen im Winkel aufeinander, nennt man das Diskordanz. Bei Sedimentation im Deltabereich, wo durch Pendeln des einströmenden Flusses kreuzartig übereinander abgelagert wird, bildet sich die sog. Kreuzschichtung.
Im kleinen Handstück ist u.U. das charakteristische Erkennungsmerkmal der Schichtung nicht immer zu sehen. In der Natur sind Sedimentite bei großräumiger Lagerung aber nahezu zweifelsfrei zu identifizieren. Schichtgrenzen sind meist auch Flächen guter Teilbarkeit.
Die Schichtstärken (Mächtigkeiten) schwanken zwischen Bruchteilen eines Millimeters und mehreren Metern. Im Millimeterbereich spricht man von blättriger, im Zentimeterbereich von plattiger und bei Dezimetermaßen von bankiger Schichtung.

Kalkstein mit konkordanter Schichtung

Kreuzschichtung mit Diskordanzen

Ungeschichteter, stark zerklüfteter Riffkalk, Eichstätt/Bayern

Aus ungeschichteter Moräne herauspräparierte Erdpyramiden, Südtirol/Italien

Bei einigen Sedimentiten verlaufen Klüfte (kleinste Spalten) vornehmlich senkrecht zu den Schichtflächen. Dadurch ergibt sich unter dem Einfluss der Verwitterung, insbesondere bei Sandsteinen, eine quaderförmige Aufgliederung einzeln stehender Felspartien (Abb. S. 274). Bei Kalkstein dagegen bilden sich aufgrund der relativ leichten Löslichkeit bizarre, spitzgratige Gebirgsformen (S. 282).
Riffkalksteine sind im Allgemeinen ungeschichtet. Sie entstanden als Atoll oder, wie der Name sagt, als Saumriff durch fortwährende Kalkanlagerung kleinster Korallentierchen. Riffkalke stellen in unseren Gegenden meist nur einzelne Stöcke innerhalb sonst gut geschichteter Kalksteinmassive dar.
Auch Moränen, Ablagerungen von Gletschern, sind immer ungeschichtet. Erkennungsmerkmale glazialer Sedimentation: keine Gemengesortierung, alle Korngrößen vertreten, Lagerung selbst plattiger Bestandteile ohne bevorzugte Richtung, große Gesteinsbrocken bis über Meterausmaß möglich.

**Diagenese** Die meisten Sedimentite werden zunächst als Lockermaterial abgelagert. Wir sprechen von Lockergestein. Erst allmählich setzt durch Entwässerung und/oder durch Verkittung mit einem Bindemittel (Ton, Kalk, Kiesel) eine Verfestigung ein. All diese, das Gestein verändernde Vorgänge, die zur Verfestigung führen, nennt man Diagenese.
Derart fest gewordene Gesteine sollten mit dem Suffix »stein« bezeichnet werden (z. B. Sand → Sandstein, Ton → Tonstein).
Es gibt auch Sedimente, die bei ihrer Bildung sofort als festes Gestein entstehen. Dazu gehören Kalktuff, Riffkalkstein und Salzgesteine.

**Fossilinhalt** Ein wesentliches Erkennungsmerkmal für Sedimentite sind Fossilien, d. h. irgendwelche Lebensspuren, wie Hartteile von Tieren, Abdrücke von Pflanzen, auch Bohrgänge, Fress- und Trittspuren kleinster Lebewesen.
Die meisten Fossilien gibt es in Sedimentiten, doch nicht alle diese Gesteine müssen welche enthalten. Auch sind Fossilien nicht ausschließlich auf Sedimentite beschränkt. In vulkanischen Tuffablagerungen können Lebensspuren ebenso auftreten. Dennoch ist der Fossilinhalt, gekoppelt mit der charakteristischen Schichtung, ein meist zwingender Hinweis auf Sedimentgestein.

**Böden** Vereinzelt zählt man die Böden auch zu den Sedimentiten. Im vorliegenden Bestimmungsbuch werden sie nicht als eigene Gruppe behandelt. Alles, was an den Böden petrologisch interessiert, wird bei den entsprechenden Gesteinen (Ton, Mergel, Sand, Kalkstein usw.) erwähnt.

### Klassifikation der Sedimentite

Es gibt keine verbindliche oder allgemein empfohlene Klassifikation der Sedimentite. Entsprechend fehlt eine einheitliche Nomenklatur. Die Hauptgruppen werden gewöhnlich nach genetischen Gesichtspunkten gegliedert. Die weitere Unterteilung erfolgt nach chemischen, nach maßtechnischen oder wiederum nach genetischen Prinzipien.

#### Hauptgruppen der Sedimentite

| Klastische Sedimentite | Chemisch-biogene Sedimentite | Rückstandsgesteine | Kohlegesteine |
|---|---|---|---|
| Psephite | Kalkgesteine | Kaolin | Torf |
| Psammite | Kieselgesteine | Bauxit | Braunkohle |
| Pelite | Salzgesteine | | Steinkohle |
| | Phosphatgesteine | | Anthrazit |
| | Eisengesteine | | |

### Synonyme

Zu Sedimentit werden synonym gebraucht: Sedimentgestein, Ablagerungsgestein, Schichtgestein und Sediment.
Nur der Name Sedimentgestein ist ganz klar. Die Begriffe Ablagerungs- und Absatzgestein sind nicht zweifelsfrei, denn auch die vulkanischen Tuffe und vereinzelt sogar Laven entstehen durch Ablagerung, durch Absatz von oben her.
Auch die Bezeichnung Schichtgestein ist kein vollwertiger Ersatz für Sedimentit. Zwar sind die meisten Sedimentgesteine geschichtet, aber es gibt auch solche (z. B. Riffkalk, Moränen), die keine Schichtung aufweisen. Andererseits können auch nichtsedimentäre Gesteine geschichtet sein (vulkanischer Tuff, einige Metamorphite).
Der Begriff Sediment wurde früher anstelle von Sedimentit verwendet. Heute verstehen wir unter Sediment nur die lockeren Ablagerungen, Festgestein nennt man Sedimentit.

**Erkennungsmerkmale der Sedimentite**
1. Meist ausgeprägte Schichtung
2. Oft fossilreich
3. Gebirgige Großformen vielfach schroff und bizarr
4. Moränen niemals geschichtet, keinerlei Kornsortierung
5. Riffkalke fast nie geschichtet

**Verwitterung am Beispiel eines Granits**
1 Frischer, von der Verwitterung noch nicht angegriffener Granit.
2 Infolge chemischer Einwirkung gehen Eisenverbindungen in Lösung, Braunfärbung.
3 Durch kohlensäurehaltige Wasser werden Feldspäte zersetzt, Verwitterung wirkt in die Tiefe.
4 Zusammenwirken von chemischer und physikalischer Verwitterung führt zur Lockerung des Gefüges, Spaltrisse durchziehen das Gestein.
5 Granit ist in grobkörnige, sehr mürbe Stücke zerfallen.
6 Als Endphase der Verwitterung entsteht feinkörnige Ackererde mit Tonmineralien.

1
2
3
4
5
6

## Klastische Sedimentite

Als klastische Sedimentite, auch Klastite (griech. »zertrümmern«), Trümmergesteine oder Verwitterungsrestbildungen genannt, werden Gesteine aller Korngrößen bezeichnet, die noch das Ausgangsmaterial erkennen lassen.

### Entstehung

Die klastischen Sedimentite sind überwiegend durch physikalische Verwitterung entstanden. Diese rein mechanische Gesteinszertrümmerung vollzieht sich unter dem Einfluss der Wetterelemente. Sie ist in hohem Maße klimabedingt und damit regional verschieden intensiv ausgeprägt.
Wir unterscheiden Temperatur- und Frostverwitterung, Salzsprengung sowie Gesteinsaufbereitung durch Organismen, sind uns jedoch im Klaren, dass in der Natur die einzelnen Arten der Verwitterung mehr oder weniger stark ineinandergreifen.
Häufiger Temperaturwechsel, extrem in Wüstengebieten, bewirkt aufgrund verschiedener Ausdehnung bzw. Kontraktion der Mineralien ein Lockern des Gefüges bis zum Gesteinszerfall.
Ursache bei der Frostverwitterung ist die bei der Umwandlung von Wasser zu Eis auftretende Volumenvergrößerung und die dadurch erzeugte Druckwirkung. Gesteine werden entlang von Spalten und Rissen oder auch bei wassergefüllten Poren auseinandergetrieben. Dieser zerstörerische Prozess tritt vorwiegend im Hochgebirge und in den Kältezonen höherer Breiten auf.
Die Salzverwitterung, auf aride, trockene Gebiete beschränkt, äußert sich ähnlich wie die Frostsprengung. Durch Wasseraufnahme erfahren Salze eine Volumenvergrößerung und ermöglichen damit sprengenden Druck.
Organismen wirken vor allem durch den Gewebedruck, der sich z. B. beim Wachstum der Pflanzenwurzeln ergibt. Das Gesteinsgefüge wird dadurch nach und nach gelockert, schließlich gesprengt.

### Einteilung nach Korngrößen

Es ist üblich, die klastischen Sedimentite nach der Korngröße zu gruppieren, die Einteilungsprinzipien sind jedoch verschieden. Die nebenstehende Tabelle zeigt Gliederungen und Begriffe, wie sie im mittleren Europa verwendet werden.

**Psephite** (griech. »Stein«) Umfassen Gesteinstrümmer größer als 2 mm Durchmesser. Nach Korngestalt und Abrundungsgrad werden eckige Brocken (in Anhäufung Schutt und Brekzie) von rundgeformten Geröllen (angehäuft Schotter und Konglomerat) unterschieden.

**Psammite** (griech. »Sand«) Umfassen Gesteinstrümmer mit Durchmessern von 2–0,02 mm. Es ist die Gruppe der Sande und Sandsteine. Die weitere Unterscheidung der Einzeltypen erfolgt nach der mineralischen Zusammensetzung und nach Art des Bindemittels. Bei ganz spezieller Betrachtung wird auch die Korngestalt mit einbezogen.

**Pelite** (griech. »Ton«) Umfassen Korngrößen unter 0,02 mm Durchmesser. Ton- und Schluffmaterialien sind hier vereint. Im Unterschied zu den Psephiten und Psammiten, die fast nur echte Reste aufbereiteter Gesteine umfassen, ist bei den Tonmaterialien ein Teil durch Neubildung als Folge der chemischen Verwitterung entstanden.

**Korngrößenbenennung klastischer Sedimentite**

<table>
<tr><th>Grob-ein-teilung</th><th colspan="2">nach DIN 4022</th><th>Durchmesser in mm</th><th colspan="4">nach W. v. Engelhard 1953</th></tr>
<tr><td rowspan="5">Psephite</td><td rowspan="2">Stein</td><td rowspan="2">Stein</td><td>größer 200</td><td colspan="4">Blockwerk</td></tr>
<tr><td>größer 63</td><td>Blockkies</td><td rowspan="2">Grobkies</td><td></td><td rowspan="4">Kies</td></tr>
<tr><td rowspan="3">Kies</td><td>Grobkies</td><td>63–20</td><td>Grob-Mittelkies</td><td rowspan="2">Mittelkies</td></tr>
<tr><td>Mittelkies</td><td>20–6,3</td><td>Fein-Mittelkies</td><td rowspan="2">Feinkies</td></tr>
<tr><td>Feinkies</td><td>6,3–2,0</td><td>Kleinkies</td><td rowspan="2">Grand</td></tr>
<tr><td rowspan="4">Psammite</td><td rowspan="3">Sand</td><td>Grobsand</td><td>2,0–0,63</td><td>Kiessand</td><td rowspan="2">Grobsand</td><td rowspan="4">Sand</td></tr>
<tr><td>Mittelsand</td><td>0,63–0,2</td><td>Grob-Mittelsand</td><td rowspan="2">Mittelsand</td></tr>
<tr><td>Feinsand</td><td>0,2–0,063</td><td>Fein-Mittelsand</td><td rowspan="2">Feinsand</td></tr>
<tr><td rowspan="3">Schluff</td><td>Grobschluff</td><td>0,063–0,02</td><td>Staubsand</td><td rowspan="3">Silt</td></tr>
<tr><td rowspan="3">Pelite</td><td>Mittelschluff</td><td>0,02–0,006</td><td>Schluff</td><td rowspan="2">Grobton (Schluff)</td><td rowspan="3">Ton</td></tr>
<tr><td>Feinschluff</td><td>0,006–0,002</td><td></td></tr>
<tr><td>Ton</td><td>Ton</td><td>kleiner 0,002</td><td>Ton</td><td>Fein-ton</td><td></td></tr>
</table>

## Maße und Messen

Jede Gruppenbildung nach Korngrößen ist immer irgendwie willkürlich, jede Grenzziehung gewalttätig. Um die individuelle Einflussnahme bei der Klassifizierung zu mildern, werden häufig mathematische Prinzipien zugrunde gelegt.
Die Gruppierung in obenstehender Tabelle basiert auf logarithmischer Einteilung mit der Basis 10. Auch die Unterabteilungen sind dekadisch-logarithmisch, wodurch sich die für den Nichtfachmann erstaunlichen Endziffern von 63 ergeben.
In der Natur sind die Korngrößen stets vermengt. Zur richtigen Ansprache und vor allem zwecks technischer Nutzung müssen die verschiedenen Korngrößen in ihrem Mengenanteil zahlenmäßig erfasst werden. Mit einer Lupe lassen sich die Feinanteile eines klastischen Sediments im Gelände grob schätzen.
Zuverlässige Korngrößenanalysen erfolgen gewöhnlich im Labor mit mehr oder weniger großem Geräte- und Instrumenteneinsatz.
Bei Sanden und den noch größeren Gesteinsteilchen geschieht das mittels Trockensiebung. Die dabei verwendeten Siebe sind in der Maschengröße genormt, in den einzelnen Ländern allerdings nach unterschiedlichen Vorgaben.
Schluff- und Tonanteile werden in recht aufwendigen Nassverfahren, sog. Schlämmanalysen, ermittelt. In modernen Labors ist der Einsatz von Lasergranulometern inzwischen weit verbreitet, ein großer Zeitgewinn.

## Familie der Psephite

Hierunter sind die locker angesammelten wie auch die verfestigten grobklastischen Sedimentite mit Korngrößen über 2 mm Durchmesser zu verstehen.

**Brocken** [3]
Durch mechanische Zerkleinerung von Felspartien entstehen eckige Gesteinstrümmer, als Einzelstück Brocken, in der Ansammlung Schutt genannt. Ihr Lagerungsort ist nur wenig vom Muttergestein entfernt.

**Schutt**
Kantige Brocken in größerer Ansammlung. Finden sich nur in Nähe des Muttergesteins, meist an den Bergflanken als sog. Schutthalden.

**Geröll** [1]
Beim Flusstransport oder durch Meeresbrandung infolge rollender und schiebender Bewegung wie aber auch durch das Aneinanderschlagen der einzelnen Trümmer gerundetes Gesteinsstück. Nach 1 bis 5 km Flusstransport sind Sand- und Kalksteine, nach 10–20 km Granite und Quarzite (Kiesel) abgerundet.

**Geschiebe** [4]
Wenn Gletscher den Gesteinstransport besorgen, erhalten die Einzelstücke eine flache, kantengerundete Form und sind von anderen Gesteinstrümmern mit gradlinigen Ritzungen, sog. Kritzern, versehen (gekritztes Geschiebe).
Eistransportierte Gesteinsteile können fast beliebig groß sein. Es gibt kubikmetergroße Felsstücke, sog. Findlinge, erratische Blöcke oder kurz Erratika, die während der Eiszeit bis über 1000 km transportiert worden sind.

**Schotter** [Abb. unten]
Anhäufung von mehr oder weniger rund geschliffenen Gesteinsteilen, umfasst Gerölle und Geschiebe. Nicht mit dem in der Bauwirtschaft verwendeten Begriff Schotter, der gebrochenes, eckiges Gesteinsmaterial meint, verwechseln!

**Windkanter** [2]
Kantige Gesteinsrelikte, durch feinkörnigen Sand in Wüstenregionen mit geraden Flächen angeschliffen.

Strömungsorientierter Flussschotter mit dachziegelartiger Lagerung, Isar/Oberbayern

1 Geröll (Kieselkalk), Apenrade/Dänemark
2 Windkanter (Kalkstein), Saudi-Arabien
3 Brocken (Dolomitstein), Italien
4 Gekritztes Geschiebe (Kalkstein), Oberbayern

1
2
3
4

**Bezeichnung grobklastischer Sedimentite**

| einzeln | im Verband | |
|---|---|---|
| | locker | verfestigt |
| Brocken | Schutt | Brekzie |
| Geröll, Geschiebe | Schotter | Konglomerat |

## Brekzie (Breccie) [1]

Brekzie (althochdeutsch »Bruch«) ist ein aus kantigen Trümmern zusammengesetztes, oft buntes Festgestein. Je nach Abtragungsgebiet sind die eingelagerten Brocken aus gleicher oder verschiedener Gesteinsart. Gewöhnlich keine Korngrößensortierung, keine Einregelung, keine Kornauslese, keinerlei Schichtung, keine Fossilien. Häufig eckige Hohlräume als Folge herausgefallener Brocken. Bindemittel kann Ton, Kalk oder Kiesel sein. Vorkommen an Bergflanken. Entstanden aus Gehängeschutt oder Bergsturzmaterial.
Verwendung in der Bauwirtschaft abhängig von Zusammensetzung, Packungsdichte sowie Art und Menge des Bindemittels. Die Gesamtfestigkeit sollte annähernd gleichartig sein, die eingebackenen Brocken müssen fest im Verband sitzen. Kompakte Kalksteinbrekzie schleif- und polierfähig, für Innenarchitektur verwendet. Im Außenbereich sind kalkgebundene Arten durch Kohlensäure und Schwefelverbindung der Luft stark gefährdet.
Viele Handelssorten auf dem Markt, häufig als MARMOR bezeichnet. Fundorte: Südtirol, Toskana, Sizilien/Italien, Westalpen, Pyrenäen/Frankreich, Portugal, Türkei, Indien, Venezuela.
**Tektonische Brekzie** [2] Neben der sedimentären Brekzie gibt es auch pyroklastisch und tektonisch gebildete Brekzien. Die letzteren entstehen dadurch, dass das Muttergestein infolge gebirgsbildender oder seismischer Vorgänge zunächst zertrümmert, aber als Gesteinsverband nicht völlig aufgelöst wird. Durch Minerallösungen werden die Bruchstellen bald wieder gekittet (»geheilt«),
**Impaktbrekzie** Durch Meteoriteneinschlag entstandene Brekzie, S. 336.
**Terrazzo** Kunststein mit Natursteinsplittern oder -würfeln in brekzienähnlichem Gefüge. Für Fußbodenbelag.

## Tillit

Verfestigte Moräne mit viel Geschiebelehm als Matrix und wenig Geschieben. Keinerlei Schichtung, im Allgemeinen keine Fossilien. Geschiebe entsprechend der Eisströmung manchmal eingeregelt. Von einigen Autoren werden nur die Moränen des Präquartärs als Tillit bezeichnet.

## Fanglomerat

Fanglomerate (engl.-lat. »Fächeransammlung«) stellen ein Mittelglied zwischen Brekzie und Konglomerat dar. Ihr Inhalt besteht aus unsortierten eckigen und gerundeten Gesteinstrümmern. Kaum geschichtet, selten Korngrößenauslese, viel Grobmaterial, wenig feinkörnige Matrix.
Entstanden als fächerförmiger Schuttstrom arider Gebiete in geologischer Vergangenheit. Schichtflutartige Niederschläge breiteten das während langer Trockenzeit angesammelte Schuttmaterial schwemmkegelartig aus.

1 Brekzie bruchrau, Pyrenäen/Spanien
2 Kalksteinbrekzie geschliffen, Westalpen/Frankreich

1

2

Konglomerat,
sog. Puddingstein,
Vogesen/Frankreich

**Konglomerat** [1, 2]
Konglomerat (lat. »zusammengerollt«) ist ein verfestigter Schotter. Gerundete Gesteinstrümmer sind mit einem tonigen, kalkigen und kieseligen Bindemittel verkittet. Das Verhältnis zwischen grobem und feinem Material ist schwankend. Grobanteile müssen über 50% ausmachen, wenn der Name Konglomerat gelten soll. Nur vereinzelt gibt es Rollstücke bis Kopfgröße. Schlecht korngrößenklassiert, gewöhnlich keine Schichtung, längliche Gerölle manchmal eingeregelt.
Zusammensetzung abhängig vom Ursprungsort. Bei einheitlichen Gesteinssorten der Ausgangsregion ist auch das Endprodukt Konglomerat entsprechend homogen. Im Allgemeinen aber mehrere Gesteinsarten vertreten und dadurch buntfleckig aussehend. Graue, bläuliche und gelbliche Farbtöne herrschen vor, bei stark eisenschüssigem Bindemittel auch rötlich.
Nach weitem Transportweg ist der Geröllbestand einheitlicher. Durch Zerstörung der weicheren Schotter-Komponenten ergibt sich eine Auslese zugunsten der widerstandsfähigeren Gesteine, wie Quarzit, Amphibolit, Diabas, auch Granit und Kieselkalk. Gute Kornauslese bei Brandungskonglomeraten.
Vorkommen in alten Geröllfeldern, Schwemmkegeln und -fächern sowie in zugefüllten Talungen, meist im Vorland aufsteigender Gebirge.
Fundorte: Inntal/Oberbayern, Niederösterreich, Wallis/Schweiz, Dalmatien/Kroatien, Sizilien/Italien.
Feste Sorten als Baustein und für Monumente verwendet. Kieseliges Bindemittel besonders günstig, da kalkiger Kitt durch Kohlensäure und Schwefelverbindungen leicht gelöst wird. Als Steinblock nur brauchbar, wenn die Einzelgerölle fest im Verband sitzen und die Festigkeit im Aggregat annähernd gleich ist. Gegenüber ähnlichen Kunststeinen an zahlreichen runden und an nicht ausgefüllten Zwickellöchern zu erkennen. Selbst bei schleifbaren Sorten gibt es niemals eine geschlossene, kompakte Oberfläche. Weniger feste Konglomerate dienen der Gewinnung von Kies und Splittmaterial.

**Nagelfluh** Lokalbezeichnung (schweizerisch »Nagelfels«) für Konglomerate im Alpenraum und Alpenvorland.

**Puddingstein** Ursprünglich nur im englischen und französischen Sprachraum verwendete Bezeichnung für sehr grobkörnige Konglomerate. Heutzutage vielfach allgemein Synonym zu Konglomerat.

---

1 Konglomerat bruchrau, Isartal/Oberbayern
2 Konglomerat geschliffen, Inntal/Oberbayern

1

2

Diamant-Seifenlagerstätte, Oranjemund/Namibia

# Familie der Psammite

## Sand

Sand ist die Bezeichnung für ein lockeres Gemenge von Mineralien und Steinbruchstücken mit mindestens 50% Anteil der Korngröße 0,02 bis 2 mm Durchmesser. An Mineralien sind meistens Quarz, Feldspäte, daneben Glimmer und Schwermineralien vertreten. Es gibt aber auch Sande, die überhaupt keinen Quarz enthalten. In den »White Sands«, einer 75000 Hektar großen Wüste in Neu-Mexiko/USA z. B., bestehen die ausgedehnten Sandflächen und die hoch aufragenden Wanderdünen nur aus kleinen Gipsspat-Kristallen.
In der Korngrößenverteilung sind die Sande meist sehr heterogen. Sie umfassen größere Psephite wie auch Pelite, feinstkörnigen Ton. Je weiter die Sande vor der letzten Deponie transportiert wurden, desto quarzreicher sind sie. Quarz widersteht nämlich aufgrund seiner chemischen Resistenz, der fehlenden Spaltbarkeit und der hohen Mohshärte einer Zerstörung mehr als andere Mineralien.
Eine Unterscheidung der Sande erfolgt nach dem Mineralbestand. Nomenklatur nicht einheitlich. Quarzsand sollte mindestens 85% Quarzanteil haben.
Vielseitige Verwendung in der Bauwirtschaft, Quarzsande auch zur Glasherstellung, für Sandstrahlgebläse und als Rohstoff für Schleifmaterialien.

**Seifen** In Sanden durch Stoffsonderung konzentrierte Schwermineralien. Wenn wirtschaftlich nutzbar, Seifenlagerstätte genannt (vgl. S. 97 und Abb. oben).

## Sandstein [1 und Nr. 1–4, S. 275]

Durch die Bindemittel Ton, Kalk oder Kieselsäure verfestigte Sande.
Sandsteine sind immer geschichtet. Infolge des meist senkrecht zu den Schichtflächen verlaufenden Kluftsystems lösen sich Sandsteinwände bei der Verwitterung allmählich in quaderförmige Blockbildungen auf (Abb. S. 274).

1 Sandstein Linda Vista, Kalifornien/USA
2 Sedimentärquarzit, Rheinland
3 Grauwacke, Sauerland/Westfalen
4 Arkose, Vogesen/Frankreich

1

2

3

4

Gelbe und braune Farbtöne, von Limonit verursacht, herrschen vor. Rötliche Farben durch Hämatit, blaue und schwarze Töne duch Bitumen und Kohlenstoff bewirkt. Grünsandsteine sind durch Glaukonit-Glimmer gefärbt.
Benennung der Sandsteine nach Mineralbestand, Gefüge, Matrix oder Bindemittel, nach Farbe oder Diagenesegrad, nach Verwendung, Verbreitung oder nach Entstehungszeit. Ergänzend können noch hervorstechende Eigenschaften der Gesteinsbezeichnung zugesetzt werden. Keine einheitliche Nomenklatur.
Großflächige Vorkommen im Alpenvorland, in den Keupergebieten Frankens und Thüringens, den Buntsandsteinregionen beiderseits des Oberrheins.
Verwendung als Baustein, früher für Dome, Burgen und andere repräsentative Gebäude. Kalkgebundene Sandsteine sind durch Kohlensäure und Schwefelverbindungen der Luft vom Zerfall bedroht. Es gibt zwar Mittel und Maßnahmen gegen den Gesteinszerfall, aber eine wirkliche »Zauberformel« existiert nicht. Dort, wo möglich, empfiehlt sich ein Austausch mit verwitterungsbeständigen Gesteinen, z. B. aus der basaltischen Familie.
Bituminöse Sandsteine, auch als Teersande und Ölsande bezeichnet, werden zunehmend zur Erdölgewinnung abgebaut. Große Ausbeute in Alberta/Kanada.

**Sedimentärquarzit** [Nr. 2, S. 273] (Tertiärquarzit, Kittquarzit, Quarzit) Quarzreicher Sandstein mit kieseligem Bindemittel und mindestens 85% Quarz oder quarzitischen Gesteinsbruchstücken. Nicht mit dem metamorphen Quarzit verwechseln (S. 318). Entstehung nur in warm-feuchtem Klima, so dass die weit verbreiteten Feldspäte der Sande verwittern und die Quarzkörner übrigbleiben. Verwendung als Bruchstein für Bahn- und Straßenschotter.

**Arkose** [Nr. 4, S. 273] Feldspatreicher, meist rötlicher Sandstein. Gewöhnlich grobkörnig, schlecht korngrößenklassiert, viele eckige Gesteinstrümmer. Entstehung vorwiegend im Trockenklima, sonst wären die Feldspäte verwittert.

**Grauwacke** [Nr. 3, S. 273] Grauer bis graugrüner Sandstein mit mindestens 25% Feldspatgehalt und reichlich psammitischen Gesteinsbruchstücken, aber auch toniger Grundmasse. Insgesamt schlecht korngrößensortiert. Infolge Auskristallisation des kieseligen Bindemittels ein sehr kompaktes, festes Gestein. Häufig nur auf paläozoische Sandsteine bezogen. Fundorte: Rheinisches Schiefergebirge, Harz, Zentralmassiv/Frankreich. Verwendung lokal als Schotter- und Splittmaterial für Straßenbau.

**Kalksandstein** Sandstein mit hohem Kalkanteil, als Bindemittel oder in Form von kleinen Kalkstücken. Es gibt Kunststeine mit gleicher Bezeichnung.

Quaderbildung durch Verwitterung im Sandstein, Externsteine/Teutoburger Wald

1 Mainsandstein, Sichtfläche geschliffen (einheitlich geglättet)
2 Glaukonitsandstein, Sichtfläche bossiert (grob abgeschlagen)
3 Molassesandstein, Sichtfläche scharriert (gerillt, geriffelt)
4 Buntsandstein, Sichtfläche gestockt (dellenartig eingetieft)

1
2
3
4

## Familie der Pelite

Zu den Peliten gehören die lockeren und die verfestigten Tongesteine. Sie umfassen sowohl die tonigen Korngrößen als auch den gröberen Schluff.

### Ton und Tonstein [4]

Die schwebend vom Fluss transportierten Gesteinsmehle nennt man Flusstrübe oder Schweb. Nach ihrer Ablagerung sprechen wir von Schlamm oder Schlick, solange sie wassergesättigt sind. Teilentwässerte, plastische Feinklastite heißen Ton, ausgetrocknete und verfestigte Tonstein.
Gemengteile der Tone und Tonsteine sind Quarz, Feldspäte und Glimmer, Reste von kalkigen Organismen und organischer Substanz sowie feinstkörnige, nur röntgenografisch zu erfassende Tonmineralien.
Diese Tonmineralien sind überwiegend Neubildungen, erst bei der Sedimentation entstanden. Tongesteine stellen dementsprechend ein Bindeglied zwischen den klastischen und den chemisch-biogenen Sedimentiten dar.
Tongesteine sind immer geschichtet. Ihre Festigkeit wird durch Überlagerungsdruck (Kompaktion) und durch karbonatisches Bindemittel bewirkt.
Beimengungen verursachen die Farbe. Limonit färbt gelb bis braun, Hämatit rötlich, kohlige Substanzen, Bitumen und Sulfide grau, bläulich bis schwarz.
Von allen Sedimentiten sind Ton und Tonstein am weitesten verbreitet. Vorkommen in Schwemmlandebenen, einstigen Seebecken und in Flusstälern.
Durch die Vielzahl feinster Poren wird Wasser im Ton festgehalten. Dadurch ist er für anderes Wasser undurchdringlich und wirkt als Grundwasserstauer.
**Fette und magere Tone** Tone mit hohem Anteil an Tonmineralien, die besonders plastisch erscheinen, werden als fett, die anderen als mager bezeichnet.
**Bentonit** Grauweiße Tonstein-Varietät, durch Umbildung aus vulkanischer Asche entstanden. Wegen des hohen Gehalts an Montmorillonit große Quellfähigkeit, Ionenaustausch- und Adsorptionsvermögen. Einsatz zur Dickspülung bei Erdölbohrung, im Schlitzwandverfahren, als Filter, zum Entfetten.
**Letten** Tongestein ohne eindeutige Definition.

### Lehm und Lehmstein

Lockere bzw. verfestigte Ton-/Tonstein-Varietät. Enthält ganz wenig oder gar keinen Kalk, dagegen übermäßig Sand. Durch Eisenhydroxide charkteristisch gelb gefärbt. Wichtigster Rohstoff für die Ziegelindustrie.
**Geschiebelehm** Von Geschieben durchsetzter, entkalkter Geschiebemergel.
**Lösslehm** Entkalkter Löss, schwerer Lehmboden.

Bänderton mit dunklen winterlichen und hellen sommerlichen Lagen. Die Jahresdoppelschicht (etwa 2 bis 10 mm) wird Warv genannt. Uppsala/Schweden

1 Kaolin mit etwas Kalk vermengt, Oberpfalz/Bayern
2 Löss, Dadschai/China
3 Lösskindel, Remagen/Rheinland
4 Tonstein, Uppsala/Schweden
5 Mergelstein, Süd-Dakota/USA

1

2

3

4

5

## Mergel und Mergelstein [Nr. 5, S. 277]

Lockere bzw. verfestigte Ton-/Tonstein-Varietät. Enthält viel Karbonat, entweder als Calcit oder Dolomitspat. Rohstoff für Zementherstellung.
**Toneisenstein** Mergelstein mit hohem Karbonatanteil in Form von Siderit.
**Geschiebemergel** Von zahlreichen Geschieben durchsetzter Mergel. Entstanden als glaziale Ablagerung, besonders im Bereich der Grundmoräne.

## Löss [Nr. 2, S. 277]

Verfestigte, gelbliche Staubsedimente. Meist ungeschichtet, porös, wandbildend, wasser- und luftdurchlässig. Quarzanteil bis 50%, daneben Feldspäte, Glimmer, Tonmineralien, reichlich Kalk. Entstehung durch Windanwehung aus Trockenzonen in steppenartige Gebiete, wo Pflanzen den Staub festhalten und mit einem kalkigen Haarröhrchengefüge verfestigen. Vorkommen in allen Kontinenten, insbesondere am Rande der pleistozänen Vereisungen.
**Lösskindel** [Nr. 3, S. 277] Kalkige, puppenhaft geformte Konkretion. Entstanden durch konzentrierte Kalkausscheidung vorher gelöster Kalksubstanzen.

## Kaolin [Nr. 1, S. 277] Porzellanerde

Kaolin (nach Berg in China) ist ein Tongestein mit vorherrschendem Kaolinit, daneben Quarz und Glimmer. Entstehung als Rückstandsgestein durch Verwitterung feldspatreicher Gesteine (Granit, Rhyolith, Arkose). Durch Umlagerung des Rohkaolins erfolgt natürliche Schlämmung zu Kaolinton mit den Gemengteilen Kaolinit und Quarz. Farbe von schneeweiß bis graugelblich.
Fundorte: Oberpfalz/Bayern, Sachsen, Cornwall/England, China.
Kaolin ist Rohstoff für Porzellanherstellung und Füllmaterial für Papier.

## Schieferton [1]

Diagenetisch verfestigter Tonstein. Durch gleichgerichtete Ablagerung der plattigen Tonmineralien entsteht ein schieferähnliches Parallelgefüge (aber keine Schieferung!). Keine klare Begriffsdefinition.
**Sedimentärer Tonschiefer** [2] Stark diagenetisch bis schwach metamorph veränderter Tonstein. Dem Schieferton als Sedimentit zuzuordnen. Der echte Tonschiefer [S. 314] ist stärker metamorph beeinflusst, ein Metamorphit.
**Ölschiefer** [4] Oberbegriff für bitumenhaltige, dunkle Schiefertone. Dienen teilweise der Erdölproduktion.
**Kupferschiefer** Bitumenhaltiger, mergeliger Schieferton mit starken sulfidischen Anreicherungen, insbesondere Kupfermineralien und Pyrit.

Septarie, eine Mergel-Konkretion (knolliges Mineralaggregat) mit charakteristischen radialen Schrumpfungsrissen, die teilweise durch Kristallneubildungen wieder gefüllt sind.

1 Schieferton, Siebengebirge/Rheinland
2 Schieferton, genannt Tonschiefer, Harz
3 Halyseritenschiefer, Schieferton mit Pflanzenresten (?), Eifel/Rheinland
4 Posidonienschiefer, Schieferton mit Ammoniten, Holzmaden/Württemberg

1

2

3

4

## Chemisch-biogene Sedimentite

Zu den chemisch-biogenen Sedimentiten gehören Sedimentgesteine, die ihre Entstehung irgendwelchen chemischen Vorgängen verdanken oder unter dem Einfluss von Organismen gebildet wurden.

### Entstehung

Alle chemisch-biogenen Sedimentite sind Neubildungen, denen chemische Verwitterungsvorgänge vorausgingen. Deshalb ist bei dieser Gesteinsgruppe, im Unterschied zu den klastischen Sedimentiten, vom Ausgangsmaterial optisch nichts mehr zu erkennen.

Die chemische Verwitterung ist eine Gesteinszersetzung. Sie beruht darauf, dass Mineralien und Gesteine mit Wasser, atmosphärischen Gasen oder anderen Substanzen chemisch reagieren. Die einzelnen Mineralien sind dabei verschieden widerstandsfähig. Während ein Teil des chemisch aufbereiteten Materials in gelöster Form abtransportiert wird, bleibt ein anderer als unlöslicher Rest zurück. Die Wasser des Festlandes und der Meere übernehmen die chemisch gelösten Gesteinsprodukte, verteilen, durchmischen oder sortieren sie. Die Ausscheidung der gelösten Substanzen erfolgt durch chemisch-physikalische Fällung und/oder durch Mitwirkung von Organismen.

### Klassifikation

Eine Gruppenbildung kann nach chemisch-mineralischem Prinzip erfolgen (Kalk-, Kiesel-, Salz-, Phosphat- und Eisengesteine), nach Art der Ablagerung (Ausfällungsgesteine oder Präzipitate, Eindampfungsgesteine oder Evaporate), nach Sedimentationsräumen oder nach dem organogenen Anteil.

**Biolithe** Sedimentgesteine, die durch die Lebenstätigkeit oder Grabgemeinschaft von Organismen entstanden sind (Kalk-, Kiesel-, Kohlegesteine).

## Familie der Kalkgesteine

Unter Kalkgesteinen sind alle Sedimentite zu verstehen, die einen überwiegenden Kalkgehalt aufweisen, gleichgültig, welcher Entstehung.

Dazu zählen die maritim (im Meer) entstandenen Kalksteine und die daraus hervorgegangenen Dolomitsteine, die festländischen Bildungen der Quellabsätze, Kalksinter genannt, und die limnisch (in Seen) abgelagerten Seekalke.

**Kalkstein** [Abb. S. 281, 283, 285]

Unter Kalkstein wird hier nur der maritim gebildete Kalkstein verstanden.

Kalkstein ist ein monominerales Gestein, es besteht im Wesentlichen aus einer einzigen Mineralart, nämlich Calcit, der bis zu 95% Anteil haben kann. Nebengemengteile sind Dolomitspat, Siderit, Quarz, Feldspäte, Glimmer und Tonmineralien; Akzessorien verursachen die Färbung des Kalksteins. Nahezu reine Kalksteine sind schneeweiß [Nr. 1, S. 281]. Limonit und Siderit bewirken gelbe und braune Töne, Hämatit rötliche, Glaukonit und Chlorit grünliche, Bitumen graue bis schwarze Farben.

1 Kreidekalk, Champagne/Frankreich
2 Krinoidenkalk, Crailsheim/Württemberg
3 Solnhofener Plattenkalk, Fränkische Alb
4 Plattenkalk, Walchensee/Oberbayern

1

2

3

4

Kalksteingebirge mit schroffen Wänden und zackigen Graten, Langkofel/Dolomiten

**Entstehung** Nur im Meer, und zwar aus Bruchstücken tierischer und pflanzlicher Hartteile, aus physikalisch gefälltem Kalkschlamm und durch Kalkausscheidung von Organismen. Hauptlieferanten für die kalkige Substanz sind Organismen, u. a. Kalkalgen, Korallen, Kalkschwämme, Foraminiferen, Bryozoen, Brachiopoden, Echinodermen, Mollusken, Crustaceen, Pteropoden. Diese bauen aus dem im Wasser gelösten Kalk ihre Stützgerüste auf, die sich nach dem Absterben als Ganzes, als Skelettreste oder aufgelöst als Kalkschlamm am Meeresboden ansammeln. Bei vielen Kalksteinen kann man die Hartteile einstiger Organismen deutlich erkennen [Nr. 2, S. 281]. Bei anderen wurden die Schalenreste völlig zertrümmert oder bei der diagenetischen Verfestigung infolge Umkristallisation bzw. durch Zementverfüllung verwischt.

Kalksteine sind, mit Ausnahme der Riffbildungen, immer geschichtet. Das Gefüge ist kompakt oder porig, fein- oder grobkörnig.

Je nach Beimengung von Fremdmaterial gibt es alle Übergänge zu den genetisch oder mineralisch verwandten Gesteinsarten, insbesondere zu Dolomitstein und zu den klastischen Sedimentiten, aber ebenso zu Kieselgesteinen.

Wesentliches Erkennungsmerkmal für Kalkstein sind die geringe Härte (Mohshärte 3 wie Calcit) und die Salzsäureprobe. Beim Auftropfen mit verdünnter Salzsäure braust Kalkstein infolge Kohlensäureentwicklung recht kräftig.

Gebirgige Großformen zeigen charakteristische Verwitterungsstrukturen, schroffe Wände und zackige Grate. Bei Kalklösung entstehen Karstformen.

**Nomenklatur** Für die sehr unterschiedlichen Kalksteintypen gibt es kein allgemeines Klassifikationsschema. Eine Gruppenbildung kann auf der Grundlage des Mineralbestandes, des Gefüges oder nach der Entstehung erfolgen.

Dementsprechend existiert auch keine einheitliche Nomenklatur. Die Namen nehmen Bezug auf beteiligte Organismen, Verbreitung, Gefüge, Beimengungen, Lagerung oder auf geologische Epochen.

Bei zusammengesetzten Bezeichnungen wird das Suffix -stein im Allgemeinen weggelassen, z. B. Kreidekalk anstatt Kreidekalkstein.

---

1 Kalkstein SOLOTHURN, Jura/Schweiz
2 Kalkstein UNTERSBERG, Salzburg/Österr.
3 Kalkstein VILLON, Jura/Frankreich
4 Kalkstein DEUTSCH-ROT, Oberfranken/Bayern
5 Kalkstein BELGISCHER GRANIT, Belgien
6 Kalkstein VERONA-ROT, Verona/Italien

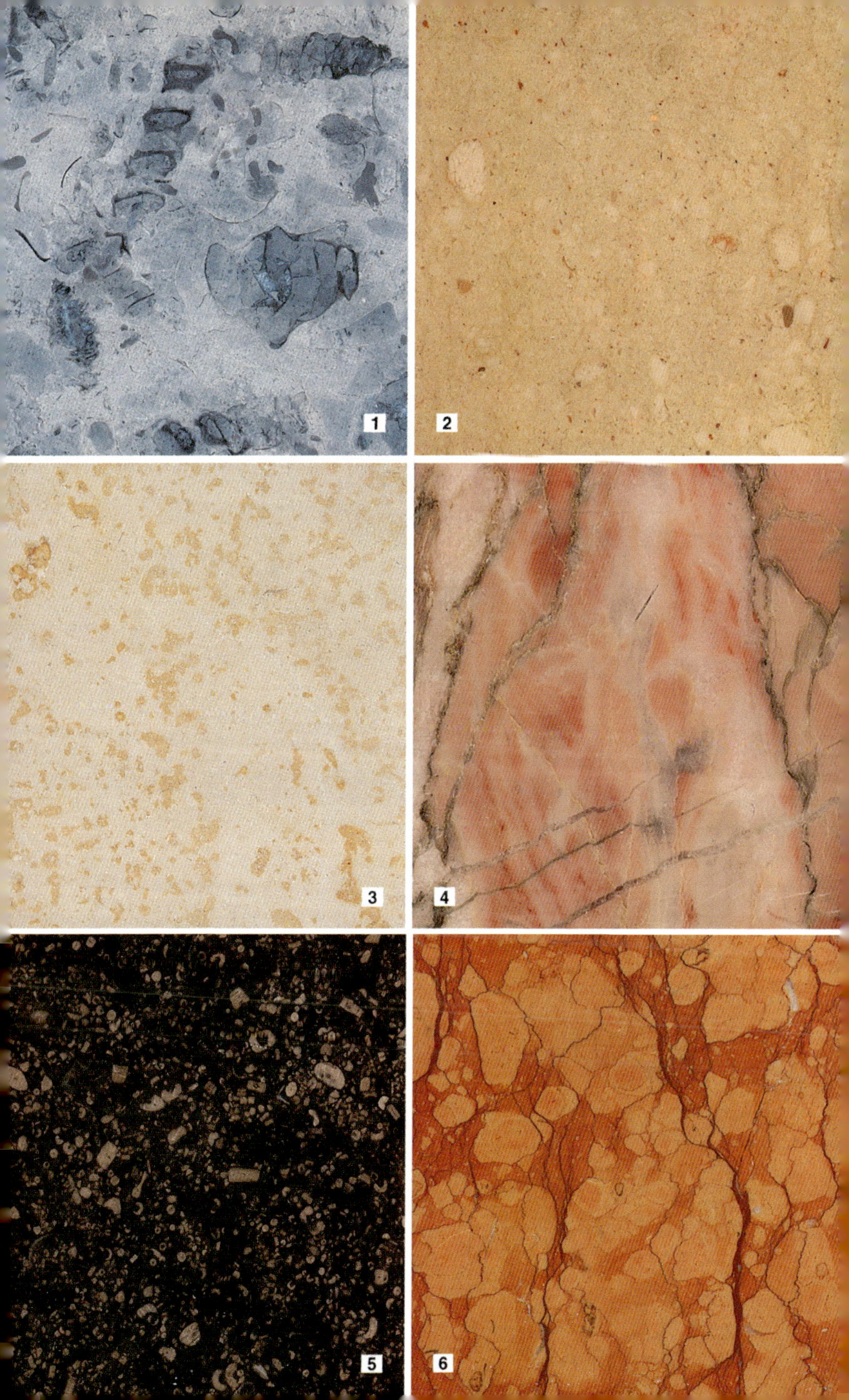
1
2
3
4
5
6

**Verwendung** Kalksteine sind weit verbreitet. Sie bauen ganze Gebirgszüge auf: nördliche und südliche Kalkalpen, Schweizer, Schwäbischer, Fränkischer Jura. Verwendung in der Bauwirtschaft als Straßenschotter und Splitt, für Zementproduktion und als Baustein, bei Zuckerfabrikation, für Glas- und Farbenherstellung, als Zuschlag bei Verhüttung von Eisen-Erzen, als Dünger.
Kompakte, feste Kalksteintypen, die sich polieren lassen, dienen als Dekorstein. Sie werden im Baugewerbe MARMOR genannt. Das ist eine reine Handelsbezeichnung und darf mit dem echten, dem metamorphen Marmor (S. 324) nicht verwechselt werden. Unterscheidung manchmal schwierig, denn der Übergang von Kalkstein zu echtem Marmor ist fließend.
Durch Rauchgase sind Kalksteine sehr gefährdet. An der Wetterseite lösen kohlensäurebeladene Regenwasser den Kalkstein unmittelbar auf. Im Regenschatten bewirken Schwefelverbindungen eine Umwandlung zu Gipspat, der dann infolge Volumenvergrößerung den Kalkstein blätterartig auseinandertreibt.

**Kreidekalk** [Nr. 1, S. 282] (Schreibkreide, Kreide) Heller Kalkstein. Meist schneeweiß, gelegentlich hellgrau oder gelblich, wenig verfestigt, porös. Entsteht aus den Hartteilen von Mikroorganismen, vornehmlich Algen und Foraminiferen. Fast reines Calcit-Aggregat. Fundorte: Rügen, Mön/Dänemark, Dover/England. Früher als Schreibkreide benutzt, heute durch Gips ersetzt.

**Plattenkalk** [Nr. 3 und 4, S. 281] Dünnschichtiger Kalkstein, der plattenartig abgehoben werden kann. Immer sehr kompakt und feinkörnig. Fälschlich Schiefer genannt. Plattenkalke sind geschichtet, nicht geschiefert.
Solnhofener Plattenkalk [Nr. 3, S. 281] (Solnhofener Schiefer) Gelblicher, sehr kompakter, feinkörniger Kalkstein.
Bekannt geworden durch Alois Senefelder, der diesen Plattenkalk für den von ihm 1793 entwickelten Steindruck benutzte, daher auch als Lithografieschiefer bezeichnet. Noch berühmter wurde der Solnhofener Plattenkalk durch den reichen Fossiliengehalt, insbesondere durch den 1861 hier gefundenen ersten Urvogel, den Archaeopteryx.
Die moosartigen Gebilde auf Schicht- und Bruchflächen des Plattenkalkes sind Eisen-Mangan-Ausscheidungen, sog. Dendriten. Keine Pflanzenabdrücke!
Fundort: Mittelfranken/Bayern. Verwendung für Fußboden- und Wandplatten.

**Fossilkalk** [Nr. 2, S. 281, Nr. 1 S. 283] Kalkstein, bei dem erkennbare Fossilienreste mindestens 50% der Masse ausmachen. Namen nach Organismenresten, z. B. Krinoidenkalk.
Schillkalk Fossilkalk mit schuttartig angesammelten Fossilbruchstücken.

**Kalkoolith** [4] Aus kleinen, schalig aufgebauten Kügelchen (Ooiden) zusammengesetzter Kalkstein. Wenn fischrogenähnlich, Rogenstein genannt. Entsteht bei Kalkübersättigung in flachem Wasser. Fundorte: Harz, Thüringen, Schweizer Jura, Texas/USA.

**Riffkalk** [2, 3] Kalkstein, durch fortwährende Kalkanlagerung von riffbildenden Organismen (Algen, Korallen, Bryozoen, Kalkschwämme) entstanden. Vorkommen in ungeschichteten stockartigen Gesteinskörpern. Fundorte: Fränkischer Jura/Bayern, Harz, Thüringen, Neu-Mexiko/USA.

**Massenkalk** Massig wirkender, ungegliederter Kalkstein, ohne erkennbare Schichtung. Relativ selten verbreitet.

1 Muschelkalk, Unterfranken/Bayern
2 Riffkalk, Oahu/Hawaii
3 Korallenkalk, Tegernseer Berge/Oberbayern
4 Rogenstein, Harz/Niedersachsen

1
2
3
4

## Kalksinter

Bei den festländischen Kalksteinbildungen ist die Nomenklatur sehr uneinheitlich, teils verwirrend. Unter Kalksinter werden im Folgenden alle kalkigen Quellausscheidungen und die ähnlich gebildeten Tropfsteine verstanden.

**Kalktuff** [1, 2] (Tuff, Tuffstein) Porenreiches, wenig festes, calcitisches Kalkgestein. Entstanden als Kalkabsatz an Quellaustritten oder in deren Nähe. Ursache für die Kalkabscheidung ist der Verlust des mit dem Kalk vorher in Bindung gewesenen Kohlendioxids. Hauptsächlich bewirkt die Erwärmung des Quellwassers eine Freisetzung des Kohlendioxids, aber sicherlich haben auch Pflanzen, die dem Wasser Kohlendioxid zur Assimilation entziehen, ihren Anteil. Häufig sind nämlich Stängel, Ästchen und Blattwerk von Kalktuff umschlossen.
Verwendung als Leichtbaustein im Gewölbebau, als Ausfüllung von Fachwerkwänden und wegen seiner Reinheit zu gebranntem Kalk. Die im Allgemeinen nur kleinen Lagerstätten sind inzwischen vielerorts erschöpft.
Bei einigen Autoren ist Kalktuff Synonym zu Kalksinter und Travertin.
Kalktuff, der in der Kurzform auch Tuff genannt wird, nicht mit dem vulkanischen Tuff (S. 232) verwechseln!

**Travertin** [3, 4] Porige, aber insgesamt sehr feste kalkige Quellausscheidung. Bei einigen Typen scheint ein diagenetisch veränderter Kalktuff, bei dem viele Poren durch Kalkzement ausgefüllt wurden, vorzuliegen.
Gewöhnlich gebändert. Farbe weißlich, gelb bis braun. Fundorte: Cannstatt/Württemberg, Ehringsdorf/Thüringen, Sabiner Berge/Mittelitalien. Verwendung als Platten für Böden- und Fassadenbelag. Nimmt Politur gut an.
Bei einigen Autoren ist Travertin Synonym zu Kalktuff.
Römischer Travertin [3] Bekanntester Travertin mit seinen hellen Farben und der zarten Bänderung. Name nach italienischer Ortsbezeichnung.

**Tropfsteine** Säulenartige oder vorhangähnliche Kalksinterbildungen in Höhlen (Abb. S. 288). Entstehen rein anorganisch durch tropfenweises Absetzen von Kalk, weil das in Lösung befindliche Kohlendioxid infolge Verdunstung oder durch erhöhte Temperatur des Wassers ausgetrieben wird. Gewöhnlich bestehen die Tropfsteine aus Calcit, nur im Dolomitgebirge aus Dolomitspat. Vereinzelt kann Aragonit zwischengelagert sein.
An herausragenden Ecken, entlang von Graten oder an anderen zu Tropfenbildung geeigneten Stellen kommt es zur Kalkanlagerung.
Nach der Wachstumsrichtung unterscheiden wir die von der Decke der Höhle herabhängenden Tropfsteine, die Stalaktiten, und die ihnen vom Boden entgegenwachsenden Stalagmiten. Durch ungleiche Kalkanlagerung beim Zusammenwachsen von Kleinformen wie auch wegen Veränderung der Wasserzufuhr können alle möglichen Fantasie-Tropfsteingebilde entstehen.

**Onyx-Marmor** (Marmor-Onyx) Handelsbezeichnung für weißen, gelben, braunen oder grünlichen, durchscheinenden Kalksinter. Immer gebändert. Entstanden als Tropfsteinbildung oder als Ausscheidung warmer Quellen. Besteht aus Calcit oder Aragonit. Fundorte: Türkei, Iran, Argentinien, Mexiko, USA. Verwendung für kunstgewerbliche Gegenstände, als Modeschmuck.
Nicht mit Chalcedon-Onyx (S. 180) verwechseln! Die alleinige Bezeichnung Onyx ohne Zusatz für dieses Kalkgestein ist irreführend. Manchmal als Alabaster angeboten.

---

1 Kalktuff mit Holzresten, Kalifornien/USA
2 Kalktuff mit Wüstenlack, Saudi-Arabien
3 Travertin poliert, Sabiner Berge/Mittelitalien
4 Travertin poliert, Slowakei

1

2

3

4

**Sprudelstein** [1] An heißen Quellen abgelagerter karbonatischer Kalksinter mit dem Mineral Aragonit. Meist wellenförmig gebändert und durch Eisenbeimengung gelblich, braun oder rötlich gefärbt. Fundorte: Karlsbad/Böhmen, Argentinien, Mexiko. Verwendung für kunstgewerbliche Gegenstände.

**Erbsenstein** [2] (Pisolith) Ansammlung von Kalkkügelchen (Ooide) mit dem Mineral Aragonit. Entsteht an heißen Quellen infolge schaliger Anlagerung um schwebende Fremdkörper. Durch allmähliche Erhöhung des Eigengewichts sinken die Ooide schließlich zu Boden und bilden kleine sedimentäre Aggregate. Fundorte: Karlsbad/Böhmen, Niederösterreich, Schweiz, Frankreich.

## Seekalk

Limnisches Kalkgestein. Ausfällung infolge Übersättigung durch Wasserzufuhr oder unter Mithilfe von Pflanzen, die zur Assimilation dem Seewasser Kohlendioxid entziehen.

**Seekreide** [3] Feinkörniger Seekalk von weißlicher bis grauer Farbe. Reine Arten für Glasherstellung und in chemischer Industrie verwendet.

**Alm** Porenreicher Seekalk, abgelagert durch Moorwasser. Einige Autoren wollen den Begriff Alm nur auf anorganische Ausfällung beschränkt wissen.

**Süßwasserkalk** [4] Feinkörniger Seekalk, von größeren Fossilresten durchsetzt. Der Begriff Süßwasserkalk wird auch als Synonym zu Seekalk und sogar zu allen festländischen Kalksteinbildungen im feuchten Klima verwendet.

Tropfsteinhöhle, Carlsbad Caverns/Neu-Mexiko/USA

1 Sprudelstein, Karlsbad/Böhmen
2 Erbsenstein, Karlsbad/Böhmen
3 Seekreide, Rosenheim/Bayern
4 Süßwasserkalk, Steinheim/Württemberg

1

2

3

4

**Dolomitstein** [1–3] Dolomit

Dolomitstein (fälschlich kurz Dolomit, wie das Mineral genannt) ist ein monomineralisches Gestein. Er besteht (mindestens zu 50 %) aus dem Mineral Dolomitspat. Durch Kalk- oder Tonbeimengungen alle Übergänge zu Kalkstein bzw. Mergel. Gefüge wegen ausgebildeter Eigengestalt der Mineralien zuckerkörnig. Dolomitstein fühlt sich rau an. Alle Farbtöne vertreten.

Vorkommen fast nur als marines Sedimentgestein, vergesellschaftet mit Kalkstein. Bei Wechsellagerung mit Kalkstein tritt Dolomitstein wegen geringerer Verwitterungsanfälligkeit rippenartig hervor.

Fundorte: Schwäbisch-Fränkischer Jura, Rheinisches Schiefergebirge, Dachstein/Österreich, Dolomiten/Italien, Mittelengland, Arkansas, Iowa/USA.

Verwendung im Baugewerbe deutlich weniger als Kalkstein. Nutzung als Straßenschotter, gelegentlich als Werkstein. Bedeutsam für Herstellung von Hochofen-Futtersteinen, als Flussmittel bei Eisenverhüttung, als Magnesia-Düngekalk, neuerdings auch zur Gewinnung des Leichtmetalls Magnesium. Wegen des hohen Porenvolumens als Speichergestein für Erdöl weit verbreitet.

**Dolomitisierung** Wie Dolomitstein entsteht, ist bis heute nicht eindeutig geklärt, wahrscheinlich in der Hauptsache aus Kalkstein oder kalkhaltigen Gesteinen. Dieser diagenetische Prozess heißt Dolomitisierung. Man unterscheidet eine sog. Früh- und eine Spätdiagenese.

Bei der Frühdiagenese vollzieht sich die Umwandlung von Calcit zum magnesiumhaltigen Dolomitspat durch das Meerwasser im noch nicht verfestigten Kalksediment. Die Gefügemerkmale des Kalksteins, wie Schichtung und Fossilien, bleiben weitgehend erhalten. Die Dolomitspatkristalle erreichen kaum 0,02 mm Durchmesser. Offensichtlich begünstigt Eindunstung von Salzlösung infolge Magnesiumkonzentration eine diagenetische Umbildung. Häufig treten Dolomitgesteine mit Salzgesteinen in Wechsellagerung auf.

Die Spätdiagenese erfolgt außerhalb des Meeres im verfestigten Kalkstein durch magnesiumhaltiges Wasser, das sich in den Poren des Gesteins bewegt. Bei dieser nachträglichen Einwirkung auf den Kalkstein werden Calcitkristalle durch Dolomitspat metasomatisch ersetzt. Durch diesen Prozess werden ursprüngliche Gefügemerkmale des Kalksteins verwischt oder ganz ausgemerzt. Feinschichtung und Fossilien fehlen deshalb in solchen Dolomitgesteinen. Massiges und grobkörniges Gefüge charakteristisch. Größe der Dolomitspatkristalle gewöhnlich über 0,02 mm. Hohe Porosität. Je stärker dolomitisiert, desto größer das Porenvolumen.

**Unterscheidung gegenüber Kalkstein** Dolomit- und Kalkstein sind sich sehr ähnlich und optisch oft nicht zu unterscheiden. Eine wesentliche Bestimmungshilfe ist verdünnte Salzsäure. Kalkstein schäumt beim Auftropfen mit Salzsäure heftig, Dolomitstein nur, wenn pulverisiert. Bei unreinen Karbonatgesteinen oder bei Wechsellagerung von Kalk- und Dolomitstein ist die Salzsäureprobe nicht unbedingt zuverlässig. Hier wendet der Fachmann Färbemethoden an.

Mohshärte und Dichte liegen bei Dolomitspat (3½–4 und 2,85–2,95) merklich höher als bei Calcit (3 und 2,6–2,8).

**Rauwacke** (Rauchwacke) [4] (Zelldolomit) Löchrig-zelliger Dolomitstein. Die Hohlräume sind durch Weglösen von eingelagerten Gipsstein- oder Kalksteinbrocken entstanden.

---

1 Calcitischer Dolomitstein, Südtirol
2 Mergeliger Dolomitstein, Kalifornien/USA
3 Dolomitstein angeschliffen, Fränkischer Jura
4 Rauwacke, Oahu/Hawaii/USA

1
2
3
4

## Familie der Kieselgesteine

Zu den Kieselgesteinen gehören alle nichtklastischen Sedimentite mit einem Kieselsäuregehalt von mindestens 50%. Entstehung, im Einzelnen zwar umstritten, durch Anhäufung von kieseligen Organismenresten, als kieselige Quellausscheidung oder als anorganische Kieselausfällung. Namengebung nach beteiligten Organismen, nach Entstehung oder nach Erscheinungsform.

### Diatomit

Sammelbegriff für Diatomeengesteine: Diatomeen-Schlick im Meer, Kieselgur, Tripel. Diatomeen sind einzellige, frei schwimmende Algen mit kieseligen Schalen; Bruchteile eines Millimeters groß, leben im Meer und in Süßwasserseen.

**Kieselgur** [1] (Diatomeenerde) Kieselgestein aus Diatomeenskeletten, überwiegend als Opalsubstanz. Hohe Porosität. Raumgewicht kleiner 1 g/cm$^3$, Kieselgur schwimmt auf dem Wasser. Reine Arten sind weiß. Durch Beimengungen meist gelblich und braun, grünlich, grau bis fast schwarz. Vorkommen nur als Süßwassersediment. Fundorte: Lüneburger Heide/Niedersachsen, Halle/Sachsen-Anhalt, Mittelitalien, Kalifornien/USA.

Wegen des großen Adsorptionsvermögens, der Resistenz gegen Chemikalien und der hohen Porosität Verwendung zur Isolierung, als Füllstoff für Papier und Sprengstoff (Dynamit), als Filtermaterial und Poliermittel.

**Tripel** [2] (Polierschiefer, Klebschiefer) Stärker verfestigte Diatomit-Varietät. Klebt wegen der hohen Porosität an der Zunge. Poliermittel und Füllstoff.

**Porzellanit** Diatomeenreiches, porzellanartig aussehendes Sedimentgestein. Fundort: Tschechien.

### Radiolarit [3]

Kieselgestein aus Radiolarienskeletten. Radiolarien sind frei schwimmende, einzellige Tiere, die ausschließlich im Meer leben. Gewöhnlich Bruchteile eines Millimeters groß, vereinzelt bis 3 mm Durchmesser.

Radiolarite haben dichtes Gefüge, brechen scharfkantig mit muschligem Bruch. Farbe grau, bräunlich, auch grün und rötlich.

Fundorte: Böhmen/Tschechische Republik, Hohe Tauern/Österreich, Korsika/Frankreich, Ostaustralien, Rocky Mountains/USA.

### Kieselschiefer [4]

Geschichtetes (nicht geschiefertes!) Kieselgestein, ohne wesentlichen Fossilinhalt. Unterschiedliche Meinung über Entstehungsvorgang: Ausflockung der Kieselsäure im Meer, Ausscheidung von submarinen heißen Quellen oder diagenetisch veränderte Radiolarienablagerungen.

Gefüge sehr kompakt, hart und spröde, oft stark zerklüftet. Farbe rötlichbraun oder grünlich. Fundorte: Frankenwald/Bayern, Harz, Rheinisches Schiefergebirge, Thüringen, Böhmen/Tschechische Republik, Schottland.

Gelegentlich wird Kieselschiefer nur auf paläozoische Kieselgesteine bezogen.

**Lydit** [5] Durch kohlige Substanz schwarz gefärbte Kieselschiefer-Varietät.

Bei einigen Autoren ist Lydit Synonym zu Kieselschiefer, bei anderen diagenetisch stark verändertes Radiolariengestein, zudem meist paläozoisch.

---

1 Kieselgur, Lüneburger Heide
2 Tripel, Zentralmassiv/Frankreich
3 Radiolarit, Flussgeröll, Isar/Bayern
4 Kieselschiefer, Mittelharz
5 Lydit, Kieselschiefer-Varietät, Frankenwald/Bayern

1
2
3
4
5

### Kieselsinter
Kieselgestein, durch Ausscheidung an heißen Quellen oder in deren Nähe manchmal unter Mitwirkung von Algen entstanden. Ablagerung porös oder krustig fest, mikrokristallin oder als Opal. Farbe weiß, durch Beimengungen auch verschieden getönt. Fundorte: Island, Neuseeland, Wyoming/USA.
**Geyserit** (Geysirit) Durch Geysire abgelagerte Kieselsinter-Varietät.

### Hornstein [1]
Hornstein im weiteren Sinn umfasst alle dichten, hornartig aussehenden Kieselgesteine, im engeren Sinn nur die knolligen, unregelmäßig geformten Kieselbildungen. Knollig rundliche Aggregate heißen Feuerstein.
Die Entstehung der hornartigen Knollen ist nicht vollends geklärt. Wahrscheinlich bewirken zirkulierende, kieselsäurehaltige Lösungen eine Verdrängung von Karbonaten bei konkretionsartiger Ansammlung.
Die Knollen können mehrere Dezimeter groß sein. Farbe grau, gelb, braun bis rötlich. Angehäuft in einzelnen Kalkstein-Bänken. Fundorte: Kalkalpen/Schweiz, Fränkischer Jura/Bayern, Kent/England, Britisch Kolumbien/Kanada.

### Feuerstein [2] Flint
Rundliche, chalcedonische Kieselstein-Bildung, selten über 10 cm Durchmesser. Hellgrau bis fast schwarz, vereinzelt auch bräunlich oder grünlich. Dunkle Farbtöne von organischen Beimengungen. Infolge Wasserverlusts bildet sich eine weiße Rinde. Gefüge sehr dicht, muschliger Bruch. Häufig Reste von Kieselschwämmen zentral eingelagert. Über Entstehung siehe bei Hornstein.
Vorkommen gehäuft in Horizonten von Kreidekalk, insbesondere der Oberkreide-Zeit. Fundorte: Rügen, Mön/Dänemark, Dover/England.
In der Steinzeit Rohstoff für Waffen, Werkzeuge und Gerät. Im 17. Jahrhundert zum Funkenschlag in Steinschlossgewehren (Flinten!) verwendet.

## Familie der Phosphatgesteine

Phosphatgesteine sind Träger der Phosphorsäure. Hauptvertreter: Vogelmist Guano, die Knochenansammlung der Bonebeds und der graue, bräunliche, erdige oder dichte Phosphorit [3]. Wichtiger Rohstoff für Dünger und chemische Industrie. Lagerstätten in Marokko, Algerien, Tunesien, Chile.

## Familie der Eisengesteine

Unter Eisengesteinen sind hier sedimentäre Eisen-Erze gemeint, die einen Eisengehalt von mindestens 15% aufweisen.

**Minette** [4] Feinoolithisches Eisen-Erz. Grundmasse silikatisch oder karbonatisch. Je mehr Ooide, desto eisenreicher. Über Entstehung siehe S. 98.
**Bändererz** (Taconit, Itabirit) Eisenreiche Lagen wechseln mit kieseligen Schichten. Große Eisen-Erzlagerstätten, entstanden im Präkambrium.
**Trümmererz** Eisenreiches Geröll-Erz mit kalkigem Bindemittel, etwa 30% Eisengehalt. Fundorte: Salzgitter- und Peine-Revier/Niedersachsen.

---

1 Hornstein, Apenrade/Dänemark
2 Feuerstein, Rügen/Vorpommern
3 Phosphorit, Oberösterreich
4 Minette (Eisenoolith), Luxemburg

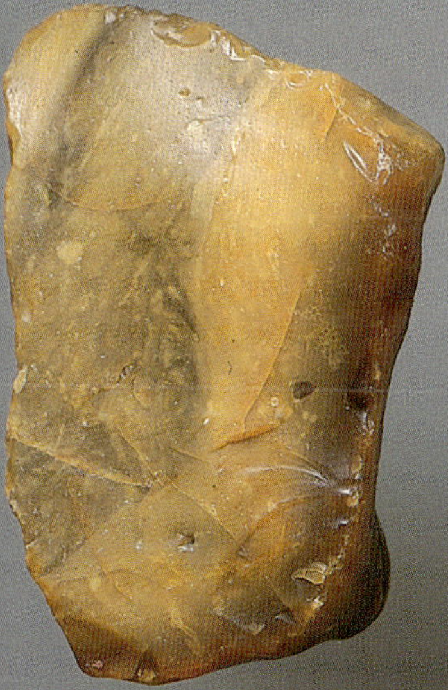
1

2

3

4

## Familie der Salzgesteine

Salzgesteine (auch Evaporate oder Evaporite genannt) entstehen durch Ausfällung aus dem Wasser, wenn die Verdunstung mengenmäßig den Zufluss und die Niederschläge übertrifft, also im warm-ariden Klimabereich.
Die meisten und wirtschaftlich wichtigsten Salzlager sind im Meer (maritim) entstanden. Von den kontinentalen Bildungen haben nur die Salpeterlagerstätten in Chile eine überregionale Bedeutung.
Die Sedimentation erfolgt in Lagunen oder sonstigen vom Meer nur dürftig abgegliederten Meeresteilen. Mächtige Salzsteinpakete gibt es dann, wenn ozeanisches Wasser in diese mäßig abgeschnürten Buchten stetig nachströmt, ohne dass die sich im Trockenklima infolge hoher Verdunstung immer stärker anreichernde Salzlauge zurück- oder abfließen kann.
Die Abscheidung der Salze aus dem angereicherten Meerwasser vollzieht sich in der Reihenfolge der zunehmenden Löslichkeit. Zuerst werden Kalk- und Dolomitstein sedimentiert. Denn folgen Gips- und Anhydritstein, danach Steinsalz, schließlich Kali- und Magnesiumsalze. Da die beiden letztgenannten sehr leicht löslich sind, fehlen sie in den meisten Salzlagerstätten. Verdünnung durch Süßwasser oder ins Meer abströmende Salzlauge verhindern oft die volle Entwicklung der gesamten Salzlagerserie.
**Nomenklatur** Die Benennung der Salzgesteine erfolgt nach dem am stärksten vertretenen Mineral durch Hinzufügen des Suffixes -it zum Mineralnamen, z. B. Sylvin und Sylvinit. Ausgenommen von dieser Regel sind die alten Begriffe Anhydrit und Gips, die als verfestigtes Aggregat immer mit der Nachsilbe -stein versehen sein sollten, also Anhydritstein und Gipsstein.

### Steinsalz [1] Halitit

Steinsalz (richtiger wäre Salzstein) ist ein monomineralisches Sedimentgestein mit dem Hauptgemengteil Halit. Nebengemengteile sind Anhydritspat, Carnallit, Kieserit, Polyhalit, außerdem häufig tonige Verunreinigung.
Durch Eisenbeimengung, Bitumen und Tonsubstanz kann das ursprünglich farblose oder weiße Steinsalz bläulich, braun oder rot erscheinen. Als Folge rhythmischen Wechsels von Steinsalzlagen mit tonigen oder sulfatischen Schichten ergibt sich eine charakteristische Bänderung.
Steinsalz wird schon seit 3000 Jahren bergmännisch gewonnen. Heute Abbau nur bei sehr reinen Salzlagern. Stark verunreinigte Salze werden ausgesolt, d. h. unterirdisch durch Wasser gelöst, das dann an der Oberfläche eingedampft, eingekocht wird. Daher der Name Kochsalz.
In Trockengebieten oder sommerheißen Regionen Steinsalz auch durch natürliche Verdunstung von Meerwasser in sog. Salzgärten gewonnen.
Über Verwendung und Fundorte siehe S. 64 bei Halit.
**Haselgebirge** (bergmännischer Begriff aus Österreich) Brekzienähnliches Gemenge von Steinsalz, Gips- und Anhydritstein sowie Tonsubstanz.

### Gipsstein [3, 4] Gips

Gipsstein ist ein monomineralisches Sedimentgestein mit dem Hauptgemengteil Gipsspat. Häufig mit Anhydritstein, Steinsalz sowie Kalk- und Dolomitstein vermengt. Entstanden durch Ausfällung beim Eindampfen von Meerwasser oder durch Wasseraufnahme aus Anhydritstein.

---

1 Steinsalz, Grasleben/Niedersachsen
2 Alabaster, Toskana/Italien
3 Gipsstein, Osterode/Harz
4 Fasergips, Perm/Russland

1

2

3

4

Gefüge zuckerkörnig bis dicht, feinschichtig oder durch Wechsellagerung mit Beimengungen gebändert. Farbe weiß, durch Fremdsubstanz oft grau, gelblich, rötlich oder fast schwarz. Vorkommen mit anderen Salzgesteinen. Fundorte: Harz, Thüringen, Bayern, Salzburg, Kärnten/Österreich. Verwendung als Kitt- und Bindemittel, Stuck- und Estrichgips. Dazu wird dem Gipsstein durch Brennen ein Teil seines Kristallwassers entzogen, das er bei Wasserzugabe unter Volumenvergrößerung wieder aufnimmt. Außerdem als Zementzusatz und für Leichtbaustoffe im Hausinnenbau verwendet.

**Gekrösegips** (Schlangengips) Stark verfalteter Gipsstein. Entstanden durch Wasseraufnahme (und damit verbundener Volumenvergrößerung) aus Anhydritstein.
**Fasergips** [Nr. 4, S. 297] Fasriger Gipsstein. Entstanden als Ausfüllung kleiner Gänge. Länge der Fasern beschränkt, da senkrecht zu den Gangwänden.
**Gipshut** Gipsstein auf Salzstöcken. Entstanden als Rückstandsgestein beim Weglösen der obersten Salzpartien durch Grundwasser.

**Alabaster** [Nr. 2, S. 297] Sammelbezeichnung für dichte oder feinkörnige, weiße und auch schönfarbige Gesteine, insbesondere Gipsstein oder Kalksinter (sog. Onyx-Marmor, S. 286), manchmal auch feinkörniger Kalkstein.

## Anhydritstein [2] Anhydrit

Anhydritstein (griech. »ohne Wasser«) ist ein monomineralisches Gestein aus Anhydritspat. Nebengemengteile sind Gipsspat, Calcit, Dolomitspat, Tonmineralien und Bitumen. Entstanden durch Fällung aus dem Meerwasser oder diagenetisch aus Gipsstein infolge hoher Temperaturen und großer Decklast im Gebirge.
Gefüge feinschichtig oder homogen, dicht oder körnig. Farbe weißlich, grau, bläulich, rot. Vorkommen mit anderen Salzgesteinen. Fundorte: Niedersachsen, Oberbayern, Wallis/Schweiz, Kärnten/Österreich.
Rohstoff für Dünger und Schwefelsäureherstellung, für Baustoffindustrie.

## Edelsalze Abraumsalze

Sammelbezeichnung für die bei der Eindampfung von Meerwasser zuletzt ausgeschiedenen Kali- und Magnesiumsalze: Sylvinit, Carnallitit, Kainitit.
Früher als wertlos abgeräumt (Abraumsalze!), heute geschätzter Rohstoff für Dünger (Edelsalze!). Da sehr leicht löslich, nur auf wenigen Salzlagerstätten vorhanden. Fundorte: Staßfurt/Sachsen-Anhalt, Kanada, USA, Turkmenistan.

**Sylvinit** [1] Salzgestein mit den Hauptgemengteilen Sylvin und Halit. Daneben Anhydritspat, Kieserit und Tonsubstanz. Durch Wechsellagerung gewöhnlich gut geschichtet. Meistens rot. Wichtigstes Edelsalz.
**Carnallitit** [3] Salzgestein mit den Hauptgemengteilen Carnallit und Halit, daneben Anhydritspat, Kieserit, Sylvin und Tonsubstanz. Mineralien in schichtweiser Wechsellagerung. Farbe vorwiegend rötlich, seltener weiß oder grün.
**Kainitit** [4] Salzgestein aus Kainit und Halit. Gefüge flaserig (muskelfaserähnlich), bankig oder massig (ungeschichtet). Farbe gewöhnlich orange bis rötlich, gelb, selten weiß, nicht glänzend.
**Hartsalz** Salzgestein mit den Hauptgemengteilen Sylvin und Halit, daneben Anhydritspat, Kieserit, Polyhalit und Tonsubstanz. Flasriges Gefüge, selten gut geschichtet. Farbe gewöhnlich rot. Name ist alter Bergmannsausdruck; dieses Salzgestein wurde als besonders hart empfunden.

1 Sylvinit, Philippsthal/Hessen
2 Anhydritstein, Tettenborn/Südharz
3 Carnallitit, Philippsthal/Hessen
4 Kainitit, Philippsthal/Hessen

1

2

3

4

## Familie der Rückstandsgesteine

Rückstandsgesteine (auch Residualgesteine genannt) werden den Sedimentiten zugeordnet, obwohl sich bei ihrer Bildung kein Materialtransport vollzogen hat. Sie entstehen nämlich aus den Rückständen chemisch aufbereiteter Gesteine am Ort der Gesteinszerstörung.
Diese Gesteinsgruppe spielt mengenmäßig fast keine, wirtschaftlich aber eine große Rolle. Wesentliches über die einzelnen Gesteinsarten wird in anderen Zusammenhängen dargestellt: Kaolin S. 278, Bauxit S. 148, Bentonit S. 276.

## Kohlegesteine

Kohlegesteine (auch Anthrazide oder Kaustobiolithe) sind Rückstandsgesteine, werden aber wegen des organischen Ursprungs als eigene Gruppe betrachtet.

### Inkohlung

Kohlegesteine entstehen aus angesammelten Pflanzenmassen, die durch Wasserabschluss nicht verfaulen können, sondern inkohlt werden. Inkohlung bedeutet eine relative Kohlenstoffzunahme infolge Sauerstoffverarmung. Gebirgsbildende und vulkanische Vorgänge besorgen durch Druck und hohe Temperaturen diese diagenetischen und teilweise metamorphen Prozesse. Normalerweise sind ältere Kohlegesteine stärker inkohlt als junge Bildungen.

| **Inkohlungsreihe** | %C | %H | %O | %N |
|---|---|---|---|---|
| Holz (trocken) | 50 | 6 | 43 | 1 |
| Torf | 60 | 6 | 33 | 1 |
| Braunkohle | 73 | 6 | 19 | 1 |
| Steinkohle | 83 | 5 | 10 | 1 |
| Anthrazit | 94 | 3 | 2 | 1 |
| Graphit | 100 | – | – | – |

**Torf** [1] Pflanzenreste deutlich zu erkennen. Farbe braun, stumpf; Dichte 1,0.
**Braunkohle** [2] Pflanzenreste nurmehr in Teilen zu erkennen. Farbe braunschwarz, matter Glanz; Dichte 1,2. Strichfarbe braun. Zerfällt leicht.
**Xylit** [3] Wenig veränderte, in Braunkohle eingelagerte Holzreste.
**Glanzkohle** Junge, durch tektonische Prozesse dennoch stark inkohlte Bildung, fast wie Steinkohle. Pechartiger Glanz. Auch Pechkohle genannt.
**Steinkohle** [4] Nur vereinzelt Pflanzenabdrücke zu erkennen. Farbe schwarz, fettiger Glanz; Dichte 1,3. Strichfarbe schwarz, oft streifiges Gefüge.
**Kännelkohle** [5] Steinkohlenart, überwiegend aus pflanzlichen Sporen und Pollen entstanden. Meist matt, durch Politur hochglänzend. Gelegentlich für kleine Dekorstücke verwendet. Ähnlich Gagat, einer bituminösen Kohlenart.
**Anthrazit** Pflanzenteile nicht zu erkennen, der Steinkohle ähnlich. Hoher, metallener Glanz; Dichte 1,5, muschliger Bruch. Schwer entzündbar.
**Graphit** Hochmetamorph entstanden, kristallin (siehe S. 88).

1 Kleinblättriger Sphagnumtorf, Hochmoortorf, Stiftsmoor/Niedersachsen
2 Braunkohle, Ville/Rheinland
3 Xylit, Ville/Rheinland
4 Steinkohle, Essen/Ruhrgebiet
5 Kännelkohle, Duisburg/Ruhrgebiet

1

2

3

4

5

## Technische Eigenschaften von Sedimentgesteinen

| | Rohwichte Rohdichte Raumgewicht Raumdichte g/cm³ | Reinwichte Reindichte Spez. Gewicht Korndichte Dichte g/cm³ | Wahre Porosität Gesamtporosität Raum-% | Wasseraufnahme Gewichts-% | Scheinbare Porosität Nutzporosität Raum-% |
|---|---|---|---|---|---|
| Quarzit, Grauwacke | 2,60–2,65 | 2,64–2,68 | 0,4– 2,0 | 0,2–0,5 | 0,4– 1,3 |
| Quarzitischer Sandstein | 2,60–2,65 | 2,64–2,68 | 0,4– 2,0 | 0,2–0,5 | 0,4– 1,3 |
| Quarzsandstein | 2,00–2,65 | 2,64–2,72 | 0,5–25 | 0,2–9 | 0,5–24 |
| Kalkstein, Dolomitstein (dicht, fest) | 2,65–2,85 | 2,70–2,90 | 0,5– 2,0 | 0,2–0,6 | 0,4– 1,8 |
| Kalkstein (nicht sehr fest) | 1,70–2,60 | 2,70–2,74 | 0,5–30 | 0,2–10 | 0,5–25 |
| Travertin | 2,40–2,50 | 2,69–2,72 | 5 –12 | 2 – 5 | 4 –10 |
| Sandstein | 1,95–2,70 | 2,60–2,72 | 0,5–35,0 | 0,2–13,0 | |
| Grauwacke, Arkose | 2,58–2,73 | 2,62–2,77 | 0,4– 6,6 | 0,1 –2,3 | |
| Dolomitstein | 2,05–2,84 | 2,68–2,86 | 0,4–27,5 | 0,1–10,0 | |
| Kalkstein | 1,75–2,75 | 2,64–2,80 | 0,6–31,0 | 0,2–12,0 | |
| Travertin, Kalktuff | 2,18–2,56 | 2,69–2,73 | 5,0–19,0 | 2,0– 5,0 | |
| Gipsstein | 2,05–2,28 | 2,28–2,32 | 1,0– 8,0 | 0,4– 3,6 | |
| Kalkstein | 1,9–2,8 | 2,7–2,8 | 0,5–25 | | |
| Sandstein | 2,0–2,6 | 2,5–2,7 | 0,5–24 | | |
| Travertin | 1,6–2,5 | 2,7–2,8 | 4 –10 | | |

| | Druckfestigkeit im trockenen Zustand- kg/cm² | Biegezugfestigkeit kg/cm² | Schlagfestigkeit Schlaganzahl bis zur Zerstörung | Abriebfestigkeit Verlust auf 50 cm² in cm³ | Bemerkungen | Quelle |
|---|---|---|---|---|---|---|
| Quarzit, Grauwacke | 1500–3000 | 130–250 | 10–15 | 7– 8 | mittlere Häufigkeitswerte | DIN 52100 |
| Quarzitischer Sandstein | 1200–2000 | 120–200 | 8–10 | 7– 8 | | |
| Quarzsandstein | 300–1800 | 30–150 | 5–10 | 10–14 | | |
| Kalkstein, Dolomitstein (dicht, fest) | 800–1800 | 60–150 | 8– 10 | 15–40 | | |
| Kalkstein (nicht sehr fest) | 200– 900 | 50– 80 | | | | |
| Travertin | 200– 600 | 40–100 | | | | |
| | | | | | | Peschel 1983 |
| Kalkstein | 800–2400 | | 0,3– 4 | | | Reinsch 1991 |
| Sandstein | 900–3000 | | 0,2–11 | | | |
| Travertin | 200–1300 | | 1– 4 | | | |

Im Lauf der Zeit wurden Maßeinheiten, u.a. auch die Gesteine betreffend, wiederholt geändert. Um die technischen Angaben auch in älterer Literatur zu verstehen, sind die gewechselten Begriffe insgesamt im Kopf der Tabelle dargestellt.

Kalksteinbruch in der Fränkischen Alb, Solnhofen/Bayern. Die dünnschichtigen Plattenkalke sind reich an Fossilien.

# Metamorphite

## Entstehung

Metamorphite entstehen durch Umwandlung (Metamorphose) irgendwelcher Gesteine, also von Magmatiten, Sedimentiten und älteren Metamorphiten. Diese Umwandlung vollzieht sich unter Einfluss von großen Drücken und hohen Temperaturen, geht also über die Wirksamkeit der Diagenese hinaus. Die Grenze zwischen Diagenese und Metamorphose liegt bei etwa 200–300 °C.
Bei allen metamorphen Umbildungen bleibt die Gesteinsmasse im Großen und Ganzen in festem Aggregatzustand. Nur bei hochmetamorphen Einwirkungen kann es ab 650–700 °C zu Teilaufschmelzungen (Anatexis genannt) kommen. Völliges Aufschmelzen (Palingenese) erfolgt oberhalb 800 °C. Nach der räumlichen Ausdehnung unterscheiden wir Kontakt- und Regionalmetamorphose.

**Kontaktmetamorphose** Beim Eindringen von magmatischem Material (als Pluton oder Lava) in Erdkrustenteile werden die benachbarten Gesteine durch hohe Temperaturen, vereinzelt auch durch Gase, weniger durch Druck verändert. Im unmittelbaren Berührungsbereich ist die Gesteinsumwandlung am intensivsten. Der Kontakthof, das ist der Raum der matamorphen Veränderung, reicht nur zwei bis drei Kilometer weit. Fruchtschiefer, Granatfels, Hornfels und Marmor sind typische Gesteine der Kontaktmetamorphose.

**Regionalmetamorphose** Wenn durch Überlagerung oder tektonische Absenkung Erdkrustenteile in den Bereich großer Drücke und hoher Temperaturen gelangen, vollzieht sich eine metamorphe Umwandlung über weite Gesteinskomplexe, u.U. über Hunderte von Quadratkilometern.
Das Ausmaß der Metamorphose ist von der Höhe der Temperatur und der Größe des Druckes abhängig. Beide Faktoren nehmen mit der Tiefe zum Erdinnern zu. Aus dieser Erkenntnis glaubte man, die Intensität der Regionalmetamorphose in Abhängigkeit von der Einsenkungstiefe der Gesteinskomplexe sehen zu können. Eine Stufengliederung in Epi-, Meso- und Katazone war die Folge.

**Veraltete Vorstellung über Tiefenstufen der Regionalmetamorphose**

| Tiefenstufe | Tiefe in km | Temperatur in °C | Druck in kbar |
|---|---|---|---|
| Epizone | 8–10 | 300–400 | 3 |
| Mesozone | 18–20 | 500–600 | 5 |
| Katazone | 30–35 | 700–800 | 9 |

Eine Intensitätsgliederung nach Tiefenstufen, wie in obiger Tabelle dargestellt, ist in der Wissenschaft mittlerweile zwar überholt, sie vermittelt aber dem Nichtfachmann in sehr vereinfachter Form, wie man sich die Wirkungsweise der Regionalmetamorphose vorstellen kann.
Die tatsächlichen Abläufe bei der Gesteinsumwandlung sind viel komplizierter. Die Metamorphose ist nämlich nicht nur von hohen Temperaturen und großen Drücken abhängig, sondern auch vom Verhältnis der beiden Faktoren zueinander wie auch besonders von der Absenkungsgeschwindigkeit der Gesteinskomplexe. In der Abb. S. 306 ist dies vereinfacht dargestellt.

**Vorgang der Metamorphose** Die Wirkungsweise der Metamorphose zeigt sich durch Gefügeänderung, Umkristallisation und durch Zufuhr oder Abfuhr von Mineralsubstanz. Fossilien werden dabei im Allgemeinen vernichtet.
Bei einseitigem Druck (Stress) entsteht durch Einregeln von blättrig oder stänglig ausgebildeten Mineralien (wie Glimmer, Chlorit) in gleicher Richtung ein Parallelgefüge, die sog. Schieferung. Das ist ein charakteristisches Erkennungsmerkmal für die meisten Metamorphite (vgl. auch Abb. S. 308 und 314). Bei der Kontaktmetamorphose gibt es keine deutliche Schieferung.
Eine andere Art der Gefügeänderung vollzieht sich durch Umkristallisation zu größeren Mineralien. Besonders bei monomineralischen Gesteinen (wie Quarzit und Marmor) werden Kleingemengteile dabei aufgezehrt, und das Gestein erhält ein grobkörniges Aussehen. Die Mineralarten bleiben gleich.
Manchmal entstehen bei der Metamorphose neue Mineralien, entweder durch Umbildung vorhandener Kristalle oder durch Zufuhr von Fremdsubstanz.

Charakteristische Schieferung im kristallinen Tonschiefer, Wallis/Schweiz

## Synonyme

Synonym zu Metamorphit werden die folgenden Begriffe verwendet: metamorphes Gestein, Umwandlungsgestein, kristalliner Schiefer. Die letztere Bezeichnung sollte vermieden werden, sie ist nicht zweifelsfrei, denn es sind nicht alle Metamorphite geschiefert; außerdem wird der Begriff gelegentlich nur für tatsächlich geschieferte Metamorphite verwendet.

## Klassifikation und Nomenklatur

Bei keiner Gesteinsgruppe ist der Überblick so schwierig wie bei den Metamorphiten. Es existiert keine allgemeingültige Klassifikation. Dementsprechend fehlt eine einheitliche Terminologie.
Die Zahl der Metamorphite ist sehr groß, denn zu jedem Magmatit und zu jedem Sedimentit gibt es ein oder mehrere metamorphe Gesteine.
Eine Gruppierung der Metamorphite ist nach dem Erscheinungsbild (Gefüge, Mineralbestand) oder nach Entstehung (Ausgangsgestein, Art und Intensität der Metamorphose) möglich. Benennung der Metamorphite erfolgt nach dem Gefüge, nach hervorstechenden Mineralien oder nach dem Ausgangsgestein. Gelegentlich wird »Meta-« als Präfix dem Ausgangsgestein vorangesetzt.

**Orthogestein – Paragestein** Als Orthogestein bezeichnet man Metamorphite, die auf Magmatite zurückgehen. Paragesteine sind aus Sedimentiten entstanden. Im Handstück ist eine Unterscheidung oft nicht möglich, da durch verschiedenartige Metamorphose die gleichen Endprodukte entstehen können.

**Neue wissentschafltliche Klassifikation** Versuche, die Metamorphite zu klassifizieren, gehen immer mehr in Richtung der Genesis. Es hat sich nämlich gezeigt, dass bestimmte Mineralgemeinschaften (Paragenese genannt) als Indikator für all die Faktoren, die zur Metamorphose führen, dienen können. Je nach Ausgangsmaterial entstehen aus diesen Paragenesen äußerlich wohl verschiedene, genetisch jedoch verwandte Metamorphite.
Eine solche metamorphe Gesteinsgruppe, die aufgrund der Druck-/Temperatur-Bedingungen durch eine Mineralgemeinschaft charakterisiert wird, heißt metamorphe Fazies. Gemäß diesen Fazies werden heutzutage in der Wissenschaft die Metamorphite gegliedert (s. Abb. unten).

**Einfache Klassifikation für die Praxis** Die wissenschaftliche Gruppierung der Metamorphite ist für den in der Praxis mit Gesteinen Arbeitenden und für das weite Umfeld der zur Petrologie benachbarten Wissenschaften nicht akzeptabel, da sie viel Fachkenntnisse voraussetzt, die tatsächlich nicht vorhanden sind.
Deshalb wird hier im vorliegenden Bestimmungsbuch eine Gliederung der Metamorphite nach äußeren, deutlich erkennbaren Gefügemerkmalen vorgenommen; in Gneise, Schiefer und Felse.

**Klassifikation der Metamorphite nach äußeren Kennzeichen**

| | Gneis-Familie | Schiefer-Familie | Fels-Familie |
|---|---|---|---|
| Mineral-Ausbildung | mittel- bis grobkörnig | plattig | fein- bis grobkörnig |
| Schieferung | schwach bis deutlich | sehr deutlich | keine |
| Spaltplatten | mittel bis dick | dünn | keine |
| Typ. Mineralien | Feldspäte, Quarz | Glimmer, Tonmineralien | zahlreiche Mineralien |

Schematisches Druck-/Temperatur-Diagramm der Metamorphose-Arten (n. mehreren Autoren)

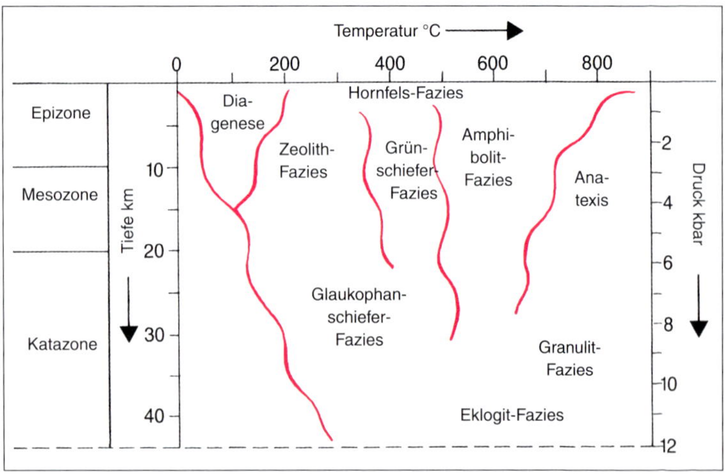

**Bekannte Metamorphite** (Auswahl, K = Kontaktmetamorphite)

| Metamorphe Fazies | Ausgangsgestein: Magmatite | Ausgangsgestein: Sedimentite | Metamorphit |
|---|---|---|---|
| Hornfels-Fazies | | Tonstein | Knotenschiefer K |
| | | Tonstein | Hornfels K |
| | | Kalkstein, Dolomitstein | Kalksilikatfels K |
| | | Kalkstein | Marmor K |
| | | Sandstein | Quarzit K |
| Zeolith-Fazies | | Grauwacke | Meta-Grauwacke |
| | Pyroklastit | | Meta-Pyroklastit |
| | Peridotit, Pikrit | Dolomitstein | Serpentinit |
| | | Kalkstein | Marmor |
| Grünschiefer-Fazies | Basite | Mergel | Grünschiefer |
| | | Schieferton | Tonschiefer |
| | Rhyolithtuffe | Pelite | Phyllit |
| | Pyroklastite | Schieferton | Glimmerschiefer |
| | Peridotit, Pyroxenit | Mergel | Talkschiefer |
| | Pyroklastite | | Chloritschiefer |
| | | Kiesliger Kalkstein | Kalksilikatschiefer |
| | Peridotit, Pyroxenit | Dolomitstein | Serpentinit |
| | | Kalkstein | Marmor |
| | | Sandstein, Radiolarit | Quarzit |
| Amphibolit-Fazies | | Pelite | Glimmerschiefer |
| | | Kiesliger Kalkstein | Kalksilikatfels |
| | Basite | Mergel | Amphibolit |
| | | Kalkstein | Marmor |
| | Granit | | Orthogneis |
| | | Sandstein, Radiolarit | Quarzit |
| Granulit-Fazies | | Sandstein, Radiolarit | Quarzit |
| | Granit | | Orthogneis |
| | Basite | | Granulit |
| | | Kalkstein | Marmor |
| Glaukophanschiefer-Fazies | Pyroklastite | | Chloritschiefer |
| | Diabas | | Glaukophanschiefer |
| | Peridotit, Pikrit | | Serpentinit |
| Eklogit-Fazies | Basite | Mergel | Eklogit |

**Erkennungsmerkmale der Metamorphite**

1. Vollkristallin, die ganze Masse auskristallisiert
2. Meist große Kristalle, mit bloßem Auge zu erkennen
3. Häufig seidenglänzend
4. Parallelgefüge, Schieferung
5. Sehr kompakt, keine Hohlräume
6. Im Allgemeinen keine Fossilien
7. Keine glatten Spaltflächen
8. Gebirgsformen sanft und wellig

# Gneis-Familie

Das Gemeinsame der Gneisgesteine sind ein grobkörniges Gefüge, schwache bis deutliche Schieferung und ein Feldspatgehalt von über 20%.
Der Name Gneis entstammt der Bergmannssprache aus dem Erzgebirge.

**Gefüge** Die Schieferung wird insbesondere durch den Biotit besorgt, der sich infolge einseitigen Drucks (sog. Stress) mit seiner Längsachse senkrecht zu dieser Richtung einregelt (s. Abb. unten). Parallel zu den Schieferungsflächen lässt sich der Gneis dickplattig (im Zentimeter- bis Dezimeterbereich) spalten. Bei hohen Glimmeranteilen vereinzelt auch dünnplattigere Abgliederung möglich. Körnig ausgebildete Mineralien herrschen vor.

**Mineralbestand** Mineralische Zusammensetzung hat weiten Spielraum. Hauptgemengteile Feldspäte und Quarz, wobei Feldspäte deutlich überwiegen. Nebengemengteile Biotit, Muskovit, Hornblende, Cordierit, Granate, Sillimanit. Hoher Kieselsäuregehalt. Helle Farben, grau, grünlich, bräunlich, rötlich.

**Vorkommen** Ausgangsgesteine sind sowohl Magmatite als auch Sedimentite, wie Granit, saure Vulkanite, Grauwacke, Arkose, Sandstein, sandige und auch reine Schiefertone. Die aus Magmatiten entstandenen Gneise heißen Orthogneis, jene aus Sedimentiten gewordenen Paragneis. Im Handstück ist eine Unterscheidung von Ortho- und Paragneis kaum möglich, wohl aber im Gelände, wenn Übergänge zum Muttergestein oder typisch sedimentäre Bildungen in weiterer Umgebung noch auszumachen sind. Bei den Orthogneisen ist der Mineralbestand gegenüber dem Ursprungsgestein nur wenig verändert.
Fundorte: Zentralalpen, Bayerischer Wald, Böhmerwald, Erzgebirge, Piemont/Italien, Vogesen, Zentralmassiv, Bretagne/Frankreich, Skandinavien, Georgia, Vermont/USA.

**Verwendung** Als Baustein, zu Bruchschotter und Splitt verwendet, dünnspaltende Sorten für Wandplatten, früher als Dachplatten. Gneise mit zusammenhängenden Glimmerlagen mechanisch weniger beanspruchbar und frostempfindlich. Gneise mit geringerem Glimmeranteil haben günstige Festigkeitswerte.

**Namengebung** Nach Ausgangsgestein (Granit-, Syenitgneis, Geröllgneis), nach charakteristischen Gemengteilen (Biotit-, Muskovitgneis, Augitgneis, Granatgneis), nach Gefüge (Augen-, Flasergneis, Platten-, Bändergneis), nach Art der Metamorphose (Epigneis), nach Farbe (Grau-, Rotgneis).

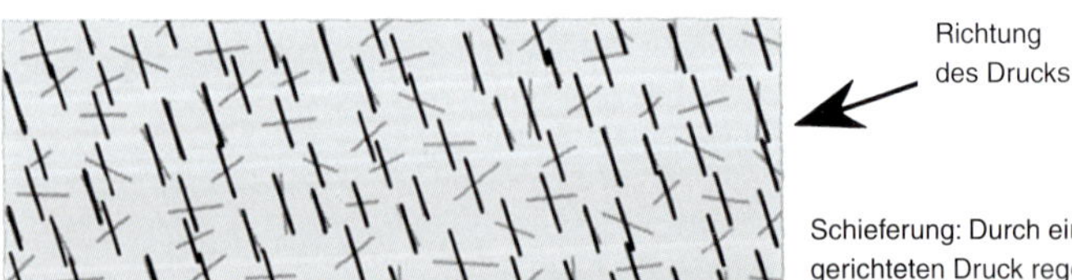


Schieferung: Durch einseitig gerichteten Druck regeln sich blättrig ausgebildete Mineralien senkrecht zu einer Parallelstruktur ein.

1 Granitgneis, Ukraine
2 Riebeckitgranulit, Niederösterreich
3 Augengneis, Graubünden/Schweiz
4 Migmatit, Fichtelgebirge/Bayern

1

2

3

4

Augengneis [Nr. 3, S. 309] Gneis-Varietät mit flasrigem Gefüge, das durch Feldspäte, die linsenförmig wie die Augen ausgebildet sind, geprägt wird.
Schiefergneis (Gneisglimmerschiefer) Gneis-Varietät, leitet zu den Phylliten über. Enthält mindestens 50% blättrig ausgebildete Mineralien, insbesondere Glimmer, die zu durchgehenden Bahnen angeordnet sind und dadurch eine dünnplattige Abgliederung ermöglichen.
Leptitgneis (Leptit) Feinkörnige, helle Gneis-Varietät präkambrischen Alters von Skandinavien und Finnland.
Hälleflinta Glimmerarme, feinkörnige bis dichte Gneis-Varietät von Schweden und Finnland. Hohe Festigkeit, flintartiger Bruch.
Kinzigit Lokalbezeichnung für cordieritführenden Granatgneis, Schwarzwald.

**Falsche Handelsbezeichnungen** Im Handel wird der Begriff Gneis nur wenig verwendet und meist durch GRANIT und QUARZIT ersetzt.

## Granulit [Nr. 2, S. 309]

Im Allgemeinen lässt sich Granulit als glimmerfreier Gneis ansprechen. Hauptgemengteile sind Feldspäte und groß entwickelter, plattenartig ausgebildeter Quarz, Nebengemengteile meist Pyroxene, Granate, Kyanit und Sillimanit. Gefüge gewöhnlich dickschiefrig bis nahezu massig, häufig gebändert, fein- bis mittelkörnig. Farbe hell, manchmal fast weiß.
Fundorte: Schwarzwald, Sachsen, Niederösterreich, Böhmen, Finnland.
Verwendung als Bruchschotter, sehr druckfest und wetterbeständig.

**Charnockit** Wird wegen der vermeintlichen Entstehung als Granulit-Varietät, aufgrund des Gefüges aber als Magmatit betrachtet. Im Unterschied zum Granulit enthält er niemals Granate. Auch dem Quarz fehlt die granulittypische, plattige Ausbildung. Charakteristischer Gemengteil ist Hypersthen. Farbe gelbgrün bis dunkelgrün. Fundorte: Schweden, Indien, Brasilien.

## Migmatit [Nr. 4, S. 309]

Migmatit (Mischgestein) besteht aus zwei verschiedenen, deutlich erkennbaren Gesteinstypen, die mit scharfen Grenzen ineinandergefügt sind. Wirtgestein ist ein gneisartiger Metamorphit, Eindringling ein granitischer Magmatit. Das Wirtgestein ist naturgemäß stets älter. Der Eindringling ist immer heller als der Gastgeber.
Entstehung wird verschieden gedeutet: entweder durch Teilaufschmelzen (Anatexis) und granitische Auskristallisation oder durch eine Art Injektion von Schmelzmaterial in den Metamorphitkomplex, vielleicht auch durch metasomatischen Austausch von Mineralsubstanz.
Vorkommen in Zonen sehr starker Metamorphose. Fundorte: Schwarzwald, Bayerischer Wald, Zentralalpen, Auvergne/Frankreich, Skandinavien.
Verwendung als Bruchschotter, für dekorative Platten und Denkmäler.
Von einigen Autoren werden die Migmatite weder zu den Metamorphiten noch zu den Magmatiten gerechnet, sondern als eigene vierte Gesteinsgruppe betrachtet und neben die Magmatite, Sedimentite und Metamorphite gestellt.

## Anatexit

Bezeichnung für Gesteine, deren Entstehung irgendwie mit hochmetamorphen Aufschmelzvorgängen zusammenhängt. Es gibt keine verbindliche Definition.

1 Chloritgneis VERDE SPRIANA, poliert, Italien
2 Paragneis VERDE VERZASCA, Schweiz
3 Orthogneis NYSTAD GREY, poliert, Finnland
4 Orthogneis VANGA, poliert, Schweden

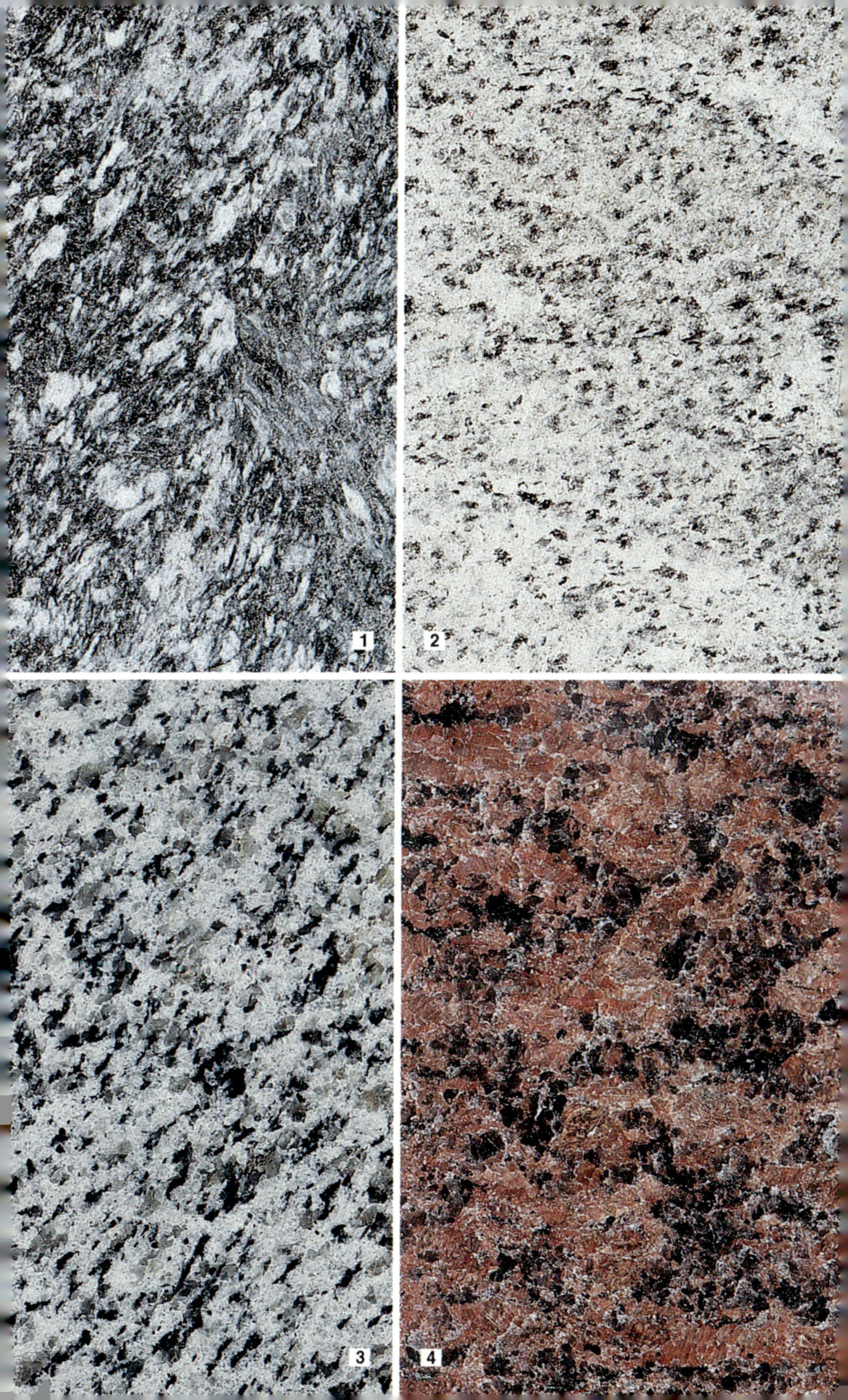
1
2
3
4

## Schiefer-Familie

Das Gemeinsame der Schiefergesteine sind ein fein- bis mittelkörniges Gefüge, sehr deutliche Schieferung und ein Feldspatgehalt von unter 20%.

### Schieferung

Wesentliches Erkennungsmerkmal für diese Gesteinsfamilie ist das deutliche Parallelgefüge, das an die sedimentäre Schichtung erinnert. Während aber bei einer Schichtung durchgehende Schichtgrenzen zu erkennen und die Schichtflächen immer eben sind, gibt es bei geschieferten Gesteinen niemals ebene Bruchflächen, weil die plattigen »Schiefermineralien« nicht hintereinander, sondern nebeneinander liegen (vgl. Abb. S. 314 und 308).
Im Volksmund werden auch dünnplattige Sedimentgesteine häufig als Schiefer bezeichnet. Man sollte den Begriff Schiefer nur den Metamorphiten als eines ihrer charakteristischen Kennzeichen vorbehalten.

**Namengebung** Die Anzahl der Schieferarten ist sehr groß. Die Bezeichnung der Gesteine erfolgt nach hervorstechenden Eigenschaften, nach bemerkenswerten Mineralien oder nach der Farbe.

### Phyllit [1, 2]

Phyllit (griech. »Blatt«) ist ein feinschuppiger Schiefer mit deutlichem Seidenglanz auf den Schieferungsflächen. Hauptgemengteile sind Serizit (eine Muskovit-Varietät mit maximal 0,2 mm Durchmesser) und Quarz, Nebengemengteile Biotit, Feldspäte, Chlorit, Pyrophyllit, Graphit, Granate, Epidot.
In Platten bis zu 0,1 mm spaltbar. Einzelne Kristalle (sog. Porphyroblasten) sind merklich größer als die mineralische Grundmasse. Dadurch werden die Glimmerplättchen bogenförmig gelagert, so dass der Phyllit im Querbruch ein wellenförmiges Gefüge zeigt. Farbe gewöhnlich silbergrau und grünlich.
Fundorte: Bayerischer Wald, Fichtelgebirge, Erzgebirge, Harz, Zentralalpen, Vogesen/Frankreich, Cornwall/England, Skandinavien, Uruguay.
Verwendung lokal für Dachplatten, frostempfindlich.
**Quarzphyllit** Quarz überwiegt als einer der Hauptgemengteile gegenüber den Glimmern oder den anderen blättrigen Mineralien.
**Serizitphyllit** (Serizitschiefer) Überwiegend aus Serizit und Quarz, ohne wesentliche Nebengemengteile bestehende Phyllit-Varietät. Gelegentlich auch allgemein als Synonym zu Phyllit verstanden.

### Glimmerschiefer [3, 4]

Glimmerschiefer ist geradezu der Inbegriff für Schiefergesteine. Gefüge grobschuppiger als bei Phyllit. Die Glimmerteilchen sind größer als 0,2 mm und daher mit bloßem Auge zu erkennen. Spaltet gewöhnlich im Millimeter- bis Zentimeterbereich, bei großem Glimmeranteil mit fast ebenen Flächen.
Hauptgemengteile Quarz und Muskovit, Nebengemengteile Biotit, Kyanit, Chlorit, Graphit. Granate, Staurolith und Sillimanit häufig porphyroblastisch ausgebildet. Farbe normalerweise hell und leicht grünlich.
Fundorte: Fichtelgebirge, Schwarzwald, Erzgebirge, Zentralalpen.
Verwendung als plattiger Baustein. Verwitterungsbeständiger als Phyllit.
Bei Varietäten oft die Kurzform Schiefer anstatt Glimmerschiefer verwendet.

1 Phyllit, Tirol/Österreich
2 Serizitphyllit, Erzgebirge/Sachsen
3 Granat-Glimmerschiefer, Tessin/Schweiz
4 Glimmerschiefer, Osttirol/Österreich

1

2

3

4

## Tonschiefer [1] Kristalliner Tonschiefer

Tonschiefer steht genetisch zwischen Schieferton und Phyllit. Von einigen Autoren wird er zum Sedimentgestein gestellt, obwohl der echte, kristalline Tonschiefer zweifelsfrei metamorph überprägt ist. Deutlich an Schieferung und Schichtung, die im Winkel zueinander laufen (wie beim Griffelschiefer extrem ausgebildet), zu erkennen. Die Grenze zwischen dem sedimentären und dem metamorphen Tongestein liegt dort, wo die Quellfähigkeit im Wasser aufhört. Schiefertone quellen, die metamorphen Tonschiefer nicht. Letztere sind auch härter, haben keine oder stark deformierte Fossilien und vermitteln im feuchten Zustand keinen erdigen Geruch wie die Schiefertone.
Gefüge feinkörnig bis dicht, ausgezeichnete Schieferung mit flachen Abgliederungsflächen. Entlang von Schichtgrenzen auch ebene Spaltung möglich.
Hauptgemengteile sind Tonmineralien, Quarz und aus Tonmineralien umgebildete Glimmer, insbesondere Muskovit.
Graue und schwarze Farben werden durch Bitumen- und Graphitbeimengung, braune durch Limonit, rote durch Hämatit und grünliche Farbtöne durch Chlorit bewirkt. Es gibt auch mehrfarbige, gestreifte oder gefleckte Typen.
Fundorte: Fichtelgebirge, Thüringen, Ardennen/Frankreich, Wales und Lancashire/Großbritannien. Verwendung als Dach- und Wandplatten (Dachschiefer), für Isolier- und Schalttafeln, vereinzelt für Schultafeln.

## Kontaktschiefer [2, 3]

Durch Kontaktmetamorphose aus Tongestein entstanden. Körner- oder stängelartige Mineralausbildungen. Hauptgemengteile sind Glimmer, Quarz, Andalusit und Cordierit.
**Fleckschiefer** Durch Bitumen oder Kohlenstoff Fleckenbildung.
**Knotenschiefer** Infolge Kornvergrößerung knotenartige Glimmerlagen.
**Fruchtschiefer** [3] Ähnlich Getreidekörnern sehen die Kristallneubildungen von Andalusit oder Cordierit aus.
**Garbenschiefer** [2] (Chiastolithschiefer) Die Andalusit-Varietät Chiastolith ist als Mineralneubildung büschelartig im Tonschiefer verteilt.

## Hornblendeschiefer [4]

Hauptgemengteile sind Hornblende, Quarz und Biotit. Nebengemengteile Pyroxene, Muskovit, Granate, Plagioklas-Feldspat. Fundorte: Tirol/Österreich, Südtirol/Italien, St.-Gotthard-Massiv/Schweiz.

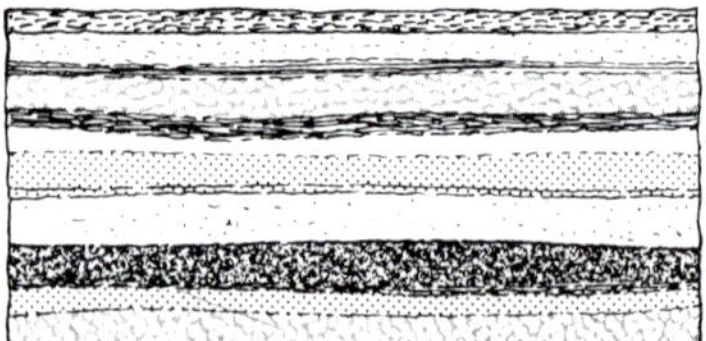
Schichtung: durchgehende Schichtgrenzen, beim Spalten glatte Flächen

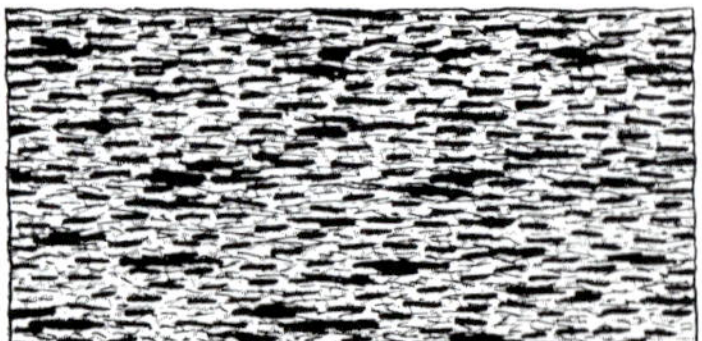
Schieferung: parallel eingeregelte Mineralien, beim Spalten keine glatten Flächen

1 Tonschiefer, Thüringen
2 Garbenschiefer, Fichtelgebirge/Bayern
3 Fruchtschiefer, Sachsen
4 Hornblendeschiefer, Südtirol/Italien

1
2
3
4

## Grünschiefer

Sammelbezeichnung für feinkörnige, grünlich aussehende Schiefer. Hauptgemengteile sind Chlorit, Epidot, Aktinolith, Talk, Glaukophan und Albit-Feldspat. Muskovit und Quarz fehlen oder nur gering vorhanden.
Namengebung nach dem vorherrschenden grünlichen Mineral. Wichtigste Vertreter der eigentlichen Grünschiefer sind Amphibol-, Chlorit- und Epidotschiefer sowie Prasinit. Talk- und Glaukophanschiefer werden aufgrund ihrer etwas anderen Entstehung nur zum weiteren Kreis der Grünschiefer gezählt.

**Aktinolithschiefer** [4] Amphibolschiefer-Varietät mit dem Hauptgemengteil Aktinolith. Fundorte: Böhmisch-sächsisches Erzgebirge, Harz, Fichtelgebirge, Hohe Tauern/Österreich, Westalpen.

**Chloritschiefer** [3] Grünschiefer mit dem Hauptgemengteil Chlorit. Schönfarbige Sorten als Dekorstein, für Bodenplatten und Wandverkleidungen verwendet. Fundorte: Niedere Tauern/Österreich, Südtirol, Lombardei, Piemont/Italien.

**Prasinit** Feinkörniger Grünschiefer. Infolge zonenartiger Anreicherung der verschiedenen Hauptgemengteile (Chlorit, Aktinolith, Albit und Epidot) gebändertes, kaum geschiefertes Aussehen. Lokal als Straßenbaumaterial, schönfarbige Sorten als Dekorstein genutzt.
Fundorte: Zillertal/Österreich, Tessin/Schweiz, Oberitalien.
Gelegentlich wird der Name Prasinit auch allgemein als Synonym zu Grünschiefer verwendet.

**Talkschiefer** [1] Sehr gut spaltbarer, weicher Grünschiefer mit dem Hauptgemengteil Talk. Nebengemengteile sind Magnesit, Magnetit, Calcit, Dolomitspat, Quarz. Farbe weißgrau, grün gesprenkelt, Fühlt sich fettig an.
Fundorte: Kärnten, Zillertal/Österreich, Graubünden/Schweiz, Transvaal/Südafrika, New York/USA. Reine Sorten zur industriellen Gewinnung von Talk.
Steatit [2] (Speckstein, Topfstein, Seifenstein, Lavezstein) Dichte Talkschiefer-Varietät mit geringen Beimengungen. Lichtgrau und von nur geringer Härte. Verwendung seit Jahrhunderten für Schmuck und Schnitzfiguren, für verschiedenartige Gefäße. Da auch hitze- und säurebeständig, vielseitiger Einsatz in Technik und Industrie, insbesondere für Chemikalienbehälter und für feuerfeste Keramik. Durch Brennen wird Steatit sehr hart. In der Technik wird nur der gebrannte Talk als Steatit bezeichnet. Fichtelgebirge, Indien, Virginia/USA, Uruguay.
Die oben als Synonym angeführten Namen werden gelegentlich auch mit einem etwas anderen Begriffsinhalt gebraucht.

**Glaukophanschiefer** (Blauschiefer) Grünlicher Schiefer mit bläulicher oder leicht violetter Tönung, meist grobschiefrig. Einziger Hauptgemengteil ist Glaukophan, ein blauer Amphibol. Nebengemengteile sind Epidot, Calcit, Quarz, Granat, Albit, auch Talk, Zoisit und Jadeit.
Vorkommen relativ selten. Fundorte: Kalabrien, Toskana, Aostatal/Italien, Spitzbergen, Kanal-Inseln/Großbritannien, Westalpen, Kalifornien/USA.
Bedeutsam für die Erzprospektion, da mit Kupfer- und Nickel-Lagerstätten vergesellschaftet.

**Glaukophanit** Entweder Synonym zu Glaukophanschiefer oder Bezeichnung für das massige, nicht geschieferte Glaukophangestein.

---

1 Talkschiefer, Oberfranken/Bayern
2 Steatit, Fichtelgebirge/Bayern
3 Chloritschiefer, Tirol/Österreich
4 Aktinolithschiefer, Tessin/Schweiz

1

2

3

4

## Fels-Familie

Die Gesteine der Fels-Familie lassen meist keine Richtung in ihrem Gefüge erkennen, sie sind massig. Bei den Namen wird häufig das Suffix »-fels« verwendet.

**Felsquarzit** [1, 2] Metaquarzit, Quarzit
Unter dem Begriff Quarzit wird in der Petrologie der sedimentäre (S. 274) wie auch der metamorphe Quarzit verstanden. Diese Unterscheidung könnte auch im Namen zum Ausdruck kommen, wenn man z. B. von Sedimentärquarzit und von Felsquarzit spricht. Die Bezeichnung Metaquarzit wird im deutschen Sprachraum selten verwendet.
Felsquarzit ist gewöhnlich massig, ungeschiefert, bildet aber oft dicke Bänke. Bei übermäßig viel Muskovit ergibt sich eine leichte Schieferung, die auf Spaltflächen einen viel zu hohen Glimmeranteil vortäuscht, eben weil der Quarzit entlang den Glimmerflächen bricht.
Hauptgemengteil mit mindestens 80% ist Quarz. Als Nebengemengteile können alle gesteinsbildenden Mineralien auftreten, insbesondere Feldspäte, Glimmer, Chlorit, Magnetit, Hämatit, Granate, Graphit.
Die Quarzkörner sind gewöhnlich miteinander verzahnt, weil die verbindende Grundmasse infolge Metamorphose ebenso auskristallisiert ist. Beim Sedimentärquarzit dagegen ist der kittende Zement nicht auskristallisiert.
Farbe weiß, durch Beimengungen grau, braun, rötlich.
Fundorte: Taunus, Harz, Oberpfälzer Wald, Böhmisch-sächsisches Erzgebirge, Steiermark/Österreich, Wallis/Schweiz, Südtirol, Norwegen, Schweden.
Wegen hoher Festigkeit und Wetterbeständigkeit Verwendung als Bruchschotter, gut trennbare Sorten (vornehmlich Glimmerquarzite) als Dekorstein, für Fußböden und Fassadenverkleidung. Reine Quarzite dienen als Rohstoff für Glas und feuerfeste Steine, goldhaltige Quarzite zur Erzgewinnung.

**Varietäten** Benennung der Varietäten nach Nebengemengteilen (z. B. Glimmerquarzit) oder nach wirtschaftlich bedeutendstem Mineral (z. B. Magnetitquarzit). Viele Handelsnamen für Dekorsteinsorten.

**Kalksilikatfels** [3] Erlanfels, Erlan
Metamorphes Gestein aus Kalksilikat-Mineralien, massiges Gefüge, dicht bis grobkörnig. Infolge gruppenartiger Mineralansammlungen manchmal zoniert. Farbe hellgrün, grau, bräunlich.
Sehr verschiedenartig zusammengesetzt. Hauptgemengteile können Calcit, Vesuvian, Wollastonit, Diopsid, die Granat-Varietäten Grossular und Andradit sein. Als Nebengemengteile alle sonst in Metamorphiten vorkommenden Mineralien möglich. Häufig große Einzelkristalle.
Fundorte: Fichtelgebirge, Tessin/Schweiz, Böhmen/Tschechische Republik, Trient/Italien, Kalifornien/USA. Insgesamt recht selten.
Schönfarbige Sorten in der Bauwirtschaft unter dem Namen MARMOR als dekorative Platten für Fußböden und Wandgestaltung verwendet.

**Skarn** [4] Ist ein vererztes Kalksilikatgestein. Name nach einem schwedischen Bergmannsausdruck. Zur Eisen- und Buntmetallgewinnung genutzt. Fundorte: Mittelschweden, Elba/Italien, Trepča/Serbien, Banat/Rumänien, Arkansas, Kalifornien/USA, Kanada, Tasmanien.

1 Quarzit, Marokko
2 Serizitquarzit, Wallis/Schweiz
3 Kalksilikatfels, Fichtelgebirge/Bayern
4 Skarn, Gällivara/Schweden

1

2

3

4

**Amphibolit** [1, 3]
Fein- bis grobkörniges Metamorphitgestein, gewöhnlich mit massigem Gefüge. Die selten auftretenden schiefrigen Varietäten stellen Übergangsglieder zu verwandten Gesteinen wie Gneis, Granulit, Eklogit und Grünschiefer dar.
Hauptgemengteile sind die Amphibol-Varietät Hornblende und Plagioklas, Nebengemengteile Biotit, Chlorit, Granate, Epidot, Zoisit und andere. Farbe grau, graugrün bis zu dunkelgrün und grünschwarz.
Fundorte: Fichtelgebirge, Spessart, Schwarzwald, Böhmisch-sächsisches Erzgebirge, Thüringer Wald, Hohe Tauern/Österreich, St.-Gotthard-Massiv/Schweiz, Skandinavien, Karelien/Russland.
Amphibolite besitzen große Festigkeit und sind wetterbeständig, daher Bauschotter für hohe Beanspruchung. Spaltbare Sorten für Platten verwendet.
Anzahl der Varietäten wegen der mengenmäßig weiten Schwankungsbreite von Haupt- und Nebengemengteilen sehr groß. Benennung nach hervorstechenden Nebengemengteilen (z. B. Epidot-, Granat-, Quarzamphibolit).

**Eklogit** [4]
Eklogit (griech. »Auswahl«) ist ein Metamorphit mit den Hauptgemengteilen Granat (roter Pyrop und Almandin) und Pyroxen (gewöhnlich hellgrüner Omphacit). Nebengemengteile sind Kyanit, Rutil, Hornblende, Zoisit, Plagioklas und Quarz. Die Dichte von 3,2–3,6 ist die höchste aller Silikatgesteine.
Gefüge massig, manchmal dickschiefrig. In fein- bis grobkörniger grüner Grundmasse liegen große, rundliche rote Granate.
Vorkommen selten und nur in kleinen Massen. Linsenförmig in migmatitischen Gneisen oder pegmatitischen Graniten eingelagert. Fundorte: Fichtelgebirge, Schwarzwald, Hohe Tauern/Österreich, Norwegen, Kalifornien/USA.
Obwohl sehr fest und verwitterungsbeständig, wegen geringer Verbreitung kaum genutzt. Lokal als Bruchschotter und für Dekorplatten verwendet.

**Hornfels** [2]
Sammelname für massige, harte, dichte bis feinkörnige Metamorphite mit typisch muschligem Bruch. Die Bezeichnung Hornfels sollte nur für kontaktmetamorph entstandene Gesteine gelten, bei regionalmetamorphen Bildungen Schreibweise ohne »horn«. Nicht mit dem Sedimentit Hornstein verwechseln (S. 294)!
Gelegentlich schwach porphyroblastisch. Unterm Mikroskop charakteristische Mosaik- oder Pflasterstruktur zu erkennen. An dünnen Kanten hornartig durchscheinend.
In Abhängigkeit vom Ausgangsgestein ist der Mineralbestand sehr verschieden. Häufige Vertreter sind Andalusit, Biotit, Cordierit, Granate, Hypersthen, Sillimanit. Obwohl meist helle Mineralien, ist die Farbe der Hornfelse durch Beimengungen oftmals dunkel, grau bis schwarz, grünlich, nur vereinzelt nahezu weiß.
Fundorte: Fichtelgebirge, Harz, Eifel, Elba/Italien, Vorgesen/Frankreich, südliches Norwegen.
Sehr fest und wetterbeständig, wegen geringer Verbreitung nur lokal als Bruchschotter verwendet.
Zahlreiche Varietäten, benannt nach Ausgangsgestein (z. B. Tonschiefer-Hornfels [2] oder nach Mineralbestand (z. B. Andalusit-Hornfels).

**Adinolfels** (Adinolit, Adinol) Dichte Hornfels-Varietät im Bereich von Diabasen. Entstanden durch Kontaktmetamorphose.

1 Granatamphibolit, Tauern/Österreich
2 Tonschiefer-Hornfels, England
3 Amphibolit, Kinzigtal/Schwarzwald/Baden
4 Eklogit, Fichtelgebirge/Bayern

1

2

3

4

**Serpentinit** [2–4] Serpentinfels

Mehr oder weniger grüner Metamorphit, überwiegend aus Serpentinmineralien bestehend.

Name (lat. »Schlange«) nimmt Bezug auf das fleckige Aussehen oder vielleicht auch wegen der vermeintlichen Wirkung gegen Schlangengift.

Hauptgemengteile Chrysotil oder Antigorit. Große Zahl von Nebengemengteilen möglich, u. a. Olivin, Pyroxene, Granate, Amphibole, Chromit und Magnetit. Fast immer Calcit dabei.

Gefüge dicht, manchmal fasrig oder blättrig, fast stets massig, gelegentlich dickbankig. Vereinzelt eine leichte Schieferung angedeutet. Infolge wechselnden Anteils und unterschiedlicher Verteilung der Gemengteile gewöhnlich unregelmäßiges Farbbild, fleckig, gestreift, geflammt, durchadert. Farbe schwankt von hellem Graugrün bis zu Grünschwarz. Vereinzelt auch bläulich, braune und rötliche Töne vertreten.

Entstehung bei Regionalmetamorphose aus ultrabasischen Magmatiten (Peridotit, Pyroxenit, Pikrit) durch Umwandlung (Serpentinisierung) von Olivin, seltener von Pyroxenen, Amphibolen oder Chloriten zu Serpentin. Die dabei freigesetzten Eisenverbindungen können zu Erzlagerstätten führen. Vereinzelt sind auch Dolomitgesteine Grundlage der Serpentinitbildung.

Fundorte: Fichtelgebirge, Schwarzwald, Erzgebirge/Sachsen, Salzburg, Tirol, Kärnten, Waldviertel/Niederösterreich, Graubünden/Schweiz, Pyrenäen, Vogesen/Frankreich, Aostatal/Italien, Cornwall/England, Taiwan, Kuba.

Wegen geringer Härte, guter Polierbarkeit und des dekorativen Aussehens schon seit der Antike für Schmuck und kunstgewerbliche Gegenstände verwendet. Gewöhnlich nicht wetterbeständig, daher vorwiegend Einsatz zur innenarchitektonischen Gestaltung.

Im Handel und in der Natursteinindustrie wird Serpentinit allgemein, wie das Mineral, nur Serpentin genannt.

Viele Serpentinite haben abbauwürdige Erzgehalte oder sind mit Lagerstättenbildungen aufs Engste verknüpft, u. a. mit Eisen-, Chrom-, Magnesit-, Talk- und Asbestvorkommen.

Bezeichnung der Varietäten nach bemerkenswerten Nebengemengteilen (Bronzit-, Granatserpentinit) oder nach Abstammung (Harzburgitserpentinit).

In den Namen der Handelssorten wird häufig die grüne Farbe des Serpentinits erwähnt, oft auch als MARMOR bezeichnet.

**Cipollino** [1]

Metamorphit, der ein Übergangsglied zwischen Serpentinit, Marmor und Ophicalcit darstellt. Zwiebelähnlich faltig gestreift liegen Glimmer, Feldspäte, Tonmineralien, Chlorite oder Serpentin in der Grundmasse aus Calcit. Häufig merklicher Quarzgehalt. Der Name bedeutet entsprechend der Zeichnung »Zwiebel« (italienisch »cipolla«). Matrix weiß oder gelblich, Geäder meist grünlich.

Fundorte: Toskana, Piemont/Italien, Euböa/Griechenland. Ein beliebter Dekorstein. Wird im Handel als MARMOR bezeichnet.

**Ophiolith**

Gruppenname für genetisch verwandte, grünfarbige, basische und ultrabasische Gesteine, wie Serpentinit, Peridotit, Gabbro, Basalt.

1 Cipollino VERSILIA, Toskana/Italien

2 Serpentinit VERDE VARZEA, Alentejo/Portugal

3 Serpentinit VERDE GIADA, Aostatal/Italien

4 Serpentinitbrekzie VERDE ANTICO, Larissa/Griechenland

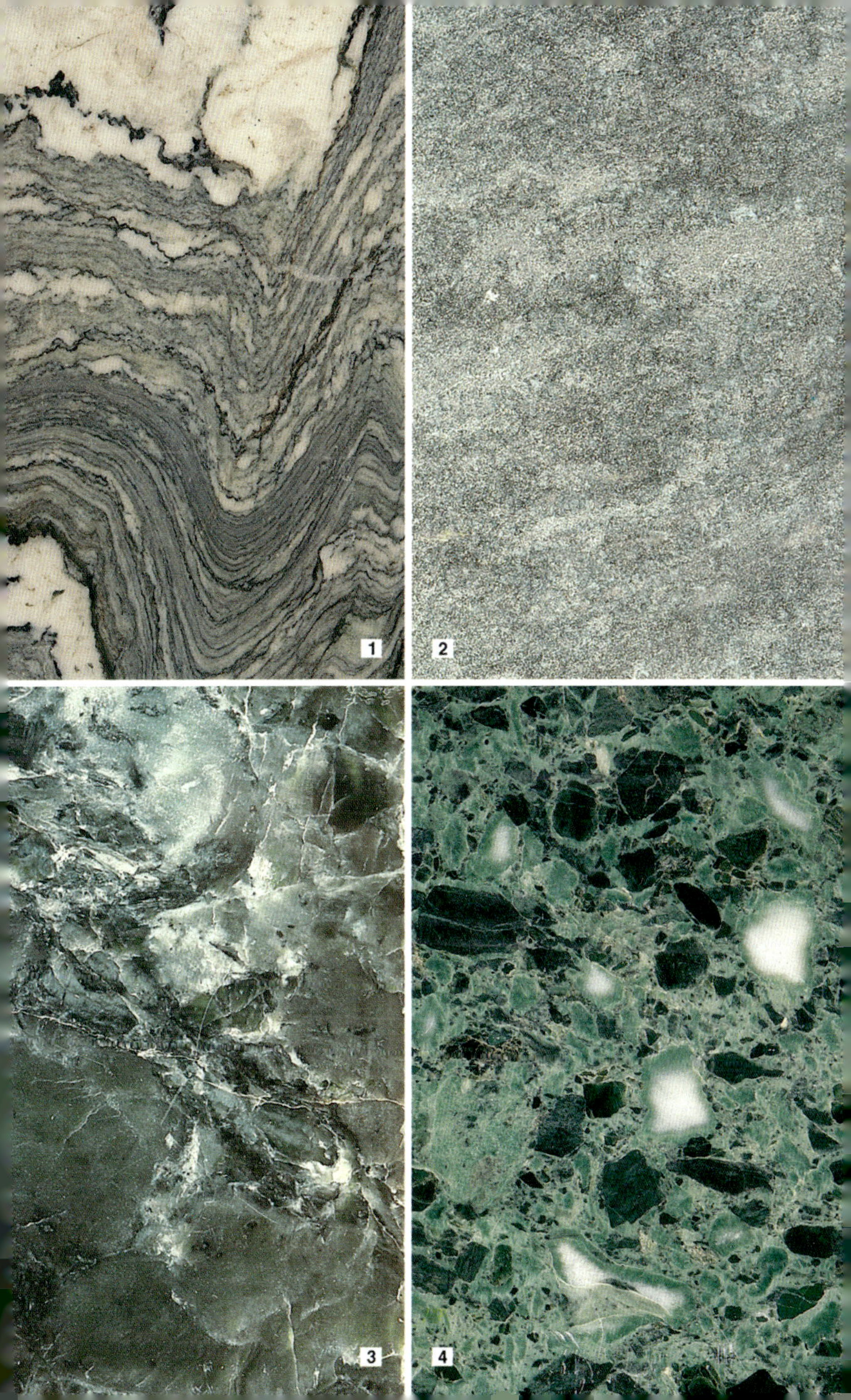
1
2
3
4

**Marmor** [1 und 4 sowie Nr. 1–3, S. 327] Calcitmarmor, Kalkmarmor

Der Begriff Marmor (griech. »schimmernder Felsblock«) wird verschieden definiert. In der petrologischen Wissenschaft versteht man unter Marmor einen calcitischen Metamorphit. Das ist der »echte«, der kristalline Marmor.
Gelegentlich wird die Bezeichnung Marmor aber auch als Oberbegriff für Kalk- und Dolomitmarmor verstanden, so dass man von einem Marmor im weiteren Sinn und von einem solchen im engeren Sinn sprechen kann.
In der Bauwirtschaft, im Handel und im Volksmund wird jeder feste, polierfähige Kalkstein als Marmor bezeichnet. Teilweise werden sogar nichtkalkige Gesteine, wie Serpentinit, ebenso Marmor genannt. All diesen Gruppen ist eines gemeinsam: das Marmorierte, eine besondere Zeichnung der Oberfläche.

**Gefüge** Der echte Marmor ist durch Kontakt- oder Regionalmetamorphose aus Kalkstein entstanden. Er ist massig, mittel- bis grobkristallin und wie Kalkstein monomineralisch (bis zu 99%) aus Calcit aufgebaut. Die Kristalle wurden bei der Metamorphose auf Kosten anderer vergröbert, so dass sie, etwa gleichmäßig groß, mit bloßem Auge zu erkennen sind.
Als Nebengemengteile können viele Mineralien vertreten sein, u.a. Amphibole, Chlorit, Epidot, Glimmer, Granate, Graphit, Hämatit, Limonit, Plagioklas, Pyrit, Pyroxene, Quarz, Serpentin, Vesuvian, Wollastonit.
Wegen seines körnigen Gefüges ist Marmor außerordentlich kompakt. Das Porenvolumen liegt unter 1%. Bis 30 cm ist er lichtdurchscheinend. Das tiefe Eindringen des Lichts verleiht ihm den typischen Schimmer.

**Farbe** Rein weißer Marmor ist selten. Gewöhnlich zeigt sich aufgrund des Ausgangsmaterials oder als Folge metamorph beigemischter Fremdbestandteile ein geflammtes, geflecktes, gemasertes, durchädertes oder gestreiftes Bild. Alle Farbtöne und alle Nuancierungen sind möglich.

**Unterscheidung gegenüber Kalkstein** Die Grenze zwischen kristallinem Marmor und marmoriertem Kalkstein ist fließend. Einige Merkmale ermöglichen die Unterscheidung gegenüber dem häufig ähnlich aussehenden Kalkstein.

| Kristalliner Marmor | Kalkstein |
|---|---|
| Grobkörnig, Kristalle mit bloßem Auge erkennbar | Feinkörnig, Kristalle mit bloßem Auge nicht auszumachen |
| Bruch spätig | Bruch feinkörnig unscheinbar |
| An Kanten lichtdurchscheinend | An Kanten nicht lichtdurchscheinend |
| Keine Hohlräume | Gelegentlich Hohlräume |
| Keine Fossilien | Häufig Fossilien |

**Fundorte** Marmor findet man vielerorts. Infolge tektonischer Beanspruchung sind aber die meisten Lager derart zerklüftet, dass ein Abbau nicht lohnt. – Fichtelgebirge, Tirol, Kärnten/Österreich, Tessin, Wallis/Schweiz, Toskana, Laas/Südtirol/Italien, Frankreich, Spanien, Griechenland, Devonshire/England.

**Verwendung** Fassadenverkleidung, für Innenarchitektur, Tischplatten, Ornamente, Schalttafeln. Nimmt Politur gut an, wird im Freien jedoch rasch matt.

1 Marmor, Fichtelgebirge/Bayern
2 Dolomitmarmor, Steiermark/Österreich
3 Ophicalcit, Wallis/Schweiz
4 Marmor, Alentejo/Portugal

1

2

3

4

**Handelssorten** Während Marmore in der Wissenschaft nach charakteristischen Gemengteilen benannt werden, erfolgt Namengebung im Handel nach Farbe, Zeichnung, Gefüge oder Fundort. Auch reine Fantasiebezeichnungen.

**Carrara-Marmor** [1] Sammelbegriff für die bei der Stadt Carrara in der Toskana/Italien gebrochenen Marmore. Die Gewinnungsstätten liegen im Apuanischen Apennin, in einer Bergkette von 60 km Länge und 20 bis 25 km Breite. Vier Haupttäler führen von Carrara zu den zahlreichen Brüchen. Bis zu den Gipfeln hinauf findet man den schneeweißen Marmor.
Bei Carrara liegen die qualitativ und quantitativ bedeutendsten Vorkommen der ganzen Welt von weißem, kristallinem Marmor. Schon zur Römerzeit wurden die Lagerstätten ausgebeutet. Später gerieten sie in Vergessenheit. Im Hochmittelalter und zur Zeit der Renaissance wurden die Brüche wiederbelebt. Die Lager scheinen unerschöpflich.
Neben einigen bunten Marmorsorten ist der allgemeine Typ der des Bianco chiaro (Blanc clair). Grundfarbe milchigweiß bis leicht bläulichweiß.
Rein weiße Sorten werden von Bildhauern bevorzugt. Michelangelo fand dieses Material für seine Skulpturen am Monte Altissimo. Solche Marmore bestehen bis zu 98% aus reinem Calciumcarbonat.
Meist sind die Bianco-Marmore leicht gewolkt und zart geadert. Je nach Zeichnung gibt es verschiedene Handelsnamen.

**Onyx-Marmor** (Marmor-Onyx) Handelsbezeichnung für Kalksinter (s. S. 286).

## Dolomitmarmor [Nr. 2, S. 325]

Ein aus Dolomitstein metamorph entstandener Marmor. Neben Calcit ist Dolomitspat vorherrschender Gemengteil. Gefüge im Allgemeinen feinkörniger als bei Kalkmarmor, an Bruchstellen zuckerkörniges Aussehen. Sonst optisch kaum von Kalkmarmor zu unterscheiden. Mithilfe der Salzsäureprobe (vgl. S. 290) allerdings leicht zu identifizieren.
Fundorte: Fichtelgebirge, Steiermark/Österreich, Südtirol/Italien, Norwegen, Schweden, Karelien/Russland, Utah/USA. Dolomitmarmor ist nicht so weit verbreitet wie Kalkmarmor. Verwendung wie jener.
Wenn schlechthin nur von Marmor gesprochen wird, ist normalerweise Kalkmarmor gemeint. Dolomitmarmor verlangt immer den Vorsatz »Dolomit«.

## Ophicalcit [4 und Nr. 3, S. 325] Silikatmarmor

Ein Metamorphit, der als Hauptgemengteile Calcit und bis zu 20% Silikatmineralien enthält, vornehmlich Serpentin, Forsterit und Talk, daneben auch Amphibole, Glimmer, Feldspäte, Pyroxene und Quarz. Im Namen Ophicalcit, der so viel wie Serpentincalcit bedeutet, kommt die enge Verwandtschaft sowohl zu Marmor als auch zu Serpentinit zum Ausdruck.
Gefüge massig, ohne Richtung, körnig-kristallin. Vorkommen wie Marmor.
Fundorte: Fichtelgebirge, Wallis/Schweiz, Westalpen/Frankreich, Piemont/Italien, Estremadura/Portugal, Spanien, Türkei, Schweden, China.

## Urkalk

Früher Bezeichnung für kristallinen Marmor, weil man ihn für die älteste Kalksteinbildung hielt. Heute wissen wir, dass Marmor in jeder geologischen Epoche entstehen kann. Der Begriff Urkalk ist daher überholt.

1 Marmor Carrara, Toskana/Italien
2 Marmor Calacatta d'Oro, Toskana/Italien
3 Marmor Trakya Kumülüs, westliche Türkei
4 Ophicalcit Connemara, County Galway/Irland

1

2

3

4

## Technische Eigenschaften von Metamorphitgesteinen

| | Rohwichte Rohdichte Raumgewicht Raumdichte g/cm³ | Reinwichte Reindichte Spez. Gewicht Korndichte Dichte g/cm³ | Wahre Porosität Gesamtporosität Raum-% | Wasseraufnahme Gewichts-% | Scheinbare Porosität Nutzporosität Raum-% |
|---|---|---|---|---|---|
| Gneis, Granulit | 2,65–3,00 | 2,67–3,05 | 0,4–2,0 | 0,1–0,6 | 0,3–1,8 |
| Amphibolit | 2,70–3,10 | 2,75–3,15 | 0,4–2,0 | 0,1–0,4 | 0,3–1,2 |
| Serpentinit | 2,60–2,75 | 2,62–2,78 | 0,3–2,0 | 0,1–0,7 | 0,3–1,8 |
| Dachschiefer | 2,70–2,80 | 2,82–2,90 | 1,6–2,5 | 0,5–0,6 | 1,4–1,8 |
| Marmor | 2,65–2,85 | 2,70–2,90 | 0,5–2,0 | 0,2–0,6 | 0,4–1,8 |
| Tonschiefer | 2,60–2,80 | 2,71–2,86 | 0,4–4,5 | 0,1–1,7 | |
| Gneis, Glimmerschiefer | 2,60–2,97 | 2,64–3,05 | 0,4–5,5 | 0,1–1,9 | |
| Granulit | 2,64–3,12 | 2,67–3,20 | 0,4–7,8 | 0,1–1,4 | |
| Quarzit | 2,60–2,65 | 2,64–2,70 | 0,4–3,9 | 0,1–1,4 | |
| Marmor, Ophicalcit | 2,60–2,76 | 2,70–2,78 | 0,4–4,0 | 0,1–1,5 | |
| Serpentinit | 2,41–2,95 | 2,63–3,00 | 0,3–10,5 | 0,1–3,8 | |
| Serpentinit | 2,6 –2,8 | 2,7 –2,9 | 0,3–2,0 | | |
| Gneis | 2,6 –3,0 | 2,8 –3,0 | 0,3–1,8 | | |

| | Druckfestigkeit im trockenen Zustand<br>kg/cm² | Biegezugfestigkeit<br>kg/cm² | Schlagfestigkeit<br>Schlaganzahl bis zur Zerstörung | Abriebfestigkeit<br>Verlust auf 50 cm² in cm³ | Bemerkungen | Quelle |
|---|---|---|---|---|---|---|
| Gneis, Granulit | 1600–2800 | | 6–12 | 4–10 | mittlere Häufigkeitswerte | DIN 52100 |
| Amphibolit | 1700–2800 | | 10–16 | 6–12 | | |
| Serpentinit | 1400–2500 | | 6–15 | 8–18 | | |
| Dachschiefer | 500–800 | | | | | |
| Marmor | 800–1800 | 60–150 | 8–10 | 15–40 | | |
| | | | | | | Peschel 1983 |
| Serpentinit | 500–2500 | | 5–15 | | | Reinsch 1991 |
| Gneis | 700–2800 | | 3–11 | | | |

Im Lauf der Zeit wurden Maßeinheiten, u. a. auch die Gesteine betreffend, wiederholt geändert. Um die technischen Angaben auch in älterer Literatur zu verstehen, sind die gewechselten Begriffe insgesamt im Kopf der Tabelle dargestellt.

Marmorsteinbruch in den Apuanischen Alpen, Carrara/Toskana. Seit der Antike werden die umfangreichen Marmor-Lager genutzt.

Steine
aus dem
Weltall

# Steine aus dem Weltall

Hier werden alle Gesteine erfasst, die direkt oder indirekt auf außerirdische Einflüsse zurückgehen, Dazu zählen in erster Linie die aus dem Weltraum stammenden Meteorite, aber ebenso die als Folge von Meteoriteneinschlägen entstandenen Impaktite und Tektite.
Auch die durch Blitzeinschlag umgeschmolzenen Gesteine, die Fulgurite, werden hier eingereiht, denn sie gehen letztlich auf extraterrestrische Ursachen zurück.
Die Namengebung für die außerirdischen Ereignisse und deren Produkte ist nicht immer einheitlich, in der Wissenschaft mittlerweile aber standardisiert.
**Asteroid** Kleinplanet größer 1 km Durchmesser.
**Meteoroid** Kleinstplanet unter 1 km Durchmesser.
**Meteorit** Auf die Erdoberfläche niedergegangener Asteroid oder Meteoroid bzw. dessen Bruchstücke.
**Meteor** Mit einem Feuerschweif in der Erdatmosphäre verglühender fester Bestandteil aus dem Weltraum, im Volksmund Sternschnuppe genannt.

## Meteorite

Meteorite (griech. »Himmelserscheinung«) auch Meteorsteine oder Aerolithe genannt, sind feste Bruchstücke, aus dem Weltraum der Erde zugeführt. Man kann sie als außerirdische Gesteine bezeichnen.
Die meisten Meteorite sind kleine schwarze Kügelchen, nur Bruchteile eines Millimeters groß. Sie fallen ständig auf die Erde nieder. Der jährliche Zuwachs solchen kosmischen Staubes beträgt Tausende von Tonnen.
Große Meteorite sind selten. Der größte bisher gefundene Meteorit, ein Eisenmeteorit, ging in vorgeschichtlicher Zeit bei der Hoba-Farm nahe Grootfontein im nördlichen Namibia nieder. Er umfasst 9 $m^3$ und wiegt etwa 60 Tonnen. (Abb. S. 334).

### Klassifiikation der Meteorite

| | | | | | |
|---|---|---|---|---|---|
| **Eisenmeteorite** | Hexaedrit<br>Oktaedrit<br>Ataxit | **Stein-Eisen-Meteorite** | Siderophyr<br>Pallasit<br>Mesosiderit | **Steinmeteorite** | Chondrit<br>Achondrit |

Meteorite können überall auf der Erde gefunden werden. In den Eisgebieten der Arktis und besonders der Antarktis werden Meteorite an Gletscherbarrieren regelrecht »zusammengeschwemmt«. In den letzten 40 Jahren wurden hier über 10000 Meteorite gefunden.
Die Zahl der Meteoritenfälle ist natürlich geringer als die Anzahl der Meteoritenfunde, da viele Meteorite zu ein und demselben Fall gehören. Ungefähr 1000 Meteoritenfälle sind auf der Erde rundum nachgewiesen.
Durch Vergleich mit Mondproben, von Astronauten der Mondoberfläche entnommen, konnten Meteorite zweifelsfrei als vom Mond stammend identifiziert werden. Höchstwahrscheinlich gibt es auch Mars-Meteorite. Die meisten Meteorite entstammen allerdings dem Asteroidengürtel zwischen den Umflaufbahnen von Mars und Jupiter.

Große Meteorite stürzen mit auffälligem Feuerschweif zur Erde (Fotomontage)

**Eisenmeteorite** [1, 2, 5] Siderit, Meteoreisen

Eisenmeteorite sind kristalline Legierungen von gediegenem Eisen mit 4 bis 40% Nickel und einem geringen Gehalt an Kobalt und Kupfer. Als Erz kommt diese Zusammensetzung in der Erdkruste nicht vor.

**Hexaedrit** Eisenmeteorit mit 6–7% Nickel und kubischen Kristallen, die sich nach dem Würfel (Hexaeder) spalten lassen. Auf angeschliffenen und mit Salpetersäure geätzten Flächen zeigt sich eine feine, parallel gerichtete oder sich kreuzende Streifung, Neumannsche Linien genannt.

**Oktaedrit** [1] Eisenmeteorit mit Nickelgehalt bis 40%. Nach der Gestalt des Oktaeders kristallisiert. Auf geschliffenen und mit Salpetersäure geätzten Flächen wird ein Lamellensystem sichtbar, das man als Widmannstättensche (oder Widmannstettersche) Figuren bezeichnet. Bisher ist es nicht gelungen, ein solches Lamellensystem künstlich zu erzeugen. Drei Gefügeteile sind zu unterscheiden: Kamacit, Taenit und Plessit.

Kamacit (Balkeneisen) Dunkelgraue Nickel-Eisen-Legierung mit 6–7% Nickel in Form dicker Balken.

Taenit (Bandeisen) Silberglänzende, das Balkeneisen umsäumende Nickel-Eisen-Legierung mit etwa 30% Nickel.

Plessit (Fülleisen) Grauschwarzes Gemenge kleinster Kristalle von Kamacit und Taenit, das die Zwickel im Lamellensystem ausfüllt.

**Ataxit** Feinkristalliner, nickelreicher Eisenmeteorit ohne geordnete Struktur. Wahrscheinlich durch Hitzeeinwirkung aus Oktaedrit entstanden.

**Steinmeteorite** [3, 4] Aerolith, Meteorstein

Steinmeteorite sind den irdischen Gesteinen ähnlich. Ihre mineralische Zusammensetzung entspricht etwa den Peridotiten oder Gabbros. Außerdem geringe Mengen von Nickeleisen dabei. Häufiger als Eisenmeteorite.

**Chondrit** [3] Steinmeteorit mit einzelnen, kleinen, bis erbsengroßen Kügelchen (Chondren) aus Silikatmineralien (wie Bronzit, Diopsid, Olivin und Plagioklas), vereinzelt aus Chromit, Graphit, Magnetit und Spinell oder aus Gesteinsglas. Grundmasse besteht aus den gleichen Mineralien oder aus Glas. Farbe gewöhnlich hell- bis dunkelgrau, teilweise schwarz.

**Achondrit** [4] Steinmeteorit ohne Chondren. Besitzt gewöhnlich eine glänzende schwarze Schmelzrinde. Seltener als Chondrite.

**Stein-Eisen-Meteorite**

Gemäß der Zusammensetzung ein Übergangsglied zwischen Stein- und Eisenmeteorit. Besteht etwa je zur Hälfte aus Silikatmineralien und Nickeleisen. Machen weniger als 10% aller gefallenen Meteorite aus.

**Siderophyr** Meteorit-Varietät mit hohem Nickeleisen-Gehalt sowie großem Anteil von Bronzit in netzartigem Gefüge. Daneben Tridymit vorhanden.

**Pallasit** Meteorit-Varietät mit großen Olivinkristallen in oktaedritischer Grundmasse aus Nickeleisen.

**Mesosiderit** Meteorit-Varietät mit ungleichmäßig verteiltem Nickeleisen in silikatischer Grundmasse aus Bronzit, Olivin und Plagioklas.

---

1 Eisenmeteorit (Oktaedrit) mit Widmannstättenschen Figuren, gefallen vor 40000 Jahren, Toluka/Mexiko

2 Eisenmeteorit, gefallen vor 30000 Jahren, Barringer-(Arizona-)Krater/USA

3 Steinmeteorit mit Chondren, gefallen am 8. Februar 1969, Allende/Mexiko

4 Steinmeteorit, gefallen am 8. Februar 1969, Allende/Mexiko

5 Eisenmeteorit, gefallen vor 30000 Jahren, Baringer-(Arizona-)Krater/USA

1
2
3
4
5

Der größte je gefundene Meteorit auf der Hoba-Farm in Namibia, der Hoba-Meteorit 1979. Heute ist die Anlage als Schaustätte ausgebaut.

## Tektite [1, 2.5] Kosmisches Glas

Früher hielt man die Tektite (griech. »schmelzen«) für nichtkristallisierte Meteorite. Daher fälschlich Glasmeteorite genannt. Heutzutage werden Tektite als terrestrische Produkte betrachtet, die im Zusammenhang mit Meteoriteinschlägen entstanden. Sie kondensierten aus den Impaktdämpfen (s. S. 336), die sich infolge der hohen Aufprallgeschwindigkeit von Riesenmeteoriten auf der Erde entwickelten, als tropfenartige Gebilde mit glasigamorphem Gefüge. Dementsprechend finden wir Tektite in Streufeldern zu Meteoritkratern.

Tektite haben grüne bis schwarze, selten gelbliche Farbe und eine mehr oder weniger narbige Oberfläche. Kaum größer als eine Walnuss. Keine Schmelzrinde. Namen nach Fundgebiet, z. B. Australit (Australien), Georgiait (Georgia/USA), Thailandit (Thailand).

**Wüstenglas** [3] Aus nahezu reinem Quarzglas bestehende helle Tektite. Neuerdings tektitische Entstehung angezweifelt.

**Moldavit** [1] (Bouteillenstein, Wasserchrysolith) Dunkel- bis schwarzgrüner Tektit aus dem Land der Moldau (Böhmen) mit zerrissener oder abgerollter Oberfläche. Durchsichtige Sorten von flaschengrüner Farbe wurden früher gern zu Schmucksteinen verschliffen.

## Fulgurite [4] Blitzröhre

Fulgurite (lat. »Blitz«) sind vom Blitz getroffene Gesteine, die infolge Schmelzvorgängen röhrenartige Formen zeigen. Sie sind wenige Zentimeter breit, manchmal einige Meter lang. Sie bestehen gewöhnlich aus geschmolzenem Sand, der mit dem umgebenden, ungeschmolzenen Sand verkittet ist.

1 Moldavite, Böhmen/Tschechien
2 Narbiger Tektit (Thailandit), Thailand
3 Wüstenglas, Libyen
4 Fulgurit, Sahara/Libyen. Geschmolzener Sand. Original 14 cm lang
5 Narbiger Tektit (Thailandit), Thailand

1
2
4
3
5

## Impaktite

Schwere Meteorite können auf der Erde nicht weich landen. Sie werden durch die Atmosphäre kaum abgebremst und treffen mit kosmischer Geschwindigkeit von 15–170 km in der Sekunde auf die Erdoberfläche. Dabei entstehen Temperaturen von einigen zehntausend Grad C und Stoßwellen von mehreren Millionen bar.
Als Folge eines solchen Impakts (engl. »Zusammenstoß«) werden große Krater (Meteoritenkrater, verkürzt Meteorkrater genannt) ausgeräumt, Kontaktgestein und der Meteorit selbst zertrümmert, aufgeschmolzen oder gar verdampft. Die so veränderten bzw. neu gebildeten Gesteine bezeichnen wir als Impaktite. Die Hochdruckmineralien Coesit und Stishovit sind sicheres Zeichen für Impakterscheinungen.
Auf der Erde sind bisher über 160 Impaktkrater-Strukturen nachgewiesen worden. Dazu gehören das 25 km breite Nördlinger Ries (Schwäb.-Fränk. Alb), die Siljan-Struktur in Schweden, die recht gut erforschten Vredefort-Strukturen in Südafrika, eine der ältesten Kraterbildungen, die Sudbury-Strukturen in Ontario/Kanada, der wohl bekannteste Meteorit-Krater, der Barringer-Krater in Arizona/USA und der Chicxulub-Krater auf Yukatan in Mexiko.
Viele der ursprünglich tief eingesenkten Krater sind im Lauf der Zeit zugefüllt, abgetragen, eingeebnet worden, sodass sie morphologisch nicht mehr als Einschlagform, sondern nur noch durch die Impaktstrukturen zu erkennen sind.
Durch Wiederverfestigung der durchmischten Gesteinstrümmer bilden sich neue Gesteinsstrukturen, sog. Impaktbrekzien (Abb. unten). Sie sind häufig von fladenartigem Gesteinsglas, das infolge Kondensation von Impaktdämpfen entstanden ist, durchsetzt.
Der trassähnliche Suevit vom Nördlinger Ries gehört hierzu. Auf Grund seiner chemisch-physikalischen Eigenschaften war er jahrhundertelang beliebter Baustein. Heute wird er als Zuschlagstoff zur Herstellung von hydraulischem Zement verwendet.
Zu den Folgeerscheinungen von Impaktereignissen zählen auch die Tektite (S. 334)

Suevit mit fladenartigen Einlagerungen, Nördlinger Ries. 1/10 Verkleinerung.

# Hinweise für Sammler

Hier einige Hinweise, die der Steinesammler zu seiner und anderer Sicherheit, zu besserem Erfolg und zur längeren Freude an seiner Sammlung beachten sollte.

## Gebote und Verbote

In der Natur Mineralien und Gesteine zu sammeln, ist ein Erlebnis besonderer Art. Ein Glücksgefühl, wenn man wieder ein neues Stück, selbst gefunden, seiner Sammlung zuführen kann.
Aber Vorsicht: Nicht überall ist Sammeln erlaubt, oft ausdrücklich verboten.
Die Bestimmungen über das Sammeln von Mineralien werden immer restriktiver. Die Strafen für unerlaubte Handlungen sind teilweise drakonisch. Es droht Beschlagnahme des Schürfmaterials und der Geräte einschließlich Auto. Auch Geldbuße und sogar Gefängnis sind schon verordnet worden.
Dass man von Privatbesitz, in Bergwerken oder bei Straßenbauarbeiten ohne Erlaubnis nichts entnehmen darf, ist selbstverständlich. Schon das Betreten muss gestattet sein.
Selbst wenn eine Schürfgenehmigung auf Privatgrund vorliegt, heißt das noch lange nicht, dass der Staat die Ausfuhr gestattet. Strenge Zollbestimmungen können dem entgegenstehen.
Manchmal erhält man eine Sammelerlaubnis gegen Gebühr, so z. B. in einigen Gegenden von Österreich, der Schweiz und von Italien. Gewöhnlich ist nur der Einsatz handgeführter Werkzeuge erlaubt, wie Hammer, Meißel und Strahlstock (s. S. 341). Der Einsatz von motorbetriebenen Geräten oder gar von Sprengmitteln ist fast ausschließlich den Einheimischen und den sog. Strahlern (das sind nahezu berufsmäßige Mineralienschürfer in festem Fels) vorbehalten.
In Nationalparken und in Naturschutzgebieten ist das Schürfen von Mineralien grundsätzlich verboten. Ausnahmen nur zu wissenschaftlichen Zwecken.
Einzelne Gerölle vom Ufer eines Flusses, selbst für die private Gartengestaltung, zu entnehmen, bedarf in Deutschland keiner Erlaubnis. Das Ausbrechen von Felsstücken auf öffentlichem Grund ist ohne explizite Genehmigung verboten.
Andererseits gibt es in vielen Gegenden Plätze, die zum Sammeln ausgewiesen sind. Hier kann der Steineliebhaber, bisweilen gegen geringe Gebühr, nach Mineralien, Gesteinen oder nach Fossilien schürfen. Solche Plätze können aufgelassene Steinbrüche sein, aber ebenso Brüche, die nur zeitweilig für Sammler offen stehen.

### Belegung von Fundplätzen

Vielfach ist das Öffnen einer Kluft mit kristallinem Kluftinhalt so mühsam, dass man für eine gefahrlose Gewinnung Monate, ja wegen der verkürzten Sommerzeiten im Gebirge sogar mehrere schneefreie Jahreszeiten braucht.
Bei Unterbrechung solcher Bergungsarbeiten wird – nach altem Brauch in den Alpen – ein Werkzeug an der Fundstelle niedergelegt, um kundzutun, dass der Finder an der Bergung weiterarbeitet, dass die Kluft »belegt« ist.
Leider haben räuberische Ausbeuter immer wieder nicht nur niedergelegtes Werkzeug gestohlen, sondern auch die schon geöffnete Kluft gewaltsam ausgeräumt.
In den siebziger Jahren des vorigen Jahrhunderts wurde unter Mitwirkung des Schweizer Bundesgerichts entschieden, dass belegte Fundstellen dem Finder zwei Jahre zur Bergung des Kluftinhalts unangetastet bleiben müssen. Wer dagegen verstößt, macht sich des Diebstahls schuldig.

## Manipulierte Mineralien

Beim Kauf von Mineralien sollte man eine gewisse Vorsicht walten lassen, denn es gibt immer wieder betrügerische Absichten bei Händlern. Nicht nur, dass falsche Angaben zum Namen des Minerals oder zum Fundort gemacht werden, manchmal sind die Mineralien sogar manipuliert, d.h. in ihrem Wesensbestand bewusst verändert, um einen höheren Preis zu erzielen.

Wenn Mineralien »geschönt« und als solche deklariert werden, ist dagegen nichts zu sagen. Unehrlich wird es erst, wenn man die Veränderung des Minerals verschweigt oder gar bestreitet.

Eine Schönung von Mineralien kann durch Zugabe von Klebstoff, von Öl, Wachs oder Harz, aber auch durch Färben, Brennen und Bestrahlen erfolgen.

**Behandlung mit Klebstoff** Bei der Bergung von Kristallgruppen, sog. Stufen, wie auch beim Transport können einzelne Kristalle leicht abbrechen. Das mindert den Wert der Stufe ganz erheblich. Deshalb wird versucht, die abgebrochenen Teile wieder anzufügen. Das geschieht normalerweise mit einem Kleber.

Schlecht verklebte Stücke lassen sich schon mit bloßem Auge erkennen. Oftmals muss man aber eine Lupe zu Hilfe nehmen. Besonders schwierig wird es, wenn der Fuß, d.h. die Bruchstelle des angeklebten Kristalls, mit Splittern des Muttergesteins verdeckt wird.

Manchmal hilft die Fluoreszenz (s. S. 348), die Klebestelle zu diagnostizieren, weil der Kitt u.U. alleinig fluoresziert oder anders leuchtet als der übrige Stein.

Besonders raffinierte Manipulationen kann nur der Fachmann verifizieren.

**Behandlung durch Zugabe von Wachs, Öl und Harz** Um Risse zu füllen, poröse Steine zu stabilisieren oder um Glanz und Transparenz zu erhöhen, aber auch, um die Farbintensität zu verbessern, werden insbesondere Edelsteine mit Öl, Wachs oder Harz überzogen, auch imprägniert.

Solche Behandlungen zu erkennen, ist für den Laien kaum möglich. Manchmal lassen sich zwar mit heißer Nadel Schmelzvorgänge beim zugeführten Substrat oder kleine Verfärbungen ausmachen, im Allgemeinen sollte man die Identifizierung dem Fachmann überlassen.

Mineralienbörsen bieten auch oft Gelegenheit, eigene Fundstücke zu tauschen.

**Färben** Während kompakte Steine sich nur oberflächlich einfärben lassen, kann poröses Material tief, teils sogar durch und durch gefärbt werden.
Beim Achat z. B., der von Hause aus meist unansehnlich grau erscheint, lassen sich mit speziellen Färbemethoden beständige Farbveränderungen erzielen. Die heute vom Handel angebotenen Achate sind gewöhnlich künstlich gefärbt.
Die Kunst des Färbens war schon den Römern bekannt. Seit den zwanziger Jahren des vorletzten Jahrhunderts ist Idar-Oberstein/Rheinland-Pfalz Zentrum der Achat-Färberei.
**Brennen** Durch Erhitzen auf mehrere hundert Grad, sog. Brennen, können Mineralien in der Farbe verändert, in Transparenz und sonstigem Aussehen verbessert werden. Bei Mineralien, die als Edelstein genutzt werden, ist eine derartige, im Allgemeinen beständige Schönung weit verbreitet.
Der Laie kann solche Manipulationen gewöhnlich nicht erkennen. Deshalb Vorsicht beim Kauf teurer Steine. Häufig werden schon nahe der Fundstelle, in den Minen, die Steine gebrannt.
**Bestrahlen** Neuerdings werden Farbveredelungen durch Radium- und Röntgenstrahlen, ebenso durch Beschuss mit Elementarteilchen bewirkt. So behandelte Steine können mit der Zeit allerdings verblassen.
Diese Manipulation kann wegen des technischen Aufwands nur in Industrieländern erfolgen. Sie ist für den Steineliebhaber unkenntlich, schon gar nicht nachzuweisen. Manchmal haftet solchen Steinen eine meßbare Radioaktivität an.
**CIBJO** Um einheitliche Richtlinien beim Handeln mit Mineralien, Schmuck und Edelsteinen zu erreichen, wurde 1961 eine internationale Organisation, die CIBJO (Confédération internationale de la bijouterie, joaillerie, orfèvrerie, des diamants, perles et pierres/International Confederation of Jewellery, Silverware, Diamonds, Pearls and Stones), gegründet, die diesbezügliche Statuten erarbeitete. Gemäß der Fassung von 2006 sind die Maßstäbe zu Angaben über behandelte Steine sehr verschärft worden. Bis auf wenige Ausnahmen müssen alle künstlichen Veränderungen unmissverständlich und unaufgefordert deklariert werden.
**Kauf von Mineralien** Eine besondere Empfehlung: Niemals an der Straßenecke oder am Urlaubsstrand Mineralien oder gar Edelsteine erwerben.
Auf Mineralienmessen und Börsen, die es mittlerweile in fast jeder größeren Stadt gibt, hat man nicht nur eine gewisse Auswahl von Mineralien, sondern auch Vergleichsmöglichkeiten über die Preisgestaltung. Eine Garantie auf ehrliche Beratung und angemessenen Preis gibt es auch bei Mineralienmessen leider nicht immer.
Deshalb haben sich in Deutschland 1985 Geschäftsleute in einem Verband – Verband des Deutschen Mineralien- und Fossilien-Fachhandels DMF e.V. – zusammengeschlossen und sich einem Ehrenkodex auf fachgerechte und wahrheitsgetreue Beratung unterworfen. Inzwischen sind auch Fachhändler aus anderen europäischen Staaten Mitglied des Verbandes geworden, sodass sich der Verband jetzt DMF International mit Recht nennen darf.
Dort, wo man das Logo »DMF International« (s. unten) sieht, hat man einen qualifizierten Partner des Fachhandels, der einen ehrlich berät, dem man sich anvertrauen kann.

Mitglied/Member
DMF
INTERNATIONAL

Das nebenstehende Logo DMF garantiert einem Mineralienkäufer ehrliche Beratung und einen angemessenen Preis.

# Ausrüstung bei Feldarbeiten

Zu einer guten Vorbereitung auf eine Sammeltour gehört eine entsprechende Ausrüstung. Bei Feldarbeiten im Gebirge wird sie notwendigerweise etwas anders sein als bei Steinsuche auf einer Halde oder im Stollen.

## Körperschutz

Am wichtigsten ist der Körperschutz. Überall dort, wo Steinschlag droht, unbedingt einen Schutzhelm tragen. Der Helm muss innen eine Verstellmöglichkeit haben, damit er für alle Kopfweiten sitzfest angepasst werden kann.
Derbe Kleidung, die vor kleinen Splittern oder Abschürfungen schützt, sollte selbstverständlich sein. Unbedeckte Körperteile vermeiden. Lange Hosen sind Pflicht.
Gutes Schuhwerk ist absolut erforderlich. Bergschuhe mit Profilsohle und einer Stahlkappe leisten den besten Dienst. Im Gebirge, in Steinbrüchen und auf Geröllhalden sind Gamaschen als zusätzlicher Schutz vor kleinen Steinchen zu empfehlen. Gummistiefel sind hier ungeeignet. In Tongruben sind sie dagegen unentbehrlich.
Bei Meißelarbeiten braucht insbesondere der Ungeübte schwere Lederhandschuhe. Sie dämpfen den Schlag und bieten gewissen Schutz bei abgleitendem Hammer und bei überkragendem, scharfkantigem Meißelkopf.
Unverzichtbar ist Augenschutz. Bei allen Schlagarbeiten mit Hammer und Meißel unbedingt eine Brille mit splittersicheren Gläsern und seitlichem Augenschutz tragen. Für Brillenträger gibt es Vollsichtbrillen, die wie eine Skibrille über die Korrekturbrille gestülpt werden. Sie bietet mehr Sicherheit als Schutzvorhänge, die auf die Korrekturbrille aufgesteckt werden.
Ein Klappvisier, das an dem Helm angebracht ist (s. S. 343), bietet zwar vollen Gesichtsschutz, ist aber im Gelände etwas hinderlich.
Wie notwendig Schutzbrillen sind, lässt sich an den vielen Kratzern ablesen, die sie durch hergeschleuderte Steinsplitter erhalten.
Trotz guter Ausrüstung ist eine Notfallfürsorge im Gelände unabdingbar. Verletzungen und andere Beschwerden sind niemals auszuschließen. Daher gehört eine Reiseapotheke mit Verbandsmaterial immer als Begleiter eines Steinesammlers ins Gepäck. Sie muss je nach Gefährdung, nach Landschaft und Klima etwas anders aussehen. Der Apotheker hilft bei der Zusammenstellung.

Bei Arbeiten am Fels stets Körperschutz und gutes Werkzeug.

## Werkzeug

Die wichtigsten Werkzeuge für den Hobbysammler sind Hammer und Meißel.

**Hammer** Der Steinesammler braucht andere Hämmer als der Handwerker. Für ihn wurden besonders gehärtete Schlagwerkzeuge, die sog. Geologenhämmer, entwickelt. Früher waren ausschließlich Holzstielhämmer im Einsatz. Ihr Kopfgewicht liegt bei 200–500 g. Der lange Stiel von 30–45 cm erlaubt kräftige Schläge.

Heute werden bei der Steinsuche fast nur noch Ganzstahlhämmer verwendet. Sie sind etwa 30–40 cm lang und haben ein Gewicht von 500–900 g. Durch einen wohlgeformten Griffüberzug aus Gummi, Kunststoff oder Leder, der gleichzeitig die Schläge dämpft, liegt der Hammer sehr gut in der Hand und ermöglicht wuchtige und gezielte Schläge.

Der Hammerkopf hat auf der einen Seite eine ebene Schlagfläche, auf der anderen eine Spitze oder eine keilförmige Quer- oder Längsschneide.

Bei groben Schlagarbeiten braucht man schwerere Hämmer. Mit 1–2 kg ist der kurzstielige, mit zwei Schlagflächen ausgestattete Fäustel deutlich schwerer als ein Geologenhammer.

Bei noch schwereren Arbeiten, wie beim Zertrümmern großer Steinblöcke, hilft ein Vorschlaghammer von 3–5 kg. Er besitzt eine ebene Schlagfläche, auf der anderen Seite eine quer oder längs stehende keilartige Abschrägung. Vibrationsgünstig sind Vorschlaghämmer mit einem Fiberglasstiel.

**Meißel** Zum Abgliedern von Felstrümmern, zum Spalten von Schichtgestein oder zum Öffnen einer Kluft braucht man Meißel zwischen 20 und 60 cm Länge, breite Flachmeißel, schmale keilförmige Kreuzmeißel, Spitzmeißel und sehr breite Spaltmeißel.

Um die Erschütterung für die Hand zu mildern, bieten sich ummantelte Meißel an. Auch aufsteckbarer Handschutz gegen abgleitenden Hammer ist besonders für Ungeübte sehr zu empfehlen.

**Strahlstock** Ein Universalwerkzeug für den Spezialisten wie für den Hobbysammler ist der sog. Strahlstock, eine Stahlstange von 50–130 cm Länge. An einem Ende spitzt, am anderen rechtwinklig abgebogen und mit einer Schneide versehen. Der Strahlstock (benannt nach Strahlen, d. h. Schürfen von Mineralien) dient als Brecheisen, Meißel und als Schürfhacke.

Hammertypen, wie sie der Steineschürfer im Gelände wie auch zu Hause verwendet.

Meißel, Brechwerkzeuge und Strahlstock (rechts) für schwere Arbeiten, vornehmlich im Gelände.

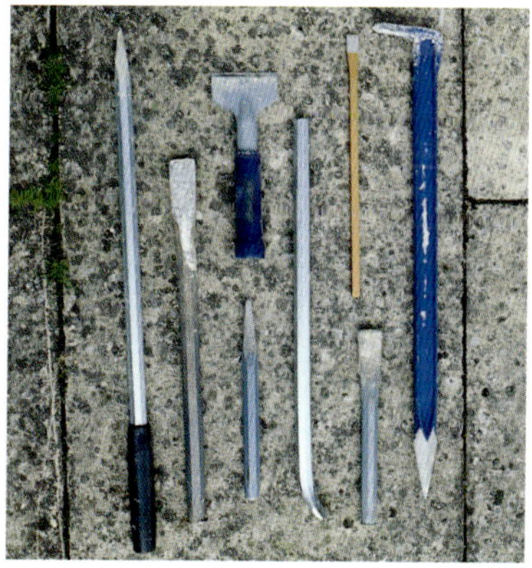

## Geräte

Bei der Mineraliensuche und besonders bei der Steinbergung können technische Geräte sehr hilfreich sein. Was früher mit primitivem Handwerkszeug geschafft werden musste, gelingt heute durch Einsatz moderner Technik einfacher, schneller und vor allem weniger zerstörend.
Welch eine Kraftanstrengung war notwendig, allein um eine Kluft zu öffnen. Das Loslösen von Einzelkristallen oder von Kristallgruppen, teils einige hundert Kilogramm schwer, gelang ohne größere Zerstörung der Stufe kaum einmal.
**Metallspürgeräte** Metalldetektoren werden an langem Stiel gleitend über dem Boden geführt, so, wie es beim Aufspüren von Minen in Kriegsgebieten am Fernseher oft schon zu sehen war.
In Europa haben diese Metallspürgeräte bei der Mineraliensuche kaum eine Verwendungsmöglichkeit. In Amerika und in Australien dagegen sollen Hobbysammler mit Hilfe dieser Geräte wiederholt Goldnuggets, ja regelrechte Goldklumpen geortet haben.
**Geigerzähler** Zum Nachweis radioaktiver Strahlung wird der sog. Geigerzähler eingesetzt. Der Handel bietet verschiedene Modelle an (Abb. S. 351).
Die meisten Messgeräte sind handlich und dadurch zum Mineraliensammeln im Gelände gut zu gebrauchen. Bergbauhalden eignen sich als Sammelpunkt besonders, weil man hier das lockere Gesteinsmaterial mit dem Geigerzähler bequem abtasten kann. Empfehlenswert sind frühzeitige Studien, ob bei dieser oder jener Halde überhaupt radioaktives Material zu erwarten ist.
Weitere Ausführungen, insbesondere über Gefährdung durch Radioaktivität und Schutz, Seite 350 und 351.
**Benzinbohrhammer** Der Einsatz von Kompressoren und Presslufthämmern ist im Hochgebirge oder in sonst schwierigem Gelände nicht möglich. Fehlender Stromanschluss und das große Gewicht der Kompressoren verhindern dort den Einsatz. Die moderne Technik bietet jetzt durch Entwicklung eines tragbaren Bohr- und Schlaghammers neue Bergungsmöglichkeiten.
Der leichteste dieser benzinbetriebenen Bohrhämmer wiegt kaum 7 kg. Er lässt sich im Rucksack transportieren, wird als Bohrer wie auch als Bohrhammer eingesetzt. In die erschütterungsfrei gebohrten Löcher können Spaltkeile zum Abgliedern getrieben werden, ähnlich wie bei der Granit-Blockgewinnung (s. S. 210). Sprengstoff ist nicht vonnöten.
Natürlich muss bei diesem Maschineneinsatz eine Genehmigung des Landeigentümers, der Gemeinde oder einer anderen kompetenten Institution eingeholt werden. Vor Ort die Zuständigkeiten klären.

Tragbarer, nur 7 kg schwerer Benzinbohrhammer im Einsatz.

# Die Sammlung zu Hause

Gewöhnlich will man die Mineralien, die man im Gelände geborgen hat, in einer Vitrine oder auf einem Bücherbord niederlegen, um sich immer wieder daran zu erfreuen. Die meisten Fundstücke müssen aber erst gereinigt und manchmal auch auf verschiedene Weise präpariert, d. h. schaugerecht hergerichtet werden.

## Mechanische Reinigung

Da der Laie geneigt ist, gewöhnlich alles mit Wasser zu reinigen, möchte er auch Mineralien auf solche Art säubern. Das kann aber ganz falsch sein, denn viele Mineralien sind wasserlöslich oder sonst irgendwie gegen Wasser empfindlich.
Wenn man ein Mineral noch nicht bestimmt hat, d. h. dass man dessen Verhalten zum Wasser nicht kennt, sollte man mit einem kleinen Stück die Reaktion erst ausprobieren. Gewöhnlich wird man aber mit der Trockenreinigung beginnen.
**Trockenreinigung** Große Kristalle und stabile Stufen können mit robusten Methoden gereinigt werden. Bürste und Pinsel sind dazu die wichtigsten Werkzeuge. Pinzette, Stichel, Spatel oder andere metallische Stocher nur dort einsetzen, wo sie nichts zerkratzen können, also bei Mineralien oberhalb der Mohshärte 6.
Bei weichen Mineralien möglichst nur Holz- oder Kunststoffstichel verwenden.
Bei Micromounts ist große Vorsicht wegen der Kleinheit des Objekts sowieso geboten. Vielfach lässt sich der anhaftende Schmutz nach Lockerung herausblasen.
Überkrustungen von Mineralien kann man mit einer handlichen Heimwerkerbohrmaschine leicht beseitigen. Als Schleifmittel dienen Rundbürsten mit Messingdraht, möglichst nicht aus Stahldraht.
Da sich bei diesem Maschineneinsatz fortwährend Stein- und Metallsplitter lösen, ist ein Gesichtsvollschutz (s. Abb. unten) unabdingbar. Eine normale Korrekturbrille genügt nicht. Bei Schleifarbeiten in Räumen u.U. Atemmaske tragen.
**Nassreinigung** Bei den meisten Mineralien ist eine Reinigung mit Wasser möglich. Schon in Nähe der Fundstelle den gröbsten Schmutz beseitigen, vielleicht in einem Bachbett oder in einem Plastikeimer. Eventuell ein handelsübliches Spülmittel dazugeben. Das entspannt das Wasser und löst dadurch Lehmschmutz auch aus den feinsten Ritzen. Keine Seife verwenden.
Bei wasserlöslichen Mineralien ist eine Nassreinigung vielleicht mit Alkohol, Spiritus oder Benzin möglich. An kleinen Stücken ausprobieren.
**Reinigen mit Ultraschall** Für viele Mineralien ist die Reinigung im Ultraschallbad am gründlichsten und am schonendsten. Die dabei erzeugten Schallwellen lösen den anhaftenden Schmutz sehr schnell.
Vom Handel empfohlene Spezialflüssigkeiten sind besonders wirkungsvoll. Die Behandlung dauert wenige Sekunden.
Nicht alle Mineralien vertragen eine Ultraschallbehandlung. Besonders gefährdet sind angebrochene oder feinstfasrige Mineralien und Quecksilbertropfen.

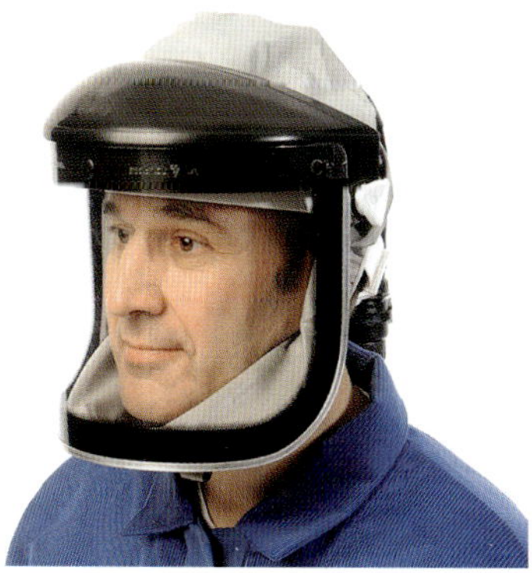

Beim Schleifen oder bei anderen gefährlichen Arbeiten immer einen Gesichtsvollschutz tragen.

## Chemische Reinigung

Wo die mechanische Reinigung versagt oder überhaupt nicht möglich ist, setzt im Allgemeinen die chemische Reinigung ein.
Bei Verwendung von Chemikalien größte Vorsicht walten lassen, notwendige Sorgfalt üben. Jugendliche sollten eine chemische Reinigung von Mineralien nur unter Aufsicht eines erfahrenen Sammlers oder einer mit Chemie vertrauten Person durchführen.
Bei allen chemischen Arbeiten Gummihandschuhe und eine Schutzbrille tragen. Bei der Verwendung von Säuren nur Kunststoffbehälter oder Glasgefäße benutzen, niemals metallenes Geschirr. Zum Einlegen der Reinigungsobjekte in die chemische Lösung wie beim Herausnehmen Kunststoff- oder Holzzange verwenden, keine Metallgeräte.
Gefahrensymbole (s. S. 345) auf Gefäßen und Verpackungen von Chemikalien und deren Produkte beachten und sich entsprechend verhalten.
Verschiedene Mineralien bzw. Mineralaggregate dürfen nur mit Vorsicht, andere gar nicht chemisch gereinigt werden, weil sie dabei Schaden nehmen oder sogar weggelöst werden können. Gegebenenfalls an kleinen Probierstückchen die Reaktion vorweg prüfen.
Eine ganze Reihe von Mineralien ist gegen Säuren empfindlich (s. Tabelle S. 346). Das muss nicht immer eine Auflösung des ganzen Minerals bedeuten. Manchmal sind zwar nur kleine Schäden zu beobachten, wie Mattierung oder Anätzen der Oberfläche, sie bedeuten aber doch eine nicht unwesentliche Wertminderung.
**Beseitigung von Rost und Eisenschwärze** Alle durch Eisen bedingten Verfärbungen, das sind Rost oder braune bis schwarze Überzüge, können mit Oxalsäure oder mit Natriumdithionit beseitigt werden. Das gilt z. B. für limonitische Beläge bei Pyrit und bei Markasit.
Mit Oxalsäure geht alles schneller, ist aber auch gefährlicher als bei Natriumdithionit. Oxalsäure ist sehr giftig! Die Reinigung kann mehrere Stunden, aber auch Tage dauern.
Sobald Calcit bei dem zu reinigenden Objekt vorhanden ist und erhalten bleiben soll, keine Reinigung mit Oxalsäure, sondern mit Natriumdithionit. Überhaupt ist Natriumdithionit vorzuziehen, es ist ungiftig und auch sonst kaum gefährlich.

Instrumente, Chemikalien und andere Materialien als Hilfsmittel für eine chemische Reinigung von Mineralien im Labor oder zu Hause.

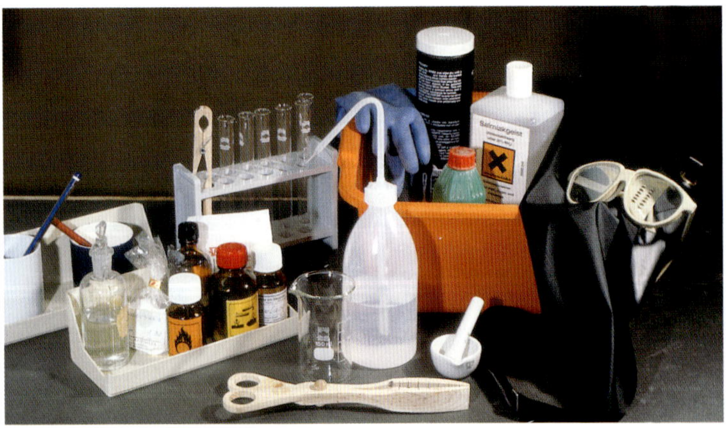

**Beseitigung von organischen Belägen** Organische Bestandteile, wie Algen, Flechten, Moose oder kleinste Wurzeln, lassen sich mit Javellewasser (Eau de Javelle) oder mit Salmiakgeist beseitigen.
Javellewasser löst die Pflanzenteile vollständig auf, während bei der Reinigung mit Salmiakgeist eine schleimige Masse zurückbleibt, die sich jedoch mit fließendem Wasser und einer Bürste leicht entfernen lässt.
Da bei Arbeiten mit Javellewasser immer etwas Chlorgas entweicht, bei Salmiakgeist stark riechende und stechende Ammoniakdämpfe entstehen, sollten die Reinigungsarbeiten möglichst im Freien, aber zumindest am weit geöffneten Fenster durchgeführt werden.
**Beseitigung von Kalkkrusten** Kalk lässt sich mit Salzsäure oder mit Essigsäure beseitigen. Salzsäure wirkt schneller, ist aber auch gefährlicher. Die von konzentrierter (rauchender) Salzsäure aufsteigenden Dämpfe sind sehr giftig. Es genügt verdünnte Salzsäure. Ihre Wirkung kann man am Aufbrausen der Flüssigkeit erkennen. Auch bei Essigsäure genügt eine stark verdünnte, eine 20%ige Lösung.
Je nach Stärke des Kalküberzugs dauert die Reinigung mit Salzsäure oder auch mit Essigsäure einige Stunden oder mehrere Tage. Unbedingt an frischer Luft, nie in geschlossenen Räumen damit arbeiten.
**Beseitigung von Silberschwärze** Von silbernen Essbestecken wissen wir, dass sie im Lauf der Zeit schwarz anlaufen, sie oxidieren. Das Gleiche gilt für Silbermineralien. Sie werden unansehnlich schwarz.
Die in Geschäften angebotenen flüssigen Reinigungsmittel für Silberwaren sind auch für Silbermineralien geeignet.
Da Silberstufen oft sehr feingliedrig, geradezu ziseliert erscheinen, sind Lösungsmittelgefäße mit einem Körbchen, in das man die zarte Stufe hineinlegen kann, besonders zweckmäßig.
Viele der käuflichen Silberbäder enthalten gleichzeitig einen Anlaufschutz. Der lässt sich ebenso für Silbermineralien nutzen.

Gefahrensymbole, wie sie der Sammler beim Umgang mit Chemikalien und anderen gefährlichen Stoffen antreffen kann. Sie zu beachten, ist gebotene Pflicht.

## **Gegen Chemikalien empfindliche Mineralien** (Auswahl)
(nach E. Sury und anderen Autoren)

| | Oxalsäure | Salzsäure | Essigsäure | Salmiakgeist |
|---|---|---|---|---|
| Adamin | x | x | x | |
| Alunogen | x | x | x | x |
| Anglesit | | x | | x |
| Anhydritspat | | x | | x |
| Apatit | x | x | | |
| Aragonit | x | x | x | |
| Argentit | | x | | x |
| Aurichalcit | x | x | x | x |
| Azurit | x | x | x | x |
| Borax | x | x | x | x |
| Bornit | | x | | x |
| Calcit | x | x | x | |
| Carnallit | x | x | x | x |
| Cerussit | | x | x | |
| Chloanthit | | x | | x |
| Coveliln | | x | | x |
| Cuprit | | x | | x |
| Gipsspat | x | x | x | x |
| Halit | x | x | x | x |
| Kainit | x | x | x | x |
| Kernit | x | x | x | x |
| Kieserit | x | x | x | x |
| Krokoit | | x | | x |
| Kupfer | | x | | x |
| Linarit | | x | | x |
| Magnesit | x | x | x | |
| Malachit | x | x | x | x |
| Mottramit | | x | | x |
| Olivenit | x | x | | x |
| Phosgenit | x | x | x | |
| Rhodochrosit | x | x | x | |
| Scheelit | | x | | x |
| Senarmontit | x | x | x | x |
| Serpierit | | x | | x |
| Siderit | x | x | x | |
| Smithsonit | x | x | x | x |
| Soda | x | x | x | x |
| Strontianit | x | x | x | |
| Sylvin | x | x | x | x |
| Tenorit | | x | | x |
| Thenardit | x | x | x | x |
| Türkis | | x | | x |
| Ulexit | x | x | x | x |
| Variscit | x | x | x | x |
| Witherit | x | x | x | |

## Formatisieren

Die Präsentation einer Sammlung kann durch ein gut gewähltes Format der Einzelstücke erheblich gesteigert werden. Wenn möglich, sollten die Einzelstücke ungefähr gleich groß sein.

Formatisieren, d. h. eine Form geben, nur dann, wenn das Sammelstück durch diesen Eingriff an Schönheit und sonstiger Aussagekraft gewinnt oder zumindest keinen Schaden nimmt. Bei derben Mineralaggregaten und bei Gesteinen kann man die Größe der Sammelstücke willkürlich festlegen und die Einzelstücke entsprechend formatisieren.

Wenn Sammelstücke an einer Fundstelle in gleicher Art mehrfach vorhanden sind, dann auch dort formatisieren. Bei ungewolltem Bruch hätte man sofort Ersatz.

**Formatisieren durch Schlagen** Mit einem Hammer lassen sich rechteckige Stücke gut zurechtschlagen. Der eckige Kopf des Geologenhammers ist dafür das richtige Werkzeug. An Proben studieren, wie das Gestein spaltet oder bricht. Die Stücke so bearbeiten, dass keine Schlagspur, keine Quetschstellen sichtbar sind. Der Stein muss nach jedem Schlag wie natürlich gespalten, bruchfrisch wirken.

Infolge Schlagerschütterung brechen manche Steine allerdings nicht so wie gewollt. Daher ist ein Quetschen zur Abgliederung einzelner Teile sicherer.

**Formatisieren durch Quetschen** Vom Handel werden Geräte angeboten mit deren Hilfe man ohne Mühe und ohne großen Kraftaufwand Steine fast erschütterungsfrei teilen und formatisieren kann. Diese Steinpressen sind so bemessen, dass sie getragen und an Fundstellen direkt eingesetzt werden können.

Kompakte Gesteine zerreißen unter einem Steinebrecher oft mit lautem Knall und umherschwirrenden Steinsplittern. Daher unbedingt Schutzbrille tragen.

Bei weichem oder porösem Gestein ist eine Beißzange (Kneifzange) mit großem Maul und langen Hebelarmen ein gutes Formatisierungswerkzeug.

**Formatisieren durch Sägen und Schleifen** Steine, die bruchgefährdet sind, müssen geschnitten, gesägt werden. Bei hartem Tonstein, bei stark geschieferten Metamorphiten, bei Drusen und Geoden ist Sägen die beste, oftmals die einzige Methode, die Stücke wunschgemäß zu teilen.

Im Handel gibt es eine Fülle elektrisch betriebener Sägeeinrichtungen. Der Hobbysammler, der nur gelegentlich Steine schneiden möchte, sollte vielleicht bei einem Steinmetz seine Fundstücke zergliedern lassen.

Durch einseitiges Schleifen, sog. Anschleifen eines Sammelstücks, wird zwar die Form etwas verändert, der eigentliche Sinn einer solchen Bearbeitung ist letzten Endes die Möglichkeit, eine glatte Fläche zu schaffen.

Steinquetsche mit Hydraulikpumpe.

Langheblige Beißzange beim Formatisieren.

## Fluoreszierdene Mineralien

Viele Mineralien zeigen faszinierende Farbeffekte, so genannte Fluoreszenz, wenn sie mit ultraviolettem Licht (UV) bestrahlt werden (s. Abb. S. 29).
Der Begriff Fluoreszenz stammt von dem Mineral Fluorit, bei dem dieser Effekt um die Mitte des 19. Jahrhunderts erstmals richtig gedeutet wurde.
Die Ursache für das Leuchten bei Bestrahlung von sonst unscheinbaren Mineralien liegt in der Art der Strahlenquelle und im Bau der Mineralien.
Ultraviolettes Licht umfasst den Wellenbereich unter 380 nm (Nanometer) und ist für uns unsichtbar. Wenn wir mit diesem unsichtbaren Licht bestimmte Mineralien (das sind so genannte fluoreszierende Mineralien) bestrahlen, erscheinen sie weiß oder leuchten in den Farben des Spektrums. Fluoreszierende Mineralien haben nämlich aufgrund gewisser Störfaktoren, z. B. Beimengung von Fremdmaterial oder Baufehler im Kristallgitter, die Fähigkeit, die unsichtbare UV-Strahlung in größere Wellenlänge und damit in sichtbares Licht umzuwandeln.
Die meisten fluoreszierenden Mineralien sprechen auf kurzwelliges UV (254 nm) an. Manche Mineralien reagieren ausschließlich auf kurzwelliges UV, andere nur auf langwelliges UV (366 nm) und wieder andere sowohl auf kurzwelliges als auch auf langwelliges ultraviolettes Licht (s. Tab. S. 349).
Um die faszinierende Wirkung fluoreszierender Mineralien zu erleben, benötigt man eine entsprechende Strahlenquelle. Empfehlenswert sind Lampen mit zwei Brennern, nämlich für lang- und für kurzwelliges UV, die sich jeweils auf die gewünschte Wellenlänge umschalten lassen.
UV-Strahlung kann, vornehmlich im kurzwelligen Bereich, für die Haut, besonders aber für die Augen schädlich sein. Daher Lampen stets so halten, dass keine Strahlung, auch keine Schrägstrahlung die Augen trifft. Unbedingt UV-Schutzbrille tragen. Die gewöhnlichen Sonnenbrillen genügen nicht.
Die auf Mineralienbörsen anzutreffenden Fluoreszenz-Schauvitrinen sind für Außenstehende ungefährlich, da die Glaswände das UV-Licht absorbieren.
Zur Identifikation von Mineralien ist die Fluoreszenz im Allgemeinen nicht geeignet, weil viele Mineralien in ganz verschiedenen Farben leuchten. Andererseits gibt es Varietäten, die überhaupt nicht fluoreszieren.
Gelegentlich ist die Fluoreszenz typisch für einen Fundort und damit Hilfsmittel zum Bestimmen einer Lokalität oder Lagerstätte.
Gewisse Bedeutung hat die Fluoreszenz für den Sammler beim Erkennen von Fälschungen. Bei geklebten Stufen z. B. zeigt der Kitt manchmal alleinig Fluoreszenz, oder er leuchtet anders als der übrige Stein.

Was wie eine Normalbrille aussieht, ist tatsächlich eine spezielle Brille zum Schutz der Augen gegen UV-Licht.

Verschiedene, vom Handel angebotene UV-Hand- und Stativlampen, die sich auf die gewünschte Wellenlänge umschalten lassen.

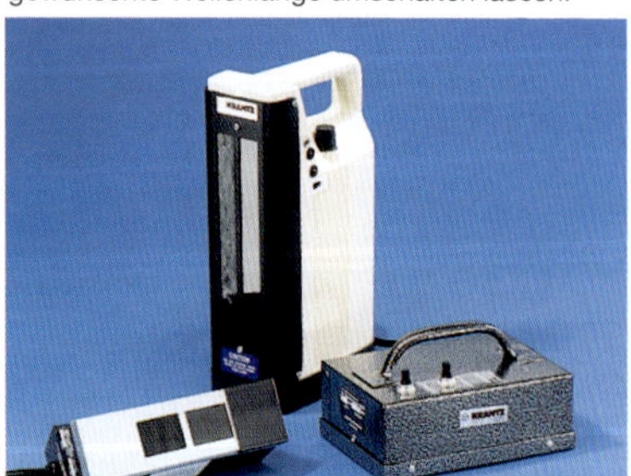

## **Fluoreszierende Mineralien** (Auswahl)

| Fluoreszenzfarbe | Violett | Blau | Grün | Gelb | Orange | Rot/ Rosa | Weiß |
|---|---|---|---|---|---|---|---|
| Anglesit | | | | KL | | | K |
| Anhydrit | | | | | L | KL | |
| Anthophyllit | | | K | | | L | L |
| Apatit | | | K | L | | | |
| Aragonit | | | KL | KL | KL | KL | KL |
| Autunit | | | KL | | | | |
| Baryt | | K | KL | | KL | | KL |
| Benitoit | | K | | | | L | |
| Brucit | | | KL | | | | KL |
| Calcit | | K | K | K | K | KL | KL |
| Cerussit | | | | KL | | L | K |
| Chalcedon | | | K | K | | | |
| Coelestin | K | KL | | | L | L | KL |
| Colemanit | | KL | | KL | | | KL |
| Dolomitspat | | | K | K | K | K | L |
| Fluorit | KL | KL | KL | | | K | KL |
| Gipsspat | | | K | L | KL | KL | L |
| Halit | | | | | K | K | |
| Hauyn | | | | | L | L | |
| Kyanit | | | | | | KL | L |
| Opal | | KL | KL | | | | L |
| Pektolith | | | | K | K | L | |
| Petalit | | L | | | | | KL |
| Pyromorphit | | | | L | L | | |
| Rubin | | | | KL | KL | KL | |
| Saphir | K | | | | K | | |
| Scheelit | | K | | K | | | K |
| Skapolit | L | | | KL | | K | |
| Smithsonit | | | L | L | | | L |
| Sphalerit | | | | KL | KL | L | |
| Spinell | | L | | | | KL | |
| Spodumen | | | | | KL | KL | |
| Strontianit | | L | K | | | L | |
| Topas | | | K | K | | L | |
| Tremolit | | | K | | KL | KL | K |
| Tugtupit | | | | | L | KL | |
| Willemit | | | K | K | | | |
| Witherit | | KL | KL | | | | KL |
| Wollastonit | | | | KL | K | K | |
| Zinkblende | | | | KL | KL | L | |
| Zinkblüte | | K | | | | | KL |
| Zinkspat | | | L | L | | | L |
| Zirkon | | | | KL | KL | | |

K: Fluoreszenz bei kurzwelliger UV-Strahlung
L: Fluoreszenz bei langwelliger UV-Strahlung

## Radioaktive Mineralien

Wenn irgend möglich, sollte man radioaktive Mineralien wegen der Strahlengefährdung überhaupt nicht sammeln. Aber gerade aufgrund der Besonderheit besteht andererseits der Reiz, solche Mineralien zu suchen.

Die Eigenschaft, Strahlen ohne Energiezufuhr auszusenden, nennt man Radioaktivität. Drei Strahlenarten lassen sich unterscheiden: Alphastrahlen, Betastrahlen und Gammastrahlen. Die Alphastrahlung ist am unscheinbarsten. Sie wird schnell abgeschwächt. Die Betastrahlung ist zwar etwas stärker, Reichweite und Durchdringungskraft sind aber relativ gering. Am intensivsten ist die Gammastrahlung. Sie vermag Eisen und dicke Wände zu durchdringen. Wegen dieses starken Durchdringungsvermögens nennt man die Gammastrahlung auch harte Strahlung.

Vorsicht, radioaktive Strahlung ist gefährlich, sie kann sogar lebensgefährlich sein.

**Strahlenmessung** Die unsichtbare radioaktive Strahlung kann man mit einem Geigerzähler (richtigerweise Geiger-Müller-Zähler) messen. Der Handel bietet verschiedene Modelle an (Abb. S. 351). Empfehlenswert sind Geräte mit digitaler Anzeige und akustischem Signal. Einzelne Knacklaute vereinigen sich hier bei Annäherung an die Strahlenquelle zu einem dauernden Rasselton.

Gürtel-Ledertaschen und lebenslange Batterien ermöglichen eine bequeme Verwendung im Gelände.

**Strahlenschutz** Kurzzeitiger Umgang mit radioaktiven Mineralien ist nicht unbedingt lebensgefährlich. Für längerwährende Untersuchungen und bei der Aufbewahrung von radioaktivem Material dagegen große Sorgfalt üben:

Nach der Strahlenschutzverordnung müssen alle radioaktiven Materialien mit diesem Logo gekennzeichnet werden.

- Gesteinsstaub auf Halden nicht einatmen, wenn dort radioaktive Mineralien lagern.
- Radioaktive Mineralien (natürlich ebenso Erze und Gestein) niemals, auch nicht in kleinen Mengen, in Wohn-, Schlaf- oder Arbeitsräumen deponieren.
- Esswaren und Filmmaterial fernhalten.
- Die bei Untersuchung im Augenblick nicht benötigten Mineralien abseits niederlegen.
- Lagerräume wegen der sich in der Luft ansammelnden Radongase mit Alphastrahlung häufig lüften.
- Hände gründlich waschen, wenn vorher radioaktives Material in die Hand genommen wurde.
- Kleider nach Kontakt mit radioaktiven Steinen und mit radioaktivem Staub wechseln und gründlich waschen.
- Stark strahlendes Material unbedingt in mehrere Zentimeter dicken Bleitruhen aufbewahren.
- Strahlende Materialien deutlich als radioaktiv kennzeichnen (s. Logo).
- Radioaktives Material niemals in Kinderhände gelangen lassen.
- Kinder dürfen bei der Suche nach Uranmineralien überhaupt nicht dabei sein.
- Ein guter Schutz vor Strahlengefährdung ist der Rat, möglichst nur kleine strahlende Mineralproben aufzubewahren.

Bei den in diesem Buch abgebildeten Mineralien werden die schwach oder nur gelegentlich strahlenden Mineralien mit dem Signum , die stark bzw. dauernd strahlenden Mineralien mit gekennzeichnet.

In der deutschen Strahlenschutzverordnung, die die Vorgaben von Euratom, der europäischen Atomgemeinschaft, berücksichtigt, ist der Umgang mit radioaktivem Material streng geregelt. In einigen außereuropäischen Ländern dagegen gibt es hierin beträchtliche Defizite.

## **Radioaktive Mineralien** (Auswahl)

| | Gelegentlich oder schwach strahlend | Dauernd oder stark strahlend | | Gelegentlich oder schwach strahlend | Dauernd oder stark strahlend |
|---|---|---|---|---|---|
| Aeschynit | x | | Monazit | x | |
| Allanit | x | | Perowskit | x | |
| Apatit | x | | Pyrochlor | x | |
| Autunit | | x | Samarskit | x | |
| Baryt | x | | Thorianit | | x |
| Betafit | | x | Thorit | | x |
| Brannerit | | x | Thortveitit | x | |
| Carnotit | | x | Torbernit | | x |
| Columbit | x | | Uraninit | | x |
| Davidit | | x | Uranocircit | | x |
| Euxenit | x | | Uranophan | | x |
| Fergusonit | x | | Yttrotantalit | x | |
| Fluorit | x | | Zeunerit | | x |
| Gadolinit | x | | Zirkon | x | |

Die vom Handel für Mineraliensammler angebotenen Strahlenmessgeräte (Geigerzähler) dienen in erster Linie als Ortungsinstrument zum Auffinden von radioaktiven Mineralien. Daneben bieten sie aber auch indirekt einen gewissen Schutz vor radioaktiver Schädigung, da sie u. U. vor starker, gefährlicher Strahlung warnen. Als eigentliche Strahlenschutzgeräte, wie sie in der Medizin und in der Kernforschung verlangt werden, sind Geigerzähler vom unten abgebildeten Typ ungeeignet.

Der abgebildete Geigerzähler kann durch Umschaltung Alpha-, Beta- und Gamma-Strahlung messen. Das Ergebnis wird in Bequerel oder in Impulsen auf einem Display angezeigt bzw. durch akustisches Signal kenntlich gemacht. Langzeitmessung möglich. Meßdaten werden in einem internen Speicher gesammelt. PC-Auswertung mit Graphik.

Gewicht: 150 g
Maße: 163 x 72 x 30 mm

# Mineral-Bestimmungstabellen

## Strichfarbe weiß + farblos

Die Zahlen hinter den Mineralnamer

| Mohs-<br>härte | Glasglanz<br>Harzglanz | Seidenglanz<br>Perlmuttglanz | Diamantglanz |
|---|---|---|---|
| 1 | Soda 1,42–1,47<br>Carnallit 1,60<br>Pyrophyllit 2,66–2,90 | Pyrophyllit 2,66–2,90<br>Talk 2,7–2,8 | Kalomel 6,4–7,1 |
| 1½ | Soda 1,42–1,47<br>Carnallit 1,60<br>Halotrichit 1,73–1,79<br>Sylvin 1,99<br>Gipsspat 2,2–2,4<br>Vivianit 2,6–2,7<br>Pyrophyllit 2,66–2,90 | Halotrichit 1,73–1,79<br>Alunogen 1,77<br>Gipsspat 2,2–2,4<br>Vivianit 2,6–2,7<br>Pyrophyllit 2,66–2,90 | Chlorargyrit 5,5–5,6<br>Kalomel 6,4–7,1 |
| 2 | Bernstein 1,05–1,30<br>Carnallit 1,60<br>Epsomit 1,68<br>Borax 1,7–1,8<br>Ulexit 1,96<br>Sylvin 1,99<br>Schwefel 2,0–2,1<br>Chrysokoll 2,0–2,2<br>Halit 2,1–2,2<br>Gipsspat 2,2–2,4<br>Pharmakolith 2,6<br>Vivianit 2,6–2,7<br>Muskovit 2,78–2,88<br>Lepidolith 2,80–2,90<br>Zinnwaldit 2,90–3,20<br>Annabergit 3,0–3,1 | Alunogen 1,77<br>Ulexit 1,96<br>Gipsspat 2,2–2,4<br>Vivianit 2,6–2,7<br>Phlogopit 2,75–2,97<br>Muskovit 2,78–2,88<br>Lepidolith 2,80–2,90<br>Fuchsit 2,85<br>Zinnwaldit 2,90–3,20<br>Annabergit 3,0–3,1<br>Hydrozinkit 3,5–3,8 | Schwefel 2,0–2,1<br>Senarmontit 5,50<br>Chlorargyrit 5,5–5,6<br>Phosgenit 6,0–6,3<br>Kalomel 6,4–7,1 |
| 2½ | Bernstein 1,05–1,30<br>Epsomit 1,68<br>Borax 1,7–1,8<br>Kernit 1,91<br>Gaylussit 1,99<br>Chrysokoll 2,0–2,2<br>Serpentin 2,0–2,6<br>Schönit 2,03<br>Kainit 2,1–2,2<br>Gibbsit 2,3–2,4<br>Pennin 2,5–2,6<br>Pharmakolith 2,6<br>Thenardit 2,66–2,67<br>Biotit 2,70–3,30<br>Muskovit 2,78–2,88<br>Lepidolith 2,80–2,90<br>Zinnwaldit 2,90–3,20<br>Kryolith 2,95<br>Stolzit 7,9–8,2 | Serpentin 2,0–2,6<br>Gibbsit 2,3–2,4<br>Pennin 2,5–2,6<br>Biotit 2,70–3,30<br>Phlogopit 2,75–2,97<br>Muskovit 2,78–2,88<br>Lepidolith 2,80–2,90<br>Fuchsit 2,85<br>Zinnwaldit 2,90–3,20<br>Kryolith 2,95<br>Hydrozinkit 3,5–3,8<br>Valentinit 5,6–5,8<br>Leadhillit 6,45–6,55 | Senarmontit 5,50<br>Valentinit 5,6–5,8<br>Phosgenit 6,0–6,3 |

| Mohshärte | Fettglanz Wachsglanz | Metallglanz | ohne Glanz matt |
|---|---|---|---|
| 1 | Carnallit 1,60<br>Talk 2,7–2,8 | Carnallit 1,60 | Soda 1,42–1,47 |
| 1½ | Carnallit 1,60<br>Sylvin 1,99<br>Chlorargyrit 5,5–5,6 | Carnallit 1,60<br>Vivianit 2,6–2,7 | Soda 1,42–1,47<br>Chlorargyrit 5,5–5,6 |
| 2 | Bernstein 1,05–1,30<br>Carnallit 1,60<br>Borax 1,7–1,8<br>Sylvin 1,99<br>Schwefel 2,0–2,1<br>Chrysokoll 2,0–2,2<br>Senarmontit 5,50<br>Chlorargyrit 5,5–5,6<br>Phosgenit 6,0–6,3 | Carnallit 1,60<br>Vivianit 2,6–2,7<br>Phlogopit 2,75–2,97<br>Muskovit 2,78–2,88<br>Fuchsit 2,85<br>Zinnwaldit 2,90–3,20 | Sepiolith 2,0<br>Hydrozinkit 3,5–3,8<br>Chlorargyrit 5,5–5,6 |
| 2½ | Bernstein 1,05–1,30<br>Borax 1,7–1,8<br>Chrysokoll 2,0–2,2<br>Serpentin 2,0–2,6<br>Senarmontit 5,50<br>Phosgenit 6,0–6,3<br>Leadhillit 6,45–6,55<br>Stolzit 7,9–8,2 | Biotit 2,70–3,30<br>Phlogopit 2,75–2,97<br>Muskovit 2,78–2,88<br>Fuchsit 2,85<br>Zinnwaldit 2,90–3,20<br>Silber 9,0–12,0 | Sepiolith 2,0<br>Serpentin 2,0–2,6<br>Hydrozinkit 3,5–3,8 |

## Strichfarbe weiß + farblos

Die Zahlen hinter den Mineralnamen

| Mohs-<br>härte | Glasglanz<br>Harzglanz | Seidenglanz<br>Perlmuttglanz | Diamantglanz |
|---|---|---|---|
| **3** | Kurnakovit 1,86<br>Chrysokoll 2,0–2,2<br>Serpentin 2,0–2,6<br>Kainit 2,1–2,2<br>Laumontit 2,25–2,35<br>Kakoxen 2,3<br>Gibbsit 2,3–2,4<br>Hanksit 2,56<br>Koralle 2,6–2,7<br>Calcit 2,6–2,8<br>Thenardit 2,66–2,67<br>Biotit 2,70–3,30<br>Polyhalit 2,77–2,78<br>Muskovit 2,78–2,88<br>Lepidolith 2,80–2,90<br>Strengit 2,87<br>Zinnwaldit 2,90–3,20<br>Kryolith 2,95<br>Coelestin 3,9–4,0<br>Witherit 4,28<br>Baryt 4,48<br>Cerussit 6,4–6,6<br>Wulfenit 6,7–6,9<br>Stolzit 7,9–8,2 | Kurnakovit 1,86<br>Serpentin 2,0–2,6<br>Laumontit 2,25–2,35<br>Kakoxen 2,3<br>Gibbsit 2,3–2,4<br>Perlen 2,60–2,78<br>Biotit 2,70–3,30<br>Muskovit 2,78–2,88<br>Lepidolith 2,80–2,90<br>Zinnwaldit 2,90–3,20<br>Kryolith 2,95<br>Coelestin 3,9–4,0<br>Baryt 4,48<br>Valentinit 5,6–5,8 | Valentinit 5,6–5,8<br>Phosgenit 6,0–6,3<br>Anglesit 6,3–6,4<br>Cerussit 6,4–6,6<br>Wulfenit 6,7–6,9 |
| **3½** | Chrysokoll 2,0–2,2<br>Serpentin 2,0–2,6<br>Stilbit 2,09–2,20<br>Heulandit 2,18–2,22<br>Laumontit 2,25–2,35<br>Gibbsit 2,3–2,4<br>Wavellit 2,3–2,4<br>Hanksit 2,56<br>Kieserit 2,57<br>Koralle 2,6–2,7<br>Polyhalit 2,77–2,78<br>Dolomitspat 2,85–2,95<br>Strengit 2,87<br>Anhydritspat 2,9–3,0<br>Ankerit 2,9–3,8<br>Aragonit 2,95<br>Rhodochrosit 3,3–3,6<br>Strontianit 3,76<br>Coelestin 3,9–4,0<br>Witherit 4,28<br>Powellit 4,3<br>Adamin 4,3–4,5<br>Baryt 4,48<br>Cerussit 6,4–6,6 | Serpentin 2,0–2,6<br>Stilbit 2,09–2,20<br>Heulandit 2,18–2,22<br>Laumontit 2,25–2,35<br>Gibbsit 2,3–2,4<br>Perlen 2,60–2,78<br>Anhydritspat 2,9–3,0<br>Ankerit 2,9–3,8<br>Coelestin 3,9–4,0<br>Baryt 4,48 | Zinkblende 3,9–4,2<br>Powellit 4,3<br>Anglesit 6,3–6,4<br>Cerussit 6,4–6,6<br>Pyromorphit 6,7–7,1<br>Mimetesit 7,1 |

| Mohs-<br>härte | Fettglanz<br>Wachsglanz | Metallglanz | ohne Glanz<br>matt |
|---|---|---|---|
| 3 | Chrysokoll 2,0–2,2<br>Serpentin 2,0—2,6<br>Koralle 2,6–2,7<br>Polyhalit 2,77–2,78<br>Coelestin 3,9–4,0<br>Witherit 4,28<br>Phosgenit 6,0–6,3<br>Anglesit 6,3–6,4<br>Cerussit 6,4–6,6<br>Stolzit 7,9–8,2 | Biotit 2,70–3,30<br>Muskovit 2,78–2,88<br>Zinnwaldit 2,90–3,20<br>Silber 9,6–12,0 | Serpentin 2,0–2,6<br>Laumontit 2,25–2,35<br>Hanksit 2,56<br>Koralle 2,6–2,7<br>Witherit 4,28 |
| 3½ | Chrysokoll 2,0–2,2<br>Serpentin 2,0–2,6<br>Koralle 2,6–2,7<br>Polyhalit 2,77–2,78<br>Ankerit 2,9–3,8<br>Aragonit 2,95<br>Strontianit 3,76<br>Coelestin 3,9–4,0<br>Zinkblende 3,9–4,2<br>Witherit 4,28<br>Powellit 4,3<br>Anglesit 6,3–6,4<br>Cerussit 6,4–6,6<br>Pyromorphit 6,7–7,1<br>Mimetesit 7,1 | | Serpentin 2,0–2,6<br>Laumontit 2,25–2,35<br>Hanksit 2,56<br>Koralle 2,6–2,7<br>Witherit 4,28 |

| Mohs-härte | Glasglanz Harzglanz | Seidenglanz Perlmuttglanz | Diamantglanz |
|---|---|---|---|
| 4 | Chrysokoll 2,0–2,2<br>Serpentin 2,0–2,6<br>Chabasit 2,08–2,16<br>Stilbit 2,09–2,20<br>Heulandit 2,18–2,22<br>Phillipsit 2,2<br>Wavellit 2,3–2,4<br>Colemanit 2,44<br>Variscit 2,52<br>Koralle 2,6–2,7<br>Dolomitspat 2,85–2,95<br>Magnesit 2,9–3,1<br>Ankerit 2,9–3,8<br>Aragonit 2,95<br>Fluorit 3,18<br>Rhodochrosit 3,3–3,6<br>Siderit 3,7–3,9 | Serpentin 2,0–2,6<br>Stilbit 2,09–2,20<br>Heulandit 2,18–2,22<br>Perlen 2,60–2,78<br>Ankerit 2,9–3,8<br>Margarit 2,99–3,08<br>Kyanit 3,53–3,65<br>Siderit 3,7–3,9 | Colemanit 2,44<br>Zinkblende 3,9–4,2<br>Pyromorphit 6,7–7,1<br>Mimetesit 7,1 |
| 4½ | Chabasit 2,08–2,16<br>Phillipsit 2,2<br>Apophyllit 2,3–2,4<br>Colemanit 2,44<br>Harmotom 2,44–2,50<br>Variscit 2,52<br>Wollastonit 2,78–2,91<br>Magnesit 2,9–3,1<br>Kyanit 3,53–3,65<br>Siderit 3,7–3,9 | Apophyllit 2,3–2,4<br>Wollastonit 2,78–2,91<br>Margarit 2,99–3,08<br>Kyanit 3,53–3,65<br>Siderit 3,7–3,9 | Colemanit 2,44<br>Scheelit 5,9–6,1 |
| 5 | Chabasit 2,08–2,16<br>Sodalith 2,13–2,29<br>Natrolith 2,20–2,29<br>Mesolith 2,2–2,4<br>Analcim 2,24–2,31<br>Apophyllit 2,3–2,4<br>Variscit 2,52<br>Skapolith 2,54–2,77<br>Türkis 2,6–2,8<br>Wollastonit 2,78–2,91<br>Wardit 2,81<br>Datolith 2,9–3,0<br>Melilith 2,95–3,05<br>Apatit 3,16–3,22<br>Augit 3,2–3,6<br>Bronzit 3,25–3,35<br>Diopsid 3,27–3,31<br>Hemimorphit 3,3–3,5<br>Hypersthen 3,35–3,84<br>Smithsonit 4,3–4,5<br>Monazit 4,6–5,7 | Natrolith 2,20–2,26<br>Mesolith 2,2–2,4<br>Skolezit 2,26–2,40<br>Okenit 2,28–2,33<br>Apophyllit 2,3–2,4<br>Thomsonit 2,3–2,4<br>Wollastonit 2,78–2,91<br>Pektolith 2,8<br>Bronzit 3,25–3,35<br>Smithsonit 4,3–4,5 | Titanit 3,4–3,6<br>Scheelit 5,9–6,1 |

| Mohs-härte | Fettglanz Wachsglanz | Metallglanz | ohne Glanz matt |
|---|---|---|---|
| **4** | Chrysokoll 2,0–2,2<br>Serpentin 2,0–2,6<br>Variscit 2,52<br>Koralle 2,6–2,7<br>Ankerit 2,9–3,8<br>Aragonit 2,95<br>Betafit 3,7–5,2<br>Zinkblende 3,9–4,2<br>Pyromorphit 6,7–7,1<br>Mimetesit 7,1 | Platin 14–19 | Serpentin 2,0–2,6<br>Koralle 2,6–2,7 |
| **4½** | Variscit 2,52<br>Scheelit 5,9–6,1 | Platin 14–19 | |
| **5** | Sodalith 2,13–2,29<br>Variscit 2,52<br>Skapolith 2,54–2,77<br>Türkis 2,6–2,8<br>Datolith 2,9–3,0<br>Melilith 2,95–3,05<br>Apatit 3,16–3,22<br>Titanit 3,4 3,6<br>Scheelit 5,9–6,1 | Bronzit 3,25–3,35<br>Hypersthen 3,35–3,84 | |

## Strichfarbe weiß + farblos

Die Zahlen hinter den Mineralnamen

| Mohs-<br>härte | Glasglanz<br>Harzglanz | Seidenglanz<br>Perlmuttglanz | Diamantglanz |
|---|---|---|---|
| **5½** | Opal 1,98–2,50<br>Sodalith 2,13–2,29<br>Natrolith 2,20–2,26<br>Mesolith 2,2–2,4<br>Analcim 2,24–2,31<br>Nosean 2,28–2,40<br>Skolezit 2,3–2,4<br>Hauyn 2,44–2,50<br>Leucit 2,45–2,50<br>Skapolith 2,54–2,77<br>Nephelin 2,60–2,65<br>Türkis 2,6–2,8<br>Datolith 2,9–3,0<br>Tremolit 2,9–3,1<br>Aktinolith 2,9–3,3<br>Melilith 2,95–3,05<br>Lazulith 3,1–3,2<br>Augit 3,2–3,6<br>Bronzit 3,25–3,35<br>Enstatit 3,26–3,28<br>Diopsid 3,27–3,31<br>Hypersthen 3,35–3,84<br>Rhodonit 3,40–3,73<br>Arfvedsonit 3,44–3,46<br>Willemit 4,0<br>Monazit 4,6–5,7 | Natrolith 2,20–2,26<br>Mesolith 2,2–2,4<br>Skolezit 2,3–2,4<br>Thomsonit 2,3–2,4<br>Hauyn 2,44–2,50<br>Tremolit 2,9–3,1<br>Aktinolith 2,9–3,3<br>Bronzit 3,25–3,35<br>Rhodonit 3,40–3,73 | Titanit 3,4–3,6<br>Anatas 3,8–3,9<br>Brookit 4,1 |
| **6** | Opal 1,98–2,50<br>Sodalith 2,13–2,29<br>Leucit 2,45–2,50<br>Kaliophilit 2,49–2,67<br>Mikroklin 2,53–2,56<br>Orthoklas 2,53–2,56<br>Skapolith 2,54–2,77<br>Nephelin 2,60–2,65<br>Türkis 2,6–2,8<br>Plagioklas 2,61–2,77<br>Prehnit 2,8–3,0<br>Tremolit 2,9–3,1<br>Aktinolith 2,9–3,3<br>Fassait 2,96–3,34<br>Lazulith 3,1–3,2<br>Zoisit 3,15–3,36<br>Augit 3,2–3,6<br>Sillimanit 3,22–3,25<br>Bronzit 3,25–3,35<br>Diopsid 3,27–3,31<br>Hypersthen 3,35–3,84<br>Rhodonit 3,40–3,73<br>Arfvedsonit 3,44–3,46<br>Kyanit 3,53–3,65 | Opal 1,98–2,50<br>Kaliophilit 2,49–2,67<br>Mikroklin 2,53–2,56<br>Plagioklas 2,61–2,77<br>Prehnit 2,8–3,0<br>Tremolit 2,9–3,1<br>Aktinolith 2,9–3,3<br>Amblygonit 3,0–3,1<br>Zoisit 3,15–3,36<br>Spodumen 3,16–3,20<br>Sillimanit 3,22–3,25<br>Bronzit 3,25–3,35<br>Rhodonit 3,40–3,73<br>Kyanit 3,53–3,65 | Anatas 3,8–3,9<br>Fayalit 4,0–4,35<br>Brookit 4,1 |

| **Mohs-härte** | **Fettglanz Wachsglanz** | **Metallglanz** | **ohne Glanz matt** |
|---|---|---|---|
| **5½** | Opal 1,98–2,50<br>Sodalith 2,13–2,29<br>Nosean 2,28–2,40<br>Hauyn 2,44–2,50<br>Leucit 2,45–2,50<br>Skapolith 2,54–2,77<br>Nephelin 2,60–2,65<br>Türkis 2,6–2,8<br>Datolith 2,9–3,0<br>Melilith 2,95–3,05<br>Lazulith 3,1–3,2<br>Titanit 3,4–3,6<br>Willemit 4,0<br>Perowskit 4,0–4,8 | Bronzit 3,25–3,35<br>Hypersthen 3,35–3,84<br>Anatas 3,8–3,9<br>Perowskit 4,0–4,8 | Leucit 2,45–2,50 |
| **6** | Opal 1,98–2,50<br>Sodalith 2,13–2,29<br>Leucit 2,45–2,50<br>Skapolith 2,54–2,77<br>Nephelin 2,60–2,65<br>Türkis 2,6–2,8<br>Lazulith 3,1–3,2<br>Sillimanit 3,22–3,25 | Bronzit 3,25–3,35<br>Hypersthen 3,35–3,84<br>Anatas 3,8–3,9 | Leucit 2,45–2,50 |

## Strichfarbe weiß + farblos



| Mohs-<br>härte | Glasglanz<br>Harzglanz | Seidenglanz<br>Perlmuttglanz | Diamantglanz |
|---|---|---|---|
| 6½ | Opal 1,98–2,50<br>Cristobalit 2,20<br>Tridymit 2,27<br>Skapolith 2,54–2,77<br>Plagioklas 2,61–2,77<br>Prehnit 2,8–3,0<br>Zoisit 3,15–3,36<br>Spodumen 3,16–3,20<br>Forsterit 3,22<br>Sillimanit 3,22–3,25<br>Axinit 3,26–3,36<br>Vesuvian 3,27–3,45<br>Olivin 3,27–4,20<br>Jadeit 3,30–3,36<br>Diaspor 3,3–3,5<br>Rhodonit 3,40–3,73<br>Granat 3,4–4,6<br>Kyanit 3,53–3,65<br>Benitoit 3,7 | Plagioklas 2,61–2,77<br>Prehnit 2,8–3,0<br>Zoisit 3,15–3,36<br>Spodumen 3,16–3,20<br>Sillimanit 3,22–3,25<br>Diaspor 3,3–3,5<br>Rhodonit 3,40–3,73<br>Kyanit 3,53–3,65 | Thortveitit 3,6–3,8<br>Zirkon 3,9–4,8<br>Foyalit 4,0–4,35 |
| 7 | Tridymit 2,27<br>Cordierit 2,50–2,75<br>Quarz 2,65<br>Boracit 2,9–3,0<br>Turmalin 3,02–3,26<br>Spodumen 3,16–3,20<br>Sillimanit 3,22–3,25<br>Axinit 3,26–3,36<br>Olivin 3,27–4,20<br>Jadeit 3,30–3,36<br>Diaspor 3,3–3,5<br>Granat 3,4–4,6<br>Kyanit 3,53–3,65<br>Staurolith 3,65–3,77 | Spodumen 3,16–3,20<br>Sillimanit 3,22–3,25<br>Dumortierit 3,26–3,41<br>Diaspor 3,3–3,5<br>Kyanit 3,53–3,65 | Boracit 2,9–3,0<br>Thortveitit 3,6–3,8<br>Zirkon 3,9–4,8<br>Kassiterit 6,8–7,1 |
| 7½ | Cordierit 2,50–2,75<br>Beryll 2,63–2,91<br>Boracit 2,9–3,0<br>Euklas 3,0–3,1<br>Turmalin 3,02–3,26<br>Andalusit 3,11–3,22<br>Granat 3,4–4,6<br>Staurolith 3,65–3,77 | Dumortierit 3,26–3,41 | Boracit 2,9–3,0<br>Zirkon 3,9–4,8 |
| 8 | Beryll 2,63–2,91<br>Topas 3,53–3,56<br>Spinell 3,58–3,61 | Dumortierit 3,26–3,41 | |
| 8½ | Chrysoberyll 3,70–3,72 | | |
| 9 | Korund 3,97–4,05 | | |

| Mohs-<br>härte | Fettglanz<br>Wachsglanz | Metallglanz | ohne Glanz<br>matt |
|---|---|---|---|
| 6½ | Opal 1,98–2,50<br>Skapolith 2,54–2,77<br>Chalcedon 2,58–2,64<br>Jaspis 2,58–2,91<br>Sillimanit 3,22–3,25<br>Vesuvian 3,27–3,45<br>Olivin 3,27–4,20<br>Granat 3,4–4,6<br>Zirkon 3,9–4,8<br>Gadolinit 4,41 | | Chalcedon 2,58–2,64<br>Jaspis 2,58–2,91 |
| 7 | Cordierit 2,50–2,75<br>Chalcedon 2,58–2,64<br>Jaspis 2,58–2,91<br>Quarz 2,65<br>Danburit 2,9–3,0<br>Sillimanit 3,22–3,25<br>Olivin 3,27–4,20<br>Granat 3,4–4,6<br>Staurolith 3,65–3,77<br>Zirkon 3,9–4,8<br>Kassiterit 6,8–7,1 | | Chalcedon 2,58–2,64<br>Jaspis 2,58–2,91<br>Staurolith 3,65–3,77 |
| 7½ | Cordierit 2,50–2,75<br>Danburit 2,9–3,0<br>Granat 3,4–4,6<br>Staurolith 3,65–3,77<br>Zirkon 3,9–4,8 | | Andalusit 3,11–3,22<br>Staurolith 3,65–3,77 |
| 8 | | | |
| 8½ | Chrysoberyll 3,70–3,72 | | |
| 9 | | | |

| Mohs-härte | Glasglanz Harzglanz | Seidenglanz Perlmuttglanz | Diamantglanz |
|---|---|---|---|
| 1 | | | |
| 1½ | | | |
| 2 | Borax 1,7–1,8<br>Chlorit 2,6–3,4<br>Chamosit 3,0–3,4 | Chlorit 2,6–3,4 | |
| 2½ | Borax 1,7–1,8<br>Chlorit 2,6–3,4<br>Chamosit 3,0–3,4<br>Wismutocker 6,7–7,4 | Chlorit 2,6–3,4<br>Thuringit 3,2<br>Jamesonit 5,63 | |
| 3 | Chlorit 2,6–3,4<br>Chamosit 3,0–3,4<br>Tenorit 6,0<br>Wismutocker 6,7–7,4 | Chlorit 2,6–3,4 | |

| **Mohs-härte** | **Fettglanz Wachsglanz** | **Metallglanz** | **ohne Glanz matt** |
|---|---|---|---|
| **1** | | Graphit 2,1–2,3<br>Molybdänglanz 4,7–4,8 | Graphit 2,1–2,3<br>Patronit 2,81 |
| **1½** | Covellin 4,68 | Covellin 4,68<br>Molybdänglanz 4,7–4,8<br>Polybasit 6,0–6,2<br>Sylvanit 8,0–8,3 | Patronit 2,81<br>Covellin 4,68 |
| **2** | Borax 1,7–1,8<br>Covellin 4,68 | Pyrolusit 4,5–5,0<br>Berthierit 4,6<br>Antimonit 4,6–4,7<br>Covellin 4,68<br>Polybasit 6,0–6,2<br>Stephanit 6,2–6,4<br>Wismutglanz 6,8–7,2<br>Argentit 7,2–7,4<br>Sylvanit 8,0–8,3<br>Wismut 9,7–9,8 | Chlorit 2,6–3,4<br>Patronit 2,81<br>Chamosit 3,0–3,4<br>Pyrolusit 4,5–5,0<br>Antimonit 4,6–4,7<br>Covellin 4,68<br>Stephanit 6,2–6,4<br>Argentit 7,2–7,4 |
| **2½** | Borax 1,7–1,8 | Pyrolusit 4,5–5,0<br>Berthierit 4,6<br>Kupferglanz 5,5–5,8<br>Jamesonit 5,63<br>Bournonit 5,7–5,9<br>Boulangerit 5,8–6,2<br>Stephanit 5,2–6,4<br>Schapbachit 6,9–7,2<br>Argentit 7,2–7,4<br>Bleiglanz 7,2–7,6<br>Petzit 8,7–9,2<br>Wismut 9,7–9,8 | Chlorit 2,6–3,4<br>Chamosit 3,0–3,4<br>Pyrolusit 4,5–5,0<br>Kupferglanz 5,5–5,8<br>Bournonit 5,7–5,9<br>Stephanit 6,2–6,4<br>Argentit 7,2–7,4<br>Bleiglanz 7,2–7,6 |
| **3** | | Pyrolusit 4,5–5,0<br>Berthierit 4,6<br>Tennantit 4,6–4,8<br>Tetraedrit 4,6–5,2<br>Bornit 4,9–5,3<br>Schwazit 5,1<br>Arsen 5,4–5,9<br>Kupferglanz 5,5–5,8<br>Bournonit 5,7–5,9<br>Boulangerit 5,8–6,2<br>Tenorit 6,0<br>Antimon 6,7<br>Bleiglanz 7,2–7,6<br>Petzit 8,7–9,2 | Chlorit 2,6–3,4<br>Chamosit 3,0–3,4<br>Pyrolusit 4,5–5,0<br>Tennantit 4,6–4,8<br>Tetraedrit 4,6–5,2<br>Schwazit 5,1<br>Arsen 5,4–5,9<br>Kupferglanz 5,5–5,8<br>Bournonit 5,7–5,9<br>Tenorit 6,0<br>Bleiglanz 7,2–7,6 |

## Strichfarbe grau + schwarz



| Mohs-härte | Glasglanz Harzglanz | Seidenglanz Perlmuttglanz | Diamantglanz |
|---|---|---|---|
| **3½** | Dolomitspat 2,85<br>Ankerit 2,9–3,8<br>Tenorit 6,0<br>Wismutocker 6,7–7,4 | Ankerit 2,9–3,8 | |
| **4** | Dolomitspat 2,85–2,95<br>Ankerit 2,9–3,8<br>Siderit 3,7–3,9<br>Tenorit 6,0 | Ankerit 2,9–3,9<br>Siderit 3,7–3,9 | |
| **4½** | Siderit 3,7–3,9 | Siderit 3,7–3,9 | |
| **5** | Melilith 2,95–3,05<br>Riebeckit 3,0–3,4<br>Hornblende 3,02–3,27<br>Augit 3,2–3,6<br>Hypersthen 3,35–3,84<br>Davidit 4,3–5,0<br>Yttrotantalit 5,7 | Riebeckit 3,0–3,4<br>Hornblende 3,02–3,27 | |

| Mohs-härte | Fettglanz Wachsglanz | Metallglanz | ohne Glanz matt |
|---|---|---|---|
| 3½ | Ankerit 2,9–3,8 | Cubanit 4,10<br>Kupferkies 4,1–4,3<br>Enargit 4,4<br>Freibergit 4,5–5,0<br>Pyrolusit 4,5–5,0<br>Tennantit 4,6–4,8<br>Pentlandit 4,6–5,0<br>Tetraedrit 4,6–5,2<br>Schwazit 5,1<br>Millerit 5,3<br>Arsen 5,4–5,9<br>Tenorit 6,0<br>Antimon 6,7 | Pyrolusit 4,5–5,0<br>Tennantit 4,6–4,8<br>Tetraedrit 4,6–5,2<br>Schwazit 5,1<br>Arsen 5,4–5,9<br>Tenorit 6,0 |
| 4 | Ankerit 2,9–3,8<br>Uranpecherz 9,1–10,6 | Cubanit 4,10<br>Kupferkies 4,1–4,3<br>Manganit 4,3–4,4<br>Stannin 4,3–4,5<br>Freibergit 4,5–5,0<br>Pyrolusit 4,5–5,0<br>Magnetkies 4,6<br>Tennantit 4,6–4,8<br>Pentlandit 4,6–5,0<br>Tetraedrit 4,6–5,2<br>Psilomelan 4,7<br>Hollandit 4,95<br>Schwazit 5,1<br>Arsen 5,4–5,9<br>Tenorit 6,0<br>Platin 14–19 | Pyrolusit 4,5–5,0<br>Tennantit 4,6–4,8<br>Tetraedrit 4,6–5,2<br>Psilomelan 4,7<br>Schwazit 5,1<br>Arsen 5,4–5,9<br>Tenorit 6,0<br>Uranpecherz 9,1–10,6 |
| 4½ | Uranpecherz 9,1–10,6 | Freibergit 4,5–5,0<br>Pyrolusit 4,5–5,0<br>Tennantit 4,6–4,8<br>Psilomelan 4,7<br>Linneit 4,8–5,8<br>Safflorit 6,9–7,3<br>Stibiopalladinit 9,5<br>Platin 14–19 | Pyrolusit 4,5–5,0<br>Tennantit 4,6–4,8<br>Psilomelan 4,7<br>Uranpecherz 9,1–10,6 |
| 5 | Melilith 2,95–3,05<br>Samarskit 5,4–6,2<br>Yttrotantalit 5,7<br>Wolframit 7,12–7,60<br>Uranpecherz 9,1–10,6 | Hypersthen 3,35–3,84<br>Ilmenit 4,5–5,0<br>Pyrolusit 4,5–5,0<br>Psilomelan 4,7<br>Linneit 4,8–5,8<br>Gersdorffit 5,6–6,2<br>Safflorit 6,9–7,3<br>Löllingit 7,1–7,5<br>Wolframit 7,12–7,60<br>Nickelin 7,5–7,8 | Kryptomelan 4,3<br>Ilmenit 4,5–5,0<br>Pyrolusit 4,5–5,0<br>Psilomelan 4,7<br>Gersdorffit 5,6–6,2<br>Nickelin 7,5–7,8<br>Uranpecherz 9,1–10,6 |

Die Zahlen hinter den Mineralname

| Mohs-<br>härte | Glasglanz<br>Harzglanz | Seidenglanz<br>Perlmuttglanz | Diamantglanz |
|---|---|---|---|
| **5½** | Anthophyllit 2,9–3,2<br>Melilith 2,95–3,05<br>Riebeckit 3,0–3,4<br>Hornblende 3,02–3,27<br>Augit 3,2–3,6<br>Hypersthen 3,35–3,84<br>Arfvedsonit 3,44–3,46<br>Hedenbergit 3,5–3,6<br>Davidit 4,3–5,0<br>Fergusonit 5,65<br>Yttrotantalit 5,7 | Anthophyllit 2,9–3,2<br>Riebeckit 3,0–3,4<br>Hornblende 3,02–3,27 | |
| **6** | Riebeckit 3,0–3,4<br>Hornblende 3,02–3,27<br>Augit 3,2–3,6<br>Epidot 3,3–3,5<br>Hypersthen 3,35–3,84<br>Arfvedsonit 3,44–3,46<br>Hedenbergit 3,5–3,6<br>Davidit 4,3–5,0<br>Fergusonit 5,65 | Riebeckit 3,0–3,4<br>Hornblende 3,02–3,27 | |
| **6½** | Epidot 3,3–3,5<br>Thortveitit 3,6–3,8<br>Gadolinit 4,41<br>Fergusonit 5,65 | | Thortveitit 3,6–3,8 |
| **7** | Boracit 2,9–3,0<br>Epidot 3,3–3,5<br>Thortveitit 3,6–3,8 | | Boracit 2,9–3,0<br>Thortveitit 3,6–3,8 |
| **7½** | Boracit 2,9–3,0<br>Gahnit 4,3–4,9 | | Boracit 2,9–3,0 |
| **8** | Gahnit 4,3–4,9 | | |

| Mohs-härte | Fettglanz Wachsglanz | Metallglanz | ohne Glanz matt |
|---|---|---|---|
| 5½ | Melilith 2,95–3,05<br>Samarskit 5,4–6,2<br>Yttrotantalit 5,7<br>Wolframit 7,12–7,60<br>Uranpecherz 9,1–10,6 | Hypersthen 3,35–3,84<br>Ilmenit 4,5–5,0<br>Pyrolusit 4,5–5,0<br>Psilomelan 4,7<br>Linneit 4,8–5,8<br>Magnetit 5,2<br>Samarskit 5,4–6,2<br>Arsenkies 5,9–6,2<br>Kobaltglanz 6,0–6,4<br>Chloanthit 6,4–6,6<br>Safflorit 6,9–7,3<br>Löllingit 7,1–7,5<br>Wolframit 7,12–7,60<br>Nickelin 7,5–7,8 | Kryptomelan 4,3<br>Ilmenit 4,5–5,0<br>Pyrolusit 4,5–5,0<br>Psilomelan 4,7<br>Magnetit 5,2<br>Fergusonit 5,65<br>Nickelin 7,5–7,8<br>Uranpecherz 9,1–10,6 |
| 6 | Braunit 4,7–4,8<br>Samarskit 5,4–6,2<br>Uranpecherz 9,1–10,6 | Hypersthen 3,35–3,84<br>Ilmenit 4,5–5,0<br>Pyrolusit 4,5–5,0<br>Psilomelan 4,7<br>Braunit 4,7–4,8<br>Markasit 4,8–4,9<br>Pyrit 5,0–5,2<br>Magnetit 5,2<br>Columbit 5,2–8,1<br>Samarskit 5,4–6,2<br>Arsenkies 5,9–6,2<br>Skutterudit 6,8<br>Sperrylith 10,58 | Kryptomelan 4,3<br>Ilmenit 4,5–5,0<br>Pyrolusit 4,5–5,0<br>Psilomelan 4,7<br>Magnetit 5,2<br>Fergusonit 5,65<br>Uranpecherz 9,1–10,6 |
| 6½ | Gadolinit 4,41<br>Braunit 4,7–4,8 | Pyrolusit 4,5–5,0<br>Braunit 4,7–4,8<br>Markasit 4,8–4,9<br>Pyrit 5,0–5,2<br>Magnetit 5,2<br>Columbit 5,2–8,1<br>Coronadit 5,5<br>Sperrylith 10,58 | Pyrolusit 4,5–5,0<br>Magnetit 5,2<br>Coronadit 5,5<br>Fergusonit 5,65 |
| 7 | | Coronadit 5,5<br>Sperrylith 10,58 | Coronadit 5,5 |
| 7½ | Gahnit 4,3–4,9 | | |
| 8 | Gahnit 4,3–4,9 | | |

## Strichfarbe gelb + orange + braun

Die Zahlen hinter den Mineralname

| Mohshärte | Glasglanz<br>Harzglanz | Seidenglanz<br>Perlmuttglanz | Diamantglanz |
|---|---|---|---|
| 1½ | Vivianit 2,6–2,7 | Vivianit 2,6–2,7<br>Auripigment 3,48 | Realgar 3,5–3,6<br>Kalomel 6,4–7,1 |
| 2 | Vivianit 2,6–2,7<br>Chlorit 2,6–3,4<br>Autunit 3,2 | Vivianit 2,6–2,7<br>Chlorit 2,6–3,4<br>Autunit 3,2<br>Auripigment 3,48<br>Molybdit 4,0–4,5 | Realgar 3,5–3,6<br>Kalomel 6,4–7,1 |
| 2½ | Chlorit 2,6–3,4<br>Autunit 3,2<br>Uranocircit 3,5<br>Uranophan 3,8–3,9 | Chlorit 2,6–3,4<br>Autunit 3,2<br>Uranophan 3,8–3,9<br>Bismutit 6,7–7,6 | Krokoit 5,9–6,1 |
| 3 | Kakoxen 2,3<br>Chlorit 2,6–3,4<br>Olivenit 3,9–4,4 | Kakoxen 2,3<br>Chlorit 2,6–3,4<br>Bismutit 6,7–7,6 | Olivenit 3,9–4,4<br>Krokoit 5,9–6,1<br>Vanadinit 6,5–7,1 |
| 3½ | Descloizit 5,5–6,2<br>Wurtzit 4,0<br>Powellit 4,3 | Bismutit 6,7–7,6 | Zinkblende 3,9–4,2<br>Powellit 4,3<br>Descloizit 5,5–6,2 |
| 4 | Siderit 3,7–3,9<br>Wurtzit 4,0<br>Powellit 4,3 | Siderit 3,7–3,9<br>Carnotit 4,5–4,6 | Zinkblende 3,9–4,2<br>Powellit 4,3<br>Zinkit 5,4–5,7 |
| 4½ | Siderit 3,7–3,9<br>Thorit 4,4–4,8<br>Brannerit 6,35 | Siderit 3,7–3,9<br>Bismit 8,64–9,22 | Zinkit 5,4–5,7<br>Bismit 8,64–9,22 |
| 5 | Hornblende 3,02–3,27<br>Davidit 4,3–5,0<br>Thorit 4,4–4,8<br>Aeschynit 4,8–5,1<br>Brannerit 6,35 | Hornblende 3,02–3,27<br>Goethit 3,8–4,3 | Pyrochlor 3,5–4,6<br>Goethit 3,8–4,3<br>Lepidokrokit 4,0<br>Zinkit 5,4–5,7 |
| 5½ | Hornblende 3,02–3,27<br>Neptunit 3,23<br>Davidit 4,3–5,0<br>Euxenit 4,7–5,9<br>Aeschynit 4,8–5,1<br>Fergusonit 5,65 | Hornblende 3,02–3,27<br>Goethit 3,8–4,3 | Pyrochlor 3,5–4,6<br>Goethit 3,8–4,3<br>Brookit 4,1 |
| 6 | Hornblende 3,02–3,27<br>Ägirin 3,43–3,60<br>Davidit 4,3–5,0<br>Euxenit 4,7–5,9 | Hornblende 3,02–3,27 | Brookit 4,1<br>Rutil 4,2–4,3 |
| 6½ | Ägirin 3,43–3,60<br>Euxenit 4,7–5,9 | | Rutil 4,2–4,3 |
| 7 | | | Kassiterit 6,8–7,1 |

| Mohs-härte | Fettglanz Wachsglanz | Metallglanz | ohne Glanz matt |
|---|---|---|---|
| 1½ | Auripigment 3,48<br>Realgar 3,5–3,6 | Vivianit 2,6–2,7<br>Sylvanit 8,0–8,3 | |
| 2 | Auripigment 3,48<br>Realgar 3,5–3,6 | Vivianit 2,6–2,7<br>Berthierit 4,6<br>Sylvanit 8,0–8,3 | Chlorit 2,6–3,4<br>Ferrimolybdit 4,0–4,5<br>Molybdit 4,0–4,5 |
| 2½ | Krokoit 5,9–6,1 | Berthierit 4,6<br>Gold 15,5–19,3 | Chlorit 2,6–3,4 |
| 3 | Krokoit 5,9–6,1<br>Vanadinit 6,5–7,1 | Berthierit 4,6<br>Tennantit 4,6–4,8<br>Tetraedrit 4,5–5,2 | Chlorit 2,6–3,4<br>Tennantit 4,6–4,8<br>Tetraedrit 4,6–5,2 |
| 3½ | Zinkblende 3,9–4,2<br>Powellit 4,3 | Tennantit 4,6–4,8<br>Tetraedrit 4,6–5,2<br>Cuprit 5,8–6,2 | Tennantit 4,6–4,8<br>Tetraedrit 4,6–5,2<br>Cuprit 5,8–6,2 |
| 4 | Betafit 3,7–5,2<br>Zinkblende 3,9–4,2<br>Powellit 4,3<br>Zinkit 5,4–5,7<br>Uranpecherz 9,1–10,6 | Manganit 4,3–4,4<br>Tennantit 4,6–4,8<br>Tetraedrit 4,6–5,2<br>Psilomelan 4,7<br>Cuprit 5,8–6,2 | Carnotit 4,5–4,6<br>Tennantit 4,6–4,8<br>Tetraedrit 4,6–5,2<br>Psilomelan 4,7<br>Cuprit 5,8–6,2 |
| 4½ | Zinkit 5,4–5,7<br>Brannerit 6,35<br>Uranpecherz 9,1–10,6 | Tennantit 4,6–4,8<br>Psilomelan 4,7 | Tennantit 4,6–4,8<br>Psilomelan 4,7<br>Uranpecherz 9,1–10,6 |
| 5 | Pyrochlor 3,5–4,6<br>Zinkit 5,4–5,7<br>Brannerit 6,35<br>Wolframit 7,12–7,60<br>Uranpecherz 9,1–10,6 | Ilmenit 4,5–5,0<br>Psilomelan 4,7<br>Samarskit 5,4–6,2<br>Wolframit 7,12–7,60<br>Nickelin 7,5–7,8 | Goethit 3,8–4,3<br>Ilmenit 4,5–5,0<br>Psilomelan 4,7<br>Nickelin 7,5–7,8<br>Uranpecherz 9,1–10,6 |
| 5½ | Pyrochlor 3,5–4,6<br>Chromit 4,5–4,8<br>Euxenit 4,7–5,9<br>Samarskit 5,4–6,2<br>Wolframit 7,12–7,60<br>Uranpecherz 9,1–10,6 | Chromit 4,5–4,8<br>Ilmenit 4,5–5,0<br>Hausmannit 4,7–4,8<br>Fergusonit 5,65<br>Wolframit 7,12–7,60<br>Nickelin 7,5–7,8 | Goethit 3,8–4,3<br>Ilmenit 4,5–5,0<br>Psilomelan 4,7<br>Fergusonit 5,65<br>Nickelin 7,5–7,8<br>Uranpecherz 9,1–10,6 |
| 6 | Braunit 4,7–4,8<br>Euxenit 4,7–5,9<br>Samarskit 5,4–6,2<br>Uranpecherz 9,1–10,6 | Rutil 4,2–4,3<br>Ilmenit 4,5–5,0<br>Hämatit 5,2–5,3<br>Columbit 5,2–8,1 | Ilmenit 4,5–5,0<br>Psilomelan 4,7<br>Hämatit 5,2–5,3<br>Uranpecherz 9,1–10,6 |
| 6½ | Jaspis 2,58–2,91<br>Braunit 4,7–4,8<br>Euxenit 4,7–5,9 | Rutil 4,2–4,3<br>Hämatit 5,2–5,3<br>Columbit 5,2–8,1 | Jaspis 2,58–2,91<br>Hämatit 5,2–5,3 |
| 7 | Kassiterit 6,8–7,1 | | |

## Strichfarbe rot + orange

Die Zahlen hinter den Mineralnamen

| Mohs-härte | Glasglanz Harzglanz | Seidenglanz Perlmuttglanz | Diamantglanz |
|---|---|---|---|
| 1 | | | |
| 1½ | | Auripigment 3,48 | Realgar 3,5–3,6 |
| 2 | Erythrin 3,07 | Erythrin 3,07<br>Auripigment 3,48 | Realgar 3,5–3,6<br>Zinnober 8,0–8,2 |
| 2½ | | | Proustit 5,57<br>Pyrargit 5,85<br>Krokoit 5,9–6,1<br>Zinnober 8,0–8,2 |
| 3 | | | Pyrargit 5,85<br>Krokoit 5,9–6,1 |
| 3½ | | | |
| 4 | | | Zinkit 5,4–5,7 |
| 4½ | | | Zinkit 5,4–5,7 |
| 5 | | | Lepidokrokit 4,0<br>Zinkit 5,4–5,7 |
| 5½ | | | |
| 6 | Piemontit 3,4–3,5 | | |
| 6½ | Piemontit 3,4–3,5 | | |
| 7 | | | |

| Mohs-härte | Fettglanz Wachsglanz | Metallglanz | ohne Glanz matt |
|---|---|---|---|
| 1 | | | |
| 1½ | Auripigment 3,48<br>Realgar 3,5–3,6 | Polybasit 6,0–6,2 | |
| 2 | Auripigment 3,48<br>Realgar 3,5–3,6 | Polybasit 6,0–6,2<br>Zinnober 8,0–8,2 | |
| 2½ | Krokoit 5,9–6,1 | Zinnober 8,0–8,2<br>Kupfer 8,3–8,9 | |
| 3 | Krokoit 5,9–6,1 | Tennantit 4,6–4,8<br>Kupfer 8,3–8,9 | Tennantit 4,6–4,8 |
| 3½ | | Tennantit 4,6–4,8<br>Cuprit 5,8–6,2 | Tennantit 4,6–4,8<br>Cuprit 5,8–6,2 |
| 4 | Zinkit 5,4–5,7 | Purpurit 3,2–3,4<br>Tennantit 4,6–4,8<br>Cuprit 5,8–6,2 | Tennantit 4,6–4,8<br>Cuprit 5,8–6,2 |
| 4½ | Zinkit 5,4–5,7 | Purpurit 3,2–3,4<br>Tennantit 4,6–4,8 | Tennantit 4,6–4,8 |
| 5 | Zinkit 5,4–5,7<br>Samarskit 5,4–6,2 | Samarskit 5,4–6,2 | |
| 5½ | Samarskit 5,4–6,2 | Hausmannit 4,7–4,8<br>Samarskit 5,4–6,1 | |
| 6 | Samarskit 5,4–6,2 | Franklinit 5,0–5,2<br>Hämatit 5,2–5,3<br>Samarskit 5,4–6,2 | Hämatit 5,2–5,3 |
| 6½ | Jaspis 2,58–2,91 | Franklinit 5,0–5,2<br>Hämatit 5,2–5,3 | Jaspis 2,58–2,91<br>Hämatit 5,2–5,3 |
| 7 | Jaspis 2,58–2,91 | | Jaspis 2,58–2,91 |

## Strichfarbe grün



| Mohshärte | Glasglanz Harzglanz | Seidenglanz Perlmuttglanz | Diamantglanz |
|---|---|---|---|
| 1 | | | |
| 1½ | | | |
| 2 | Chrysokoll 2,0–2,2<br>Chlorit 2,6–3,4<br>Rhipidolith 2,75–2,90<br>Chamosit 3,0–3,4<br>Torbernit 3,3–3,7 | Chlorit 2,6–3,4<br>Rhipidolith 2,75–2,90<br>Daphnit 3,2<br>Torbernit 3,3–3,7<br>Aurichalcit 3,6–4,2 | |
| 2½ | Chrysokoll 2,0–2,2<br>Pennin 2,5–2,6<br>Chlorit 2,6–3,4<br>Chamosit 3,0–3,4<br>Torbernit 3,3–3,7<br>Zeunerit 3,8 | Pennin 2,5–2,6<br>Delessit 2,6–2,9<br>Chlorit 2,6–3,4<br>Daphnit 3,2<br>Thuringit 3,2<br>Torbernit 3,3–3,7<br>Bismutit 6,7–7,6 | |
| 3 | Chrysokoll 2,0–2,2<br>Chlorit 2,6–3,4<br>Chamosit 3,0–3,4<br>Atacamit 3,76 | Delessit 2,6–2,9<br>Chlorit 2,6–3,4<br>Daphnit 3,2<br>Bismutit 6,7–7,6 | Olivenit 3,9–4,4 |
| 3½ | Chrysokoll 2,0–2,2<br>Malachit 3,75–3,95<br>Atacamit 3,76<br>Descloizit 5,5–6,2<br>Mottramit 5,7–6,2 | Malachit 3,75–3,95<br>Brochantit 3,97<br>Bismutit 6,7–7,6 | Powellit 4,3<br>Descloizit 5,5–6,2 |
| 4 | Chrysokoll 2,0–2,2<br>Serpierit 3,08<br>Malachit 3,75–3,95 | Malachit 3,75–3,95<br>Brochantit 3,97<br>Carnotit 4,5–4,6 | |
| 4½ | Brannerit 6,35 | Bismit 8,64–9,22 | Bismit 8,64–9,22 |
| 5 | Hornblende 3,02–3,27<br>Augit 3,2–3,6<br>Dioptas 3,28–3,35<br>Omphacit 3,29–3,37<br>Brannerit 6,35 | Hornblende 3,02–3,27 | |
| 5½ | Hornblende 3,02–3,27<br>Augit 3,2–3,6<br>Hedenbergit 3,5–3,6 | Aktinolith 2,9–3,3<br>Hornblende 3,02–3,27 | |
| 6 | Hornblende 3,02–3,27<br>Augit 3,2–3,6<br>Ägirin 3,43–3,60<br>Hedenbergit 3,5–3,6 | Aktinolith 2,9–3,3<br>Hornblende 3,02–3,27 | |
| 6½ | Ägirin 3,43–3,60<br>Gadolinit 4,41 | | Thortveitit 3,6–3,8 |

| Mohs-härte | Fettglanz Wachsglanz | Metallglanz | ohne Glanz matt |
|---|---|---|---|
| 1 | | Molybdänglanz 4,7–4,8 | Patronit 2,81 |
| 1½ | | Molybdänglanz 4,7–4,8 | Patronit 2,81 |
| 2 | Chrysokoll 2,0–2,2<br>Garnierit 2,2–2,7 | | Glaukonit 2,2–2,8<br>Chlorit 2,6–3,4<br>Patronit 2,81<br>Chamosit 3,0–3,4<br>Daphnit 3,2 |
| 2½ | Chrysokoll 2,0–2,2<br>Garnierit 2,2–2,7 | | Delessit 2,6–2,9<br>Chlorit 2,6–3,4<br>Chamosit 3,0–3,4<br>Daphnit 3,2 |
| 3 | Chrysokoll 2,0–2,2<br>Garnierit 2,2–2,7 | | Delessit 2,6–2,9<br>Chlorit 2,6–3,4<br>Chamosit 3,0–3,4<br>Daphnit 3,2 |
| 3½ | Chrysokoll 2,0–2,2<br>Garnierit 2,2–2,7<br>Powellit 4,3 | Kupferkies 4,1–4,3<br>Millerit 5,3 | Malachit 3,75–3,95 |
| 4 | Chrysokoll 2,0–2,2<br>Garnierit 2,2–2,7<br>Uranpecherz 9,1–10,6 | Kupferkies 4,1–4,3 | Malachit 3,75–3,95<br>Carnotit 4,5–4,6<br>Uranpecherz 9,1–10,6 |
| 4½ | Brannerit 6,35<br>Uranpecherz 9,1–10,6 | | Uranpecherz 9,1–10,6 |
| 5 | Brannerit 6,35<br>Uranpecherz 9,1–10,6 | | Uranpecherz 9,1–10,6 |
| 5½ | Uranpecherz 9,1–10,6 | Fergusonit 5,65 | Fergusonit 5,65<br>Uranpecherz 9,1–10,6 |
| 6 | Uranpecherz 9,1–10,6 | Markasit 4,8–4,9<br>Pyrit 5,0–5,2<br>Fergusonit 5,65 | Fergusonit 5,65<br>Uranpecherz 9,1–10,6 |
| 6½ | Gadolinit 4,41 | Markasit 4,8–4,9<br>Pyrit 5,0–5,2 | |

## Strichfarbe blau

Die Zahlen hinter den Mineralnamen

| Mohs-härte | Glasglanz Harzglanz | Seidenglanz Perlmuttglanz | Diamantglanz |
|---|---|---|---|
| 1 | | | |
| 1½ | Vivianit 2,6–2,7 | Vivianit 2,6–2,7 | |
| 2 | Vivianit 2,6–2,7 | Vivianit 2,6–2,7<br>Aurichalcit 3,6–4,2 | |
| 2½ | Chalkanthit 2,2–2,3<br>Linarit 5,3–5,5 | | Linarit 5,3–5,5 |
| 3 | | | |
| 3½ | Azurit 3,7–3,9 | | |
| 4 | Azurit 3,7–3,9 | | |
| 4½ | | | |
| 5 | Lapislazuli 2,38–2,42<br>Riebeckit 3,0–3,4 | Riebeckit 3,0–3,4 | |
| 5½ | Lapislazuli 2,38–2,42<br>Hauyn 2,44–2,50<br>Riebeckit 3,0–3,4<br>Arfvedsonit 3,44–3,46 | Hauyn 2,44–2,50<br>Riebeckit 3,0–3,4 | |
| 6 | Lapislazuli 2,38–2,42<br>Riebeckit 3,0–3,4<br>Arfvedsonit 3,44–3,46 | Riebeckit 3,0–3,4 | |

| Mohs-härte | Fettglanz Wachsglanz | Metallglanz | ohne Glanz matt |
|---|---|---|---|
| **1** | | | |
| **1½** | Covellin 4,68 | Vivianit 2,6–2,7<br>Covellin 4,68 | Covellin 4,68 |
| **2** | Covellin 4,68 | Vivianit 2,6–2,7<br>Covellin 4,68 | Covellin 4,68 |
| **2½** | | | |
| **3** | | | |
| **3½** | | | |
| **4** | | | |
| **4½** | | | |
| **5** | Lapislazuli 2,38–2,42 | | |
| **5½** | Lapislazuli 2,38–2,42<br>Hauyn 2,44–2,50 | | |
| **6** | Lapislazuli 2,38–2,42 | | |

## Bestimmungshilfe für Gesteine

Bei der Bestimmung eines Gesteins zuerst die Einordnung in eine der Hauptgruppen versuchen. Dazu das Gefüge, d. h. die Anordnung der Mineralien des unbekannten Gesteins untersuchen und feststellen, ob sich eine und gegebenenfalls welche Richtung im Gefüge erkennen lässt. In der folgenden Übersicht sind die 4 möglichen Gefügeordnungen skizziert: Gefüge ohne Richtung, Fließgefüge, Schichtung und Schieferung. Dann jeweils in den weiter unten stehenden Kästchen die zum Fremdgestein passende Gefügedarstellung suchen.
Möglichst mehrere Proben der gleichen Fundstelle betrachten, damit eine Zufälligkeit ausgeschaltet und das Typische erfasst wird. Große Gesteinsbrocken vermitteln mehr Einzelheiten als kleine Teile. Bei Feinschichtung Lupe benutzen.
Den Gesteinsverband des Fremdstücks im Steinbruch oder an steiler Wand studieren; feststellen, ob das Handstück charakteristisch für die Gesamtlagerung ist.

### Gefüge ohne Richtung

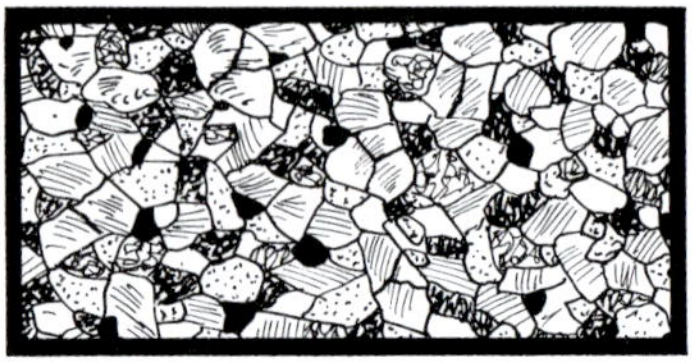

Die Mineralien sind durcheinandergemischt. Sie zeigen in ihrer Anordnung keinerlei irgendwie geartete Richtung.

Weitere Bestimmungshilfe
siehe S. 378/379

### Fließgefüge

Einzelne Mineralien oder auch Porenhohlräume zeigen als Folge des Fließens von Lava- oder Magmaströmen eine leichte richtungsgebundene Einregelung.

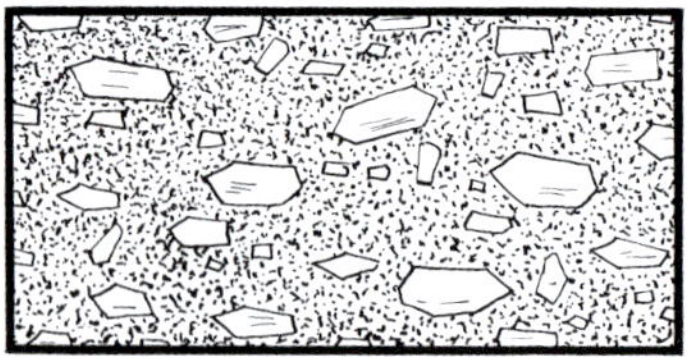

Einige Kristalle deuten durch ihre Lage im Gefüge eine Richtung an
→ Vulkanite S. 228
→ Plutonite S. 195

Länglich ausgezogene Poren deuten im Gefüge eine Richtung an.
→ Vulkanite S. 228

Alle Merkmale der Hauptgesteinsgruppen auf einen Blick S. 380

## Schichtung

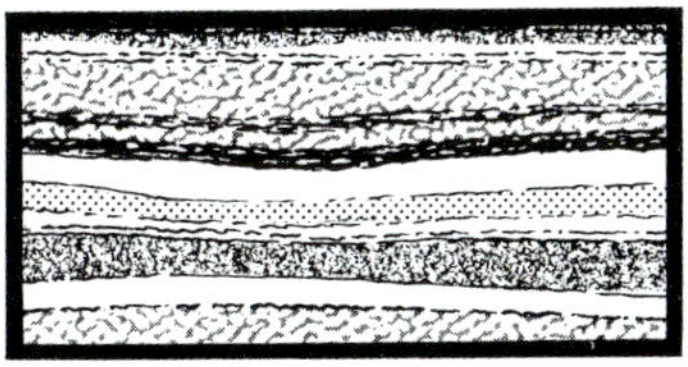

Durchgehende Schichtgrenzen. Entstehen durch Sedimentation, durch Änderung der Ablagerungsbedingungen. Beim Spalten ergeben sich glatte, ebene Flächen.

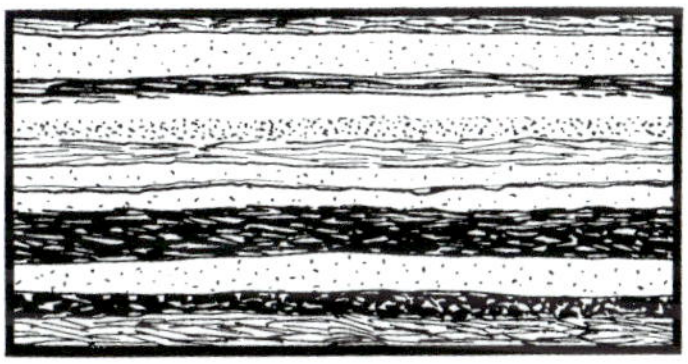

Durchgehende Grenzen mit einheitlicher Korngröße innerhalb eines Schichtbandes.

→ Sedimentite S. 260

→ Schiefer S. 312

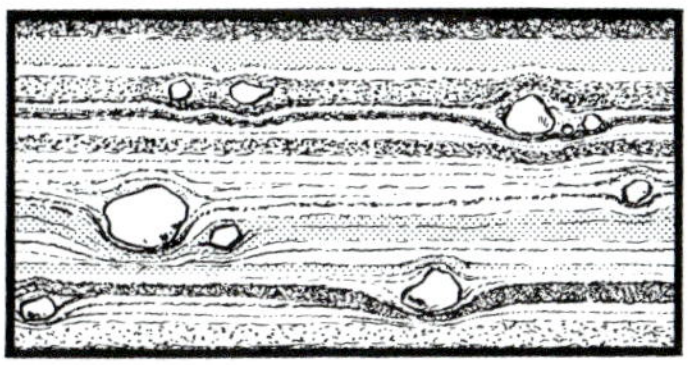

Die Schichtgrenzen sind durch einzelne große Trümmer eingedrückt oder ausgewölbt.

→ Tuffstein S. 234

## Schieferung

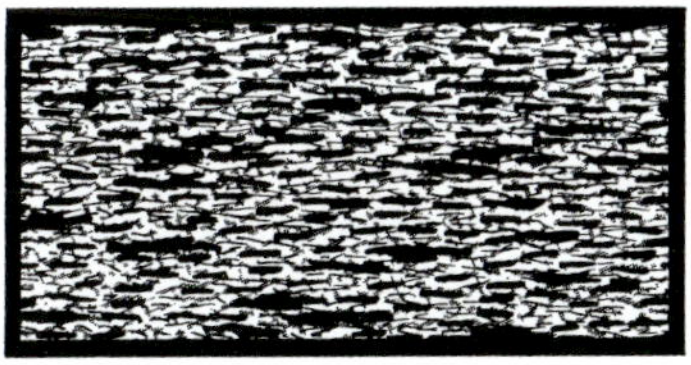

Parallelgefüge ohne durchgehende Grenzfugen. Entsteht durch Einregelung plattiger oder länglicher MIneralien. Beim Spalten ergeben sich keine glatten Flächen.

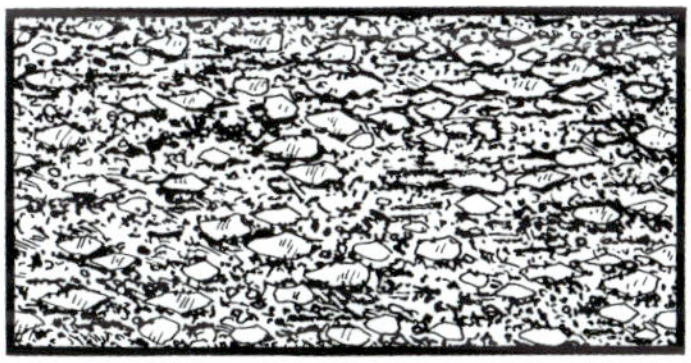

Parallelgefüge durch eingeregelte Kristalle bei sonst granitisch-körniger Grundmasse.

→ Gneise S. 308

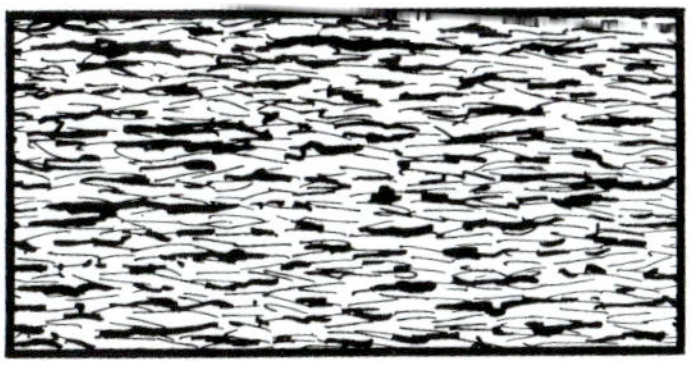

Deutliches Parallelgefüge in fein- bis mittelkörniger Grundmasse.

→ Schiefer S. 312

## Gesteine ohne erkennbare Richtung im Gefüge

### Gefüge mit großen Einzeltrümmern

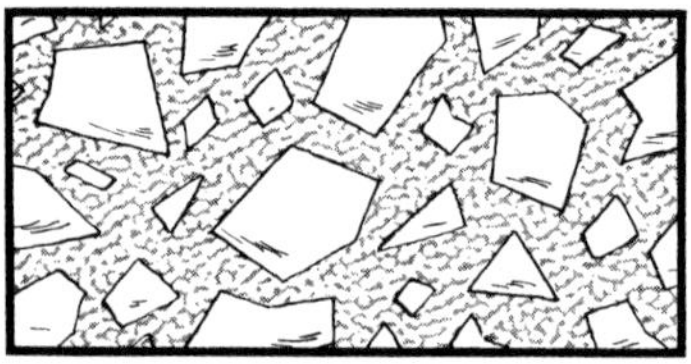

Eckige Einzeltrümmer bis Kopfgröße in unterschiedlicher Grundmasse.
→ Brekzie S. 268

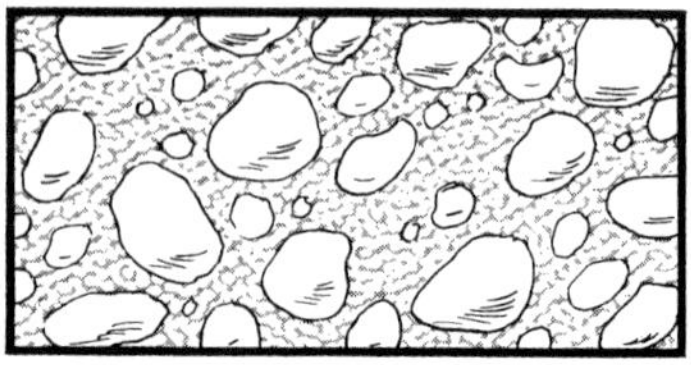

Gerundete Einzeltrümmer bis Apfelgröße in unterschiedlicher Grundmasse.
→ Konglomerat S. 270

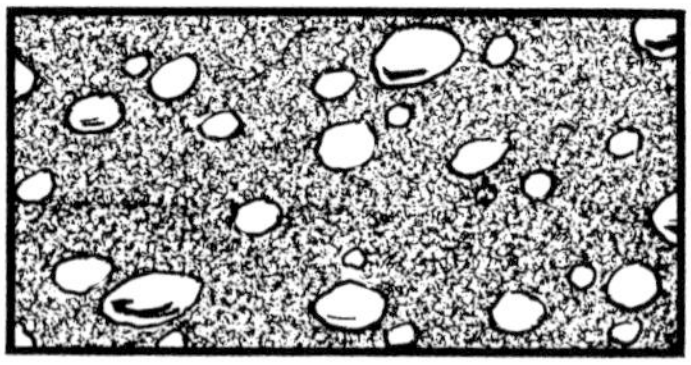

Gerundete und eckige Einzeltrümmer in lehmiger Grundmasse.
→ Moräne S. 261
→ Tillit S. 268

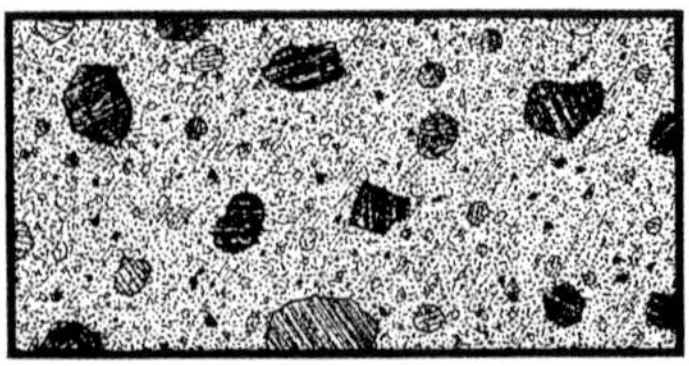

Viele eckige Einzeltrümmer bis Nussgröße in feinkörniger, porenreicher Grundmasse.
→ Tuffstein S. 234

### Grobe Körner im Gefüge

Vollkristalline Masse; verschiedenartige Mineralien, etwa gleich groß, mit bloßem Auge zu erkennen.
→ Plutonite S. 195

Einzelne, voll entwickelte Kristalle in feinkörniger oder glasiger Grundmasse.
→ Vulkanite S. 228

Einzelne große Kristalle zwischen erkennbaren kleineren Kristallen.
→ Pegmatit S. 258
→ Felse S. 318

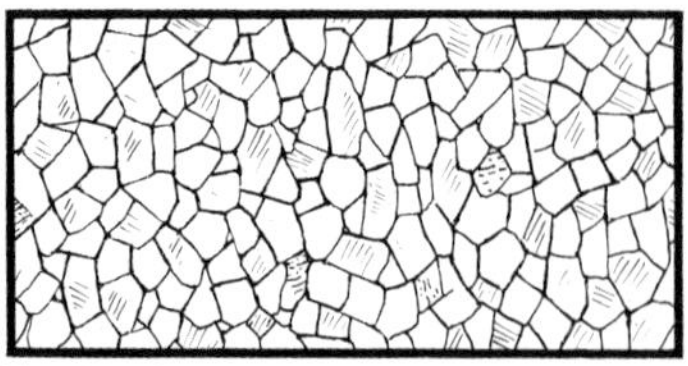

Nur eine Mineralart; zuckerkörniges Aussehen, mit Metall leicht ritzbar.
→ Marmor S. 324
→ Dolomitmarmor S. 326

## Feinkörniges Gefüge

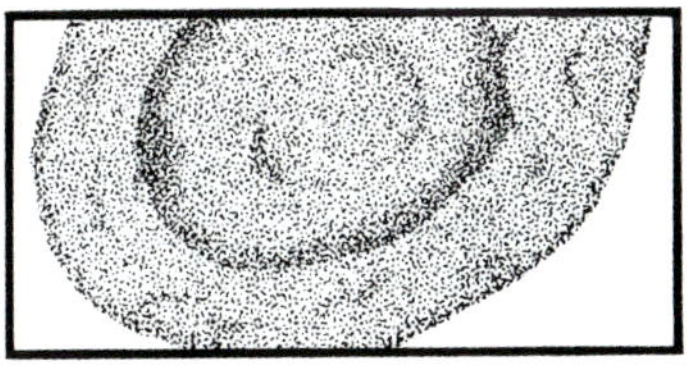

Knolliges, bis apfelgroßes Aggregat, häufig gebändert.
→ Hornstein, S. 294
→ Feuerstein S. 294

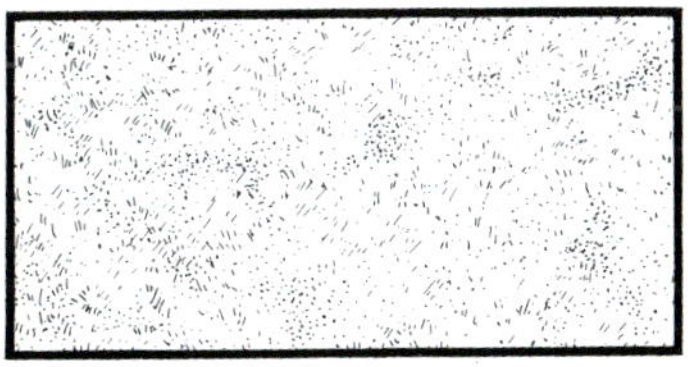

Gleichmäßig feinkörniges Gefüge, sehr hart.
→ Quarzolithe S. 198
→ Felse S. 318

Feinkörnige Masse, mit Metall leicht ritzbar, gelegentlich Fossilien.
→ Riffkalk, S. 284
→ Dolomitstein S. 290

## Glasiges Gefüge

Homogene glasartige Masse, muschliger Bruch.
→ Obsidian S. 238

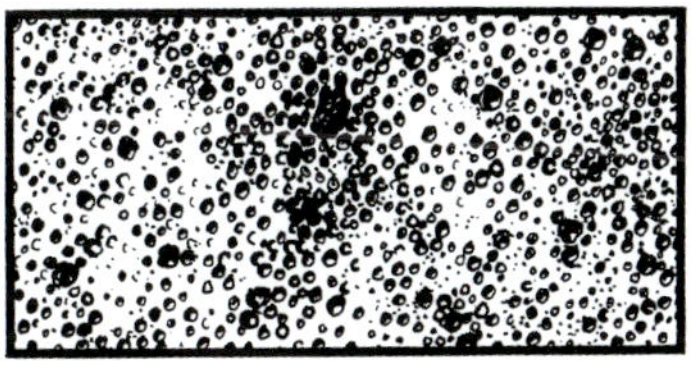

Porenreiches, sehr leichtes Gestein, gewöhnlich hell.
→ Bimsstein S. 236

Alle Merkmale der Hauptgesteinsgruppen auf einen Blick S. 380

# Erkennungsmerkmale der Hauptgesteinsgruppen

## Plutonite S. 195

1. Vollkristallin, die ganze Masse auskristallisiert
2. Große Kristalle, mit bloßem Auge zu erkennen
3. Eine Richtung im Handstück gewöhnlich nicht zu erkennen, Mineralien durcheinandergemischt; selten Fließstrukturen
4. Sehr kompakt, fast keine Hohlräume
5. Niemals Fossilien
6. Klüfte stehen senkrecht aufeinander
7. Wollsackstruktur als tpyische Verwitterungsform
8. Gebirgige Großformen meist sanft wellig

## Vulkanite S. 228

1. Nur einzelne Kristalle voll ausgebildet (porphyrische Struktur)
2. Grundmasse dicht (mikrokristallin) oder amorph (gestaltlos, glasig)
3. Zahlreiche kleine Hohlräume
4. Oft Fließstrukturen
5. Häufig Säulenbildung
6. Sehr selten Fossilien

## Sedimentite S. 260

1. Meist ausgeprägte Schichtung
2. Oft fossilreich
3. Gebirgige Großformen vielfach schroff und bizarr
4. Moränen niemals geschichtet, keinerlei Kornsortierung
5. Riffkalke fast nie geschichtet

## Metamorphite S. 304

1. Vollkristallin, die ganze Masse auskristallisiert
2. Meist große Kristalle, mit bloßem Auge zu erkennen
3. Häufig seidenglänzend
4. Parallelgefüge, Schieferung
5. Sehr kompakt, keine Hohlräume
6. Im Allgemeinen keine Fossilien
7. Keine glatten Spaltflächen
8. Gebirgsformen sanft und wellig

# Tabelle der chemischen Elemente

| Chem. Zeichen | Name | Ordnungszahl | Chem. Zeichen | Name | Ordnungszahl |
|---|---|---|---|---|---|
| Ac | Actinium | 89 | Mg | Magnesium | 12 |
| Ag | Silber | 47 | Mn | Mangan | 25 |
| Al | Aluminium | 13 | Mo | Molybdän | 42 |
| Am | Americium | 95 | N | Stickstoff | 7 |
| Ar | Argon | 18 | Na | Natrium | 11 |
| As | Arsen | 33 | Nb | Niob | 41 |
| At | Astat | 85 | Nd | Neodym | 60 |
| Au | Gold | 79 | Ne | Neon | 10 |
| B | Bor | 5 | Ni | Nickel | 28 |
| Ba | Barium | 56 | No | Nobelium | 102 |
| Be | Beryllium | 4 | Np | Neptunium | 93 |
| Bi | Wismut | 83 | O | Sauerstoff | 8 |
| Bk | Berkelium | 97 | Os | Osmium | 76 |
| Br | Brom | 35 | P | Phosphor | 15 |
| C | Kohlenstoff | 6 | Pa | Protactinium | 91 |
| Ca | Calcium | 20 | Pb | Blei | 82 |
| Cd | Cadmium | 48 | Pd | Palladium | 46 |
| Ce | Cer | 58 | Pm | Promethium | 61 |
| Cf | Californium | 98 | Po | Polonium | 84 |
| Cl | Chlor | 17 | Pr | Praseodym | 59 |
| Cm | Curium | 96 | Pt | Platin | 78 |
| Co | Kobalt | 27 | Pu | Plutonium | 94 |
| Cr | Chrom | 24 | Ra | Radium | 88 |
| Cs | Caesium | 55 | Rb | Rubidium | 37 |
| Cu | Kupfer | 29 | Re | Rhenium | 75 |
| Dy | Dysprosium | 66 | Rh | Rhodium | 45 |
| Er | Erbium | 68 | Rn | Radon | 86 |
| Es | Einsteinium | 99 | Ru | Ruthenium | 44 |
| Eu | Europium | 63 | S | Schwefel | 16 |
| F | Fluor | 9 | Sb | Antimon | 51 |
| Fe | Eisen | 26 | Sc | Scandium | 21 |
| Fm | Fermium | 100 | Se | Selen | 34 |
| Fr | Francium | 87 | Si | Silicium | 14 |
| Ga | Gallium | 31 | Sm | Samarium | 62 |
| Gd | Gadolinium | 64 | Sn | Zinn | 50 |
| Ge | Germanium | 32 | Sr | Strontium | 38 |
| H | Wasserstoff | 1 | Ta | Tantal | 73 |
| He | Helium | 2 | Tb | Terbium | 65 |
| Hf | Hafnium | 72 | Tc | Technetium | 43 |
| Hg | Quecksilber | 80 | Te | Tellur | 52 |
| Ho | Holmium | 67 | Th | Thorium | 90 |
| In | Indium | 49 | Ti | Titan | 22 |
| Ir | Iridium | 77 | Tl | Thallium | 81 |
| J | Jod | 53 | Tm | Thulium | 69 |
| K | Kalium | 19 | U | Uran | 92 |
| Kr | Krypton | 36 | V | Vanadium | 23 |
| Ku | Kurchatovium | 104 | W | Wolfram | 74 |
| La | Lanthan | 57 | Xe | Xenon | 54 |
| Li | Lithium | 3 | Y | Yttrium | 39 |
| Lr | Lawrencium | 103 | Yb | Ytterbium | 70 |
| Lu | Lutetium | 71 | Zn | Zink | 30 |
| Md | Mendelevium | 101 | Zr | Zirkonium | 40 |

## Gliederung der Erdgeschichte

| Zeitalter | vor Mio. Jahren | Formation | Abteilung | |
|---|---|---|---|---|
| Neozoikum oder Känozoikum (Erdneuzeit) | | Quartär | Holozän (Alluvium)<br>Pleistozän (Diluvium) | |
| | 2 | | | |
| | | Tertitär | Pliozän<br>Miozän | Jungtertiär |
| | | | Oligozän<br>Eozän<br>Paleozän | Alttertiär |
| | 70 | | | |
| | | Kreide | Oberkreide<br>Unterkreide | |
| | 140 | | | |
| Mesozoikum (Erdmittelalter) | | Jura | Malm (Weißer Jura)<br>Dogger (Brauner Jura)<br>Lias (Schwarzer Jura) | |
| | 200 | | | |
| | | Trias | Keuper<br>Muschelkalk<br>Buntsandstein | |
| | 250 | | | |
| Paläozoikum (Erdaltertum) | | Pem | Zechstein<br>Rotliegendes | |
| | 300 | | | |
| | | Karbon | Oberkarbon<br>Unterkarbon | |
| | 360 | | | |
| | | Devon | Oberdevon<br>Mitteldevon<br>Unterdevon | |
| | 400 | | | |
| | | Silur | Obersilur<br>Mittelsilur<br>Untersilur | |
| | 440 | | | |
| | | Ordoviz | Oberordoviz<br>Unterordoviz | |
| | 500 | | | |
| | | Kambrium | Oberkambrium<br>Mittelkambrium<br>Unterkambrium | |
| | 570 | | | |
| Präkambrium: Proterozoikum (Erdfrühzeit) | 1000 | Jungproterozoikum<br>Mittelproterozoikum<br>Altproterozoikum | | |
| | 2500 | | | |
| Präkambrium: Archaikum (Erdurzeit) | | Jungarchaikum<br>Altarchaikum | | |
| | 4500 | | | |

# Literatur


Anthony, J.W. Bideaux, R.A., Bladh, K.W. und M.C. Nichols (1990/2003): Handbook of Mineralogy. 5 Bde. Mineral Data Publishing, Tucson

Arem, J.E. (1987): Color Encyclopedia of Gemstones. Van Nostrand Reinhold, New York

Backe, H. und W. Hiere (1990): Baustoffkunde. Werner-Verlag, Worms

Barth, T., Correnc, C. und P. Eskola (1939/70): Die Entstehung der Gesteine. Berlin 1939, Nachdruck Springer-Verlag, Berlin 1970

Bauer, J. und V. Bouska (1993): Edelsteinführer. Verlag Werner Dausien, Hanau

Bell, P. und D. Wright (1987): Gesteine und ihre Mineralien finden und bestimmen. Franckh'sche Verlagshandlung, Stuttgart

Bender, F. (1981/86): Angewandte Geowissenschaften. 4 Bde. Enke Verlag Stgt.

Bentz, A. und H.J. Martini (1961/69): Lehrbuch der angewandten Geologie. 2 Bde. Stuttgart

Bernard, J. and J. Hyrsl (2006): Minerals and their Localities. Granit, Praha

Best, M.G. (2003): Igneous and metamorphic petrology. Blackwell, Oxford

Betechtin, A.G. (1977): Lehrbuch der speziellen Mineralogie. VEB Deutscher Verlag für Grundstoffindustrie, Leipzig

Binnewies, B. (1979): Steinschleifen. Franckh'sche Verlagshandlung, Stuttgart

Blackburn, W.H. and W.H. Dennen (1997): Encyclopedia of Mineral Names. The Canadian Mineralogist, Ottawa

Borchardt-Ott, W. (2002): Kristallographie. Springer, Berlin

Brauns, R. und K.F. Chudoba (1979): Spezielle Mineralogie. Sammlung Göschen. Walter de Gruyter, Berlin

Brocardo, G. (1982): Minerals and Gemstones, an identification guide. Hippocrene Books INC, New York

Bruder, B. (2005): Geschönte Steine. Neue Erde, Saarbrücken

Bruhns, W. und P. Ramdohr (1972): Petrographie. Sammlung Göschen, Bd. 173. Walter de Gruyter, Berlin

Chudoba, K.F. und E.J. Gübelin (1974): Edelsteinkundliches Handbuch. Wilhelm Stollfuss Verlag, Bonn

CIBJO (2006): (Bestimmungen zur Benennung und Beschreibung von Edelsteinen und Perlen) Bern

Correns, C.W. (1968/81): Einführung in die Mineralogie. Berlin 1968, Nachdruck 1981. Springer-Verlag, Berlin

De Lassale, J.D. (2002): Marmor. Deutsche Verlagsanstalt, Stuttgart

Dietrich R.V. und B.J. Skinner (1995): Die Gesteine und ihre Mineralien. Ott Verlag, Thun

DIN 4022 (1969/82): Baugrund und Grundwasser. Benennung und Beschreibung von Bodenarten und Fels.

DIN 52100 (1939/49): Prüfung von Naturstein. Richtlinien zur Prüfung und Auswahl von Naturstein.

Duda, R. und L. Reji (2003): Der Kosmos Mineralienführer. Kosmos, Stuttgart

Duda, R. und L. Rejl (1992): Mineralien. Handbuch und Führer für den Sammler. Naturbuch Verlag, Augsburg

Duthaler, R. und S. Weiß (1999): Mineralien reinigen und aufbewahren. Christian Weise Verlag, München

Eppler, W.F. (1994): Praktische Gemmologie. Rühle-Diebener-Verlag, Stuttgart

Ernst, W.G. (1977): Bausteine der Erde. Ferdinand Enke Verlag, Stuttgart

Evans, A.M. (1992): Erzlagerstättenkunde. Enke Verlag, Stuttgart

Fischer, K. (1989): Edelsteinbearbeitung. 2 Bde. Rühle-Diebener-Verlag, Stuttgart

Fourestier, J. de (1999): Glossary of Mineral Synonyms. The Canadian Mineralogist, Ottawa

Füchtbauer, H. und G. Müller (1989): Sedimente und Sedimentgesteine. Schweizerbart'sche Verlagsbuchhandlung, Stuttgart
Gierth, E., Graubner, R. und H. Harder (1977): Lexikon für Mineralien- und Gesteinsfreunde. C.J. Bucher Verlag, Stuttgart
Goldschmidt, V. (1913/23): Altlas der Krystallformen, 9 Bde. Carl Winter, Heidelb.
Grady, M.M. (2000): Catalogue of Meteorites. Cambridge University Press
Graubner, R. (1980): Lexikon der Geologie, Minerale und Gesteine. Emil Vollmer Verlag, München
Gübelin. E. und J.I. Koivula (1986): Bildatlas der Einschlüsse in Edelsteinen. ABS-Verlag, Zürich
Gübelin, E.J. und J.I. Koivula (2005): Photoatlas of Inclusions in Gemstones. 2 Bde. Opinio Verlag, Basel
Günther, B. (1988/91): Bestimmungstabellen für Edelsteine, synthetische Steine, Imitationen. Ergänzungsband 1991. Verlagsbuchh. E. Lenzen, Kirschweiler
Haditsch, J.G. und H. Maus (1974): Alte Mineralnamen im deutschen Schrifttum. Institut für Mineralogie und Gesteinskunde der Montan. Hochschule, Leoben
Hartig, H. (2003): Edle Steine schleifen. Verlag Frech, Stuttgart-Botnang
Heide, F. (1988): Kleine Meteoritenkunde. Springer, Berlin
Henglein, M. (1962): Lötrohrprobierkunde. Sammlung Göschen, Band 483. Walter de Gruyter, Berlin
Hermann, A.G. (1975): Praktikum der Gesteinsanalyse. Springer-Verlag, Berlin
Hintze, C. (1904–1986): Handbuch der Mineralogie. Verlag W. de Gruyter, Berlin
Hochleitner, R., v. Philipsborn, H. und K.L. Weiner (1996): Minerale. Bestimmen nach äußeren Kennzeichen. E. Schweizerbart'sche Verlagsbuchh., Stuttgart
Hurlblut, C.S. und C. Klein (1985): Manual of Mineralogy. John Willey, New York
Jubelt, R. und P. Schreiter (1987): Gesteinsbestimmungsbuch. VEB Deutscher Verlag für Grundstoffindustrie, Leipzig
Kipfer, A. (1972): Der Micromounter. Ott Verlag, Thun
Kleber, Bautsch, Bohm und Klimm (2010): Einführung in die Kristallographie. Oldenbourg, München
Kleinschrot, D. (2003): Meteorite – Steine, die vom Himmel fallen. Beringeria, Würzburg
Korbel, P. und M. Novák (2002): Die Enzyklopädie der Mineralien. Komet, Frechen
Le Maitre, R.W. (2002): Igneous rocks: A classification and glossary of terms. Cambridge University Press, Cambridge
Lenzen, G. (1984): Edelsteinbestimmung mit gemmologischen Geräten. Verlagsbuchhandlung E. Lenzen, Kirschweiler
Lieber, W. (1978): Der Mineraliensammler. Ott Verlag, Thun
Lüschen, H. (1979): Die Namen der Steine. Ott Verlag, Thun
Mackenzie, W.S. und C. Guilford (1986): Atlas gesteinsbildender Minerale in Dünnschliffen. Spektrum, Heidelberg
Mandarino, J.A. (2004): Fleischer's Glossary of Mineral Species. Malcolm E. Back
Maresch, W. und O. Medenbach (1987): Gesteine. Mosaik Verlag, München
Markl, G. (2004): Minerale und Gesteine. Spektrum, Heidelberg
Mason, B. und C.B. Moore (1985): Grundzüge der Geochemie. Stuttgart
Matthes, S. (1996): Mineralogie. Springer-Verlag, Berlin
Mehling, G. (1993): Naturstein-Lexikon. Verlag Georg D.W. Callway, München
Müller, F. (1983 ff): Internationale Naturstein-Kartei. 10 Bde. Ebner Verlag, Ulm
Murawski, H. und W. Meyer (2009): Geologisches Wörterbuch. Spektrum, Heidelberg
Ney, P. (1986): Gesteinsaufbereitung im Labor. Ferdinand Enke Verlag, Stuttgart
Nickel, E. (1983/95): Grundwissen in Mineralogie. 3 Bde. Ott Verlag, Thun
O'Donoghue, M. (1977): Enzyklopädie der Minerale und Edelsteine. Verlag Herder, Freiburg
Offermann, E. (2004): Kristalle und ihre Formen. 2 Bde. KristalloGrafik Verlag, Achberg

Okrusch, M. und S. Matthes (2005): Mineralogie. Springer, Berlin
Palache, C., Berman, H. and C. Frondel (1966): Dana's System of Mineralogy, 3 Bde. Wiley, New York
Pape, H. (1977): Leitfaden zur Bestimmung von Erzen und mineralischen Rohstoffen. Enke Verlag, Stuttgart
Pape, H. (1988): Leitfaden zur Gesteinsbestimmung. Spektrum, Heidelberg
Parker, R. L. und H. U. Bambauer (1975): Mineralienkunde. Ott Verlag, Thun
Peschel, A. (1983): Natursteine. VEB Deutscher Verlag Grundstoffind., Leipzig
Pfeiffer, L., Kurze, M. und G. Mathé (1981): Einführung in die Petrologie. Ferdinand Enke Verlag, Stuttgart
Philipsborn, H. v. (1964): Erzkunde. Ferdinand Enke Verlag, Stuttgart
Philipsborn, H. v. (1967): Tafeln zum Bestimmen der Minerale nach äußeren Kennzeichen. E. Schweizerbart'sche Verlagsbuchhandlung, Stuttgart
Pohl, W. L. (2005): Mineralische und Energierohstoffe. Schweizerbart'scheVerlagsbuchhandlung, Stuttgart
Pohl, W. und W. E. Petrascheck (1982): Lagerstättenlehre. E. Schweizerbart'sche Verlagsbuchhandlung, Stuttgart
Press., F. und R. Siever (2009): Allgemeine Geologie. Spektrum, Heidelberg
Prinz, H. und R. Strauß (2006): Abriß der Ingenieurgeologie. Spektrum, Heidelberg
Quervain, De, F. (1967): Technische Gesteinskunde. Birkhäuser Verlag, Basel
Ramdohr, P. und H. Strunz (1978/80): Klockmanns Lehrbuch der Mineralogie. Durchges. Nachdruck 1980. Enke Verlag, Stuttgart
Read, P. G. (1994): Dictionary of Gemologie. Butterworth-Heineman, Oxford
Reinsch, D. (1991): Natursteinkunde. Ferndinand Enke Verlag, Stuttgart
Rétyi, A. v. und G. Aumann (1996): Meteorite – Boten aus dem Weltall. Naturkunde-Museum Coburg, Coburg
Richter, D. (1992): Allgemeine Geologie. De Gruyter, Berlin
Roberts, W. L., Champbell, T. J. und G. R. Rapp (1990): Encyclopedia of Minerals. Van Nostrand Reinhold Company, New York
Ronov, A. B. and A. A. Yaroshevsky (1969): Chemical Composition of the Earth's crust. AGU, Washington
Rösler, H. J. (2002): Lehrbuch der Mineralogie. Spektrum, Heidelberg
Scharbert, H. G. (1984): Einführung in die Petrologie und Geochemie der Magmatite. Franz Deuticke, Wien
Schlossmacher, K. (1969): Edelsteine und Perlen. E. Schweizerbart'sche Verlagsbuchhandlung, Stuttgart
Scholz, W. und H. Knoblauch (1991): Baustoffkenntnis. Werner-Verlag, Düsseldorf
Schön, J. (1983): Petrophysik. Ferdinand Enke Verlag, Stuttgart
Schröcke, H. und K.-L. Weiner (1981): Mineralogie. Walter de Gruyter, Berlin
Schumann, H. (1962): Grundlagen des geologischen Wissens für Techniker. Vandenhoeck u. Ruprecht, Göttingen
Schumann, W. (1989): Knaurs Buch der Erde. 2 Bde. Droemer Knaur, München
Schumann, W. (1994): Steine und Mineralien sammeln. BLV Verlag, München
Schumann, W. (2009): Edle Steine. BLV Verlag, München
Schumann, W. (2011): Edelsteine und Schmucksteine. BLV Verlag, München
Schumann, W. (2002): Mineralien aus aller Welt. BLV Verlag, München
Schuster, N. (2007): Mineralbestimmung. Chr. Weise Verlag, München
Schwicker, A. C. (1968): International Dictionary of Metallurgy, Mineralogy, Geology. Technoprint International, Milano
Seim, R. (1986): Minerale. Neumann Verlag, Leipzig
Shipley, R. M. (1974): Dictionary of Gems and Gemologie. Gemological Institut of America, Santa Monica
Stanley, S. M. (1995): Historische Geologie. Spektrum, Heidelberg
Steffen, G. (2000): Farbe und Lumineszenz von Mineralien. Enke Verlag, Stuttgart
Strübel, G. (1995): Mineralogie. Ferdinand Enke Verlag, Stuttgart
Strübel, G. und S.H. Zimmer (1991): Lexikon der Minerale, Enke Verlag, Stuttgart
Strunz, H. (1982): Mineralogische Tabellen. Geest und Portig, Leipzig

Strunz, H. und E.H. Nickel (2001): Strunz Mineralogical Tables. E. Schweitzerbart'sche Verlagsbuchhandlung, Stuttgart
Tröger, W.E. (1969/82): Optische Bestimmung der gesteinsbildenden Minerale. 2 Bde. E. Schweizerbart'sche Verlagsbuchhandlung, Stuttgart
Tucker, M.E. (1985): Einführung in die Sedimentpetrologie. Spektrum, Heidelberg
Veith, H.-M. (2001): Strahlenschutzverordnung. Bundesanzeiger Verlag, Köln
Vinx, R. (2005): Gesteinsbestimmung im Gelände. Spektrum, München
Vollenschaar, D. (2004): Wendehorst Baustoffkunde. Teubner Verlag, München
Vollstädt, H., Voigt, G. und A. Vogel (1988): Micromounts. Springer-Verlag, Berlin
Wagenbreth, O. (1977): Technische Gesteinskunde. VEB Verlag, Berlin
Waldeck, H. (1983): Mineralien in Technik und Medizin. Verlag Hans Wagner, Dreieich
Walther, H.W. und K.v. Gehlen (1999): Lagerstättenkundliches Wörterbuch der deutschen Sprache. GDMB-Informationsgesellschaft, Clausthal-Zellerfeld
Watznauer, A. (1973/82): Wörterbuch Geowissenschaften. Englisch-Deutsch, Deutsch-Englisch. Verlag Harri Deutsch, Thun
Webster, R. (1976): Practical Gemmology. N.A.G. Press Ltd., London
Weiß, S. (2008): Das große Lapis-Mineralienverzeichnis. Weise Verlag, München
Wight, Q. (1993): The Complete Book of Micromounting. Mineralogical Record, Tucson
Wimmenauer, W. (1985): Petrographie der magmatischen und metamorphen Gesteine. Spektrum, Heidelberg
Zeil, W. (1984/86): Brinkmanns Abriß der Geologie. 2 Bde. Enke Verlag, Stuttgart

## Zeitschriften

The American Mineralogist. Mineralogical Society of America. Washington, USA
Der Aufschluss. Zeitschrift für die Freunde der Mineralogie und Geologie. Hrsg. Vereinigung der Freunde der Mineralogie und Geologie. Heidelberg
The Australian Mineralogist. Sidney, Australia
Bocamina. Madrid, España
The Canadian Mineralogist. Ottawa, Canada
Die Eisenblüte. Fachzeitschrift für österreichische Mineraliensammler. Graz
Fundgrube. Zeitschrift für Geologie, Mineralogie, Paläontologie und Bergbaugeschichte. Meteorverlag, Berlin
Gemmologie. Zeitschrift der Deutschen Gemmolog. Gesellschaft. Idar-Oberstein
Der Karinthin. Beiblatt der Fachgruppe für Mineralogie und Geologie des Naturwissenschaftlichen Vereins für Kärnten. Klagenfurt, Österreich
Lapidary Journal. San Diego, USA
Lapis. Christian Weise Verlag, München
MicroMinéral. France
Der Mineraliensammler. Hrsg. Vereinigte Mineraliensammler Österreichs. Linz
Mineralien-Welt. Bode Verlag. Haltern
The Mineralogical Magazine. London, England
The Mineralogical Record. Tucson, USA
Le Monde et les Minéreaux. Paris, France
New Data on Minerals. Moscou, Russia
Rivista Mineralogica Italiana. Milano, Italia
Rocks and Minerals. Washington, USA
Schweizer Strahler. Zeitschrift für Liebhaber von Mineralien und Fossilien. Thun
Urner Mineralienfreunde. Reiden, Schweiz

# Sachwortverzeichnis

Fett gedruckte Seitenzahlen = Hauptverweis

**Bildnachweis**

Farbtableaus und Fotos.
Hermann Eisenbeiss nach Vorlagen des Autors außer:
3 M Deutschland GmbH (Modell RM HT-401): 343
Archiv Lapis im Chr. Weise Verlag München: 338
Bayerische Volkssternwarte München e.V.: 330 (Meteorit)
G. Blockus/K. Fischer: 34
blickwinkel/McPhoto: 1
Brewes: 345, 350
Conrad Electronic: 351
DMF International: 339
Dress-Safe: 348l
W. Eisenreich/ W. Schumann: 21, 27, 29, 30, 186, 340, 341l, 341r, 344, 347l, 347r
J. Kautzky: 328/329
F. Kögel: 2/3, 261 r
R. Kögel: 274
Krantz: 348r
Krause: 111 Nr. 4, 145 Nr. 3
Lippke Kleingerätebau: 342
U. Medenbach: 74 Nr. 2, 101 Nr. 3, 103 Nr. 9, 117 Nr. 3, 124 Nr. 3, 125 Nr. 4, 131 Nr. 4, 137 Nr. 4, 147 Nr. 2
H. Menke: 208 o
F. Müller: 205, 207, 213, 215, 219, 221, 249, 283 ol, 283 Ml, 311, 323, 327
Museumsabteilung der Bayerischen Schlösserverwaltung, München: 156
Neukirchen: 45 Nr. 4, 53 Nr .1
Odenwälder Hartstein-Industrie GmbH, Werk Groß-Bieberau: 226/227
Pfeil Verlag: 336
R. Phildius: 330 (Sternenhimmel)
E. Pott: 288
Reul Granit AG, Kirchenlamitz 210
Reul Granit AG, Kirchenlamitz/Knapsack-Griesheim AG, Frankfurt: 211
W. Schumann: 19, 94, 206, 208M, 208u, 209, 229, 232, 234, 254, 256, 260, 261, 266, 270, 272, 276, 302/303, 305, 334
Chr. Weise: 335 Nr. 3, 335 Nr. 4
S. Weiß/Archiv Lapis: 45 Nr. 1, 103 Nr. 7, 117 Nr. 5, 137 Nr. 4, 137 Nr, 5, 141 Nr. 3, 143 Nr. 3
www.breton.it: 212

Zeichnungen: Hellmut Hoffman (außer S. 14/15, 161, 189)
S. 14/15, 161, 189 aus: Walter Schumann, Das große Buch der Erde, © Lexikographisches Institut, München

**Bibliographische Information der Deutschen Nationalbibliothek**

Die Deutsche Nationalbibliothek verzeichnet diese Publikation in der Deutschen Nationalbibliographie; detaillierte bibliographische Daten sind im Internet über http://dnb.d-nb.de abrufbar.

9. überarbeitete Auflage, Neuausgabe

BLV Buchverlag GmbH & Co. KG
80797 München



Umschlagkonzeption: Kochan & Partner, München

Umschlagfotos:
Vorderseite: Rainer Binder/Helga Lade (Bergkristall)
Rückseite: K. Hartmann/Diaverleih T. Sachs (Chrysokoll)

Lektorat: Dr. Friedrich Kögel
Herstellung: Hermann Maxant
DTP: Satz+Layout Fruth GmbH, München

Gedruckt auf chlorfrei gebleichtem Papier

Printed in Italy
ISBN 978-3-8354-1013-9

Foto S. 1: Malachit
Foto S. 2/3 Verwitterungsstrukturen im Bryce Canyon, Utah/USA